应用型人才培养教材

建筑材料与检测

李 军 主 编

巩晓花 蔡 璟 邢晓飞 陈青萍 副主编

化学工业出版社

·北京·

内 容 简 介

本书根据高职高专应用技能型人才培养要求,采用项目式编写模式,满足建筑工程技术专业人才培养目标及教学改革要求。

本书在编写中参考了最新的建筑材料规范,系统介绍了常用建筑材料的性能、应用和检测。主要内容包括建筑材料的基本性质、建筑石材、气硬性胶凝材料、水泥、普通混凝土、建筑砂浆、墙体材料、建筑钢材、建筑功能材料等常用建筑材料的基本组成、生产工艺、技术性质、检验及应用,以及工程材料质量控制及验收。各个项目后附有相应的能力训练题。本书内容注重理论联系实际和技能的培养,内容结构安排合理,提供有微课视频教学资源,丰富教学环节,便于教师教学和学生阅读。

本书可作为应用型本科和高等职业院校建筑工程技术、建设工程监理、工程造价、建设工程管理等专业的教学用书,还可作为建筑行业施工技术管理岗位培训教材或者建筑行业专业技术人员的参考工具书。

图书在版编目(CIP)数据

建筑材料与检测/李军主编. —北京：化学工业出版社，2021.9
ISBN 978-7-122-39914-4

Ⅰ.①建… Ⅱ.①李… Ⅲ.①建筑材料-检测-高等职业教育-教材 Ⅳ.①TU502

中国版本图书馆CIP数据核字(2021)第188435号

责任编辑：李仙华　李翠翠　　　　　　文字编辑：段曰超　师明远
责任校对：边　涛　　　　　　　　　　装帧设计：史利平

出版发行：化学工业出版社(北京市东城区青年湖南街13号　邮政编码100011)
印　　装：三河市延风印装有限公司
787mm×1092mm　1/16　印张19½　字数500千字　2022年10月北京第1版第1次印刷

购书咨询：010-64518888　　　　　　　售后服务：010-64518899
网　　址：http://www.cip.com.cn
凡购买本书,如有缺损质量问题,本社销售中心负责调换。

定　　价：49.80元　　　　　　　　　　　　　　　　　　　　版权所有　违者必究

编写人员名单

主　编　李　军
副主编　巩晓花　蔡　璟　邢晓飞
　　　　　陈青萍
参　编　刘宝兴　赵文婷　刘　杨
　　　　　万志强　李春晓

前　言

本书以高等职业人才培养方案为指导，以培养工程实际需要的材料员和质检员为导向，遵循"以服务发展为宗旨，以促进就业为导向"的教育理念和科学性、实践性的编写原则，符合高等职业教育专业教学标准的要求，突出体现以职业能力为本位、以实际应用为目的的职教特色，有助于培养学生的专业精神、职业精神和工匠精神，让学生在专业学习的过程中掌握适应岗位需求的能力。

本书为校企合作开发、工学结合教材，同时也是开封大学教育教学改革研究项目（2020-KDJGZD-05，高职院校线上线下混合式教学模式的探索与实践研究）标志性成果，还是"河南省教育科学'十四五'规划2021年度一般课题（基于现代学徒制的河南省高职院校学生工匠精神培育研究）成果（2021YB0664）"标志性成果。内容上采用项目式编写模式，紧紧围绕完成工程材料检测的需要来选择课程内容，强调过程操作和技能训练，重视能力培养；结构上遵循国家规范和技术规范与实际应用的内在联系，抓大放小，使体系更具科学性；体例上突破传统模式，以项目为单元，通过实务案例导入，更贴近工程需要。同时，本书内容呈现形式多样丰富，配套有完备的数字化教学资源，可扫描书中二维码查看，纸质教材与数字化资源紧密结合，支持线上线下的混合式课堂教学模式的开展，有利于学生自主学习。

本书为开封大学、湖北三峡职业技术学院、山西工程职业学院等高校联合圣凯建设工程集团有限公司、河南扬帆建筑工程有限公司等企业共同编写的校企合作、工学结合开发教材。本书由开封大学李军任主编；山西工程职业学院巩晓花，三峡职业技术学院蔡璟，开封大学邢晓飞、陈青萍任副主编；参与本书编写工作的还有开封大学刘宝兴、赵文婷，圣凯建设工程集团有限公司刘杨，河南扬帆建筑工程有限公司万志强，山东省平阴县浪溪河流域水利站的李春晓。具体分工如下：李军编写项目七、项目八；巩晓花编写项目五中的任务一到任务三；蔡璟编写项目九；陈青萍编写绪论、项目三、项目五中的任务五、任务六；邢晓飞编写项目四、项目六；刘宝兴编写项目一、项目二；赵文婷和李春晓编写项目五中的任务四和项目十；刘杨和万志强编写附录。

本书配套有教学课件，可登录 www.cipedu.com.cn 免费获取。

本书在编写过程中，参考了大量的国内外有关建筑材料文献资料，在此对有关文献的作者表示感谢。但由于我国建筑与装饰业发展很快，新的建筑与装饰材料不断涌现，本书尽量做到与时俱进。

由于编者水平有限，书中不足之处在所难免，恳请广大读者批评指正。

编者
2021年9月

目 录

绪论 ················ 1
 学习目标 ············ 1
  一、建筑材料的定义和分类 ··· 2
  二、建筑材料在建筑工程中
   的地位 ············ 3
  三、建筑材料的发展 ······ 3
  四、建筑材料的技术标准
   和检测规则 ········· 4
  五、课程的目的和要求 ····· 5

项目一　建筑材料的基本性质 ··· 6
 学习目标 ············· 6
 任务一　材料的物理性质 ···· 7
  一、与质量有关的物理性质 ··· 8
  二、与水有关的物理性质 ···· 11
  三、材料的热工性能 ······ 14
 任务二　材料的力学性质 ···· 16
  一、强度 ············ 16
  二、弹性和塑性 ········· 18
  三、韧性和脆性 ········· 19
  四、硬度和耐磨性 ······· 20
 任务三　材料的耐久性 ····· 20
 小结 ··············· 21
 能力训练题 ············ 21

项目二　建筑石材 ········ 23
 学习目标 ············· 23
 任务一　建筑石材的分类及
   特点 ··········· 24
  一、天然石材的分类及特点 ··· 24

  二、人造石材的分类及特点 ··· 26
 任务二　天然石材的技术性质、
   工程应用及选用原则 ··· 27
  一、天然石材的技术性质 ···· 27
  二、天然石材的工程应用
   及选用原则 ········· 30
 任务三　常用的天然石材 ···· 31
  一、天然大理石 ········· 31
  二、天然花岗岩 ········· 32
  三、石灰岩板材 ········· 33
 小结 ··············· 34
 能力训练题 ············ 34

项目三　气硬性胶凝材料 ···· 36
 学习目标 ············· 36
 任务一　石灰 ·········· 37
  一、石灰的原料与生产 ····· 37
  二、石灰的熟化与硬化 ····· 38
  三、石灰的技术标准 ······ 39
  四、石灰的性质与应用 ····· 41
 任务二　建筑石膏 ········ 43
  一、石膏生产 ·········· 43
  二、建筑石膏的凝结与硬化 ··· 44
  三、建筑石膏的技术标准 ···· 45
  四、建筑石膏的性质与应用 ··· 45
 任务三　水玻璃 ········· 46
  一、水玻璃的生产 ······· 47
  二、水玻璃的凝结与硬化 ···· 47
  三、水玻璃的性质与应用 ···· 48

小结 …… 48
　　能力训练题 …… 49
项目四　水泥 …… 50
　学习目标 …… 50
　任务一　水泥的品种 …… 51
　　一、通用硅酸盐水泥 …… 51
　　二、专用水泥 …… 52
　　三、特性水泥 …… 52
　任务二　通用硅酸盐水泥 …… 53
　　一、硅酸盐水泥的基本组成
　　　　与生产 …… 53
　　二、硅酸盐水泥的技术性质 …… 58
　任务三　通用硅酸盐水泥的选用 … 61
　任务四　通用硅酸盐水泥的检验
　　　　与验收 …… 62
　　一、水泥验收的步骤 …… 62
　　二、通用水泥的质量验收 …… 63
　　三、复检试验 …… 64
　　四、仲裁检验 …… 69
　任务五　通用水泥的运输保管 …… 69
　　一、防潮防水 …… 69
　　二、防止水泥过期 …… 69
　　三、避免水泥品种混乱 …… 69
　　四、加强水泥的使用管理 …… 69
　职业技能训练 …… 70
　　实训一　水泥试样的取样 …… 70
　　实训二　水泥细度检测 …… 70
　　实训三　水泥标准稠度用水量、凝结
　　　　　时间及安定性检测 …… 71
　　实训四　水泥胶砂强度检测 …… 74
　小结 …… 77
　能力训练题 …… 77
项目五　普通混凝土 …… 80
　学习目标 …… 80
　概述 …… 81
　　一、混凝土的优点 …… 81
　　二、混凝土的缺点 …… 81
　任务一　普通混凝土的组成
　　　　材料 …… 81
　　一、水泥 …… 81
　　二、细骨料 …… 82
　　三、粗骨料 …… 85
　　四、水 …… 88
　　五、矿物掺合料 …… 89
　　六、外加剂 …… 90
　职业技能训练 …… 91
　　实训一　砂、石试样的取样与
　　　　　处理 …… 91
　　实训二　砂的颗粒级配检测 …… 93
　　实训三　砂的表观密度检测 …… 94
　　实训四　砂的堆积密度与
　　　　　空隙率检测 …… 95
　　实训五　砂中含泥量检测 …… 96
　　实训六　砂中泥块含量检测 …… 96
　　实训七　石子颗粒级配检测 …… 97
　　实训八　石子表观密度检测 …… 98
　　实训九　石子堆积密度与
　　　　　空隙率检测 …… 99
　　实训十　石子的压碎指标检测 … 100
　　实训十一　石子的针片状颗粒
　　　　　　含量检测 …… 101
　任务二　普通混凝土的技术
　　　　性质 …… 102
　　一、混凝土拌合物的工作性 …… 102
　　二、硬化混凝土的技术性质 …… 106
　职业技能训练 …… 115
　　实训一　水泥混凝土拌合物的拌
　　　　　和与现场取样 …… 115
　　实训二　混凝土拌合物和易性的
　　　　　检测 …… 116
　　实训三　混凝土拌合物表观密度
　　　　　检测 …… 118
　　实训四　混凝土立方体抗压强度
　　　　　检测 …… 119
　任务三　普通混凝土的配合比
　　　　设计 …… 121
　　一、配合比及其表示方法 …… 121
　　二、配合比设计要求 …… 121

三、配合比设计步骤 …… 122
　职业技能训练 …… 129
　　实训　混凝土配合比设计实例 … 129
　任务四　混凝土的质量控制与
　　　　　强度评定 …… 131
　　一、混凝土的质量控制 …… 131
　　二、混凝土的强度评定 …… 137
　职业技能训练 …… 140
　　实训　混凝土强度评定实例 …… 140
　任务五　其他品种混凝土 …… 141
　　一、高性能混凝土 …… 141
　　二、轻混凝土 …… 142
　　三、泵送混凝土 …… 146
　　四、抗渗混凝土 …… 147
　　五、商品混凝土 …… 148
　　六、再生混凝土 …… 151
　小结 …… 152
　能力训练题 …… 153

项目六　建筑砂浆 …… 156
　学习目标 …… 156
　概述 …… 157
　　一、砂浆的概念 …… 157
　　二、砂浆的分类 …… 157
　任务一　建筑砂浆的组成 …… 157
　　一、水泥 …… 157
　　二、砂 …… 157
　　三、水 …… 158
　　四、掺合料 …… 158
　任务二　砌筑砂浆的技术性质 …… 158
　　一、砂浆拌合物的性质 …… 158
　　二、硬化砂浆的技术性质 …… 160
　　三、砌筑砂浆配合比设计 …… 161
　任务三　干混砂浆 …… 164
　　一、概述 …… 164
　　二、干混砂浆的原料组成 …… 164
　　三、干混砂浆与普通砂浆区别 … 165
　　四、干混砂浆的优点 …… 166
　　五、干混砂浆分类 …… 167
　任务四　抹面砂浆 …… 168

　　一、普通抹面砂浆 …… 168
　　二、装饰砂浆 …… 168
　　三、防水砂浆 …… 170
　　四、特种砂浆 …… 170
　职业技能训练 …… 171
　　实训一　砂浆试样的制备与
　　　　　　现场取样 …… 171
　　实训二　砂浆稠度检测 …… 171
　　实训三　砂浆分层度检测 …… 172
　　实训四　砂浆立方体抗压强度
　　　　　　检测 …… 173
　小结 …… 174
　能力训练题 …… 175

项目七　墙体材料 …… 177
　学习目标 …… 177
　任务一　墙体砖 …… 178
　　一、烧结普通砖 …… 178
　　二、烧结多孔砖和烧结空心砖 … 181
　　三、蒸压砖 …… 185
　职业技能训练 …… 186
　　实训　烧结普通砖实验 …… 186
　任务二　砌块 …… 190
　　一、蒸压加气混凝土砌块 …… 190
　　二、混凝土空心砌块 …… 192
　　三、轻集料混凝土小型空心
　　　　砌块 …… 194
　任务三　墙用板材 …… 195
　　一、水泥类的墙用板材 …… 195
　　二、石膏类墙板 …… 197
　　三、植物纤维类墙用板材 …… 199
　　四、复合墙板 …… 200
　职业技能训练 …… 201
　　实训　混凝土小型空心砌块
　　　　　试验 …… 201
　小结 …… 203
　能力训练题 …… 204

项目八　建筑钢材 …… 205
　学习目标 …… 205
　任务一　建筑钢材的技术性质 … 206

一、钢材的分类 …………… 206
　　二、钢材的技术性质 ………… 208
　　三、钢材的化学成分 ………… 211
　　四、钢材的冷加工与热处理 …… 213
　　五、钢材防锈与防火 ………… 214
　职业技能训练 ………………… 216
　　实训一　钢筋拉伸试验 ……… 216
　　实训二　钢筋的弯曲（冷弯）
　　　　　　性能试验 …………… 217
　任务二　建筑钢材的技术要求
　　　　　与应用 ………………… 218
　　一、钢结构用钢材 …………… 218
　　二、混凝土用钢材 …………… 223
　小结 …………………………… 224
　能力训练题 …………………… 225

项目九　建筑功能材料 …………… 226
　学习目标 ……………………… 226
　任务一　防水材料 …………… 227
　　一、沥青 ……………………… 227
　　二、防水卷材 ………………… 233
　　三、防水涂料 ………………… 240
　　四、密封材料 ………………… 245
　任务二　保温隔热材料 ……… 248
　　一、保温隔热材料的性能要求 … 249
　　二、常用的保温隔热材料 …… 251
　　三、保温隔热材料发展现状及
　　　　发展趋势 ………………… 258
　任务三　吸声与隔声材料 …… 259
　　一、吸声材料 ………………… 259
　　二、隔声材料 ………………… 261
　任务四　建筑装饰材料 ……… 263
　　一、建筑装饰材料的分类与
　　　　基本要求 ………………… 263
　　二、常用的建筑装饰材料 …… 264
　任务五　建筑功能材料的
　　　　　新发展 ………………… 272
　　一、绿色建筑功能材料 ……… 272
　　二、复合多功能建材 ………… 272
　　三、智能化建材 ……………… 273

　职业技能训练 ………………… 273
　　实训一　沥青针入度检测 …… 273
　　实训二　沥青软化点检测 …… 275
　　实训三　沥青软化点检测 …… 276
　小结 …………………………… 277
　能力训练题 …………………… 277

项目十　工程材料质量控制及
　　　　　验收 …………………… 278
　学习目标 ……………………… 278
　任务一　工程材料质量控制
　　　　　原则 …………………… 279
　　一、材料质量控制的依据 …… 279
　　二、材料进场前质量控制 …… 279
　　三、材料进场时质量控制 …… 280
　　四、材料进场后质量控制 …… 281
　任务二　工程材料质量控制及
　　　　　验收 …………………… 281
　　一、普通混凝土质量控制 …… 281
　　二、砂浆质量控制 …………… 283
　任务三　工程材料进场验收 … 283
　　一、水泥进场验收 …………… 284
　　二、砂石进场验收 …………… 284
　　三、防水材料进场验收 ……… 285
　　四、钢筋混凝土用钢进场验收 … 285
　小结 …………………………… 286
　能力训练题 …………………… 287
　参考文献 ……………………… 288

附录　建筑材料检测试验报告册 … 289
　绪论 …………………………… 290
　　一、建筑材料检测目的 ……… 290
　　二、建筑材料检测过程 ……… 290
　　三、建筑材料检测态度 ……… 290
　试验一　建筑材料基本性质
　　　　　试验 …………………… 291
　　一、试验内容 ………………… 291
　　二、主要仪器设备及规格型号 … 291
　　三、试验记录 ………………… 291
　试验二　水泥性能测试 ……… 293
　　一、试验内容 ………………… 293

二、主要仪器设备及规格型号 … 293
　　三、试验记录 …………………… 293
试验三　混凝土用骨料性能
　　　　测试 …………………………… 295
　　一、试验内容 …………………… 295
　　二、主要仪器设备及规格型号 … 295
　　三、试验记录 …………………… 295
试验四　普通混凝土基本性能
　　　　测试 …………………………… 297
　　一、试验内容 …………………… 297
　　二、主要仪器设备及规格型号 … 297
　　三、试验记录 …………………… 297
试验五　建筑砂浆性能测试 ……… 299

　　一、试验内容 …………………… 299
　　二、主要仪器设备及规格型号 … 299
　　三、试验记录 …………………… 299
试验六　钢筋力学与工艺性能
　　　　检测 …………………………… 301
　　一、试验内容 …………………… 301
　　二、主要仪器设备及规格型号 … 301
　　三、试验记录 …………………… 301
试验七　石油沥青及沥青卷材
　　　　性能测试 ……………………… 302
　　一、试验内容 …………………… 302
　　二、主要仪器设备及规格型号 … 302
　　三、试验记录 …………………… 302

资源目录

二维码编号	资源名称	资源类型	页码
0-1	建筑材料的分类	视频	2
1-1	材料的三大密度	视频	8
1-2	与水有关的性质	视频	11
1-3	材料的比强度	视频	16
1-4	材料的耐久性	视频	20
3-1	石灰的生产	视频	37
3-2	石膏的性能及应用	视频	45
4-1	硅酸盐水泥熟料	视频	51
4-2	硅酸盐水泥的技术性质（一）	视频	59
4-3	硅酸盐水泥的技术性质（二）	视频	59
4-4	水泥净浆标准稠度试验	动画	71
4-5	水泥安定性试验	动画	73
4-6	水泥胶砂强度试验	动画	74
5-1	混凝土骨料	视频	82
5-2	混凝土和易性	视频	102
5-3	混凝土强度分类	视频	106
5-4	混凝土强度影响因素	视频	108
5-5	混凝土抗冻性	视频	113
5-6	混凝土碳化	视频	114
5-7	混凝土和易性试验	动画	116
5-8	混凝土强度试验	动画	119
5-9	混凝土初步配合比设计	视频	123
5-10	混凝土基准配合比设计和实验室配合比	视频	127
6-1	建筑砂浆的组成	视频	157
6-2	建筑砂浆的强度	视频	158
6-3	其他建筑砂浆	视频	168
8-1	钢材拉伸性能	视频	208
8-2	钢材技术性质冲击韧性和耐疲劳性	视频	210
8-3	钢筋混凝土用钢和钢结构用钢	视频	218
8-4	钢筋混凝土用热轧钢筋	视频	223

绪 论

  学习目标

1. 掌握常用材料的性质与应用的基本知识和必要的基本理论。
2. 掌握主要建筑材料试验项目及检验规则。
3. 了解建筑材料的含义与分类,以及其对发展建筑业的作用。

建筑材料是随着人类社会生产力的发展而发展的，建筑材料的应用与发展，反映着一个民族、一个时代的文化特征及科学水平，是人类物质文明的重要标志之一。建筑材料是建筑的重要物质基础，从最初的影响建筑物的性能、功能、使用年限、经济成本等，到如今决定生活空间的安全性、方便性以及舒适性。

一、建筑材料的定义和分类

1. 建筑材料的定义

建筑中所应用的各种材料的总称。包括：

（1）构成建筑物本身的材料，如钢材、木材、水泥、石灰、砂石等。

（2）施工过程中所用的材料，如钢、木模板、脚手架等。

（3）各种建筑器材，如给排水设备、采暖通风设备、空调、电器。

2. 建筑材料的分类

（1）按化学成分分类（表0-1）。

二维码0-1

表 0-1　按化学成分分类

分类			实例
无机材料	金属材料	黑色金属	普通钢材、非合金钢、低合金钢、合金钢
		有色金属	铝、铝合金、铜及其合金
	非金属材料	天然石材	毛石、料石、石板材、碎石
		烧土制品	烧结砖、瓦、陶器
		玻璃及熔融制品	玻璃、玻璃棉、岩棉
		胶凝材料	气硬性：石灰、石膏、水玻璃 水硬性：各类水泥
		混凝土类	砂浆、混凝土、硅酸盐制品
有机材料	植物质材料		木材、竹板、植物纤维及其制品
	合成高分子材料		塑料、橡胶、胶凝剂、有机涂料
	沥青材料		石油沥青、沥青制品
复合材料	金属-非金属复合		钢筋混凝土、预应力混凝土
	非金属-有机复合		沥青混凝土、聚合物混凝土

（2）按使用功能分类（表0-2）。

表 0-2　按使用功能分类

分类	定义	实例
建筑结构材料	构成基础、柱、梁、板等承重结构的材料	砖、石材、钢材、钢筋混凝土
墙体材料	构成建筑物内、外承重墙体及内分割墙体的材料	石材、砖、加气混凝土、砌块

续表

分类	定义	实例
建筑功能材料	不承受荷载,且具有某种特殊功能的材料	保温隔热材料:加气混凝土 吸声材料:毛毡、泡沫塑料 采光材料:各种玻璃 防水材料:沥青及其制品 防腐材料:煤焦油、涂料 装饰材料:石材、陶瓷、玻璃
建筑器材	满足使用要求,且与建筑物配套使用的各种设备	电工器材及灯具、水暖及空调器材、环保器材、建筑五金

（3）按用途分类（表0-3）。

表0-3 按用途分类

分类	定义	特性	实例
结构材料	构成建筑物受力构件和结构所用的材料	足够的强度、耐久性	梁、板、柱、基础、框架等
围护材料	用于建筑物围护结构的材料	具有一定的强度、耐久性、保温隔热性	墙体、门窗、屋面等部位
功能材料	建筑物使用过程中所必需的建筑功能材料	足够的隔声性、耐久性、抗渗性	防水材料、绝热材料、吸声隔声材料、密封材料和各种装饰材料,如加气混凝土、毛毡、沥青、玻璃、石材

二、建筑材料在建筑工程中的地位

建材的发展赋予了建筑物以时代的特性和风格,建筑材料是一切建筑工程的物质基础。

（1）在工业建筑、水利工程、港口工程、交通运输工程以及大量民用住宅工程,需要巨大的、优质的、品种齐全的建筑材料。

（2）建筑材料有很强的经济性,材料费用占总投资的50%～60%,直接影响工程的总造价。

（3）建筑材料的质量如何,直接影响建筑物的坚固性、适用性、耐久性。

（4）随着人民的生活水平不断改善,要求建筑材料具有轻质、高强、美观、保温、吸声、防水、防震、防火、节能等功能,新材料对土木工程技术进步起到了一个促进作用。

（5）建筑设计理论的不断进步和施工技术的革新不但受到建材的发展制约,同时也受到建材发展的推动。

三、建筑材料的发展

1. 远古时期到18世纪

最早使用的建筑材料是石材、木材和泥土,后来发展为石灰、砖瓦等。"穴居巢处"石器、铁器时代:凿石成洞,伐木为棚,此外泥土也用来建筑房屋。"秦砖汉瓦时代":人类学会了用泥土烧制砖、瓦,用岩石烧制石灰、石膏,建筑材料进入了初期生产阶段。

2. 18世纪到19世纪中叶

水泥、混凝土、钢材的发明和应用,使得建筑物的形式和规模随之改变,建筑材料进入了一个新的发展阶段。水泥是人类长期生产实践中发明的，是在古代建筑材料的基础上发展起来的，经历了漫长的历史过程。

3. 20 世纪至今

现代材料（钢材、水泥等）和功能材料的大量运用和发展标志着人类文明的进步。建筑材料的品种和品质都有了极大的拓展和提高，各种新材料层出不穷，可以说是日新月异。例如各种装饰材料、高分子材料、沥青材料、新型墙体材料等。

四、建筑材料的技术标准和检测规则

（一）建筑材料技术标准的分类

建筑材料技术标准是指针对原材料、产品以及工程质量、规格、检验方法、评定方法、应用技术等做出的技术规定。包括：原材料、材料及其产品的质量、规格、等级、性质、要求以及检验方法；材料以及产品的应用技术规范；材料生产以及设计规定；产品质量的评定标准等。

材料技术标准的分类见表 0-4。

表 0-4　材料技术标准的分类

分类方法	种类
必要时	试行标准,正式标准
按权威程度	强制性标准,推荐性标准
按特性	基础标准,方法标准,原材料标准,能源标准,环保标准,包装标准等

每个技术标准都有自己的代号、编号、名称。

代号：反映该标准的等级或发布单位，用汉语拼音表示。

编号：反映标准的顺序号，颁布年代号，用阿拉伯数字表示。

名称：反映该标准的主要内容，以汉字表示。

技术标准代号见表 0-5。

表 0-5　技术标准代号

项目	标准代号	项目	标准代号	表示方法
国家标准	GB	住建部	JGJ	由标准名称、标准代号、标准编号、标准颁布年号等组成，如《通用硅酸盐水泥》（GB 175—2007）
国家推荐性标准	GB/T	石油	SY	
地方标准	DB	水利电力	SD	
地方推荐性标准	DB/T	冶金	YB	
建材	JC	企业标准	QB	
建设工程	JG	交通	JT	

（二）建筑材料的试验项目及检验规则

建筑材料检验是建筑工程中评定建筑材料质量、验收材料和建筑工程质量评定的主要依据。建筑材料检验主要包括取样和检测两部分。

1. 材料取样

建筑材料在检验前，首先要选取具有代表性的试样，取样原则为随机抽样，取样方法视不同材料而异。如散粒材料可采用缩分法，成型材料可采用不同部位切取、随机数码表、双方协商等方法，具体详见后面各项目。

  2. 材料检测

  建筑材料应具有必要的性能，对于这些材料性能的检验，必须通过适当的测试手段来进行，本书着重介绍实验室原材料性能的检验测定。常见的原材料性能检测主要包括物理性能检测、力学性能检测、化学性能检测和工艺性能检测等，具体各种建筑材料检测哪些性能详见各项目。

五、课程的目的和要求

  1. 目的

  "建筑材料与检测"是一门专业基础课。本课程主要讲述常用建筑材料的品种、规格、技术性质、质量标准、试验检测方法和在工程应用等方面的知识，是一门实践性较强的专业技术课。通过学习，目的是使学生掌握建筑材料的基本知识，在今后的实际工作中进行建筑工程设计、施工和工程监理时能正确认识和利用材料的物理、化学、力学性质和使用功能，并能够正确地使用建筑材料，同时也为后继课程的学习打下基础。

  2. 要求

  熟练掌握建筑工程中常用材料的品种、规格，主要物理、化学和力学性能及其合理利用，要重点掌握材料的基本性质和合理选用材料。

项目一
建筑材料的基本性质

学习目标

1. 了解材料热工性能的几个指标。
2. 理解材料的组成、结构、构造对材料性质的影响,材料耐久性的含义。
3. 掌握材料的物理状态参数,材料的力学性质,材料与水有关的物理性质。

通过本项目的学习达到熟知建筑材料的各种基本性质（物理性质、力学性质、耐久性），从而能够正确选择、运用、分析和评价建筑材料。

在建筑物中，建筑材料要经受各种不同的作用，因而要求建筑材料具有相应的不同性质。如用于建筑结构的材料要承受各种外力的作用，因此，选用的材料应具有所需要的力学性能。又如根据建筑物不同部位的使用要求，有些材料应具有防水、绝热、吸声等性能；对于某些工业建筑，要求材料具有耐热、耐腐蚀等性能。此外，对于长期暴露在大气中的材料，要求能经受风吹、日晒、雨淋、冰冻而引起的温度变化、湿度变化及反复冻融等的破坏变化。为了保证建筑物的耐久性，要求在工程设计与施工中正确地选择和合理使用材料，因此，必须熟悉和掌握各种材料的基本性质。

建筑材料的性质是多方面的，某种建筑材料应具备何种性质，这要根据它在建筑物中的作用和所处的环境来决定。一般来说，建筑材料的性质可分为四个方面，包括物理性质、力学性质、化学性质及耐久性。

本项目主要学习材料的物理性质、力学性质以及耐久性。材料的物理性质包括与质量有关的性质、与水有关的性质、与热有关的性质；力学性质包括强度、变形性能、韧性和脆性、硬度以及耐磨性。

任务一　材料的物理性质

块状材料在自然状态下的体积是由固体物质体积及其内部孔隙体积组成的。材料内部的孔隙按孔隙特征又分为闭口孔隙和开口孔隙。闭口孔隙不进水，开口孔隙与材料周围的介质相通，材料在浸水时易被水饱和，如图1-1所示。

散粒材料是指具有一定粒径材料的堆积体，如工程中常用的砂、石子等。其体积构成包括固体物质体积、颗粒内部孔隙体积及固体颗粒之间的空隙体积，如图1-2所示。

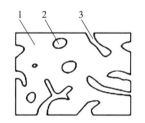
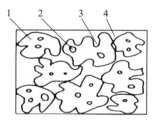

图1-1　块状材料体积构成示意图
1—固体；2—闭口孔隙；3—开口孔隙

图1-2　散粒材料体积构成示意图
1—颗粒中固体物质；2—颗粒中的闭口孔隙；
3—颗粒中的开口孔隙；4—颗粒之间的空隙

材料在大气中或水中会吸附一定的水分。根据材料吸附水分的情况，将材料的含水状态分为干燥状态、气干状态、饱和面干状态及湿润状态四种，如图1-3所示。材料的含水状态会对材料的多种性质产生影响。

(a) 干燥状态　　(b) 气干状态　　(c) 饱和面干状态　　(d) 湿润状态

图1-3　材料的含水状态

一、与质量有关的物理性质

在建筑工程中,计算构件自重和材料的用量、确定材料的运输量及堆放空间等,常用到材料的密度、表观密度和堆积密度。

二维码 1-1

(一) 密度

密度是指材料在绝对密实状态下,单位体积的质量,按下式计算:

$$\rho = \frac{m}{V} \tag{1-1}$$

式中 ρ——材料的密度,g/cm^3 或 kg/m^3;

m——材料在干燥状态下的质量,g 或 kg;

V——材料在绝对密实状态下的体积,cm^3 或 m^3。

材料在绝对密实状态下的体积 V,是指材料不包括孔隙体积 $V_{孔}$ 在内的固体物质所占的体积,又称实体积。

建筑材料中,除少数材料(如钢材、玻璃、沥青等)近似认为不含孔隙外,其他绝大多数材料在自然状态下均含有一定的孔隙。故在测定有孔隙材料的密度时,应将材料磨成细粉,除去内部的孔隙,干燥至恒重后,用李氏瓶法测定其密实体积。材料磨得越细,越接近绝对体积,所测得的密度值就越精确。工程中,砖、石材等都是用该方法测定其密度的。钢材、玻璃、沥青等少数密实材料可近似地根据其外形尺寸求得密实体积。

一般认为,材料密度的大小取决于材料的组成及微观结构。因此,具有相同组成及微观结构的材料,其密度为定值。

(二) 表观密度

表观密度是指材料在自然状态下,单位体积的质量,按下式计算:

$$\rho_0 = \frac{m}{V_0} \tag{1-2}$$

式中 ρ_0——材料的表观密度,g/cm^3 或 kg/m^3;

m——材料的质量,g 或 kg;

V_0——材料在自然状态下的体积,cm^3 或 m^3。

材料的表观密度用于表示块状材料和散粒材料的密实程度。

材料在自然状态下的体积 V_0,是指包括孔隙体积 $V_{孔}$ 在内的材料体积,即 $V_0 = V + V_{孔}$。

通常情况下,材料的孔隙体积包含材料内部开口孔隙和闭口孔隙的体积。开口孔隙是材料实体内相互贯通且与外界连通的孔隙;闭口孔隙是实体内部相互独立且不与外界相通的孔隙。

在测定材料自然状态下的体积 V_0 时,分两种情况:

(1) 对于形状规则的材料(如砖、石块等),可用游标卡尺直接测定材料的具体尺寸。

① 对于六面体,测定其长、宽、高;

② 对于圆柱体,测定其直径和高。

(2) 对于形状不规则的材料(如卵石、碎石等),采用排水法(排液法)测定其自然状态下的体积。

对某一特定材料而言,其密度是固定不变的,但其表观密度与材料的含水状态有关。当材料含有水分时,材料的质量及体积均会发生改变,从而导致表观密度的改变。故在测定材料的表观密度时,须注明其含水状态。一般情况下,表观密度是指在气干状态(长期在空气中存放的干燥状态)下的表观密度。建筑工程中,如无特别说明,材料的表观密度通常指的就是气干状态下的表观密度。

(三)堆积密度

堆积密度是指散粒状或粉状材料,在自然堆积状态下,单位体积的质量,按下式计算:

$$\rho'_0 = \frac{m}{V'_0} \tag{1-3}$$

式中 ρ'_0——材料的堆积密度,g/cm³ 或 kg/m³;
　　m——材料的质量,g 或 kg;
　　V'_0——材料在自然堆积状态下的体积,cm³ 或 m³。

材料在自然堆积状态下的体积 V'_0,包括固体颗粒体积 V、颗粒内部孔隙体积 $V_{孔}$ 和颗粒之间的空隙体积 $V_{空}$,即 $V'_0 = V + V_{孔} + V_{空}$。

散粒材料的堆积密度用容量筒测定,质量是装填在一定容器内的材料质量,堆积体积是所用容器的标定体积。材料的堆积密度与材料的装填条件及含水状态有关。

建筑工程中,在计算材料的用量以及构件的自重、配料计算、确定材料的堆放空间以及运输量时,经常要用到材料的密度、表观密度和堆积密度等参数。常用建筑材料的密度、表观密度及堆积密度见表 1-1。

表 1-1　常用建筑材料的密度、表观密度及堆积密度　　　　单位:g/cm³

材料	密度	表观密度	堆积密度
花岗岩	2.60~2.80	2.50~2.70	—
碎石(石灰岩)	2.60	—	1.40~1.70
砂	2.60	—	1.45~1.65
黏土	2.60	—	1.60~1.80
黏土空心砖	2.50	1.00~1.40	—
水泥	3.10	—	1.20~1.30
普通混凝土	—	2.10~2.60	—
钢材	7.85	7.85	—
木材	1.55	0.40~0.80	—
泡沫塑料	—	0.02~0.05	—

(四)孔隙率与密实度

1. 孔隙率

孔隙率指块状材料中,孔隙体积占材料自然状态下总体积的百分数,用符号 P 表示,按下式计算:

$$P = \frac{V_{孔}}{V_0} \times 100\% \tag{1-4}$$

$$P = \frac{V_0 - V}{V_0} \times 100\% = \left(1 - \frac{V}{V_0}\right) \times 100\% = \left(1 - \frac{\rho_0}{\rho}\right) \times 100\% \tag{1-5}$$

式中 P——材料的孔隙率,%;
　　$V_{孔}$——材料中孔隙的体积,cm³ 或 m³;
　　V——材料在绝对密实状态下的体积,cm³ 或 m³;

V_0——材料在自然状态下的体积，cm^3 或 m^3；

ρ——材料的密度，g/cm^3 或 kg/m^3；

ρ_0——材料的表观密度，g/cm^3 或 kg/m^3。

孔隙率的大小直接反映了材料的致密程度。材料的许多性质如强度、热工性质、声学性质、吸水性、吸湿性、抗渗性、抗冻性等都与孔隙率有关。这些性质不仅与材料的孔隙率大小有关，而且与材料的孔隙特征有关。孔隙特征是指孔隙的种类（开口孔隙与闭口孔隙）、孔隙的大小及孔的分布是否均匀等。

2. 密实度

密实度是与孔隙率相对应的概念，指材料体积内被固体物质充实的程度，用符号 D 表示，按下式计算：

$$D = \frac{V}{V_0} \times 100\% = \frac{\rho_0}{\rho} \times 100\% \tag{1-6}$$

孔隙率和密实度分别从两个方面反映材料的致密程度。孔隙率小，则密实度大，材料越密实，强度越大。两者的关系为：孔隙率＋密实度＝1。

（五）空隙率与填充度

1. 空隙率

材料的空隙率是指散粒材料在堆积状态下，颗粒之间的空隙体积占堆积体积的百分比，用 P' 表示，按下式计算：

$$P' = \frac{V_0' - V_0}{V_0'} = \left(1 - \frac{V_0}{V_0'}\right) \times 100\% = \left(1 - \frac{\rho_0'}{\rho_0}\right) \times 100\% \tag{1-7}$$

式中　P'——材料的空隙率，%；

V_0——材料在自然状态下的体积，cm^3 或 m^3；

V_0'——材料在堆积状态下的体积，cm^3 或 m^3；

ρ_0——材料的表观密度，g/cm^3 或 kg/m^3；

ρ_0'——材料的堆积密度，g/cm^3 或 kg/m^3。

空隙率反映了散粒材料颗粒之间互相填充的疏密程度。在混凝土配合比设计时，可作为控制混凝土骨料级配以及计算砂率的依据。

2. 填充度

填充度是指散粒状材料在自然堆积状态下，其中的颗粒体积占自然堆积状态下体积的百分数，用 D' 表示，按下式计算：

$$D' = \frac{V_0}{V_0'} \times 100\% = \frac{\rho_0'}{\rho_0} \times 100\% \tag{1-8}$$

空隙率和填充度分别从两个方面反映散粒材料的颗粒相互填充的疏密程度，空隙率小，则填充度大。

两者的关系：空隙率＋填充度＝1。

【例 1-1】 一块石灰岩，体积为 $10m^3$，密度为 $2.7g/cm^3$，孔隙率为 0.8%，现将石灰岩轧成碎石，并测得碎石的堆积密度为 $1600kg/m^3$，求碎石的堆积体积。

解： 由 $\rho = \frac{m}{V}$ 得碎石的质量为　$m = \rho V = 2.7 \times 1000 \times 10 \times (1 - 0.8\%) \approx 26800$（kg）

由 $\rho_0' = \frac{m}{V_0'}$ 得碎石的堆积体积为　$V_0' = \frac{m}{\rho_0'} = \frac{26800}{1600} = 16.8$（$m^3$）

故碎石的堆积体积为 $16.8m^3$。

【例 1-2】 烧结普通砖的尺寸为 $240mm\times115mm\times53mm$，其干燥质量为 $2487g$，孔隙率为 37%，求其密度和表观密度。

解：烧结普通砖的表观体积 $V_0=24\times11.5\times5.3=1462.8(cm^3)$

表观密度 $\rho_0=\dfrac{m}{V_0}=\dfrac{2487}{1462.8}=1.7$（$g/cm^3$）

由 $P=1-\dfrac{\rho_0}{\rho}$ 得其密度为 $\rho=\dfrac{\rho_0}{1-P}=\dfrac{1.7}{1-37\%}=2.7$（$g/cm^3$）

二、与水有关的物理性质

（一）亲水性与憎水性

材料在使用过程中常常遇到水，不同的材料遇水后和水的作用情况是不同的。根据材料能否被润湿，将材料分为亲水性材料和憎水性材料。

在材料、空气、水三相交界处，沿水滴表面作切线，切线与材料和水接触面的夹角 θ 称为润湿角。θ 越小，浸润性越强，当 θ 为 0 时，表示材料完全被水润湿。一般认为，当 $\theta\leqslant 90°$ 时，水分子之间的内聚力小于水分子与材料分子之间的吸引力，此种材料称为亲水性材料，见图 1-4（a）；当 $\theta>90°$ 时，水分子之间的内聚力大于水分子与材料之间的吸引力，材料表面不易被水湿润，此种材料称为憎水性材料，如图 1-4（b）。建筑材料中水泥制品、砖、石、木材等为亲水性材料，沥青、油漆、塑料、防水油膏等为憎水性材料。

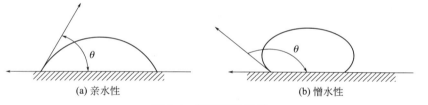

图 1-4 材料润湿示意

二维码 1-2

【提示】 防水防潮材料应优先选用憎水性材料。

（二）吸湿性与吸水性

1. 吸湿性

材料的吸湿性是指材料在潮湿空气中吸收水分的性质，吸湿性的大小用含水率表示。含水率是指材料中含水的质量与材料干燥状态下质量的百分比，按下式计算：

$$W=\dfrac{m_{含}-m}{m}\times100\% \tag{1-9}$$

式中 W——材料的含水率，$\%$；

$m_{含}$——材料在含水状态下的质量，g 或 kg；

m——材料在干燥状态下的质量，g 或 kg。

吸湿作用一般是可逆的，材料既可以吸收空气中的水分，又可以向空气中释放水分。当材料中的湿度与空气湿度达到平衡时的含水率，称为平衡含水率。平衡含水率表示材料在某一时刻的含水状态，并不是某一固定值，它会随着周围环境温度和湿度的变化而变化。

材料的吸湿性除与材料的组成、构造有关外，还与孔隙率、孔隙特征、所处环境的温度和湿度有关。一般环境温度越低，相对湿度越大，材料的含水率越大。吸湿对材料的性能产生显著影响。例如：保温材料吸湿含水后，热导率增大，保温性能降低；木门窗在潮湿环境中吸湿产生膨胀变形，造成不易开关。

2. 吸水性

材料的吸水性是指材料与水接触吸收水分的性质。吸水性的大小用吸水率表示，吸水率反映材料的吸水性能，有质量吸水率和体积吸水率两种。

（1）质量吸水率。质量吸水率是指材料吸水饱和时，其吸收水分的质量与材料干燥状态下质量的百分比，按下式计算：

$$W_\text{m} = \frac{m_\text{饱} - m}{m} \times 100\% \tag{1-10}$$

式中　W_m——材料的质量吸水率，%；

　　　$m_\text{饱}$——材料在吸水饱和状态下的质量，g 或 kg；

　　　m——材料在干燥状态下的质量，g 或 kg。

（2）体积吸水率。体积吸水率是指材料吸水饱和时，所吸收水分的体积与干燥状态下材料表观体积的百分比，按下式计算：

$$W_\text{V} = \frac{\dfrac{m_\text{饱} - m}{\rho_\text{w}}}{V_0} \times 100\% = \frac{m_\text{饱} - m}{V_0 \rho_\text{w}} \times 100\% \tag{1-11}$$

式中　W_V——材料的体积吸水率，%；

　　　V_0——干燥材料在自然状态下的体积，cm³ 或 m³；

　　　ρ_w——水的密度，常温下取 1g/cm³。

将式（1-11）除以式（1-10），可得到体积吸水率与质量吸水率之间的关系为：

$$\frac{W_\text{V}}{W_\text{m}} = \frac{\rho_0}{\rho_\text{w}} \tag{1-12}$$

式中　ρ_0——材料在干燥状态下的表观密度，g/cm³ 或 kg/m³。

在土木工程材料中，多数情况下按质量吸水率计算。如无特别说明，吸水率一般指质量吸水率。

材料吸水率的大小主要取决于材料的孔隙率及孔隙特征。材料具有较多开口、细微且连通的孔隙，吸水率较大；粗大开口的孔隙，水分虽易进入，但仅能润湿孔隙表面而不易在孔内存留，封闭的孔隙，水分则不易进入，故具有粗大开口或封闭孔隙的材料，其吸水率较低。

各种材料的吸水率相差很大，如花岗岩等致密岩石的吸水率仅为 0.5%～0.7%，普通混凝土为 2%～3%，黏土砖为 8%～20%，而木材或其他轻质材料吸水率可大于 100%。

材料吸水后，自重增加，强度降低，保温性能下降，抗冻性能变差，有时还会发生明显的体积膨胀。

【提示】含水率与吸水率的区别在于：含水率是变化的，它随周围环境温度和湿度的变化而变化；吸水率是固定不变的，材料吸水达到饱和状态时的含水率即为吸水率。

（三）耐水性

材料的耐水性是指材料长期在水的作用下不破坏，强度也不显著降低的性质。材料的耐水性用软化系数表示，按下式计算：

$$K_\text{软} = \frac{f_\text{饱}}{f} \tag{1-13}$$

式中 $K_软$——材料的软化系数;

$f_饱$——材料在吸水饱和状态下的抗压强度,MPa 或 Pa;

f——材料在干燥状态下的抗压强度,MPa 或 Pa。

一般材料遇水后,会因含水而使其内部的结合力减弱,同时材料内部的一些可溶性物质发生溶解导致其孔隙率增加,因此材料的强度都有不同程度的降低。如花岗岩长期浸泡在水中,强度将下降 3%。普通黏土砖和木材等浸水后强度降低更多。

软化系数的波动范围在 0~1 之间。通常将软化系数大于 0.85 的材料称为耐水材料。软化系数的大小,有时成为选择材料的重要依据。受水浸泡或长期处于潮湿环境的重要建筑物或构筑物所用材料的软化系数不应低于 0.85;对受潮程度较轻或者次要结构所用的材料,其软化系数允许稍有降低但不宜小于 0.75。

材料的耐水性主要与其成分在水中的溶解度及其孔隙率有关。一般情况下:溶解度小或不溶的材料,其软化系数较大,如金属材料;溶解度大且具有较大孔隙率的材料,其软化系数通常较小或极小,如黏土。

【例 1-3】 某石材在干燥状态、吸水饱和情况下测得的抗压强度分别为 178MPa、165MPa,求该石材的软化系数,并判断该石材可否用于水下工程。

解: 该石材的软化系数为

$$K_软 = \frac{f_饱}{f} = \frac{165}{178} = 0.93$$

由于该石材的软化系数为 0.93,大于 0.85,属于耐水材料,故该石材可用于水下工程。

(四)抗渗性

材料的抗渗性是指材料抵抗压力水渗透的能力。由于材料具有不同程度的渗透性,当材料两侧存在不同水压时,一切破坏因素(如腐蚀介质)都可通过水或气体进入材料内部,然后把所分解的产物带出材料,使材料逐渐破坏。

材料的抗渗性通常用渗透系数和抗渗等级两种指标衡量。

1. 渗透系数

根据达西定律,在一定时间内,透水量与透水断面面积及水头差成正比,与材料的厚度成反比,渗透系数可按下式计算:

$$K = \frac{Qd}{AtH} \tag{1-14}$$

式中 K——材料的渗透系数,cm/s;

Q——透水量,cm^3;

d——试件厚度,cm;

A——透水面积,cm^2;

t——透水时间,s;

H——静水压力水头差,cm。

渗透系数 K 的物理意义是单位时间内,在一定的水压作用下,单位厚度的材料在单位面积上的透水量。K 值越小,表明材料的抗渗能力越强。

2. 抗渗等级

抗渗等级常用于评价混凝土和砂浆等材料,是指在规定试验条件下,材料所能承受的最大水压力值,用符号 P 表示。如混凝土的抗渗等级为 P6、P8、P10、P12,相应表示能抵抗 0.6MPa、0.8MPa、1.0MPa、1.2MPa 的静水压力而不渗透。抗渗等级越大,材料的抗渗性能越好。

材料的抗渗性除了与材料本身的亲水性和憎水性有关外，还与材料的孔隙率和孔隙特征有密切的关系。材料越密实，闭口孔隙越多，孔径越小，越难渗水；具有较大孔隙率，且孔连通、孔径较大的材料抗渗性较差。

抗渗性是决定材料耐久性的重要因素。对于地下建筑物、屋面、外墙及水工构筑物等，因常受到水的作用，所以要求材料有一定的抗渗性。对于专门用于防水的材料，则要求具有较高的抗渗性。

（五）抗冻性

材料的抗冻性是指材料在吸水饱和状态下，经受多次冻结和融化作用（冻融循环作用）而不破坏，其强度也不显著降低的性质。

材料在吸水后，如果在负温下受冻，水在毛细孔内结冰，体积膨胀约9%，冰的冻胀压力将造成材料的内应力，使材料遭到局部破坏。随着冻结和融化的循环进行，材料表面将出现裂纹、剥落等现象，造成质量损失、强度降低。这是材料内部孔隙中的水分结冰使体积增大对孔壁产生很大的压力，冰融化时压力又骤然消失所致。无论是冻结还是融化都会在材料冻融交界层间产生明显的压力差，并作用于孔壁使之破坏。

材料被冰冻破坏的程度与冻结温度、冻结速度及冻融频繁程度有关。温度越低，降温越快，冻融间隔时间越短，材料越容易破坏。特别是位于水位变化区的建筑物，在寒冷季节交替受到干湿与冻融作用，其材料破坏最为严重。

材料的抗冻性用抗冻等级来表示。抗冻等级表示吸水饱和后的材料在规定的试验条件下所能经受的最大冻融循环次数，用符号F来表示。如混凝土的抗冻等级为F50、F100，分别表示在标准试验条件下，经过50次、100次的冻融循环后，其质量损失不超过5%、强度降低不超过25%。抗冻等级越高，材料的抗冻性能越好。

材料的抗冻性主要与其孔隙率、孔隙特征、孔隙内的水饱和程度、材料自身的变形能力、耐水性、含水率及强度有关。抗冻性良好的材料，抵抗温度变化、干湿交替等破坏作用也较强。对于室外温度低于−15℃的地区，其主要材料必须进行抗冻性试验。

三、材料的热工性能

（一）导热性

当材料两侧存在温度差时，热量将由温度高的一侧通过材料传递到温度低的一侧，材料的这种传导热量的能力称为导热性。材料的导热性用热导率λ表示，表达式如下：

$$\lambda = \frac{Qd}{At(T_1 - T_2)} \tag{1-15}$$

式中　λ——材料的热导率，W/(m·K)；
　　　Q——传导的热量，J；
　　　d——材料厚度，m；
　　　A——热传导面积，m^2；
　　　t——导热时间，s；
　　　T_1、T_2——材料两侧的温度，K。

热导率λ的物理意义是：单位厚度的材料，当两侧的温度差为1K时，在单位时间内，通过单位面积的热量。λ值越大，表明材料的导热性越强。

材料的导热能力除了与材料的孔隙率、孔隙特征及材料的含水状态有关外，还与材料的化学成分及其分子结构、温度、湿度等有关。密闭空气的热导率很小[0.023W/(m·

K)],故材料的闭口孔隙率大时热导率小。开口连通孔隙具有空气对流作用,材料的热导率较大。

水的导热性远远超过空气。所以,当材料的含水率增大时,其导热性也会相应提高;当材料受潮时,热导率增大。若水结冰,其导热性会进一步增大。对于纤维结构的材料,热量易顺着纤维方向传导,因此,顺纤维方向的热导率将大于横纤维方向。晶体材料的导热性大于非晶体材料,金属晶体的导热性依次大于离子晶体、原子晶体、分子晶体。

材料的热导率越小,表明其绝热性能越好,隔热保温效果越好。有隔热保温要求的建筑物宜选用热导率小的材料做围护结构。工程中通常将 $\lambda < 0.23 \text{W}/(\text{m} \cdot \text{K})$ 的材料称为绝热材料。几种常用材料的热导率及比热容见表1-2。

表1-2 常用材料的热导率及比热容值

材料	热导率/[W/(m·K)]	比热容/[J/(g·K)]	材料	热导率/[W/(m·K)]	比热容/[J/(g·K)]
铜	370	0.38	绝热纤维板	0.05	1.46
钢	55	0.46	泡沫塑料	0.03	1.70
花岗岩	2.9	0.8	水	0.58	4.20
普通混凝土	1.8	0.88	冰	2.3	2.10
黏土空心砖	0.64	0.92	密闭空气	0.023	
松木(横纹-顺纹)	0.17~0.35	2.51			

(二)热容量和比热容

材料的热容量是指材料受热时吸收热量或冷却时放出热量的能力。

热容量的大小用比热容表示。比热容是指1g的材料在温度改变1K时所吸收或放出的热量。

$$c = \frac{Q}{m(T_2 - T_1)} \tag{1-16}$$

式中 Q——材料吸收或放出的热量,J;
  c——材料的比热容,J/(g·K);
  m——材料的质量,g;
  $T_2 - T_1$——材料受热或冷却前后的温差,K。

材料的比热容对保持室内温度稳定有很大意义。即比热容高的材料,能对室内温度起调节作用,使其变化不致太快。几种常用材料的比热容见表1-2。

材料的导热性和比热容对建筑物的保温隔热具有重要意义,同时热导率和比热容也是建筑围护结构设计的重要参数。因此,设计时应优先选用热导率小且比热容大的建筑材料以提高建筑内部温度的稳定性,进而起到降低冬季取暖及夏季降温能耗的作用。

【工程实例1-1】加气混凝土砌块吸水分析

某施工队原使用普通烧结黏土砖砌墙,后改为表观密度为700kg/m³的加气混凝土砌块。在抹灰前采用同样的方式往墙上浇水,发现原使用的普通烧结黏土砖易吸足水量,而加气混凝土砌块虽表面浇水不少,但实际吸水不多,试分析原因。

原因分析:加气混凝土砌块虽多孔,但其气孔大多数为"墨水瓶"结构,肚大口小,毛细管作用差,只有少数孔是水分蒸发形成的毛细孔,因此吸水及导湿性能差,材料的吸水性不仅要看孔的数量多少,而且还要看孔的结构。

【工程实例 1-2】 新建房屋的墙体保温性能相对较差

新建房屋的墙体保温性能差于使用一段时间较干燥的墙体，尤其是在冬季，其差异更为明显。

原因分析：干燥墙体其孔隙被空气所填充，而空气的热导率很小，只有 0.023W/(m·K)，因而干燥墙体具有良好的保暖性能。而新建房屋的墙体未完全干燥，其内部孔隙中含有较多的水分，而水的热导率为 0.58W/(m·K)，是空气的近 25 倍，因而传热速度较快，保温性较差。尤其在冬季，一旦湿墙中孔隙水结冰后，导热能力更高，冰的热导率为 2.30W/(m·K)，是空气的 100 倍，保温性能更差。

任务二　材料的力学性质

材料的力学性质是指材料在外力作用下抵抗破坏的能力和抵抗变形方面的性质。

在建筑工程中，为了保证建筑物在荷载作用下能安全、正常工作，必须保证组成房屋的构件具有足够的强度、刚度和稳定性，这三方面的要求就构成了构件的承载能力。在材料力学中，衡量构件是否具有足够的承载能力，要从三个方面来考虑，即强度、刚度、稳定性。强度是指构件抵抗破坏的能力；刚度是指构件抵抗变形的能力；稳定性是指构件保持原有平衡状态的能力。

二维码 1-3

外力是指对材料所施加的、使材料发生变形的力，也常称作荷载。

应力是作用在材料表面或内部单位面积上的力。以轴向受拉为例，当材料承受荷载 P 作用时，内部截面上就产生了应力，用 σ 表示。按下式计算：

$$\sigma = \frac{P}{A} \tag{1-17}$$

式中　σ——应力，MPa；

　　　P——荷载，N；

　　　A——材料受力面积，mm^2。

应变是材料在外力作用下所发生的相对变形值。常用单位长度的变形来描述杆件的变形程度。单位长度的变形称为线应变。按下式计算：

$$\varepsilon = \frac{\Delta l}{l} \tag{1-18}$$

式中　ε——应变；

　　　Δl——材料在受力方向上的变形值（拉伸时为伸长，压缩时为缩短），m；

　　　l——试件原长，m。

一、强度

强度是指材料抵抗外力破坏的能力。当材料承受外力作用时，内部就产生应力，外力逐渐增加，应力也相应加大，直到质点间作用力不能再承受时，材料即破坏。此时极限应力值就是材料的强度。

1. 静力强度

材料的静力强度是指在静荷载作用下，材料破坏前所能承受的最大应力值，也称为材料的极限强度。

材料的强度按外力作用方式的不同，分为抗压强度、抗拉强度、抗剪强度、抗弯强度等，常用材料的强度见表 1-3。

表 1-3　常用材料的强度　　　　　　　　　　　　　　　　　　单位:MPa

材料	抗压强度	抗拉强度	抗弯强度
花岗岩	100~250	5~8	10~14
普通黏土砖	10~30	—	2.6~10.0
普通混凝土	10~100	1~8	10~100
松木(顺纹)	30~50	80~120	30~50
钢材	240~1500	240~1500	375~2200

不同种类的材料具有不同的强度特点。如砖、石材、混凝土和铸铁等材料具有较高的抗压强度，而抗拉强度、抗弯强度均较低；钢材的抗拉强度与抗压强度大致相同，而且都很高；木材的抗拉强度大于抗压强度。在实际工程中应根据材料在工程中的受力特点合理选用。

相同种类的材料，由于内部构造不同，强度也有很大差异。孔隙率越大，材料强度越低。

另外，试验条件的不同对材料强度值的测试结果会产生较大影响。试验条件主要包括试验所用试件的形状、尺寸、表面状态、含水率及环境温度和加荷速度等几方面。

受试件与承压板表面摩擦的影响，棱柱体长试件的抗压强度较立方体短试件的抗压强度低；大试件由于材料内部缺陷出现机会的增多，强度会比小试件低一些；表面凹凸不平的试件受力面比表面平整试件受力面受力不均，强度较低；试件含水率的增大，环境温度的升高，都会使材料强度降低。材料破坏是其变形达到极限变形而被破坏，而应变发生总是滞后于应力发展，故加荷速度越快，所测强度值也越高。因此，测定强度时，应严格遵守国家规定的标准试验方法。

【工程实例 1-3】 测试强度与加荷速度的关系

人们在测试混凝土等材料的强度时可以观察到，同一试件，加荷速度过快，所测值偏高。

原因分析：材料的强度除与其组成结构有关外，还与测试条件有关。当加荷速度快时，荷载的增长速度大于材料裂缝扩展速度，测出的值就会偏高。为此，在材料的强度测试中，一般都规定其加荷速度范围。

几种材料的静力强度计算公式见表 1-4。

表 1-4　静力强度计算公式

强度类别	计算简图	计算式	说明
抗压强度 f_c		$f_c = \dfrac{P}{A}$	P——破坏荷载,N; A——受力面积,mm^2; l——跨度,mm; b——断面宽度,mm; h——断面高度,mm
抗拉强度 f_t		$f_t = \dfrac{P}{A}$	
抗剪强度 f_v		$f_v = \dfrac{P}{A}$	
抗弯强度 f_{tm}		$f_{tm} = \dfrac{3Pl}{2bh^2}$	

2. 强度等级与比强度

为生产及使用的方便，对于以力学性质为主要性能指标的材料常按材料强度的大小分为不同的强度等级。强度等级越高的材料，所能承受的荷载越大。对于混凝土、砌筑砂浆、普通砖、石材等脆性材料，由于主要用于抗压，以其抗压强度来划分等级；建筑钢材主要用于抗拉，故以其抗拉强度来划分等级。

比强度指材料强度与其表观密度之比，常用来衡量材料轻质高强的性质。比强度高的材料具有轻质高强的特性，可用作高层、大跨度工程的结构材料。轻质高强是材料今后的发展方向。表1-5为钢材、木材和混凝土的强度比较。

表 1-5 钢材、木材和混凝土的强度比较

材料	抗压强度 f_c/MPa	表观密度 ρ_0/(kg/m³)	比强度/(kN·m/kg)
低碳钢	415	7850	52.9
松木	34.3（顺纹）	500	68.6
普通混凝土	29.4	2400	12.25

3. 疲劳强度

疲劳破坏是危险的破坏，在远低于材料强度极限的交变应力作用下，没有明显预兆的破坏形式。这种交变应力超过某一应力极限且多次反复作用后导致材料的破坏，称为疲劳破坏，该应力极限值称为疲劳强度。

疲劳破坏与静力破坏不同，疲劳强度远低于静力强度，常在没有显著变形的情况下突然发生，所以经常造成重大事故。疲劳强度试验分为低循环疲劳试验和高循环疲劳试验，应力循环次数分别为 $10^2 \sim 10^5$ 次和 10^6 次以上。

二、弹性和塑性

材料变形是指材料在外力作用下体积和形状发生变化的有关性质。根据变形的特点，可分为弹性变形和塑性变形。

1. 弹性变形

材料在外力的作用下会发生形状、体积的改变，即变形。当外力除去后，能完全恢复原有形状的性质，称为材料的弹性，这种变形，称为弹性变形。

弹性变形的大小与外力成正比，比例系数 E 称为弹性模量。在材料的弹性范围内，弹性模量是一个常数，按下式计算：

$$E = \frac{\sigma}{\varepsilon} \tag{1-19}$$

式中 E——材料的弹性模量，MPa；

σ——材料的应力，MPa；

ε——材料的应变，无量纲。

弹性模量是材料刚度的度量，E 值越大，材料越不容易变形。

2. 塑性变形

材料在外力作用下产生变形但不破坏，除去外力后材料仍保持变形后的形状、尺寸的性质，称为材料的塑性，这种变形称为塑性变形。

完全的弹性材料是不存在的。有的材料在受力不大的情况下，表现为弹性变形，但受力超过一定限度后，则表现为塑性变形，如低碳钢；有的材料在受力后，同时产生弹性变形和

塑性变形，如果取消外力，则弹性变形部分可以恢复，而塑性变形部分则不能恢复，如混凝土。

一般而言，随着荷载的增加，材料所产生的变形由弹性变形为主（低应力）变化到弹性变形与塑性变形共存。这种弹塑性变形在外力去除后，弹性变形可以恢复，而塑性变形则不能恢复。混凝土材料的受力变形就属于这种类型。根据材料破坏时弹性变形和塑性变形所占比重的不同，可分为塑性材料和脆性材料。若材料破坏前有显著塑性变形，则称为塑性破坏，其变形及破坏过程主要体现为塑性行为；若材料破坏前无显著塑性变形，则称为脆性破坏，其破坏过程主要体现为脆性行为。

材料破坏时呈现脆性特征还是塑性特征，取决于材料自身的成分、组织结构、构造等内因；同时，荷载类型、加载条件（加载速度、环境温度及湿度）等因素也会影响材料的破坏特征。在规定的温、湿度及施加荷载方式和加载速度条件下，对标准尺寸的试件施加荷载，若材料表现为塑性破坏，则称为塑性材料，如低碳钢、铜、铝、沥青等；若材料表现为脆性破坏，则称为脆性材料，如砖、石料、混凝土等。当加载条件、试件尺寸及荷载类型改变时，材料破坏时所表现的破坏行为也会发生变化。如在进行混凝土抗压强度测定时，混凝土表现为脆性破坏，而混凝土试件在高压、高温等条件下的压缩试验中，则体现为塑性破坏。低碳钢、铁等塑性材料，在低温下也可能呈现脆性破坏；沥青材料在低温及快速加载时，也会发生脆性破坏；玻璃或石料等通常是脆性破坏，但当其制成玻璃纤维或矿物纤维时，就会呈现出塑性行为。

三、韧性和脆性

1. 韧性

韧性是指材料在冲击或振动荷载作用下，能够吸收较大的能量，同时也能产生一定的变形而不发生破坏的性质。

材料的韧性是用冲击试验来检验的，因而又称为冲击韧性。材料的韧性一般用冲击韧性值表示，指试件受冲击时单位面积所能吸收的能量，可按下式计算：

$$a_k = \frac{W_k}{A} \tag{1-20}$$

式中 a_k——材料的冲击韧性，J/mm^2；

W_k——试件破坏时所消耗的功，J；

A——材料受力截面积，mm^2。

因此，可用冲击韧性值的大小来表示材料韧性好坏，一般将冲击韧性值低的材料称为脆性材料，冲击韧性值高的材料称为韧性材料。常见的建筑钢材、木材、沥青、橡胶等都属于韧性材料，既具有一定的强度，又具有良好的受力变形的综合性能。

对于桥梁、路面、吊车梁及某些设备基础等有抗震要求的工程结构，不仅承受短暂荷载和持久荷载，在使用中往往会受到较大的冲击荷载作用，因此，应考虑所用材料的冲击韧性。

2. 脆性

脆性是指材料在外力作用下，无明显塑性变形而突然破坏的性质。具有这种性质的材料称为脆性材料。

其特点是材料在外力作用下，达到破坏荷载时变形很小。脆性材料的抗压强度比其抗拉强度往往要高很多倍，这对承受振动荷载和抵抗冲击荷载是不利的，所以脆性材料一般只适用于承受静压力的结构或构件，如砖、石材、混凝土、铸铁等。

四、硬度和耐磨性

1. 硬度

硬度是指材料表面抵抗其他较硬物体压入或刻划的能力。通常,硬度大的材料,耐磨性较高,强度高,不易加工。

不同材料硬度的测定方法也不同,常用的有压入法和刻划法。金属、木材等材料硬度的测定常用压入法(布氏硬度法)测定,以单位压痕面积上所受的压力来表示,测得的硬度称为布氏硬度(HB)。天然矿物材料的硬度按刻划法分为 10 级,由软到硬依次分别为滑石、石膏、方解石、萤石、磷灰石、正长石、石英、黄玉、刚玉、金刚石。一般硬度较大的材料耐磨性较强,但不易加工。

工程中有时用硬度来间接推算材料的强度,如回弹法用于测定混凝土表面硬度,间接推算混凝土强度。

2. 耐磨性

耐磨性是材料表面抵抗磨损的能力。耐磨性一般用磨耗量表示,通过规定条件下的摩擦磨损试验,测定被测材料的尺寸变化、质量或体积的减量。

材料的硬度大、韧性好、构造均匀密实时,其耐磨性较强。如多泥沙河流上水闸的消能减震结构,要求使用耐磨性较强的材料。

任务三 材料的耐久性

耐久性是指材料在使用过程中,能长期抵抗各种环境因素作用而不破坏,且能保持原有性质的性能。材料在使用过程中,除了受到各种荷载的作用,还会不可避免地受到自然环境中各种因素的作用,如风、雨、日光、温湿度的变化、腐蚀性介质的侵蚀等,这些因素共同作用会使得材料的性能逐渐降低,甚至破坏。

二维码 1-4

所以,建筑材料除了要满足使用要求的物理、力学性质外,还必须具有一定的耐久性。由具有良好耐久性的建筑材料建造的工程结构,会具有较长的使用寿命。因此,提高材料的耐久性,可延长工程结构的使用寿命,起到节约能源和材料的作用。

各种环境因素的作用可概括为物理作用、化学作用和生物作用三个方面。

物理作用包括干湿变化、温度变化、冻融变化、溶蚀、磨损等。这些作用会引起材料体积的收缩或膨胀,导致材料内部裂缝的扩张,长时间或反复多次的作用会使材料逐渐破坏。特别在严寒地区,冰冻及冻融对材料的破坏更为严重。

化学作用包括酸、碱、盐等物质的溶解及有害气体的侵蚀作用,以及日光和紫外线等对材料的作用。这些作用使材料的组成成分发生变化,从而引起材料逐渐变质破坏,如钢筋的锈蚀、沥青的老化等。

生物作用包括昆虫、菌类等对材料的作用,它将使材料由于虫蛀、腐蚀而破坏,如木材及植物纤维材料的腐烂等。

土木工程所处的环境复杂多变,其材料所受到的破坏因素也千变万化。这些破坏因素单独或交互作用于建筑材料,可形成物理、化学和生物的破坏作用。各种破坏因素的复杂性和多样性,使得耐久性成为材料的一项综合性质。

实际上,材料的耐久性是多方面因素共同作用的结果,即耐久性是一个综合性质,无法用一个统一的指标去衡量所有材料的耐久性,而只能对不同的材料提出不同的耐久性要求。

如水工建筑物常用材料的耐久性主要包括抗渗性、抗冻性、大气稳定性、抗化学侵蚀性等。

实际工程中，由于各种原因，土木工程结构常常会因耐久性不足而过早破坏。因此，耐久性是建筑材料的一项重要的技术性质。各国技术人员都已经认识到，土木工程结构根据耐久性进行设计，更具有科学性和实用性。只有深入了解并掌握建筑材料耐久性的本质，从材料、设计、施工、使用各方面共同努力才能保证材料和结构的耐久性，延长工程结构的使用寿命。

对材料耐久性的判断，需要在其使用条件下进行长期的观察和测定，通常是根据对所有材料的使用要求，在实验室进行有关的快速试验，如干湿循环、冻融循环、加湿与紫外线干燥循环、盐溶解浸渍与干燥循环、化学介质浸渍等。

小 结

建筑材料的基本性质是本课程的重点内容之一。掌握和了解这些性质对于认识、研究和应用建筑材料具有极为重要的意义。

本项目重点讨论了建筑材料的基本性质，包括材料的物理性质、力学性质及耐久性。

材料的物理性质包括与质量有关的性质、与水有关的性质、与热有关的性质三部分。与质量有关的性质根据材料所处的状态不同，分为密度、表观密度和堆积密度。孔隙率、孔隙的构造特征和空隙率描述材料在不同状态下的疏密程度，它们是影响材料工程性质的内在因素。与水有关的性质包括亲水性和憎水性、吸湿性与吸水性、耐水性、抗渗性和抗冻性，这些性质都与材料的组成与结构有关。与热有关的性质包括导热性、比热容和热容量等。热导率是采暖房屋的墙体和屋面热工计算及确定热表面的重要依据。比热容用于计算围护结构保持温度稳定的能力。

材料的力学性质是指材料在一定的环境作用下，承受各种外加荷载时所表现出的力学特征。如强度、弹性变形与塑性变形、脆性与韧性、耐磨性与硬度等。

材料的耐久性是一项综合指标，是指材料在长期使用的过程中，在环境因素作用下，能保持其原有性能而不变质、不破坏的性质。它主要包括抗渗性、抗冻性、耐蚀性、抗老化性、耐热性和耐磨性等。

本项目介绍了学习建筑材料与检测课程应首先具备的基本知识和理论。材料的材质不同，其性质也必有差异。通过本项目学习，可以了解、明辨建筑材料所具有的各种基本性质的定义、内涵、参数及计算方法；了解材料性质对其性能的影响，如材料的孔隙率对材料强度、吸水性、耐久性、抗冻性等的影响；了解材料性能对建筑结构质量的影响，为下一步学习材料理论打下基础。

能力训练题

一、填空题

1. 材料的吸水性用（　　　）来表示，吸湿性用（　　　）来表示。
2. 材料耐水性可以用（　　　）来表示；材料的耐水性越好，该数值越（　　　）。
3. 水可以在材料表面展开，即材料表面可以被水浸润，这种性质称为（　　　）。
4. 同种材料，封闭孔隙率越大，则材料的强度越（　　　），保温性越（　　　），吸水率越

(　　)。

5. 材料含水率增加，热导率随之（　　），当水（　　）时，热导率进一步提高。

二、判断题

1. 同一种材料，其表观密度越大，则其孔隙率越大。（　　）
2. 材料的抗冻性与材料的孔隙率有关，与孔隙中的水饱和程度无关。（　　）
3. 某些材料虽然在受力初期表现为弹性，达到一定程度后表现出塑性特征，这类材料称为塑性材料。（　　）
4. 材料进行强度试验时，加荷速度快的比加荷速度慢的试验结果指标值偏小。（　　）
5. 热容量大的材料导热性大，受外界气温影响室内温度变化比较慢。（　　）

三、单选题

1. 100g含水率为3‰的湿砂，其中水的质量为（　　）。
   A. 3.0g　　　　B. 2.5g　　　　C. 3.3g　　　　D. 2.9g
2. 某材料吸水饱和后的质量为20kg，烘干到恒重时，质量为16kg，则材料的（　　）。
   A. 质量吸水率为25％　　　　B. 质量吸水率为20％
   C. 体积吸水率为25％　　　　D. 体积吸水率为20％
3. 材料吸水后（　　）将提高。
   A. 耐久性　　　B. 强度　　　　C. 密度　　　　D. 热导率
4. 经常位于水中或受潮严重的重要结构物的材料，其软化系数不宜小于（　　）。
   A. 0.75　　　　B. 0.70　　　　C. 0.85　　　　D. 0.90
5. 材料的抗渗性是指材料抵抗（　　）渗透的性质。
   A. 水　　　　　B. 潮气　　　　C. 压力水　　　D. 饱和水
6. 对于某一种材料来说，无论环境怎样变化，其（　　）都是一定值。
   A. 表观密度　　B. 密度　　　　C. 热导率　　　D. 平衡含水率

四、简答题及计算题

1. 新建的房屋保暖性差，到冬季更甚，这是为什么？
2. 某一块状材料的全干质量为115g，自然状态下的体积为44cm³，绝对密实状态下的体积为37cm³，试计算其密度、表观密度、密实度和孔隙率。
3. 某工地所用卵石材料的密度为2.65g/cm³、表观密度为2.61g/cm³、堆积密度为1680kg/m³，分别计算此石子的密实度、孔隙率、填充度、空隙率。

项目二
建筑石材

学习目标

1. 了解建筑石材的分类及其特点。
2. 熟悉天然石材的种类,掌握天然石材的技术性质及其工程应用。
3. 熟悉工程上常用的天然石材。

石材是建筑工程中必不可少且用量较大的一种建筑材料。本项目将介绍常见的建筑石材的品种、性能和应用范围,以便正确、经济、合理地选用石材材料。

建筑石材可分为天然石材和人造石材两大类。由天然岩石中开采,经过加工后成为料石、板材和颗粒状等材料,统称为天然石材。

我国有很长的使用天然石材的历史。天然石材具有抗压强度高、耐磨性和耐久性良好、加工后表面美观、资源广泛、蕴藏量十分丰富、便于就地取材等优点,因此得到广泛的应用。重质致密的块状石材,可用于砌筑基础、桥涵、护坡、挡土墙等砌体;散粒状石料,如碎石、砾石、砂等广泛用作混凝土集料;在轻质多孔的石材中,块状的可用作墙体材料,粒状的可用于拌制轻质混凝土;经过加工的各种饰面石材可用于室内外墙面、地面、柱面、踏步台阶等处的装饰工程中。

天然石材除直接应用于工程中外,还可以作为生产其他建筑材料的原料,如生产石灰、建筑石膏、水泥和无机绝热材料等。天然石材属脆性材料,其具有抗拉强度低、自重大、硬度高的特点,因此开采、加工和运输都比较困难。

人造石材是以不饱和聚酯树脂为胶黏剂,配以无机物粉料(如天然大理石、方解石、硅砂、玻璃粉等),适量的阻燃剂、染料等,经配料混合、瓷铸、振动、压缩、挤压、固化等工艺制成。人造石材在防潮、防酸、耐高温及艺术性方面与天然石材相比,有了较大的进步。

任务一 建筑石材的分类及特点

凡是由天然岩石开采而得到的毛料,或经加工而制成的块状或板状岩石,统称为石材。具有一定的物理性能、化学性能,可用作建筑材料的岩石称为建筑石材。建筑石材主要指用于建筑工程砌筑或装饰的石材,具有足够的强度和可加工性,广泛用于建筑工业上。建筑石材可分为天然石材(图2-1)和人造石材(图2-2)两大类。

图 2-1 天然石材

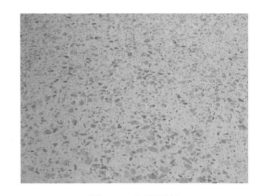
图 2-2 人造石材

一、天然石材的分类及特点

天然石材按成因可分为岩浆岩、沉积岩和变质岩三大类。

(一)岩浆岩

1. 花岗岩

花岗岩属于深成岩浆岩,是岩浆岩中分布最广的岩石,其主要矿物组成为长石、石英和少量云母等。花岗岩为全晶质,有细粒、中粒、粗粒、斑状等多种构造,但以细粒构造性质为好。其通常有灰、白、黄、粉红、红、纯黑等多种颜色,具有很强的装饰性。

花岗岩的体积密度为 2500~2800kg/m³,抗压强度为 120~300MPa,其孔隙率低,吸水率为 0.1%~0.7%,莫氏硬度为 6~7,耐磨性好、抗风化性及耐久性高、耐酸性好,但不耐火。花岗岩的使用年限为数十年至数百年,高质量的可达千年以上。

花岗岩主要用于基础、挡土墙、勒脚、踏步、地面、外墙饰面、雕塑等石砌体,属高档材料。破碎后可用于配制混凝土。此外,花岗岩还可用于耐酸工程。

2. 辉长岩、闪长岩、辉绿岩

它们由长石、辉石和角闪石等组成。三者的体积密度均较大,为 2800~3000kg/m³,抗压强度为 100~280MPa,耐久性及磨光性好,常呈深灰、浅灰、黑灰、灰绿、黑绿色和斑纹。它们除用于基础等石砌体外,还可用作名贵的装饰材料。

3. 玄武岩

玄武岩为岩浆冲破覆盖岩层喷出地表冷凝而成的岩石,其由辉石和长石组成。体积密度为 2900~3300kg/m³,抗压强度为 100~300MPa,脆性大,抗风化性较强。其主要用于基础、桥梁等石砌体,破碎后可作为高强度混凝土的集料。

4. 火山碎屑岩

火山碎屑岩为岩浆被喷到空气中,急速冷却而形成的岩石,又称为火山碎屑。因由喷到空气中急速冷却而成,其内部含有大量的气孔并多呈玻璃质,有较高的化学活性。常用的火山碎屑岩有火山灰、火山渣、浮石等,其主要用作轻集料混凝土的集料、水泥的混合材料等。

(二)沉积岩

1. 砂岩

砂岩主要由石英等胶结而成。根据胶结物的不同,砂岩分为以下几类:

(1)硅质砂岩 硅质砂岩由氧化硅胶结而成,呈白、淡灰、淡黄、淡红色,其强度可达 300MPa,具有耐磨性、耐久性、耐酸性高的特点,性能接近花岗岩。纯白色硅质砂岩又称为白玉石。硅质砂岩可用于各种装饰及浮雕、踏步、地面及耐酸工程。

(2)钙质砂岩 钙质砂岩由碳酸钙胶结而成,为砂岩中最常见和最常用的石材。呈白、灰白色,其强度较大,但不耐酸,可用于大多数工程。

(3)铁质砂岩 铁质砂岩由氧化铁胶结而成,常呈褐色。其性能较差,密实者可用于一般工程。

(4)黏土质砂岩 黏土质砂岩由黏土胶结而成。其具有易风化、耐水性差等缺点,甚至会因水的作用而溃散,一般不用于建筑工程。

此外还有长石砂岩、硬砂岩,两者的强度较高,可用于建筑工程。

由于砂岩的性能相差较大,使用时需加以区别。

2. 石灰岩

石灰岩俗称青石,为海水或淡水中的生物残骸沉积而成,它主要由方解石组成,常含有一定数量的白云石、菱镁矿(碳酸镁晶体)、石英、黏土矿物等,分布极广。石灰岩分为密实、多孔和散粒三种构造,密实构造的即普通石灰岩。其常呈灰、灰白、白、黄、浅红、黑、褐红等颜色。

密实石灰岩的体积密度为 2400~2600kg/m³,抗压强度为 20~120MPa,莫氏硬度为 3~4。当含有的黏土矿物超过 3%~4%时,其抗冻性和耐水性显著降低。当含有较多的氧化硅时,其强度、硬度和耐久性提高。石灰岩遇稀盐酸时强烈起泡,但硅质和镁质石灰岩起泡不明显。

石灰岩可用于大多数基础、墙体、挡土墙等石砌体,破碎后可用于混凝土,是生产石灰和水泥等的原料，但不得用于酸性水或二氧化碳含量多的水中，因方解石会被酸或碳酸溶蚀。

（三）变质岩

常用的变质岩主要有以下几种：

1. 石英岩

石英岩由硅质砂岩变质而成，结构致密均匀，坚硬，加工困难，耐酸性好，抗压强度为250～400MPa。其主要用于纪念性建筑等的饰面以及耐酸工程，使用寿命可达千年以上。

2. 大理石

大理石由石灰岩或白云岩变质而成，其主要矿物组成为方解石、白云石。大理石具有等粒、不等粒、斑状结构，常呈白、浅红、浅绿、黑、灰等颜色（斑纹），抛光后具有优良的装饰性。白色大理石又称为汉白玉。

大理石的体积密度为2500～2800kg/m³，抗压强度为100～300MPa，莫氏硬度为3～4，易于雕琢磨光。城市空气中的二氧化硫遇水后，对大理石中的方解石有腐蚀作用，即生成易溶的石膏，从而使其表面变得粗糙多孔并失去光泽，故不宜用于室外。但其吸水率小、杂质少、晶粒细小、纹理细密、质地坚硬。特别是白云岩或白云质石灰岩变质而成的某些大理石，也可用于室外，如汉白玉、艾叶青等。

大理石主要用于室内的装修，如墙面、柱面及磨损较小的地面、踏步等。

3. 片麻岩

片麻岩由花岗岩变质而成。片麻岩呈片状构造，各向异性，在冰冻作用下易成层剥落。其体积密度为2600～2700kg/m³，抗压强度为120～250MPa（垂直解理面方向）。可用于一般建筑工程的基础、勒脚等石砌体，也作为混凝土集料。

二、人造石材的分类及特点

人造石材具有色彩艳丽、光洁度高、颜色均匀一致、抗压耐磨、韧性好、结构致密、坚固耐用、密度小、不吸水、耐侵蚀风化、色差小、不褪色、放射性低等优点。其具有资源综合利用的优势，在环保节能方面具有不可低估的作用，也是名副其实的建材绿色环保产品。目前人造石已成为现代建筑首选的饰面材料。

目前，常用的人造石材有水泥型人造石材、聚酯型人造石材、复合型人造石材、烧结型人造石材。

1. 水泥型人造石材

水泥型人造石材是以白色水泥、彩色水泥或硅酸盐水泥、铝酸盐水泥为胶结材料，以砂为细集料，以碎大理石、花岗石或工业废渣等为粗集料，必要时加入适量的耐碱颜料，经配制、搅拌、加压蒸养、磨光和抛光后制成的人造石材。在配制过程中，混入色料，可制成彩色水泥石。水泥型人造石材的生产取材方便，价格低廉，但其装饰性较差。水磨石和各类花阶砖即属此类石材。

2. 聚酯型人造石材

聚酯型人造石材是以不饱和聚酯为胶结材料，加入石英砂、大理石碴、方解石粉等无机填料和颜料，经配料、混合搅拌、浇筑成型、固化、烘干、抛光等工序而制成的人造石材。

目前，国内外人造大理石、花岗石以聚酯型为最多，该类产品光泽好、颜色浅，可调配成各种鲜明的花色图案。不饱和聚酯由于黏度低，易于成型，且在常温下固化较快，便于制作各种形状的制品。与天然大理石相比，聚酯型人造石材具有强度高、密度小、厚度薄、耐酸碱腐蚀及美观等优点。但其耐老化性能不及天然花岗岩，故多用于室内装饰。

3. 复合型人造石材

复合型人造石材采用的胶黏剂中,既有无机材料,又有有机高分子材料。其制作工艺是:先用水泥、石粉等制成水泥砂浆的坯体,再将坯体浸于有机单体中,使其在一定条件下聚合而成。对板材而言,底层用性能稳定而价廉的无机材料,面层用聚酯和大理石粉制作。无机胶结材料可用快硬水泥、白水泥、普通硅酸盐水泥、铝酸盐水泥、粉煤灰水泥、矿渣水泥以及熟石膏等制作。有机单体可用苯乙烯、甲基丙烯酸甲酯、醋酸乙烯、丙烯腈、丁二烯等制作,这些单体可单独使用,也可组合使用。复合型人造石材制品的造价较低,但它受温差影响后聚酯面易产生剥落或开裂。

4. 烧结型人造石材

烧结型人造石材的生产工艺与陶瓷相似,即将斜长石、石英、辉石石粉和赤铁矿以及高岭土等混合成矿粉,再配以40%左右的黏土混合制成泥浆,制坯、成型和艺术加工后,经1000℃左右的高温焙烧而成,如仿花岗石瓷砖、仿大理石陶瓷艺术板等。

任务二 天然石材的技术性质、工程应用及选用原则

一、天然石材的技术性质

天然石材的技术性质主要从物理性质、力学性质和化学性质三个方面进行评价。常用天然石材的主要性质见表2-1。

表2-1 常用天然石材的主要性质

名称	表观密度/(g/cm^3)	孔隙率/%	莫氏硬度	抗压强度/MPa	抗弯强度/MPa	冲击韧性/(kg·cm)
花岗岩	2.54~2.61	0.4~2.36	5.8~6.6	100~321	9.3~39.3	2.8~11.0
斑岩、闪长岩、辉长岩	2.81~3.03	0.3~2.7	4.76~6.21	128~314	14.3~57.1	2.2~14.1
玄武岩	2.8~2.9	0.1~1.0	4~6	114~350	14.3~57.1	2.0~15.8
砂岩	2.0~2.6	5.0~25	2.4~6.1	35.7~257.1	5~16.4	0.8~13.8
片麻岩	2.64~3.36	0.5~0.8	5.26~6.47	157.1~257.1	8.6~22.1	1.5~3.3
石英岩	2.75	0.3	4.2~6.6	214.3~650	8.6~32.1	2.0~11.8
板岩	2.71~2.9	0.1~4.3	2.8~5.2	143~214.3	35.7~128	—
大理石	2.37~3.2	0.67~2.3	3.7~4.3	71.4~250	4.3~28.5	0.8~9.1
石灰岩	1.79~2.92	0.26~3.6	2.79~4.84	14.3~264.3	3.6~37.1	2.0~3.4

(一)物理性质

1. 表观密度

表观密度的大小间接反映了石材的致密程度与孔隙的多少。通常情况下,同种石材的体积密度越大,其抗压强度越高,吸水率越小,耐久性越好,导热性能也越好。

按表观密度可将石材分为重质石材和轻质石材。

(1) 重质石材 表观密度大于1800kg/m^3,如花岗石和大理石等,其表观密度接近实际密度,孔隙率和吸水率较小,抗压强度高,耐久性好,适用于建筑的基础、地面、墙面、

桥梁和水利工程等。

（2）轻质石材　表观密度小于1800kg/m³，如火山凝灰岩和浮石等，其孔隙率和吸水率较大，抗压强度较低，主要用于墙体材料。

2. 吸水性

石材在浸水状态下吸入水分的能力称为吸水性。吸水性的大小，以吸水率表示。石材的吸水率指单位体积岩石在大气压力下吸收水的质量与岩石干质量之比。它反映岩石中裂隙的发育程度。

石材的吸水性与孔隙率和孔隙特征有关。不同石材吸水性差别很大。吸水率低于1.5%的岩石，称为低吸水性岩石；吸水率为1.5%~3.0%的岩石，称为中性吸水性岩石；吸水率大于3.0%的岩石，称为高吸水性岩石。

沉积岩形成的条件不同，密实程度与胶结情况也不同时，其孔隙的特征变化很大，吸水率的波动也很大。例如，致密的石灰岩的吸水率可小于1%，而多孔贝壳灰岩可高达15%。石材的吸水性对强度和耐水性有很大的影响，石材吸水后，会降低颗粒之间的黏结力，使结构减弱、强度降低，还会影响结构的导热性和抗冻性。

3. 耐水性

石材的耐水性用软化系数 K 表示。根据软化系数的大小，石材可分为三个等级：

（1）软化系数>0.90，为高耐水性；

（2）软化系数0.75~0.90，为中耐水性；

（3）软化系数0.6~0.75，为低耐水性。

一般情况下，软化系数低于0.6的石材，不允许用在重要建筑物结构中。

4. 抗冻性

石材的抗冻性是指其抵抗冻融破坏的能力，用石材在水饱和状态下按规范要求所能经受的冻融循环的次数表示。石材在水饱和状态下能经受规定条件下数次冻融循环，而强度降低值不超过25%，质量损失不超过5%，且无贯穿裂缝，则认为抗冻性合格。据此，可将石材的抗冻标号分为F5、F10、F15、F25、F50、F100、F200等。

通常采用-15℃的温度冻结后，再在20℃的水中融化，这样的过程称为一次冻融循环。能经受的冻融循环次数越多，则抗冻性越好，一般室外工程饰面石材的抗冻融循环次数应大于25次。

石材的抗冻性与吸水性有密切关系，吸水率越大的石材，其抗冻性越差。根据经验，吸水率小于0.5%的石材，可以认为是抗冻的。

5. 耐热性

石材的耐热性与其化学成分及矿物组成有关。石材遇高温热胀冷缩、体积变化会产生内应力导致结构破坏，石材的组成矿物发生分解和变异也会导致结构破坏，进而使其强度迅速下降。

如含有石膏的石材，在100℃以上时就开始破坏；含有碳酸镁的石材，温度高于725℃时会发生破坏；含有碳酸钙的石材，在827℃时遭到破坏。无论哪种破坏，都会使石材的强度大大降低。

6. 导热性

石材的耐热性与导热性有关，导热性主要与其致密程度有关。重质石材的热导率可到2.91~3.49W/(m·K)。相同成分的石材，玻璃态比结晶态的热导率小，具有封闭孔隙的石材，导热性也较差。

7. 抗风化

水、冰和化学因素等造成岩石开裂或剥落的过程称为岩石的风化。石材孔隙率的大小对风化有很大的影响。当岩石中含有较多的云母和黄铁矿时,风化速度快;另外,白云石和方解石组成的岩石在酸性气体中也易风化。

为防止风化,对碳酸类石材可用氟硅酸镁涂刷表面;对花岗石可磨光石材表面,以防止表面积水等。

8. 安全性

天然石材中可能含有某些放射性元素,若超出国家规定的标准则是不安全的,特别是一些对人体健康有害的元素。如放射性元素镭-226衰变会产生放射性氡气(氡及其子体);氡是惰性气体,被人体吸入后会对人体产生电离损害。

用于室内及人口稠密处的石材,应满足《建筑材料放射性核素限量》(GB 6566—2010)的要求,标准中将天然石材分为A、B、C三类。其中,A类石材产品的应用不受限制;B类产品不可用于Ⅰ类民用建筑的内饰面,但可用于Ⅰ类民用建筑的外饰面及其他一切建筑物的内、外饰面;C类产品只可用于一切建筑物的外饰面。

(二)力学性质

石材的力学性质主要包括抗压强度、冲击韧性、硬度和耐磨性等。

1. 抗压强度

根据国家标准《砌体结构设计规范》(GB 50003—2019)的规定,石材的抗压强度以70mm×70mm×70mm的立方体为一组试件,取其在浸水饱和状态下抗压强度的算术平均值。根据强度值的大小,划分为MU100、MU80、MU60、MU50、MU40、MU30、MU20共7个强度等级。

抗压试件也可采用表2-2中的各种边长尺寸的立方体,但对其试验结果乘以相应的换算系数后方可作为石材的强度等级。

表2-2 石材强度等级的换算系数

立方体边长/mm	200	150	100	70	50
换算系数	1.43	1.28	1.14	1	0.86

石材的强度变化很大,即使同一产地的岩石,其强度也不大相同。例如,花岗岩主要矿物为石英时强度较高,但云母含量多时强度低。有层理的岩石,垂直层理方向的强度高于平行层理方向的强度。另外,石材的孔隙大,易风化,石材的强度就低;反之,则高。因此,石材应根据使用条件合理选用。

2. 冲击韧性

石材的韧性取决于组成矿物和构造。石英岩、硅质砂岩脆性较大。含暗色矿物较多的辉绿岩、辉长岩等具有较高的韧性。

3. 硬度

石材的硬度取决于矿物组成的硬度与构造。凡由致密、坚硬矿物组成的石材,其硬度均较高。岩石的硬度以莫氏硬度表示。

4. 耐磨性

石材能抵抗摩擦和磨损的能力称为耐磨性。石材的耐磨性取决于其内部组成矿物的硬度、结构和构造。组成岩石的矿物越坚硬、结构和构造越密实、强度和韧性越高,则石材的耐磨性也越好。

土木工程中的楼地面、走道、楼梯踏步、台阶、人行道等，都应采用耐磨性好的石材。

（三）化学性质

通常认为岩石是一种非常耐久的材料，然而按材质而言，其抵抗外界作用的能力是比较差的。石材的劣化是指长期日晒夜露及受风雨和气温变化而不断风化的状态。风化是指岩石在各种因素的复合或者相互促进下发生的物理或化学变化，直至破坏的复杂现象。风化包括物理风化和化学风化。

物理风化是指地表岩石发生机械破碎而不改变其化学性质，也不形成新矿物的风化作用。化学风化是指雨水和大气中的气体（O_2、CO_2、CO、SO_2、SO_3等）与造岩矿物发生化学反应的现象，主要有水化、氧化、还原、溶解、脱水、碳化等反应，在含有碳酸钙和铁质成分的岩石中容易产生这些反应。由于这些作用在表面产生，风化破坏表现为岩石表面有剥落现象。

化学风化与物理风化经常相互促进，例如，在物理风化作用下石材产生裂缝，雨水就渗入其中，因此促进了化学风化作用。另外，发生化学风化作用后，石材的孔隙率增加，石材就更易受物理风化的影响。

二、天然石材的工程应用及选用原则

（一）天然石材的工程应用

土木工程中使用的石材常加工为砌筑用石材、板材和颗粒状石料等。

1. 砌筑用石材

石材根据加工后的外形规则程度可分为毛石与料石。

（1）毛石。毛石又称为片石或块石。它是由爆破直接获得的石材，根据平整程度又可分为乱毛石和平毛石。

① 乱毛石。乱毛石形状不规则、不平整，单块质量大于25kg，中部厚度不小于建筑物的基础。

② 平毛石。平毛石由乱毛石稍加工而成，形状比乱毛石整齐，表面粗糙，无尖角，块厚宜大于20cm，适用于建筑工程中砌筑基础、墙身和挡土墙等，以及水利水电工程中浆砌石坝和闸墩等大体积结构的内部。

（2）料石。料石又称为条石，其由人工或机械加工而成。料石按外形规则程度可分为毛料石、粗料石、半细料石和细料石等。

① 毛料石。毛料石外形大致方正，一般不加工或稍修整，高度不小于200mm，砌体面凹凸不大于25mm。

② 粗料石。粗料石外形较方正，经加工后，宽度和高度不小于200mm，又不小于长度的1/4，砌体面凹凸不大于20mm。

③ 半细料石。半细料石的规格尺寸同粗料石，砌体面凹凸不大于15mm。

④ 细料石。细料石外形规则，规格尺寸同半细料石，砌体面凹凸不大于10mm。

料石一般由花岗岩、致密砂岩和石灰岩制成。建筑工程中的料石不仅适用于砌筑墙体、台阶、地坪、拱桥和纪念碑，也适用于栏杆、窗台板和柱基等的装饰。在水利水电工程中，毛石和粗料石适用于砌筑闸、坝和桥墩等。

2. 板材

建筑中的常用材料大多为板材，其主要是由花岗石和大理石经过锯切和磨光而成，一般厚度为20mm。

根据形状分为普通形和异形。普通形有正方形或长方形，异形有各种形状。建筑工程中的板材主要用于墙面、柱面、地面、楼梯踏步等装饰。

3. 颗粒状石料

（1）碎石。碎石是由天然岩石经人工和机械破碎而成，粒径大于 5mm 的颗粒状石料，主要用于混凝土集料或基础、道路的垫层。

（2）卵石。卵石是天然岩石经自然界风化、磨蚀、冲刷等作用而形成的颗粒状石料。其用途同碎石，也可用于园林和庭园地面的铺砌材料等。

（3）石碴。石碴是用天然的花岗石或大理石等的碎料加工而成，适用于水磨石、水刷石、干粘石、斩假石和人造大理石等的集料。其具有多种颜色，装饰效果好。

（二）天然石材的选用原则

在建筑设计和施工中，应根据建筑物的类型、环境条件和使用要求，合理地选用适用和经济的石材。石材的选用应考虑以下三个方面。

1. 适用性

适用性主要考虑石材的技术性能是否满足要求。例如，用于建筑的基础、墙、柱和水利工程等的石材，主要考虑强度等级、耐水性和耐久性等；用于围护结构的石材，除应考虑以上性能外，还应考虑石材的绝热性能；用于饰面板、栏杆和扶手等的石材，应考虑石材的色彩与环境的协调和美观等；用于寒冷地区的石材，应考虑抗冻性；用于高温、高湿和有化学腐蚀条件下的石材，应分别考虑其各种性能。

2. 经济性

经济性主要考虑就地取材。这是因为石材的表观密度大，用量多，应尽量减少运输费用，综合利用地方材料，达到技术经济的目的。

3. 安全性

选用石材时应严格遵循国家标准《建筑材料放射性核素限量》（GB 6566—2010）的规定。

【提示】石材的放射性是石材内部的品质指标，不是人为所能控制和改变的，不能反映石材企业产品质量的高低。只要科学认识石材，分级分类合理使用石材，加强检测和管理，并采取适当措施加强生产与管理，石材就可以发挥它应有的装饰作用。

任务三　常用的天然石材

天然石材不仅具有较高的强度、耐磨性、耐久性等，而且通过表面处理可获得良好的装饰效果，我国建筑装饰用的天然饰面石材资源丰富，主要为天然大理石、天然花岗岩和石灰岩，其中大理石有 300 多个品种，花岗岩有 150 多个品种。

一、天然大理石

天然大理石是石灰岩或白云石经过地壳高温、高压作用形成的一种变质岩，通常为层状结构，具有明显的结晶和纹理，主要矿物成分为方解石和白云石，属中硬石材。从大理石矿体开采出来的块状石料称为大理石荒料，大理石荒料经锯切、磨光等加工后就成为大理石装饰板材。"大理石"是以云南省大理市的大理城而命名的，云南的大理以盛产大理石而驰名中外。

大理石颜色与其组成有关，白色含碳酸钙和碳酸镁，紫色含锰，黄色含铬化物，红褐色、紫红色、棕黄色含锰及氧化铁水化物。许多大理石都是由多种化学成分混杂而成，因此，大理石的颜色变化多端，纹理错综复杂、深浅不一，光泽度也差异很大。质地纯正的大理石为白色，俗称汉白玉，是大理石中的珍品。如果在变质过程中混入了其他杂质，就会出现各种色彩或斑纹，从而产生了众多的大理石品种，大理石斑斓的色彩和石材本身的质地使大理石成为古今中外的高级建筑装饰材料。

天然大理石结构致密，抗压强度高，吸水率小，硬度不大，既具有良好的耐磨性，又易于加工，耐腐蚀、耐久性好，变形小，易于清洁。经过锯切、磨光后的板材光洁细腻，如脂如玉，纹理自然，花色品种可达上百种，装饰效果美不胜收。浅色大理石的装饰效果庄重而清雅，深色大理石的装饰效果则显得华丽而高贵。

天然大理石的主要缺点有两个：一是硬度较低，如用大理石铺设地面，磨光面容易损坏，其使用年限一般在30～80年；二是抗风化能力较差，除个别品种（如汉白玉等）外，一般不宜用于室外装饰。这是由于空气中常含有二氧化硫，与水生成亚硫酸，以后被氧化成硫酸。而大理石中的主要成分为碳酸钙，碳酸钙与硫酸反应生成微溶于水的硫酸钙，使表面失去光泽，变得粗糙多孔而降低装饰效果。公共卫生间等经常使用水冲刷和用酸性材料洗涤处，也不宜用大理石做地面材料。

大理石由于抗风化性能较差，在建筑装饰中主要用于室内饰面，如建筑物的墙面、地面、柱面、服务台面、造型面、酒吧台侧立面与台面、窗台、踢脚线以及高级卫生间的洗漱台面及各种家具的台面等处，也可加工成大理石工艺品、壁画、生活用品等。此外，用大理石边角料做成"碎拼大理石"墙面或地面，格调优美，乱中有序，别有风韵。大理石边角余料可加工成规则的正方体、长方体，也可不经锯割而制成不规则的毛边碎料。碎拼大理石可用来点缀高级建筑的庭院、走廊等部位，为建筑物增添色彩。

二、天然花岗岩

花岗岩是典型的深成岩，主要成分是石英、长石及少量云母和暗色矿物（橄榄石类、辉石类、角闪石类及黑云母等），岩质坚硬密实，属于硬石材。花岗岩构造密实，呈整体均匀粒状结构，花纹特征是晶粒细小，并分布着繁星般的云母黑点和闪闪发光的石英结晶。

天然花岗岩的缺点主要有：一是自重大，用于房屋建筑会增加建筑物的自重；二是花岗岩的硬度大，开采加工较困难；三是花岗岩质脆，耐火性差，当花岗岩受热温度超过800℃时，花岗岩中的石英晶态转变造成体积膨胀，从而导致石材爆裂，失去强度；四是某些花岗岩含有微量放射性元素，对人体有害。

花岗岩矿体开采出来的块状石料称为花岗岩荒料，花岗岩装饰板材是由矿山开采出来的花岗岩荒料经锯切、研磨、抛光后成为具有一定规格的装饰板材。我国花岗岩资源丰富，经探明的储量约达1000亿米^3，品种150多个。目前，花岗岩的产地主要有：北京西山，山东崂山、泰山，安徽黄山、大别山，陕西华山、秦岭，广东云浮、丰顺县，广西岭西县，河南太行山，四川峨眉山、横断山以及云南、贵州山区等。国产花岗岩较著名的品种有济南青、泉州黑、将军红、白虎涧、莱州白（青、黑、红、棕黑等）、岑溪红等。商业上所说的花岗石是以花岗岩为代表的一类装饰石材，包括各种岩浆岩和花岗岩的变质岩，如辉长岩、闪长岩、辉绿岩、玄武岩、安山岩、正长岩等，一般质地较硬。

1. 天然花岗岩的特点和应用

根据国家标准《建筑材料放射性核素限量》（GB 6566—2010）的规定，所有石材均应提供放射性物质含量检测证明，并将天然石材按照放射性物质的比活度分为A级、B级、C级三个等级。

A级：比活度低，不会对人健康造成危害，可用于一切场合。

B级：比活度较高，用于宽敞高大的房间且通风良好的空间。

C级：比活度很高，只能用于室外。

因此，家居装修时最好应选用A级产品，而不能用B级、C级。此外，在购买天然石材产品时，千万不要忘记索要产品的放射性检测合格证，只有认真对待石材的放射性问题，装修时所使用的天然石材才不会成为美丽的杀手。

天然花岗岩属于高级建筑装饰材料，主要应用于大型公共建筑或装饰等级要求较高的室内外装饰工程，如室内地面、内外墙面、柱面、墙裙、楼梯等处，也可用于吧台、服务台、收款台、家具装饰以及制作各种纪念碑、墓碑等，还可用来砌筑建筑物的基础、墙体、桥梁、踏步、堤坝，铺筑路面，制作城市雕塑等。磨光花岗岩板的装饰特点是华丽而庄重，粗面花岗岩装饰板材的特点是凝重而粗犷。应根据不同的使用场合，选择不同物理性能及表面装饰效果的花岗岩。

2. 天然花岗岩板材的规格尺寸

天然花岗岩板材形状分为普型板材（N）和异型板材（S）两种，普型板材为正方形或长方形，异型板材为其他形状的板材。按表面加工程度不同又分为：细面板材（RB，表面平整光滑）、镜面板材（PL，表面平整，具有镜面光泽）和粗面板材（RU，表面粗糙平整，具有较规则加工条纹的机刨板、锤击板等）。

3. 天然花岗岩板材的质量技术要求

为了确保装饰效果，用于同一工程的天然花岗岩板材的外观质量和花纹应基本一致，相同尺寸规格板材间的尺寸偏差不得明显。但是，由于材质和加工水平等方面的差异，花岗岩板材的外观质量有可能产生较大差别，从而造成装饰效果和施工操作等方面的缺陷。因此，国家规定了天然花岗岩板材的质量标准。

根据《天然花岗石建筑板材》（GB/T 18601—2009）的规定，天然花岗岩按照尺寸允许偏差、平整度允许极限偏差、角度允许极限公差和外观缺陷要求，分为优等品（A）、一等品（B）、合格品（C）三个等级。

4. 品种

不同的地域和不同的地质条件，形成不同质地的岩石。进口石材因其特殊的地理形成条件，无论在天然纹路、质地和色泽上，都与国产石材有明显区别，再加上国外先进的加工技术，使得进口石材从整体外观与性能上都优于国产石材。现在，我国一些公共建筑、星级宾馆、高档会所等装饰都大面积选用进口石材，进口石材多为浅色系列。

三、石灰岩板材

石灰岩俗称"青石"或"灰岩"，属于沉积岩。它是露出地表的各种岩石在外力和地质作用下，在地表或地下不太深的地方形成的岩石。石灰岩的矿物组成以方解石为主，化学成分主要是碳酸钙，通常为灰白色、浅灰色，有时因含有杂质而呈现灰黑、深灰、浅红、浅黄等颜色。

石灰岩的主要特征是呈层状结构，外观多层理和含有动物化石。致密石灰岩的表观密度为$2000\sim2600kg/m^3$，抗压强度为$20\sim120MPa$，吸水率为$2\%\sim10\%$，具有较高的耐水性和抗冻性，有一定的强度和耐久性。石灰岩的缺点是材质软、易风化，其风化程度随岩体埋藏深度差异很大。埋藏深度较浅或处于地表的岩石风化较严重，岩石呈片状，可直接用于建筑。埋藏较深的石灰岩，其板块厚，抗压强度及耐久性均较理想，可加工成所需要的装饰板材。

在建筑装饰工程中多使用的是石灰岩装饰板材。石灰岩板材根据表面加工形式的不同，分为毛面板和光面板两大类。毛面板是人工用工具按自然纹理劈开，表面不经修磨，利用石灰岩本身固有的不同颜色，搭配混合使用，可形成粗犷的质感和丰富的色彩，具有一定的自然风格，主要用于地面及室内墙面的装饰。光面板是一种珍贵的饰面材料，主要用于建筑物墙面、柱面等部位的装饰。近年来，我国许多公共建筑采用了石灰岩板材，取得了良好的装饰效果。

小 结

本项目主要介绍了常见的建筑石材的品种、性能和应用范围，以便正确、经济、合理地选用石材材料。

（1）岩石按成因可分为岩浆岩、沉积岩和变质岩三大类。岩石的技术性质主要从物理性质、力学性质和化学性质三个方面进行评价。

（2）建筑石材分为天然石材和人造石材两大类。其中常用的人造石材有水泥型人造石材、聚酯型人造石材、复合型人造石材、烧结型人造石材。

（3）土木工程中石材常加工为砌筑用石材、板材和颗粒状石料等。在建筑工程设计和施工中，应根据建筑物的类型、环境条件和使用要求，合理地选用适用、经济、安全的石材。

能力训练题

一、填空题

1. 建筑石材可分为（　　）和人造石材两大类。
2. 吸水率小于（　　）的石材，可以认为是抗冻的。
3. 常用的人造石材有（　　）、聚酯型人造石材、（　　）、烧结型人造石材。
4. 砌筑用石材根据石材加工后的外形规则程度可分为（　　）与料石。
5. 石材的选用应考虑适用性、（　　）、安全性。

二、选择题（单选或多选）

1. 砂岩主要由（　　）胶结而成。
   A. 氧化硅　　　　B. 碳酸钙　　　　C. 氧化铁　　　　D. 黏土
2. 下列属于变质岩的是（　　）。
   A. 石英岩　　　　B. 闪长岩　　　　C. 大理石　　　　D. 片麻岩
3. 下列石材不属于轻质石材的是（　　）。
   A. 表观密度为 1750kg/m³ 的石材　　　B. 表观密度为 1950kg/m³ 的石材
   C. 表观密度为 2000kg/m³ 的石材　　　D. 表观密度为 2050kg/m³ 的石材
4. 软化系数大于（　　）为高耐水性。
   A. 0.60　　　　B. 0.70　　　　C. 0.80　　　　D. 0.90
5. 含有石膏的石材，在（　　）℃以上时就开始破坏。
   A. 80　　　　B. 90　　　　C. 100　　　　D. 110
6. 石材的抗压强度是以边长为（　　）mm 的立方体抗压强度值来表示的。
   A. 50　　　　B. 60　　　　C. 70　　　　D. 80
7. 建筑石材的选用原则有（　　）。

A. 经济性　　　　　B. 适用性　　　　　C. 安全性　　　　　D. 美观性

三、简答题
1. 天然石材有哪几类？具体包括哪些石材？花岗岩、大理石分别属于哪一类？
2. 什么是石材的劣化、风化？

项目三
气硬性胶凝材料

学习目标

1. 了解气硬性胶凝材料的生产原理。
2. 熟悉气硬性胶凝材料的原料、组成及生产过程。
3. 理解石灰、石膏、水玻璃的共性及各自的特性。
4. 掌握石膏、石灰的使用特性及在工程中的应用。

凡能在物理、化学作用下，从浆体变为坚固的石状体，并能胶结其他材料而具有一定机械强度的物质，统称为胶凝材料。胶凝材料的发展有着悠久的历史，人们使用最早的胶凝材料——黏土来抹砌简易的建筑物。接着出现的水泥等建筑材料都与胶凝材料有着很大的关系。而且胶凝材料具有一些优异的性能，在日常生活中应用较为广泛。

根据化学组成的不同，胶凝材料可分为无机与有机两大类。无机胶凝材料是以无机氧化物或矿物为主要组成的一类胶凝材料，最常用的有石灰、石膏、水泥等工地上俗称为"灰"的建筑材料；有机胶凝材料是指以天然或人工合成高分子化合物为基本组成的一类胶凝材料，最常用的有沥青、树脂、橡胶等。

无机胶凝材料按其硬化条件的不同又可分为气硬性和水硬性两类。

（1）气硬性胶凝材料。只能在空气中凝结硬化并保持和发展强度的材料，如石灰、石膏和水玻璃等，称为气硬性胶凝材料。这类材料一般只适用于干燥环境中，而不宜用于潮湿环境，更不可用于水中。

（2）水硬性胶凝材料。不仅能在空气中，而且能更好地在水中凝结硬化并保持和发展强度的材料，称为水硬性胶凝材料，主要有各类水泥和某些复合材料。这类材料在水中凝结硬化比在空气中更好，因此，在空气中使用时，凝结硬化初期要尽可能浇水或保持潮湿养护。

气硬性胶凝材料是建筑工程中被广泛应用的建筑材料，本项目主要介绍建筑工程中常用的气硬性胶凝材料——石灰、石膏和水玻璃；主要讲述石灰及石膏的生产工艺、凝结硬化、技术性质标准、主要性质与应用、储存运输注意事项。此外，对水玻璃的技术性质标准、主要性质与应用等知识也作了适当的介绍。

任务一　石灰

石灰是目前建筑上使用最早的一种胶凝材料。由于生产石灰的原材料丰富、生产简便、成本低廉，因此在目前的建筑工程中，石灰仍是应用广泛的建筑材料之一。建筑石灰常简称为石灰，实际上它是具有不同化学成分和物理形态的生石灰、消石灰、水硬石灰的统称。

一、石灰的原料与生产

1. 石灰的原料

生产石灰的原料主要是含碳酸钙为主的天然岩石，如石灰石（图 3-1）、白垩、白云质石灰石等。这些天然原料中的黏土杂质一般控制在 8% 以内。除了用天然原料生成外，石灰的另一来源是利用化学工业副产品生成。

二维码 3-1

图 3-1　石灰石

图 3-2　生灰石粉

2. 石灰的生产

石灰的生产，实际上就是将主要成分为碳酸钙的天然岩石，在适当温度下煅烧，排除分解出的二氧化碳后，所得的以氧化钙（CaO）为主要成分的产品——石灰，又称生石灰（图3-2）。其化学反应式如下：

$$CaCO_3 == CaO + CO_2 \uparrow$$

由于原料中常含有少量碳酸镁（$MgCO_3$），煅烧后分解成 MgO 和 CO_2。其化学反应式如下：

$$MgCO_3 == MgO + CO_2 \uparrow$$

生石灰是一种白色或灰色块状物质，主要成分是氧化钙。在正常温度条件下，煅烧得到的石灰为多孔结构，内部孔隙率大，晶粒细小，密度为 3.1～3.4g/cm³，表观密度小，与水作用速度快。由于生产原料中常含有碳酸镁（$MgCO_3$），因此生石灰中还含有次要成分氧化镁（MgO），根据氧化镁含量的多少，生石灰分为钙质石灰（MgO 含量≤5%）和镁质石灰（MgO 含量＞5%）。

在实际生产中，为加快分解，煅烧温度常提高到 1000～1200℃。由于石灰石原料的尺寸大小不同或煅烧时窑中温度分布不匀等，石灰中常含有欠火石灰和过火石灰。当煅烧温度过低或时间不足时，由于 $CaCO_3$ 不能完全分解，亦即生石灰中含有未分解的石灰石，这类石灰称为欠火石灰。欠火石灰不溶于水，使用时缺乏黏结力，在熟化成为石灰膏时作为残渣被废弃，所以欠火石灰产浆量低，使石灰利用率下降。当煅烧温度过高或时间过长时，部分块状石灰的表层会被煅烧成十分致密的釉状物，颜色呈灰黑色，这类石灰称为过火石灰。过火石灰结构密实，表面常包覆一层熔融物，熟化很慢，往往要在石灰固化后才开始熟化，从而产生局部体积膨胀，影响工程质量。

二、石灰的熟化与硬化

（一）石灰的熟化和"陈伏"

石灰的熟化又称为消化、消解，是生石灰（CaO）加水水化反应生成 $Ca(OH)_2$ 的过程。生成物 $Ca(OH)_2$ 称为熟石灰。其化学反应式如下：

$$CaO + H_2O == Ca(OH)_2 + 64.9 \text{ kJ}$$

石灰熟化时放出大量的热量，同时体积膨胀 1～2.5 倍。

生石灰中常含有过火石灰，过火石灰表面有一层深褐色熔融物，石灰熟化极慢，为了避免过火石灰在使用后，因吸收空气中的水蒸气而逐步水化膨胀，造成硬化砂浆或石灰制品产生隆起、开裂等破坏，石灰浆应在储灰池中"陈伏"两周以上。"陈伏"期间，石灰浆表面应留有一层水，与空气隔绝，以免与 CO_2 作用发生碳化。

（二）石灰的硬化

石灰浆体的硬化过程包括干燥硬化、结晶硬化和碳化硬化。

1. 干燥硬化

石灰浆体在干燥过程中，毛细孔隙失水，浆体中大量水分向外蒸发或为附着基面吸收，使浆体中形成大量彼此相通的空隙网，尚留于孔隙内的自由水，由于水的表面张力，产生毛细管压力，使石灰粒子更加紧密，因而获得强度。同时，也产生明显的体积收缩。浆体进一步干燥时，这种作用也随之加强。但这种由于干燥获得的强度类似于黏土干燥后的强度，其强度值不高，再遇到水时，其强度又会丧失。

2. 结晶硬化

石灰浆体中高度分散的胶体粒子，为粒子之间的扩散水层所隔开。当水分逐渐减少时，扩散水层逐渐变薄。因而，胶体粒子在分子力的作用下互相黏结，形成凝聚结构的空间网，从而获得强度。存在水分的情况下，由于氢氧化钙能溶解于水，故胶体凝聚结构通过由胶体逐渐变为晶体的过程，转变为较粗颗粒的结晶结构网，从而使强度提高。但是，由于这种结晶结构网的接触点溶解度较高，故再遇到水时会引起强度降低。

3. 碳化硬化

碳化硬化过程实际上是空气中的 CO_2 与 $Ca(OH)_2$ 发生反应生成 $CaCO_3$ 晶体的过程。生成的 $CaCO_3$ 自身强度较高，且填充孔隙使石灰固化体更加致密，强度进一步提高。其反应式如下：

$$Ca(OH)_2 + CO_2 + nH_2O = CaCO_3 + (n+1)H_2O$$

碳化作用主要发生在浆体与空气接触的表面，当表层生成致密的碳酸钙薄壳后，不但阻碍二氧化碳继续往深处渗入，同时也影响水分的蒸发，因此在浆体的深处，氢氧化钙不能充分碳化，而是进行结晶，所以石灰浆的硬化是一个较缓慢的过程。

石灰浆的硬化是由碳化作用及水分的蒸发而引起的，因此须在空气中进行。氢氧化钙能溶于水，因此石灰一般不用于与水接触或潮湿环境下的建筑物。纯石灰浆在硬化时收缩较大，易产生收缩裂缝，所以在工程上常配成石灰砂浆使用。掺入砂子除能构成坚固的骨架，以减少收缩并节约石灰外，还能形成一定的孔隙，使内部水分易于蒸发，二氧化碳易于渗入，有利于硬化过程的进行。

三、石灰的技术标准

（一）建筑生石灰的技术标准

建筑生石灰按化学成分分为钙质生石灰（氧化镁含量小于或等于5%）和镁质生石灰（氧化镁含量大于5%）。

建筑生石灰的技术要求包括有效氧化钙和有效氧化镁含量、未消化残渣含量（即欠火石灰、过火石灰及杂质的含量）、二氧化碳含量（欠火石灰含量）及产浆量，并由此划分为优等品、一等品和合格品。各等级的技术要求见表3-1。

表3-1 《建筑生石灰》(JC/T 479—2013)技术指标

项目	钙质生石灰			镁质生石灰		
	优等品	一等品	合格品	优等品	一等品	合格品
CaO+MgO 含量/%　不小于	90	85	80	85	80	75
未消化残渣含量(5mm 圆孔筛筛余)/%　不大于	5	10	15	5	10	15
CO_2 含量/%　不大于	5	7	9	6	8	10
产浆量/(L/kg)　不小于	2.8	2.3	2.0	2.8	2.3	2.0

1. 有效氧化钙和有效氧化镁含量

石灰中产生黏结性的有效成分是活性氧化钙和氧化镁，它们的含量是评价石灰质量的主要指标。其含量越多，活性越高，质量也越好。有效氧化钙用中和滴定法测定，有效氧化镁含量用络合滴定法测定。

2. 生石灰产浆量和未消化残渣含量

产浆量是单位质量（1kg）的生石灰经消化后，所产石灰浆体的体积（L）。石灰产浆量越高，则表示其质量越好。未消化残渣含量是生石灰消化后，未能消化而存留在5mm圆孔筛上的残渣占试样质量的百分率。其含量越多，石灰质量越差，须加以限制。

3. 二氧化碳含量

控制生石灰或生石灰粉中CO_2含量，是为了检验石灰石在煅烧时"欠火"造成产品中未分解完成的碳酸盐的含量。CO_2含量越高，即表示未分解完全的碳酸盐含量越高，则$CaO+MgO$含量相对降低，导致石灰的胶结性能下降。

（二）建筑生石灰粉的技术指标

建筑生石灰粉按化学成分可分为钙质生石灰粉和镁质生石灰粉。钙质生石灰粉氧化镁含量小于或等于5%；镁质生石灰粉氧化镁含量大于5%。

建筑生石灰粉的技术要求包括有效氧化钙和有效氧化镁含量、二氧化碳含量及细度，并由此划分为优等品、一等品和合格品，各等级的技术要求见表3-2。

表3-2　建筑生石灰粉技术指标

项目		钙质生石灰粉			镁质生石灰粉		
		优等品	一等品	合格品	优等品	一等品	合格品
CaO+MgO 含量/%	≥	85	80	75	80	75	70
CO_2 含量/%	≤	7	9	11	8	10	12
未消化残渣含量(5mm圆孔筛余)/%	≤	0.2	0.5	1.5	0.2	0.5	1.5
产浆量/(L/kg)	≥	7	12	18	7	12	18

（三）建筑消石灰粉的技术指标

建筑消石灰（熟石灰）粉按氧化镁含量分为钙质消石灰粉、镁质消石灰粉和白云石消石灰粉等。其分类界限见表3-3。

表3-3　建筑消石灰粉氧化镁含量分类界限

品种名称	MgO 含量/%
钙质消石灰粉	≤4
镁质消石灰粉	4～24
白云石消石灰粉	25～30

建筑消石灰粉的技术要求包括有效氧化钙和有效氧化镁含量、游离水含量、体积安定性及细度，并由此划分为优等品、一等品和合格品，各等级的技术要求见表3-4。

表3-4　建筑消石灰粉的技术指标

项目	钙质消石灰粉			镁质消石灰粉			白云石消石灰粉		
	优等品	一等品	合格品	优等品	一等品	合格品	优等品	一等品	合格品
CaO+MgO 含量/% 不小于	70	65	60	65	60	55	65	60	55
游离水/%	0.4～2	0.4～2	0.4～2	0.4～2	0.4～2	0.4～2	0.4～2	0.4～2	0.4～2

续表

项目		钙质消石灰粉			镁质消石灰粉			白云石消石灰粉		
		优等品	一等品	合格品	优等品	一等品	合格品	优等品	一等品	合格品
体积安定性		合格	合格	—	合格	合格	—	合格	合格	—
细度	0.9mm 筛筛余/% 不大于	0	0	0.5	0	0	0.5	0	0	0.5
	0.125mm 筛筛余/% 不大于	3	10	15	3	10	15	3	10	15

四、石灰的性质与应用

（一）石灰的性质

1. 良好的保水性和可塑性

材料的保水性是指保持其内部水分不从表面泌出的能力。生石灰加水后生成的$Ca(OH)_2$晶体颗粒细小，其表面易吸附一层较厚的水膜，使浆体中的水分不易移动，故而石灰具有较好的保水性。颗粒表面水膜的存在使得颗粒间的摩擦力较小，从而提高了石灰浆体的可塑性。利用这一特性，在配制砂浆时掺入适量的石灰可显著提高砂浆的和易性，便于施工。

2. 凝结硬化慢、强度低

从石灰浆体的硬化过程可以看出，由于空气中二氧化碳稀薄，碳化甚为缓慢，而且表面碳化后，形成的紧密外壳不利于碳化作用进一步深入和内部水分的蒸发，因此，石灰是一种硬化缓慢的胶凝材料。硬化后强度也不高，1∶3的石灰砂浆28d的抗压强度只有0.2～0.5 MPa。所以，石灰不宜在潮湿的环境中使用，也不宜单独用于建筑物的基础，而用于墙面粉刷和砌筑强度要求不高的填充墙。

3. 硬化时体积收缩大

石灰在硬化过程中，蒸发出大量水分，毛细孔隙失水引起体积收缩，此种收缩变形较大，会导致已硬化的石灰浆体开裂，因此石灰不宜单独使用。工程上常在其中掺入砂、纸筋和麻刀等材料，增加抗拉强度，并能节约石灰。

4. 耐水性差

若石灰浆体尚未硬化即处于潮湿环境，由于不能干燥，硬化停滞；已硬化的石灰若长期受潮，由于$Ca(OH)_2$易溶于水，可使已硬化的石灰溃散，从而丧失强度和胶结能力。

5. 吸湿性强

生石灰是传统的干燥剂，其吸湿性强、保水性佳。

6. 化学稳定性差

块状生石灰在放置过程中，会缓慢吸收空气中的水分而自动熟化成熟石灰粉，再与空气中的二氧化碳作用生成碳酸钙，失去胶结能力。石灰是典型的碱性材料，容易遭受酸性介质的腐蚀。

（二）石灰的应用与储存

1. 石灰的应用

建筑石灰是建筑工程中面广量大的建筑材料之一，其最常见的用途如下：

(1) 拌制建筑砂浆。用石灰膏或熟石灰粉可配制石灰砂浆或混合砂浆，用于砌筑或抹灰工程，但同时应注意，石灰浆具有硬化后体积收缩大的特点，为了避免抹灰层较大的收缩裂缝，往往在生石灰浆中掺入麻刀、纸筋等纤维增强材料。石灰膏能提高砂浆的保水性、可塑性，保证施工质量，还能节约水泥。石灰砂浆、混合砂浆不得用于潮湿环境和易受水浸泡的部位。

(2) 配制石灰土和三合土。三合土是采用生石灰粉(或消石灰粉)、黏土和砂子按 1∶2∶3 的比例，再加水拌和夯实而成。灰土是用生石灰粉和黏土按（1∶2）～（1∶4）的比例，再加水拌和夯实而成。三合土和灰土在强力夯打之下，密实度大大提高，而且黏土中的少量活性氧化硅和氧化铝能与生石灰粉的水化产物 $Ca(OH)_2$ 反应生成具有水硬性的产物，使密实度、强度和耐水性得到改善，因此广泛用于建筑物的基础和道路垫层。

但是，目前更常用的是将石灰、粉煤灰和石子混合成"三合土"作为道路垫层，其固结强度高于黏土（因粉煤灰中活性 SiO_2 和 Al_2O_3 的含量高），且将废渣利用起来。

(3) 加固含水的软土地基。生石灰块可直接用来加固含水的软土地基（称为石灰桩）。它是在桩孔内灌入生石灰块，利用生石灰吸水熟化时体积膨胀的性能产生膨胀压力，从而使地基加固。

(4) 制作碳化石灰板。石灰粉与纤维材料或轻质集料加水拌和成型后，用 CO_2 进行人工碳化，制成碳化石灰板，其加工性能良好，适宜用作非承重的内墙隔板、天花板。

(5) 制作硅酸盐制品。石灰与天然砂或硅铝质工业废料混合均匀，加水搅拌，经压振或压制，形成硅酸盐制品。为使其获得早期强度，往往采用高温高压养护或蒸压，使石灰与硅铝质材料的反应速率显著加快，使制品产生较高的早期强度，如灰砂砖（图 3-3）、硅酸盐砖（图 3-4）、硅酸盐混凝土制品等。

图 3-3　灰砂砖

图 3-4　硅酸盐砖

(6) 制造静态破碎剂和膨胀剂。利用过火石灰水化慢，同时伴随体积膨胀的特性，可用它来配制静态破碎剂和膨胀剂。通常把含有一定量 CaO 晶体、粒径为 10～100μm 的过火石灰粉，与 5%～70% 的水硬性胶凝材料及 0.1%～0.5% 的调凝剂混合，可制得静态破碎剂。使用时将它与适量的水混合调成浆体，注入欲破碎物的钻孔中，水硬性胶凝材料硬化后，过火石灰才水化、膨胀，从而对孔壁可产生大于 30MPa 的膨胀压力，使物体破碎。这是一种非爆炸性破碎剂，适用于混凝土和钢筋混凝土构筑物的拆除，以及对岩石的破碎和割断。

2. 石灰的储存

生石灰须在干燥条件下运输和储存,储存期一般不超过一个月。因存放过程中,生石灰会吸收空气中的水分而熟化成熟石灰再与空气中的二氧化碳作用生成碳酸钙,失去胶结性能。长期存放时应在密闭条件下,注意防潮、防水。施工现场使用的生石灰最好立即熟化,存放于储灰池内进行陈伏。

【工程实例3-1】某工程室内抹面采用了石灰水泥混合砂浆,经干燥硬化后,墙面出现了表面开裂及局部脱落现象,请分析原因。

原因分析:出现上述现象主要是由于混合砂浆中存在过火石灰,而石灰又未能充分熟化。在砌筑或抹面过程中,石灰必须充分熟化后才能使用,若有未熟化的颗粒(即过火石灰存在),正常石灰硬化后过火石灰继续发生反应,体积膨胀,就会出现上述现象。

【工程实例3-2】某工程在配制石灰砂浆时,使用了潮湿且长期暴露于空气中的生石灰粉,施工完毕后发现建筑的内墙所抹砂浆出现大面积脱落,请分析原因。

原因分析:石灰在潮湿环境中吸收了水分,转变成消石灰,又和空气中的二氧化碳发生反应生成碳酸钙,因此失去了胶凝性,从而导致了墙体抹灰的大面积脱落。

任务二 建筑石膏

石膏是一种理想的高效节能材料,其在建筑工程中的应用逐年增多,应用较多的石膏品种有建筑石膏与高强石膏。建筑石膏是一种以硫酸钙为主要成分的气硬性胶凝材料。石膏及其制品具有轻质、高强、隔热、阻火、吸音、形体饱满、容易加工等一系列优良性能,是室内装饰工程常用的装饰材料。

一、石膏生产

生产石膏的原料主要为含硫酸钙的天然二水石膏(又称为生石膏)或含硫酸钙的化工副产品和废渣(如磷石膏、氟石膏、硼石膏等),化学式为 $CaSO_4 \cdot 2H_2O$,含两个结晶水。其质地较软,也被称为软石膏。

天然二水石膏在不同的压力和温度下煅烧,可以得到结构和性质均不相同的石膏产品。

1. 建筑石膏

建筑石膏是将二水石膏(生石膏)加热至107~170℃时,部分结晶水脱出后得到半水石膏(熟石膏),再经磨细得到粉状的建筑中常用的石膏品种,故称为"建筑石膏",其化学式为 $CaSO_4 \cdot 1/2H_2O$。其化学反应式如下:

$$CaSO_4 \cdot 2H_2O \xrightarrow{107\sim170℃} CaSO_4 \cdot 1/2H_2O + 3/2H_2O \uparrow$$

生石膏在加热过程中,随着温度和压力不同,其产品的性能也随之变化。上述条件下生产的为β型半水石膏,也是最常用的建筑石膏。

建筑石膏呈白色粉末状,密度为 $2.60\sim2.75g/cm^3$。其硬化后具有很好的绝热吸声性能和较好的防火性能;其颜色洁白,可用于室内粉刷施工,如加入颜料可制成具有各种色彩的装饰制品,如多孔石膏制品和石膏板等。但建筑石膏不宜用于室外工程和65℃以上的高温工程。

2. 模型石膏

模型石膏是煅烧二水石膏生成的熟石膏,其杂质含量少,比建筑石膏磨得更细。它比建筑石膏凝结快、强度高,主要用于制作模型、雕塑等。

3. 高强石膏

若将生石膏在125℃、0.13MPa压力的蒸压锅内蒸炼,则生成α型半水石膏,其晶粒较粗，拌制石膏浆体时的需水量较小。将此熟石膏磨细得到的白色粉末称为高强石膏。高强石膏晶粒粗大、比表面积小，调成可塑性浆体时需水量（35%～45%）只是建筑石膏需水量的一半，因此硬化后具有较高的密实度和强度。其3h的抗压强度可达9～24MPa，其抗拉强度也很高，7d的抗拉强度可达15～40MPa。高强石膏的密度为2.6～2.88g/cm³。其反应式为：

$$CaSO_4 \cdot 2H_2O \xrightarrow{124℃, 0.13MPa} \alpha\text{-}CaSO_4 \cdot 1/2H_2O + 3/2H_2O \uparrow$$

高强石膏适用于强度要求高的抹灰工程、装饰制品和石膏板。掺入防水剂后，其制品可用于湿度较高的环境中，也可加入有机溶液中配成黏结剂使用。

4. 无水石膏

当天然二水石膏加热至400～750℃时，石膏将完全失去水分，成为不溶性硬石膏，将其与适量激发剂混合磨细后即为无水石膏，石膏完全失去水分，变成不溶解的硬石膏，不能凝结硬化。其反应式为：

$$CaSO_4 \cdot 2H_2O \xrightarrow{400～750℃} CaSO_4 + 2H_2O \uparrow$$

5. 地板石膏

当天然二水石膏在温度高于800℃时，石膏将分解出部分CaO，称高温煅烧石膏，也称地板石膏。地板石膏具有凝结和硬化的能力，虽凝结较慢，但强度及耐磨性较高，抗水性较好，因此主要用于室内地面装饰。

二、建筑石膏的凝结与硬化

1. 建筑石膏的水化

建筑石膏与适量的水混合后，起初形成均匀的石膏浆体，但紧接着石膏浆体失去塑性，成为坚硬的固体。建筑石膏加水拌和后，与水发生水化反应，反应式为：

$$CaSO_4 \cdot 1/2H_2O + 3/2H_2O \longrightarrow CaSO_4 \cdot 2H_2O$$

半水石膏遇水后发生溶解，并生成不稳定的过饱和溶液，溶液中的半水石膏经过水化成为二水石膏。由于二水石膏在水中的溶解度（20℃为2.05g/L）较半水石膏的溶解度（20℃为8.16g/L）小很多，所以二水石膏溶液会很快达到过饱和，因此很快析出胶体微粒并且不断转变为晶体。由于二水石膏的析出破坏了原来半水石膏溶解的平衡状态，这时半水石膏会进一步溶解，以补偿二水石膏析出而在液相中减少的硫酸钙含量。如此不断地进行半水石膏的溶解和二水石膏的析出，直到半水石膏完全水化为止。这一过程进行得较快时，只需7～12min。与此同时，由于浆体中自由水因水化和蒸发逐渐减少，浆体变稠，失去塑性。然后，水化物晶体继续增长，直至完全干燥，强度发展到最大值，石膏硬化。

2. 建筑石膏的凝结硬化

建筑石膏的凝结与硬化是在其水化的基础上进行的。建筑石膏与适量的水相混后，最初为可塑的浆体，但很快就失去塑性而产生凝结硬化，继而发展成为固体。产生这种现象的实质是由于浆体内部经历了一系列物理化学变化。首先，β半水石膏溶解于水，很快成为不稳定的饱和溶液。溶液中β半水石膏与水化合又形成了二水石膏，其在水中的溶解度比β半水石膏小得多(仅为β半水石膏溶解度的1/5)，β半水石膏的饱和溶液对于二水石膏就成了过饱和溶液，逐渐形成晶核，在晶核达到某一临界值以后，二水石膏就结晶析出。这时溶液浓度降低，使新的一批半水石膏又可继续溶解和水化。如此循环进行，直到β半水石膏全部耗尽。

随着水化的进行，二水石膏生成量不断增加，水分逐渐减少，浆体开始失去可塑性，这称为初凝。而后浆体继续变稠，颗粒之间的摩擦力、黏结力增加，并开始产生结构强度，表现为终凝。整个过程称为石膏的凝结。石膏终凝后，其晶体颗粒仍在不断长大和连生，形成相互交错且孔隙率逐渐减小的结构，其强度也在不断增长，直至剩余水分完全蒸发，形成硬化的石膏结构，这一过程称为石膏的硬化。建筑石膏的水化、凝结及硬化是一个连续的不可分割的过程，也就是说，水化是前提，凝结硬化是结果。

三、建筑石膏的技术标准

建筑石膏呈洁白粉末状，密度为 $2.60\sim2.75g/cm^3$，堆积密度为 $800\sim1100kg/cm^3$。建筑石膏的技术要求主要有细度、凝结时间和强度。按 2h 强度的差别，分为优等品、一等品和合格品三个等级，根据国家标准《建筑石膏》（GB/T 9776—2008），建筑石膏的物理力学性能见表 3-5。

表 3-5 建筑石膏的物理力学性能

等 级	细度（0.2mm 方孔筛筛余）	凝结时间/min		2h 强度/MPa	
		初凝	终凝	抗折	抗压
优等品				≥2.5	≥4.9
一等品	≤10%	≥3	≤30	≥2.1	≥3.9
合格品				≥1.8	≥2.9

四、建筑石膏的性质与应用

（一）建筑石膏的性质

1. 凝结硬化快

建筑石膏加水拌和后 10min 内便开始失去可塑性，30min 内完全失去可塑性而产生强度，2h 后抗压强度可达 3～6MPa。由于初凝时间短不便施工操作，使用时一般均加入缓凝剂以延长凝结时间。常用的缓凝剂有：经石灰处理的动物胶（掺量 0.1%～0.2%）、亚硫酸酒精废液（掺量 1%）、硼砂、柠檬酸、聚乙烯醇等。掺缓凝剂后，石膏制品的强度将有所降低。

2. 凝结硬化时体积微膨胀

石膏浆体凝结硬化后体积不会收缩，反而略有膨胀，硬化时不出现裂缝，所以可以不掺加填料而单独使用，石膏制品体型饱满，尺寸精确，轮廓清晰，表面光滑，特别适合制作建筑装饰制品。

3. 孔隙率大，保温、吸声性能好

在生产石膏制品时，为使石膏浆体具有良好的可塑性，往往需要加入大量的水分，浆体硬化时多余水分蒸发，在石膏制品内部形成大量的毛细孔，孔隙率可达 50%～60%，因而石膏制品表观密度较小、热导率小，具有良好的保温绝热性能，常用作保温材料；大量的毛细孔对吸声有一定作用，可用于天花吊顶板。但孔隙率大使石膏制品的强度低、吸水率大。

4. 具有一定的调温调湿功能

因存在大量开口孔隙，当空气湿度大时可以吸收水分，空气干燥时能够放出水分。由于石膏制品的"呼吸"作用，建筑物室内的温、湿度可得到有效调节，居住环境更舒适。

5. 耐水性、抗冻性差

建筑石膏内部的大量毛细孔隙，吸水性大，而软化系数较小，只有 0.2～0.3，不耐水，不抗冻，若长期浸在水中，晶体间的黏结力会削弱甚至溶解。因此，石膏制品不宜用于潮湿环境中。

6. 防火性能好

石膏制品在遇火灾时，二水石膏将脱出结晶水，吸热蒸发，并在制品表面形成蒸汽幕和脱水物隔热层，可有效减少火焰对内部结构的危害。建筑石膏制品在防火的同时自身也会遭到损坏，而且石膏制品也不宜长期用于靠近65℃以上高温的部位，以免二水石膏在此温度下失去结晶水，从而失去强度。

7. 具有良好的装饰性和可加工性

石膏制品不仅表面光滑细腻，而且颜色洁白，装饰性极好。石膏可锯、可钉、可刨，具有良好的可加工性。

（二）建筑石膏的应用

建筑石膏在工程中用作室内抹灰及粉刷、建筑装饰制品和石膏板。

1. 室内抹灰及粉刷

抹灰指的是以建筑石膏为胶凝材料，加入水和砂子配成石膏砂浆，作为内墙面抹平的材料。由建筑石膏特性可知，石膏砂浆具有良好的保温隔热性能与良好的隔音与防火性能，能够调节室内空气的温度。由于石膏不耐水，故不宜在外墙使用。

粉刷指的是建筑石膏加水和适量外加剂，调制成涂料，用于涂刷装修内墙面。石膏表面光洁、细腻、色白、透湿透气、凝结硬化快、施工方便、黏结强度高，是良好的内墙涂料。

2. 建筑装饰制品

以杂质含量少的建筑石膏（有时称为模型石膏）加入少量纤维增强材料和建筑胶水等可制作成各种装饰制品，也可掺入颜料制成彩色制品。

3. 石膏板

石膏板是一种新型轻质板材，它是以建筑石膏为主要原料，加入轻质多孔填料（如锯末、膨胀珍珠岩等）及纤维状填料（如石棉、纸筋等）制成的。石膏板具有质量轻、隔热保温、隔音、防火等性能，可锯、可钉，加工方便，因此它被广泛用于建筑行业，主要用于建筑物的内隔墙、墙体覆盖面、天花板及各种装饰板等。目前，我国生产的石膏板主要有纸面石膏板、纤维石膏板、石膏空心板条、石膏装饰板及石膏吸音板等。

4. 其他用途

建筑石膏可作为生产某些硅酸盐制品时的增强剂，如粉煤灰砖、炉渣制品等，也可用作油漆或粘贴墙纸等的基层找平。

石膏容易与水反应，因此建筑石膏在运输和储存时要注意防水、防潮。另外，长期储存会使石膏的强度下降很多（一般储存3个月后，强度会下降30%左右），因此建筑石膏不宜长期储存，否则将使石膏制品的质量下降。

【工程实例3-3】某剧场采用石膏板做内部装饰，由于冬季剧场内暖气爆裂，大量热水流过剧场，一段时间后发现石膏制品出现了局部变形的现象，表面出现霉斑，请分析原因。

原因分析：石膏是一种气硬性胶凝材料，它不能在水中硬化，也就是说，石膏不适宜在潮湿环境中使用。

任务三　水玻璃

常用的水玻璃（图3-5）分为钠水玻璃和钾水玻璃两类，俗称泡花碱。钠水玻璃为硅酸钠水溶液，分子式为 $Na_2O \cdot nSiO_2$；钾水玻璃为硅酸钾水溶液，分子式为 $K_2O \cdot nSiO_2$。建筑工程中主要使用钠水玻璃，当工程技术要求较高时也可采用钾水玻璃。优质纯净的水玻璃为无色透明的黏稠液体，溶于水，当含有杂质时呈淡黄色或青灰色。

水玻璃分子式中的 n 为二氧化硅与碱金属氧化物间的摩尔比，称为水玻璃的模数。n 值越大，水玻璃的黏结能力越强，强度、耐酸性、耐热性也越高；同时，n 值越大，固态水玻璃在水中溶解的难度就越大。n 为 1 的水玻璃能溶于常温的水；而 $n>3$ 时，要在 4 个大气压以上的蒸汽中才能溶解。同一模数的水玻璃，浓度越高，则密度越大，黏结力越强。

图 3-5　水玻璃

一、水玻璃的生产

目前生产水玻璃的方法有干法和湿法两种。

湿法是将固体水玻璃装进蒸压釜内，通入水蒸气使其溶于水而得，或者将石英砂和氢氧化钠溶液在蒸压锅内（0.2～0.3MPa）用蒸汽加热并搅拌，使其直接反应后生成液体水玻璃。纯净的水玻璃溶液应为无色透明液体，但因含杂质，常呈青灰或黄绿等颜色。

干法是将石英砂和碳酸钠磨细拌匀，放入玻璃炉内加热至 1300～1400℃，熔融而生成硅酸钠，冷却后即为固态的钠水玻璃，其反应式如下：

$$Na_2CO_3 + nSiO_2 = Na_2O \cdot nSiO_2 + CO_2 \uparrow$$

将固态水玻璃在一定的压力条件下加热溶解可制成液态的水玻璃。水玻璃溶液可与水按任意比例混合，不同的用水量可使溶液具有不同的密度和黏度。同一模数的水玻璃溶液，其密度越大，黏度越大，黏结力越强。

二、水玻璃的凝结与硬化

水玻璃在空气中的凝结硬化与石灰的凝结硬化非常相似，主要通过碳化和脱水结晶固结两个过程来实现。水玻璃吸收空气中的二氧化碳，析出二氧化硅凝胶，并逐渐干燥脱水成为氧化硅而硬化，其反应式为：

$$Na_2O \cdot nSiO_2 + CO_2 + mH_2O = Na_2CO_3 + nSiO_2 \cdot mH_2O$$

随着碳化反应的进行，硅胶（$nSiO_2 \cdot mH_2O$）含量增加，接着自由水分蒸发和硅胶脱水成固体而凝结硬化，其特点是：

（1）速度慢。空气中 CO_2 浓度低，故碳化反应及整个凝结硬化过程十分缓慢。

（2）体积收缩。

（3）强度低。

为加快水玻璃的凝结硬化速度和提高强度，水玻璃使用时一般要求加入固化剂氟硅酸钠（分子式为 Na_2SiF_6），氟硅酸钠的掺量一般为 12%～15%。掺量少，凝结硬化慢，且强度低；掺量太多，则凝结硬化过快，不便施工操作，而且硬化后的早期强度虽高，但后期强度明显降低。因此，使用时应严格控制固化剂掺量，并根据气温、湿度、水玻璃的模数、密度在上述范围内适当调整，即气温高、模数大、密度小时选下限。

三、水玻璃的性质与应用

（一）水玻璃的性质

水玻璃硬化后具有以下特性。

1. 黏结力强、强度较高

水玻璃硬化后具有较高的黏结强度、抗拉强度和抗压强度。水玻璃硬化后的强度与水玻璃模数、相对密度、固化剂用量及细度，以及填料、砂和石的用量及配合比等因素有关。同时，还与配制、养护、酸化处理等施工质量有关。

2. 耐酸性与耐热性好

由于水玻璃硬化后的主要成分为二氧化硅，其可以抵抗除氢氟酸、过热磷酸以外的几乎所有的无机酸和有机酸。水玻璃类材料经过不耐碱性介质的侵蚀，硬化后形成的二氧化硅网状骨架，在高温下强度下降不大，可用于配制水玻璃耐热混凝土、耐热砂浆、耐热胶泥。

3. 耐碱性和耐水性差

水玻璃在加入氟硅酸钠后仍不能完全硬化，仍然有一定的水玻璃（$Na_2O+nSiO_2$）。SiO_2 和 $Na_2O+nSiO_2$ 均可溶于碱，且 $Na_2O+nSiO_2$ 可溶于水，因此，水玻璃硬化后不耐碱、不耐水。为提高耐水性，常采用中等浓度的酸对已硬化的水玻璃进行酸洗处理。

（二）水玻璃的应用

1. 涂刷材料表面，提高抗风化能力

水玻璃溶液涂刷或浸渍材料后，能渗入缝隙和孔隙中，固化的硅凝胶能堵塞毛细孔通道，提高材料的密度和强度，从而提高材料的抗风化能力。但水玻璃不得用来涂刷或浸渍石膏制品。因为水玻璃与石膏反应生成硫酸钠（Na_2SO_4），在制品孔隙内结晶膨胀，导致石膏制品开裂破坏。

2. 用于土壤加固

将水玻璃与氯化钙溶液通过金属管轮流向地下压入，两种溶液迅速反应生成硅胶和硅酸钙凝胶，将土壤包裹并填充孔隙。硅酸胶作为一种可以吸水膨胀的冻状胶体，因吸收地下水而经常处于膨胀状态，阻止水分的渗透和使土壤固结。用这种方法加固砂土，抗压强度可达 3～6MPa。

3. 配制速凝防水剂

水玻璃可与多种矾配制成速凝防水剂，用于堵漏、填缝等局部抢修。这种多矾防水剂的凝结速度很快，一般为几分钟，其中四矾防水剂不超过 1min，故工地上使用时必须做到即配即用。四矾防水剂是指胆矾（硫酸铜）、红矾（重铬酸钾，$K_2Cr_2O_7$）、明矾（也称白矾，硫酸铝钾）、紫矾各一份。

4. 配制耐酸、耐热混凝土和砂浆

水玻璃能抵抗大多数酸的作用，常用模数为 2.6～2.8 的水玻璃配制耐酸胶泥（水玻璃＋石英砂）、耐酸砂浆和耐酸混凝土等。水玻璃耐热性能良好，可用于配制耐热砂浆和耐热混凝土，耐热温度可达到 1200℃。

小 结

本项目主要介绍只适用于地上或干燥环境中的气硬性胶凝材料。

（1）石灰是较早使用的气硬性胶凝材料。生石灰是由石灰石等原料经高温煅烧而成，生石灰再经消化（或熟化）可得消石灰粉或石灰膏。这一过程需要经"过滤"及"陈伏"处理，以消除欠火石灰及过火石灰的危害。石灰的主要性质：硬化慢、强度低、耐水性差，硬化时体积收缩。其主要用途：配制砂浆，制作石灰乳涂料，生产硅酸盐制品等。

（2）建筑石膏具有良好的隔热、吸声、防火性能，装饰加工性能良好，并具有一定的调温调湿性能，硬化后体积微膨胀，主要用于室内粉刷、制造建筑石膏制品等。

（3）建筑中常用的水玻璃为硅酸钠（$Na_2O + nSiO_2$）的水溶液。SiO_2 与 Na_2O 的摩尔比 n 即为水玻璃的模数。水玻璃具有良好的耐酸、耐热性及一定的防水性，可用于加固地基，配制防水剂及耐酸、耐热混凝土。

能力训练题

一、填空题

1. 胶凝材料按照化学成分分为（　　　）和（　　　）两类。无机胶凝材料按照硬化条件不同分为（　　　）和（　　　）两类。

2. 建筑石膏的化学成分为（　　　），高强石膏的化学成分为（　　　），生石膏的化学成分为（　　　）。

3. 建筑石膏的技术要求主要有（　　　）、（　　　）、（　　　）。

4. 生石灰的熟化是指（　　　　　　）。熟化过程的特点：一是（　　　　）；二是（　　　　　）。

5. 生石灰按照煅 MgO 含量不同分为（　　　　　）和（　　　　　）。

6. 水玻璃凝结硬化的特点是（　　　　　）、（　　　　　）和（　　　　　）。

二、简答题

1. 石灰的主要成分是什么？建筑用石灰有哪几种形态？
2. 什么是过火石灰和欠火石灰？生石灰熟化时为什么要"陈伏"？
3. 石灰有哪些特性？石灰的用途如何？在储存和保管时需要注意什么？
4. 简述建筑石膏的特性与用途。
5. 水玻璃的性质主要有哪些？其用途如何？

项目四
水 泥

 学习目标

1. 了解水泥的概念，掌握硅酸盐通用水泥的质量标准，了解其他品种的水泥。
2. 会根据工程特点正确选用水泥。
3. 掌握通用硅酸盐水泥的检验、验收和储存要求。

水泥属于水硬性胶凝材料。水硬性胶凝材料不仅能在空气中硬化，又能更好地在水中硬化，保持并继续发展其强度。

水泥是当代最主要的建筑材料之一，使用广，用量大。它作为胶凝材料可以和骨料、水及增强材料制成各种混凝土与构件，也可配制各种砂浆，广泛应用于工业与民用建筑、道路、桥梁、涵洞、水利、海港和国防等工程。水泥按包装分为袋装水泥（图4-1）和散装水泥（图4-2）。

图 4-1　袋装水泥

图 4-2　散装水泥罐

任务一　水泥的品种

水泥种类非常多，按其主要水硬性物质名称分为：硅酸盐系水泥、铝酸盐系水泥、硫铝酸盐系水泥、铁铝酸盐系水泥、氟铝酸盐系水泥等系列。按用途和性能又可分为通用水泥、专用水泥和特性水泥三大类。通用水泥是指土木工程中大量使用的一般用途的水泥，如：普通硅酸盐水泥、矿渣硅酸盐水泥、粉煤灰硅酸盐水泥等；专用水泥指具有专门用途的水泥，如：砌筑水泥、油井水泥、道路水泥等；特性水泥指某种特性比较突出的水泥，如：快硬硅酸盐水泥、抗硫酸盐水泥、膨胀水泥等。

目前，硅酸盐系列水泥是水泥中使用最为广泛的一类，占我国水泥产量的90%左右，因此，本项目重点介绍土建工程中最常用的通用硅酸盐水泥的性质和应用。对其他品种的水泥仅作一般性介绍。

二维码 4-1

一、通用硅酸盐水泥

1. 通用硅酸盐水泥的定义、分类

国家标准《通用硅酸盐水泥》（GB 175—2007）规定：以硅酸盐水泥熟料和适量石膏，及规定的混合材料制成的水硬性胶凝材料是通用硅酸盐水泥。通用硅酸盐水泥按混合材料的品种和掺量分为硅酸盐水泥、普通硅酸盐水泥、矿渣硅酸盐水泥、火山灰质硅酸盐水泥、粉煤灰硅酸盐水泥和复合硅酸盐水泥。

2. 通用硅酸盐水泥的代号和组分

通用硅酸盐水泥的代号和组分应符合表4-1。由表可知，硅酸盐水泥中不含或仅含很少的混合材料，硅酸盐水泥熟料所占比例大；普通水泥掺入了少量的混合材料；而矿渣硅酸盐水泥、火山灰质硅酸盐水泥、粉煤灰水泥、复合水泥则掺入了较多的活性混合材料，所含硅酸盐水泥熟料成分相对较少。

表 4-1　通用硅酸盐水泥的代号和组分(GB 175—2007)

品种	代号	组分(质量分数)/%				
		熟料＋石膏	粒化高炉矿渣	火山灰质混合材料	粉煤灰	石灰石
硅酸盐水泥	P·Ⅰ	100	—	—	—	—
	P·Ⅱ	≥95	≤5	—	—	—
		≥95	—	—	—	≤5
普通水泥	P·O	≥80且<95	>5且≤20			—
矿渣硅酸盐水泥	P·S·A	≥50且<80	>20且≤50	—	—	—
	P·S·B	≥30且<50	>50且≤70	—	—	—
火山灰质硅酸盐水泥	P·P	≥60且<80	—	>20且≤40	—	—
粉煤灰水泥	P·F	≥60且<80	—	—	>20且≤40	—
复合水泥	P·C	≥50且<80	>20且≤50			—

二、专用水泥

1. 砌筑水泥

在我国住宅建筑中，砖混结构占有相当大的比例，其中所用的砌筑砂浆在施工配制时，如采用通用水泥，由于水泥强度与砂浆强度的比值过大，同时为了满足砂浆和易性的要求，水泥用量又不能过少，结果造成砌筑砂浆强度等级超高，形成较大的浪费。因此，生产专为砌筑用的低强度水泥非常必要。砌筑水泥在生产中，可大量利用工业废渣，不仅保护环境，还降低生产成本，提高了经济效益。

【知识链接】砌筑水泥的强度低，硬化较慢，但其和易性、保水性较好。其主要用于砌筑和抹面砂浆、垫层混凝土等，不应用于结构混凝土。

2. 道路水泥

道路水泥是水泥混凝土路面工程的专用特种水泥。由道路硅酸盐水泥熟料，适量石膏，可加入 GB/T 13693 标准规定的混合材料，磨细制成的水硬性胶凝材料，称为道路硅酸盐水泥（简称道路水泥），代号 P·R。

【知识链接】道路水泥是一种强度高（尤其是抗折强度高），干缩性小，耐磨性、抗冻性、抗冲击性和抗硫酸盐性均较好的水泥，所以道路水泥可以较好地承受高速车辆的车轮摩擦、循环负荷、冲击和振动，货物装卸时产生的骤然负荷，较好地抵抗路面与路基的温差和干湿度差产生的膨胀应力，抵抗冬季的冻融循环。道路水泥适用于修筑各种道路路面、机场跑道路面、城市广场等要求耐磨、耐用、裂缝和磨耗少的工程，也可用于其他建筑工程，且能取得优于通用水泥的使用效果。

三、特性水泥

1. 快硬硅酸盐水泥

以硅酸盐水泥熟料和适量石膏磨细制成，以 3 天抗压强度表示强度等级的水硬性胶凝材料，称为快硬硅酸盐水泥，简称快硬水泥。

【知识链接】快硬硅酸盐水泥的凝结硬化快，水化热大且集中，早期强度高，后期强度仍增长。其适用于配制早强、高强度混凝土，用于紧急抢修工程、军事工程、冬季施工工程和预应力钢筋混凝土或预制件中，但不宜用于大体积混凝土工程。快硬水泥易受潮变质，不易久存，应及时使用。从出厂日起，超过一个月，应重新检验，合格后方可使用。

2. 低水化热水泥

低水化热水泥原称大坝水泥，是专门用于要求水化热较低的大坝和大体积工程的水泥品种，主要品种有三种，即中热硅酸盐水泥、低热硅酸盐水泥、低热矿渣硅酸盐水泥。

【知识链接】 这类水泥的最大特点是水化热低，可减少和消除大体积混凝土内外温差显著而发生的不均匀收缩和裂缝，是专用于大体积混凝土（如大坝、大体积建筑物、厚大的基础）工程的水泥，也是水利工程中不可缺少的水泥品种之一。中热水泥主要适用于大坝溢流面的面层和水位变动区等要求较高耐磨性和抗冻性的工程，低热水泥和低热矿渣水泥主要适用于大坝或大体积建筑物内部及水下工程。

3. 抗硫酸盐水泥

按抵抗硫酸盐腐蚀的程度分成中抗硫酸盐硅酸盐水泥和高抗硫酸盐硅酸盐水泥两大类。抗硫酸盐水泥除了具有较强的抗腐蚀能力外，还具有较高的抗冻性，主要适用于受硫酸盐腐蚀、冻融循环及干湿交替作用的海港、水利、地下、隧道、涵洞、道路和桥梁基础等工程。

4. 膨胀水泥和自应力水泥

大多数水泥在空气中进行的硬化过程中，化学反应、水分蒸发等都会产生一定的体积收缩，从而使混凝土内部产生细微裂缝，导致其强度、抗渗性、抗冻性等下降。膨胀水泥和自应力水泥则通过掺入膨胀组分，使水泥在凝结硬化中能产生一定量的体积膨胀。根据膨胀值的大小，该类水泥分为膨胀水泥和自应力水泥两大类。膨胀水泥的膨胀值较小，有中膨胀、微膨胀和无收缩之分。自应力水泥的膨胀值较大，它用于钢筋混凝土时，硬化后会使钢筋产生一定的拉应力，混凝土受到相应的压应力，从而使混凝土的微裂缝减少、抗裂性提高、强度提高，因这种应力是水泥自身水化硬化造成的，故称为自应力水泥。

按水泥的主要水硬性物质，还可分为硅酸盐系、铝酸盐系、硫铝酸盐系、铁铝酸盐系的膨胀水泥和自应力水泥。

膨胀水泥硬化后体积不收缩或微膨胀使混凝土结构密实，抗渗、抗裂性强，主要用于补偿收缩混凝土结构工程，防渗抗裂混凝土工程，补强和防渗抹面工程，填充构件接缝、管道接头，固定机器底座和地脚螺栓等。

自应力水泥适用于制造自应力钢筋混凝土压力管及其配件。

5. 铝酸盐水泥

铝酸盐水泥是应用较多的非硅酸盐系水泥，是具有快硬早强性能和较好耐高温性能的胶凝材料，还是膨胀水泥的主要组分，在军事工程、抢修工程、严寒工程、耐高温工程和自应力混凝土等方面应用广泛，是重要的水泥系列之一。

国家标准《铝酸盐水泥》（GB/T 201—2015）规定，凡以铝酸钙为主的铝酸盐水泥熟料，磨细制成的水硬性胶凝材料称为铝酸盐水泥（又称高铝水泥、矾土水泥），代号CA。

我国铝酸盐水泥按 Al_2O_3 含量分为四类：CA-50，CA-60，CA-70，CA-80。

任务二 通用硅酸盐水泥

一、硅酸盐水泥的基本组成与生产

（一）硅酸盐水泥的定义

凡由硅酸盐水泥熟料、0%～5%石灰石或粒化高炉矿渣、适量石膏磨细制成的水硬性胶凝材料，称为硅酸盐水泥（即国外通称的波特兰水泥）。根据是否掺入混合材料将硅酸盐水泥分为两种类型，不掺加混合材料的称为Ⅰ型硅酸盐水泥，代号P·Ⅰ；在硅酸盐水泥粉磨时掺加不超过水泥质量5%石灰石或粒化高炉矿渣混合材料的称Ⅱ型硅酸盐水泥，代号P·Ⅱ。

硅酸盐水泥是硅酸盐水泥系列的基本品种，其他品种的硅酸盐水泥都是在硅酸盐水泥熟料的基础上，掺入一定量的混合材料制得，因此要掌握硅酸盐系列水泥的性能，首先要了解和掌握硅酸盐水泥的特性。

（二）硅酸盐水泥的原料及生产

生产硅酸盐水泥的原料主要有石灰质原料、黏土质原料两大类，此外再配以辅助的铁质和硅质校正原料。其中石灰质原料主要提供 CaO，它可采用石灰石、石灰质凝灰岩等；黏土质原料主要提供 SiO_2、Al_2O_3 及少量的 Fe_2O_3，它可采用黏土、黏土质页岩、黄土等；铁质校正原料主要补充 Fe_2O_3，可采用铁矿粉、黄铁矿渣等；硅质校正原料主要补充 SiO_2，它可采用砂岩、粉砂岩等。

硅酸盐水泥生产过程是将原料按一定比例混合磨细，先制得具有适当化学成分的生料，再将生料在水泥窑（回转窑或立窑）中经过1400～1450℃的高温煅烧至部分熔融，冷却后得到硅酸盐水泥熟料，最后再加适量石膏（不超过水泥质量5%的石灰石或粒化矿渣）共同磨细至一定细度即得P·Ⅰ（P·Ⅱ）型硅酸盐水泥。水泥的生产过程可概括为"两磨一烧"，其生产工艺流程如图4-3所示。

图4-3 硅酸盐水泥生产示意图

（三）硅酸盐水泥熟料矿物组成及特性

生料开始加热时，自由水分逐渐蒸发而干燥，当温度上升到500～800℃时，首先是有机物被烧尽，其次是黏土分解形成无定型的 SiO_2 及 Al_2O_3，当温度到达800～1000℃时，石灰石进行分解形成 CaO，并开始与黏土中 SiO_2、Al_2O_3 及 Fe_2O_3 发生固相反应，随温度的升高，固相反应加速，并逐渐生成 $2CaO·SiO_2$、$3CaO·Al_2O_3$ 及 $4CaO·Al_2O_3·Fe_2O_3$。当温度达到1300℃时，固相反应结束。这时在物料中仍剩余一部分 CaO 未与其他氧化物化合。当温度从1300℃升至1450℃再降到1300℃，这是烧成阶段，这时的 $3CaO·Al_2O_3$ 及 $4CaO·Al_2O_3·Fe_2O_3$ 烧至部分熔融状态，出现液相，把剩余的 CaO 及部分 $2CaO·SiO_2$ 溶解于其中，在此液相中，$2CaO·SiO_2$ 吸收 CaO 形成 $3CaO·SiO_2$。此烧成阶段至关重要，需达到较高的温度并要保持一定的时间，否则，水泥熟料中 $3CaO·SiO_2$ 含量低，游离 CaO 含量高，对水泥的性能有较大的影响。

硅酸盐水泥熟料矿物成分及含量如下：

① 硅酸三钙 $3CaO·SiO_2$，简写 C_3S，含量45%～60%；
② 硅酸二钙 $2CaO·SiO_2$，简写 C_2S，含量15%～30%；
③ 铝酸三钙 $3CaO·Al_2O_3$，简写 C_3A，含量6%～12%；
④ 铁铝酸四钙 $4CaO·Al_2O_3·Fe_2O_3$，简写 C_4AF，含量6%～8%。

在以上的矿物组成中，硅酸三钙和硅酸二钙的总含量大约占75%以上，而铝酸三钙和铁铝酸四钙的总含量仅占25%左右，硅酸盐占绝大部分，故名硅酸盐水泥。除上述主要熟料矿物成分外，水泥中还有少量的游离氧化钙、游离氧化镁，它们含量过高，会引起水泥体积安定性不良。水泥中还含有少量的碱（Na_2O、K_2O），碱含量高的水泥如果遇到活性骨料，易产生碱—骨料膨胀反应。所以水泥中游离氧化钙、游离氧化镁和碱的含量应加以限制。

各种矿物单独与水作用时，表现出不同的性能，详见表 4-2。

表 4-2 硅酸盐水泥熟料矿物特性

矿物名称	密度/(g/cm³)	水化反应速率	水化放热量	强度	耐腐蚀性
$3CaO \cdot SiO_2$	3.25	快	大	高	差
$2CaO \cdot SiO_2$	3.28	慢	小	早期低,后期高	好
$3CaO \cdot Al_2O_3$	3.04	最快	最大	低	最差
$4CaO \cdot Al_2O_3 \cdot Fe_2O_3$	3.77	快	中	低	中

各熟料矿物的强度增长情况如图 4-4 所示。水化热的释放情况如图 4-5 所示。

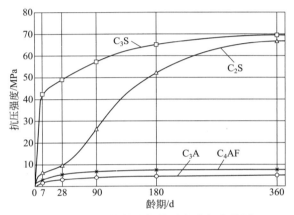
图 4-4 不同熟料矿物的强度增长曲线图

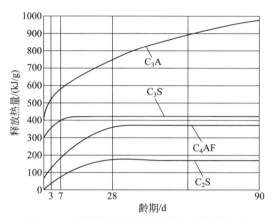
图 4-5 不同熟料矿物的水化热释放曲线图

由表 4-2 及图 4-4、图 4-5 可知，不同熟料矿物单独与水作用的特性是不同的。

① 硅酸三钙的水化速度较快，早期强度高，28 天强度可达一年强度的 70%～80%；水化热较大，且主要是早期放出，其含量也最高，是决定水泥性质的主要矿物。

② 硅酸二钙的水化速度最慢，水化热最小，且主要是后期放出，是保证水泥后期强度的主要矿物，且耐化学侵蚀性好。

③ 铝酸三钙的凝结硬化速度最快（故需掺入适量石膏作缓凝剂），也是水化热最大的矿物。其强度值最低，但形成最快，3 天几乎接近最终强度。但其耐化学侵蚀性最差，且硬化时体积收缩最大。

④ 铁铝酸四钙的水化速度也较快，仅次于铝酸三钙，其水化热中等，且有利于提高水泥抗拉（折）强度。

水泥是几种熟料矿物的混合物，改变矿物成分间比例时，水泥性质即发生相应的变化，可制成不同性能的水泥。如增加 C_3S 含量，可制成高强、早强水泥（我国水泥标准规定的 R 型水泥）。若增加 C_2S 含量而减少 C_3S 含量，水泥的强度发展慢，早期强度低，但后期强度高，其更大的优势是水化热降低。若提高 C_4AF 的含量，可制得抗折强度较高的道路水泥。

（四）硅酸盐水泥的水化与凝结硬化

水泥与适量的水拌和后，最初形成具有可塑性的浆体，随着水化反应的进行，水泥浆体逐渐变稠失去可塑性，但尚不具有强度，这一过程称为水泥的"凝结"。随后凝结了的水泥浆体开始产生强度，并逐渐发展成为坚硬的水泥石，这一过程称为"硬化"。水泥的水化贯穿凝结、硬化过程的始终，在几十年龄期的水泥制品中，仍有未水化的水泥颗粒。水泥的水化、凝结与硬化过程如图 4-6 所示。

图 4-6 水泥的水化、凝结与硬化示意图

1. 水泥的水化反应

水泥加水后，熟料矿物开始与水发生水化反应，生成水化产物，并放出一定的热量，其反应式如下：

$$2(3CaO \cdot SiO_2) + 6H_2O \longrightarrow 3CaO \cdot 2SiO_2 \cdot 3H_2O + 3Ca(OH)_2$$
　　硅酸三钙　　　　　　　　水化硅酸钙（凝胶体）　氢氧化钙（晶体）

$$2(2CaO \cdot SiO_2) + 4H_2O \longrightarrow 3CaO \cdot 2SiO_2 \cdot 3H_2O + Ca(OH)_2$$
　　硅酸二钙　　　　　　　　水化硅酸钙（凝胶体）　氢氧化钙（晶体）

$$3CaO \cdot Al_2O_3 + 6H_2O \longrightarrow 3CaO \cdot Al_2O_3 \cdot 6H_2O$$
　　铝酸三钙　　　　　　　　水化铝酸钙（晶体）

$$4CaO \cdot Al_2O_3 \cdot Fe_2O_3 + 7H_2O \longrightarrow 3CaO \cdot Al_2O_3 \cdot 6H_2O + CaO \cdot Fe_2O_3 \cdot H_2O$$
　铁铝酸四钙　　　　　　　　水化铝酸钙（晶体）　　水化铁酸钙（凝胶体）

在四种熟料矿物中，C_3A 的水化速度最快，若不加以抑制，水泥的凝结过快，影响正常使用。为了调节水泥凝结时间，在水泥中加入适量石膏共同粉磨，石膏起缓凝作用，其机理为：熟料与石膏一起迅速溶解于水，并开始水化，形成石膏、石灰饱和溶液，而熟料中水化最快的 C_3A 的水化产物 $3CaO \cdot Al_2O_3 \cdot 6H_2O$ 在石膏、石灰的饱和溶液中生成高硫型水化硫铝酸钙，又称钙矾石，反应式如下：

$$3CaO \cdot Al_2O_3 \cdot 6H_2O + 3(CaSO_4 \cdot 2H_2O) + 19H_2O \longrightarrow 3CaO \cdot Al_2O_3 \cdot 3CaSO_4 \cdot 31H_2O$$
　水化铝酸钙　　　　　　石膏　　　　　　　　　　水化硫铝酸钙（钙矾石晶体）

钙矾石是一种针状晶体，不溶于水，且形成时体积膨胀 1.5 倍。钙矾石在水泥熟料颗粒表面形成一层较致密的保护膜，封闭熟料组分的表面，阻滞水分子及离子的扩散，从而延缓了熟料颗粒，特别是 C_3A 的水化速度。加入适量的石膏不仅能调节凝结时间达到标准所规定的要求，而且适量石膏能在水泥水化过程中与 C_3A 生成一定数量的水化硫铝酸钙晶体，交错地填充于水泥石的空隙中，从而增加水泥石的致密性，有利于提高水泥强度，尤其是早期强度的发挥。但如果石膏掺量过多，会引起水泥体积安定性不良。

硅酸盐水泥主要水化产物有：水化硅酸钙凝胶体、水化铁酸钙凝胶体、氢氧化钙晶体、水化铝酸钙晶体和水化硫铝酸钙晶体。在完全水化的水泥石中，水化硅酸钙约占 50%，氢氧化钙约占 25%。

2. 硅酸盐水泥的凝结与硬化

水泥的凝结硬化是个非常复杂的物理化学过程，可分为以下几个阶段。

水泥颗粒与水接触后，首先是最表层的水泥与水发生水化反应，生成水化产物，组成水泥—水—水化产物混合体系。反应初期，水化速度很快，不断形成新的水化产物扩散到水中，使混合体系很快成为水化产物的饱和溶液。此后，水泥继续水化所生成的产物不再溶解，而是以分散状态的颗粒析出，附在水泥粒子表面，形成凝胶膜包裹层，使水泥在一段时间内反应缓慢,水泥浆的可塑性基本上保持不变。

由于水化产物不断增加,凝胶膜逐渐增厚而破裂并继续扩展,水泥粒子又在一段时间内加速水化,这一过程可重复多次。由水化产物组成的水泥凝胶在水泥颗粒之间形成了网状结构。水泥浆逐渐变稠,并失去塑性而出现凝结现象。此后,由于水泥水化反应的继续进行,水泥凝胶不断扩展而填充颗粒之间的孔隙,使毛细孔愈来愈少,水泥石就具有愈来愈高的强度和胶结能力。

综上所述,水泥的凝结硬化是一个由表及里,由快到慢的过程。较粗颗粒的内部很难完全水化。因此,硬化后的水泥石是由水泥水化产物凝胶体(内含凝胶孔)及结晶体、未完全水化的水泥颗粒、毛细孔(含毛细孔水)等组成的不匀质结构体。

3. 影响硅酸盐水泥凝结、硬化的因素

水泥的凝结硬化过程,也就是水泥强度发展的过程,受到许多因素的影响,有内部的和外界的,其主要影响因素分析如下:

① 矿物组成。矿物组成是影响水泥凝结硬化的主要内因,如前所述,不同的熟料矿物成分单独与水作用时,水化反应的速度、强度发展的规律、水化放热是不同的,因此改变水泥的矿物组成,其凝结硬化将产生明显的变化。

② 水泥细度。水泥颗粒的粗细程度直接影响水泥的水化、凝结硬化、强度、干缩及水化热等。水泥的颗粒粒径一般在 $7\sim 200\mu m$ 之间,颗粒越细,与水接触的比表面积越大,水化速度较快且较充分,水泥的早期强度和后期强度都很高。但水泥颗粒过细,在生产过程中消耗的能量越多,机械损耗也越大,生产成本增加,且水泥颗粒越细,需水性越大,在硬化时收缩也增大,因而水泥的细度应适中。

③ 石膏掺量。石膏掺入水泥中的目的是为了延缓水泥的凝结、硬化速度,调节水泥的凝结时间。需注意的是石膏的掺入要适量,掺量过少,不足以抑制 C_3A 的水化速度;过多掺入石膏,其本身会生成一种促凝物质,反而使水泥快凝;如果石膏掺量超过规定的限量,则会在水泥硬化过程中仍有一部分石膏与 C_3A 及 C_4AF 的水化产物 $3CaO \cdot Al_2O_3 \cdot 6H_2O$ 继续反应生成水化硫铝酸钙针状晶体,体积膨胀,使水泥石强度降低,严重时还会导致水泥体积安定性不良。适宜的石膏掺量主要取决于水泥中 C_3A 的含量和石膏的品种及质量,同时与水泥细度及熟料中 SO_3 的含量有关,一般生产水泥时石膏掺量占水泥质量的 $3\%\sim 5\%$,具体掺量应通过试验确定。

④ 水灰比。拌和水泥浆时,水与水泥的质量比称为水灰比。从理论上讲,水泥完全水化所需的水灰比为 0.22 左右。但拌和水泥浆时,为使浆体具有一定塑性和流动性,所加入的水量通常要大大超过水泥充分水化时所需用水量,多余的水在硬化的水泥石内形成毛细孔。因此拌和水越多,硬化水泥石中的毛细孔就越多,当水灰比为 0.4 时,完全水化后水泥石的总孔隙率为 29.6%,而水灰比为 0.7 时,水泥石的孔隙率高达 50.3%。水泥石的强度随其孔隙增加而降低。因此,在不影响施工的条件下,水灰比小,则水泥浆稠,易于形成胶体网状结构,水泥的凝结硬化速度快,同时水泥石整体结构内毛细孔少,强度也高。

⑤ 温、湿度。温度对水泥的凝结硬化影响很大,提高温度,可加速水泥的水化速度,有利于水泥早期强度的形成。就硅酸盐水泥而言,提高温度可加速其水化,使早期强度能较快发展,但对后期强度可能会产生一定的影响(因而,硅酸盐水泥不适宜用于蒸汽养护、压蒸养护的混凝土工程)。而在较低温度下进行水化,虽然凝结硬化慢,但水化产物较致密,可获得较高的最终强度。但当温度低于 0℃ 时,强度不仅不增长,而且还会因水的结冰而导致水泥石被冻坏。

湿度是保证水泥水化的一个必备条件,水泥的凝结硬化实质是水泥的水化过程。因此,在干燥环境中，水化浆体中的水份蒸发，导致水泥不能充分水化，同时硬化也将停止，并会因干缩而产生裂缝。

在工程中，保持环境的温、湿度，使水泥石强度不断增长的措施称为养护，水泥混凝土在浇筑后的一段时间里应十分注意控制温、湿度的养护。

⑥ 龄期。龄期指水泥在正常养护条件下所经历的时间。水泥的凝结、硬化是随龄期的增长而渐进的过程，在适宜的温、湿度环境中，随着水泥颗粒内各熟料矿物水化程度的提高，凝胶体不断增加，毛细孔相应减少，水泥的强度增长可持续若干年。在水泥水化作用的最初几天内强度增长最为迅速，如水化 7 天的强度可达到 28 天强度的 70% 左右，28 天以后的强度增长明显减缓，如图 4-7 所示。

水泥的凝结、硬化除上述主要因素之外，还与水泥的存放时间、受潮程度及掺入的外加剂种类等因素影响有关。

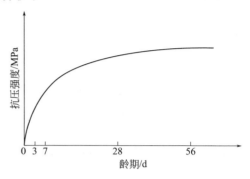

图 4-7 硅酸盐水泥强度发展与龄期的关系

二、硅酸盐水泥的技术性质

（一）化学指标

通用硅酸盐水泥中，不溶物、烧失量、三氧化硫、氧化镁、氯离子应符合表 4-3 的规定。

表 4-3 通用硅酸盐水泥的化学指标

品种	代号	不溶物 （质量分数）/%	烧失量 （质量分数）/%	三氧化硫 （质量分数）/%	氧化镁 （质量分数）/%	氯离子 （质量分数）/%
硅酸盐水泥	P·Ⅰ	≤0.75	≤3.0	≤3.5	≤5.0①	≤0.06③
	P·Ⅱ	≤1.50	≤3.5			
普通水泥	P·O	—	≤5.0			
矿渣水泥	P·S·A	—	—	≤4.0	≤6.0②	
	P·S·B	—	—		—	
火山灰水泥	P·P	—	—	≤3.5	≤6.0②	
粉煤灰水泥	P·F	—	—			
复合水泥	P·C	—	—			

① 如果水泥压蒸试验合格，则水泥中氧化镁的含量允许放宽至 6.0%（质量分数）。
② 如果水泥中氧化镁含量大于 6.0%（质量分数），需进行水泥压蒸安定性试验并合格。
③ 当有更低要求时，该指标由买卖双方确定。

1. 不溶物和烧失量

不溶物是指经盐酸、氢氧化钠溶液处理过滤后所得的残渣，再经高温灼烧所剩的物质。不溶物含量高会影响水泥的黏结质量。

烧失量是指水泥在一定灼烧温度和时间内，烧失的质量占原来质量的百分数。它是用来限制石膏和混合材料中杂质含量，以保证水泥质量的一个指标。另外，煅烧不理想或受潮的水泥也会引起一定的烧失量。

不溶物、烧失量的测定方法可见《水泥化学分析方法》（GB/T 176—2017）。

2. 氧化镁含量、三氧化硫含量

氧化镁结晶粗大，水化缓慢，且水化生成的 $Mg(OH)_2$ 体积膨胀可达 1.5 倍，过量会引起水泥体积安定性不良，需以压蒸的方法加快其水化，方可判断其安定性；三氧化硫过量会与铝酸钙矿物生成较多的钙矾石，产生较大的体积膨胀，也会引起体积安定性不良。故水泥中对两者含量要限制。

氧化镁、三氧化硫含量的测定方法可见《水泥化学分析方法》（GB/T 176—2017）。

3. 氯离子含量

氯离子会造成钢筋混凝土中的钢筋锈蚀，故限制其含量。其测定方法可见《水泥化学分析方法》（GB/T 176—2017）。

（二）碱含量（选择性指标）

水泥中碱含量用 $Na_2O+0.658K_2O$ 计算值表示。若使用活性骨料，用户要求提供低碱水泥时，水泥中的碱含量应不大于 0.60% 或由买卖双方协商确定。

当混凝土工程中使用活性骨料时，为防止碱-集料反应，保证混凝土的耐久性，水泥中的碱含量要有所限制。

碱含量的测定方法可见《水泥化学分析方法》（GB/T 176—2017）。

（三）凝结时间

硅酸盐水泥初凝时间不小于 45min，终凝时间不大于 390min（6.5h）；普通硅酸盐水泥、矿渣硅酸盐水泥、火山灰质硅酸盐水泥、粉煤灰硅酸盐水泥和复合硅酸盐水泥初凝时间不小于 45min，终凝时间不大于 600min（10h）。

二维码 4-2

水泥的凝结时间分为初凝时间和终凝时间。初凝时间是从水泥加水拌和起，到水泥的标准稠度净浆开始失去可塑性为止所需的时间；终凝时间是从水泥加水拌和起，到水泥的标准稠度净浆完全失去可塑性并开始产生强度所需的时间。

水泥凝结时间对施工有重大意义。水泥的初凝不宜过早，以便施工时有足够的时间来完成混凝土和砂浆的搅拌、运输、浇注和砌筑等操作；水泥的终凝不宜过迟，使混凝土能尽快硬化达到一定强度，以利于下道工序的进行，以免拖延施工工期。

（四）安定性

体积安定性是指水泥在凝结硬化过程中体积变化的均匀性。安定性不良的水泥，在浆体硬化过程中或硬化后产生不均匀的体积变化，会使水泥石产生膨胀裂纹、疏松、崩溃，影响工程质量，甚至引起事故。

二维码 4-3

水泥安定性不良的原因是熟料中含有过量的游离氧化钙、游离氧化镁或掺入的石膏过多。上述物质均在水泥硬化后开始或继续进行水化反应，其反应产物体积膨胀而使水泥石开裂。因此，国家标准中，对水泥熟料中游离氧化镁和三氧化硫的含量有具体限制，同时要求沸煮法检验水泥的体积安定性必须合格。

【案例 4-1】 某工地对刚从水泥厂拉来的水泥进行体积安定性检验时发现安定性不合格，经过多次与厂家联系，半个月后的一天，厂家派人来重新进行检验时，水泥的体积安定性却变为合格了，为什么？

分析：刚出厂的水泥安定性不合格可能是由水泥中游离氧化钙含量偏高造成，但在空气中放置半个月后，水泥中的部分游离氧化钙会吸收空气中的水蒸气而水化（或消解），使游离氧化钙的膨胀作用减少或消除，因而此时检验的水泥体积安定性变为合格。这样的水泥在重新检验并确认体积安定性合格后可以使用。

【想一想】 既然体积安定性不合格的水泥放置一段时间后会变为合格，那么，把安定性不合格的水泥都放置一段时间后再使用可以吗？为什么？

（五）强度

强度是水泥的主要技术性质，它是水泥力学性能的重要指标，也是评定水泥质量及等级的依据。水泥的强度等级是根据试件在规定龄期时的抗压强度和抗折强度来划分的，分别用32.5、32.5R、42.5、42.5R、52.5、52.5R、62.5、62.5R 来表示，有 R 的表示早强型，早强型水泥的 3 天抗压强度可以达到 28 天抗压强度的 50%；同强度等级的早强型水泥，3 天抗压强度较普通型的抗压强度可以提高 10%～24%。

水泥强度与熟料矿物的成分、混合材料的质量和数量、细度、水灰比大小、水化龄期、环境温湿度、石膏掺量等密切相关。在实际工程中特别要注意环境温湿度，当温度偏低，应考虑采取措施保证局部温度；当环境温度太高，应采取措施，保证环境的湿度。

【知识链接】温度对水泥的水化以及凝结和硬化（强度）的影响很大，当温度高时，水泥的水化反应快，从而凝结和硬化的速度也就加快，所以采用蒸汽养护是加速水泥凝结和硬化的方法之一。相反，温度低时，水泥的凝结和硬化速度慢，当温度低于 0℃ 时，水化基本停止，因此冬季施工时，需采用保温措施，以保证水泥正常凝结和强度的正常发展。水泥石的强度只有在潮湿的环境中才能不断增长，若处于干燥环境中，当水分蒸发完毕后，水化作用将无法继续进行，硬化即行停止，强度也不再增长，所以混凝土工程在浇注后 2～3 周的时间内，必须注意洒水养护。

不同品种、不同强度等级的通用硅酸盐水泥，其不同龄期的强度应符合表 4-4 的规定。

表 4-4　通用硅酸盐水泥的强度要求（GB 175—2007）

品种	强度等级	抗压强度/MPa		抗折强度/MPa	
		3 天	28 天	3 天	28 天
硅酸盐水泥	42.5	≥17.0	≥42.5	≥3.5	≥6.5
	42.5R	≥22.0		≥4.0	
	52.5	≥23.0	≥52.5	≥4.0	≥7.0
	52.5R	≥27.0		≥5.0	
	62.5	≥28.0	≥62.5	≥5.0	≥8.0
	62.5R	≥32.0		≥5.5	
普通硅酸盐水泥	42.5	≥17.0	≥42.5	≥3.5	≥6.5
	42.5R	≥22.0		≥4.0	
	52.5	≥23.0	≥52.5	≥4.0	≥7.0
	52.5R	≥27.0		≥5.0	
矿渣硅酸盐水泥 火山灰硅酸盐水泥 粉煤灰硅酸盐水泥 复合硅酸盐水泥	32.5	≥10.0	≥32.5	≥2.5	≥5.5
	32.5R	≥15.0		≥3.5	
	42.5	≥15.0	≥42.5	≥3.5	≥6.5
	42.5R	≥19.0		≥4.0	
	52.5	≥21.0	≥52.5	≥4.0	≥7.0
	52.5R	≥23.0		≥4.5	

【案例 4-2】某复合水泥各龄期强度的试验结果为：3 天抗压强度 22.3MPa，3 天抗折强度 4.6MPa；28 天抗压强度 46.9MPa，28 天抗折强度 6.7MPa，则该水泥的强度等级是（　　）

A. 32.5　　　B. 42.5R　　　C. 42.5　　　D. 52.5

分析：确定强度等级方法是根据表 4-4 的要求，选取 4 个数据都满足的最大等级作为该水泥的强度等级。通过对比可知，正确答案是 B。

【想一想】 强度等级中带"R"与不带"R"有何性能区别？实际中应如何选用？

（六）细度（选择性指标）

细度指水泥颗粒的粗细程度。细度对水泥的凝结硬化速度、强度、需水量及硬化收缩均有影响。水泥颗粒越细，总表面积越大，水化速度越快，早期强度越高。但硬化时体积收缩多，磨细所需成本高，过细的水泥储存时还易降低活性。

硅酸盐水泥和普通硅酸盐水泥的细度以比表面积表示，其比表面积不小于 $300m^2/kg$；矿渣硅酸盐水泥、火山灰质硅酸盐水泥、粉煤灰硅酸盐水泥和复合硅酸盐水泥的细度以筛余表示，其 $80\mu m$ 方孔筛筛余不大于 10% 或 $45\mu m$ 方孔筛筛余不大于 30%。

任务三 通用硅酸盐水泥的选用

要想正确选用水泥，首先要了解各种水泥的特点。通用硅酸盐水泥的性能比较见表4-5。

表 4-5 通用硅酸盐水泥的性能比较和适用情况

水泥品种		硅酸盐水泥	普通水泥	矿渣水泥	火山灰水泥	粉煤灰水泥	复合水泥
组成	混合材料掺量	熟料 石膏 ≤5%的混合材料	熟料 石膏 ＞5%且≤20%的混合材料	熟料 石膏 ＞20%且≤70%的矿渣	熟料 石膏 ＞20%且≤40%的火山灰	熟料 石膏 ＞20%且≤40%的粉煤灰	熟料 石膏 ＞20%且≤50%的混合材料
	区别	无或很少混合材料	少量混合材料	多量活性混合材料			多量混合材料
				矿渣	火山灰	粉煤灰	两种或两种以上
性能		凝结硬化快，早期、后期强度高，水化热大、放热快，抗冻性好，耐磨性好，抗碳化性好，干缩小，耐腐蚀性差，耐热性差	凝结硬化较快，早期强度较高，水化热较大，放热较快，抗冻性较好，耐磨性较好，抗碳化性较好，干缩较小，耐腐蚀性较差，耐热性较差	凝结硬化较慢，早期强度低、后期强度高，温度敏感性好，水化热低，抗冻性差，耐磨性差，耐腐蚀性好，抗碳化性差			与掺入种类比例有关，与矿渣水泥、火山灰水泥、粉煤灰水泥相近
				耐热性好，泌水性大，抗渗性差，干缩较大	保水性好，抗渗性好，干燥环境时表面易起粉，干缩大	水化需水量小，干缩小，抗裂性好，泌水性大，抗渗性较差	
主要适用		配制高强度等级的混凝土、预应力构件； 快硬早强的工程； 有抗冻要求的工程； 有耐磨和抗碳化要求的混凝土	与硅酸盐水泥基本相同，适用于一般土建工程中混凝土及预应力钢筋混凝土结构等	大体积工程； 蒸汽养护的构件； 抗硫酸盐侵蚀的工程			根据所掺入混合材料的种类，参照其他掺混合材料水泥的使用范围和工程经验选用
				高温车间和有耐热、耐火要求的混凝土结构	有抗渗要求的工程	抗裂性要求较高的构件	
不适用工程		大体积混凝土工程； 受化学及海水侵蚀的工程； 耐热要求高的工程； 有流动水及压力水作用的工程	同硅酸盐水泥	有抗碳化要求的工程； 有抗冻要求的混凝土工程； 早期强度要求较高的混凝土工程			
				有抗渗要求的混凝土工程	干燥环境中的混凝土工程 有耐磨性要求的工程	干燥环境中的混凝土工程 有耐磨性要求的工程	

【知识链接】大体积混凝土：混凝土结构物实体最小几何尺寸不小于1m的大体积混凝土，或预计会因混凝土中胶凝材料水化引起的温度变化和收缩而导致有害裂缝产生的混凝土。

在实际工程中，可以根据工程的特点和所处环境条件按表4-6选用。

表4-6 通用硅酸盐水泥的选用

工程特点及所处环境条件		优先选用	可以选用	不宜选用
普通混凝土	1 一般气候环境	普通水泥	矿渣水泥、火山灰水泥、粉煤灰水泥、复合水泥	—
	2 干燥环境	普通水泥	矿渣水泥、复合水泥	火山灰水泥、粉煤灰水泥
	3 高湿或长期处于水中	矿渣水泥	普通水泥、火山灰水泥、粉煤灰水泥、复合水泥	—
	4 厚大体积	矿渣水泥、火山灰水泥、粉煤灰水泥、复合水泥	—	硅酸盐水泥、普通水泥
有特殊要求的混凝土	1 要求快硬、高强（＞C40）预应力	硅酸盐水泥	普通水泥	矿渣水泥、火山灰水泥、粉煤灰水泥、复合水泥
	2 严寒地区冻融条件	硅酸盐水泥	普通水泥	矿渣水泥、火山灰水泥、粉煤灰水泥、复合水泥
	3 严寒地区水位升降范围	普通水泥	—	矿渣水泥、火山灰水泥、粉煤灰水泥、复合水泥
	4 蒸汽养护	矿渣水泥、火山灰水泥、粉煤灰水泥、复合水泥	—	硅酸盐水泥、普通水泥
	5 有耐热要求	矿渣水泥	—	—
	6 有抗渗要求	火山灰水泥、普通水泥	—	矿渣水泥
	7 受腐蚀作用	矿渣水泥、火山灰水泥、粉煤灰水泥、复合水泥	—	硅酸盐水泥、普通水泥
	8 有耐磨要求	硅酸盐水泥、普通水泥	—	火山灰水泥、粉煤灰水泥

任务四　通用硅酸盐水泥的检验与验收

工地上使用的水泥到场后，应经过验收检验合格后，方可接收入库和使用。规范的验收和检验，能及时发现并纠正可能出现的问题，保证建筑工程的质量。水泥验收检验的基本内容包括：验收的方法、质量验收依据、取样方法、试验方法、仲裁规定等。

一、水泥验收的步骤

1. 核对包装及标志是否相符

水泥到货后，应先查看水泥的包装及标志是否符合国家标准的规定。《通用硅酸盐水泥》（GB 175—2007）中规定：水泥可以散装或袋装，袋装水泥每袋净含量为50kg，且应不少于标志质量的99%；随机抽取20袋总质量（含包装袋）应不少于1000kg。其他包装形式由供需双方协商确定，但有关袋装质量的要求，应符合上述规定。水泥包装袋应符合GB 9774

的规定。水泥包装袋上应清楚标明：执行标准、水泥品种、代号、强度等级、生产者名称、生产许可证标志（QS）及编号、出厂编号、包装日期、净含量。包装袋两侧应根据水泥的品种采用不同的颜色印刷水泥名称和强度等级，硅酸盐水泥和普通硅酸盐水泥采用红色，矿渣硅酸盐水泥采用绿色；火山灰质硅酸盐水泥、粉煤灰硅酸盐水泥和复合硅酸盐水泥采用黑色或蓝色。散装供应的水泥，应提交与袋装标志相同内容的卡片。

通过核对水泥的包装和标志，不仅可以发现包装的完好程度，盘点和检验数量是否给足，还能确认所购水泥与到货产品是否一致，及时发现和纠正可能出现的产品混杂现象。

2. 校对出厂检验的试验报告

水泥出厂前，水泥厂应按批号进行出厂检验，并填写试验报告，施工部门购进的水泥，必须取得同一编号水泥的出厂检验报告，并认真校验检验报告的编号与实收水泥的编号是否一致，出厂试验报告的内容是否符合国家标准的规定，检验报告中试验项目是否有遗漏，试验结果（测值）是否达标。《通用硅酸盐水泥》（GB 175—2007）中规定，检验报告的内容应包括出厂检验项目、细度、混合材料品种和掺加量、石膏和助磨剂的品种及掺加量、属旋窑或立窑生产及合同约定的其他技术要求。当用户需要时，生产者应在水泥发出之日起 7 天内寄发除 28d 强度以外的各项检验结果，32 天内补报 28 天强度的检验结果。通用水泥出厂检验项目为化学指标、凝结时间、安定性和强度，检验结果符合该标准中技术要求规定的为合格品，其中任何一项检验结果不符合技术要求的为不合格品。

水泥出厂检验的试验报告，不仅是验收水泥的技术保证依据，也是施工单位在工程验收时用料的一个技术凭证，它应作为技术资料保留至工程交付使用。

3. 取样复检（质量验收）

施工单位对购进的水泥（或保管不当、过期的水泥）应进行取样复检，复检合格后才能使用。

水泥复检是水泥验收时质量保证的有效方法，复检的试验应在经过认证的实验室进行，可以进行全项复检，也可以抽重点项目检验。复检的试验报告是需要保留的技术资料，直至工程验收时作为技术凭证。

4. 仲裁检验

当购进的水泥质量经复检符合国家标准的规定时，不需要进行仲裁检验；当双方对水泥质量产生异议时，可进行仲裁检验。

二、通用水泥的质量验收

1. 质量验收依据

《通用硅酸盐水泥》（GB 175—2007）中规定，交货时水泥的质量验收依据有两种：一是以抽取实物试样的检验结果为依据；二是以生产者（厂家）同编号水泥的检验报告为依据。采用何种方法验收由买卖双方商定，并在合同或协议中注明。卖方有告知买方验收方法的责任。当无书面合同或协议，或未在合同、协议中注明验收方法的，卖方应在发票上注明"以本厂同编号水泥的检验报告为验收依据"字样。

2. 编号和取样

水泥出厂前，厂家应按同品种、同强度等级给水泥编号并取样。水泥的出厂编号是按水泥厂的年生产能力来划定的，年生产能力大的水泥厂，每一个编号代表的水泥数量就多，否则就少。国家标准中一个编号代表的数量有 2400t、1000t、600t、400t、200t 几种。每一个编号为一个取样单位，袋装水泥和散装水泥应分别进行编号和取样。对每一个出厂编号的水泥，厂家都应该进行抽样、出厂检验和留样。

工程部门复检取样时应按同一水泥厂、同品种、同强度等级、一次进场的同一出厂编号的水泥为一个取样单位,袋装不超过200t为一验收批,散装不超过500t为一验收批。取样方法按GB 12573进行,样品要有代表性,可连续取,亦可从20个以上的不同部位取等量样品,总数至少12kg,充分拌和均匀后分成两份,一份送实验室按标准进行试验,一份密封保存3个月,供仲裁检验时校验用。

三、复检试验

工程部门取样送实验室复检的项目通常是凝结时间、体积安定性和强度。

(一)标准稠度用水量的测定

标准稠度用水量是作为水泥凝结时间、体积安定性试验时拌和水泥净浆加水量的依据。标准稠度用水量的测定有不变(固定)水量法和调整水量法两种方法,有争议时以调整水量法为准,这里介绍调整水量法。

1. 试验所需仪器设备

① 水泥净浆搅拌机。主要由搅拌锅、搅拌叶片、控制系统和传动系统组成,见图4-8。

② 维卡仪。测定水泥标准稠度和凝结时间的仪器,包括试杆、初凝针、终凝针和试模,见图4-9。

③ 天平、量水器及人工拌和工具。

图4-8 水泥净浆搅拌机　　　　图4-9 维卡仪

2. 试验步骤

① 检查所用仪器是否正常。

② 称取水泥500g,根据经验量取拌和水 W(通常在120~150mL范围内,准确至0.5mL)。

③ 用湿布将搅拌锅、搅拌叶片及用具擦湿,将拌和水倒入搅拌锅中,然后在5~10s内小心将称好的水泥加入水中,迅速将搅拌锅固定在锅座上,升至搅拌位置,启动搅拌机,低速搅拌120s,停拌15s,同时将叶片和锅壁上方的水泥浆刮入锅中间,然后高速搅拌120s停机。

④ 拌和完毕,立即将水泥净浆装入已置于玻璃板上的试模中,用小刀插捣,轻轻振动数次,抹平后迅速将试模和底板移到维卡仪上,降低试杆至与净浆表面正好接触,拧紧螺栓1~2s后,突然放松,使试杆垂直自由地沉入水泥净浆中,在试杆停止沉入或释放试杆30s时,记录试杆与底板的距离。

3. 试验记录及结果处理

以试杆沉入净浆并距底板 (6±1)mm 的水泥净浆作为标准稠度净浆，一次不能满足要求的可调整拌和水用量，重新拌和直至符合要求。水泥标准稠度用水量（P），按水泥质量的百分比计。

计算公式如下：

$$P = \frac{拌和水用量}{水泥用量} \times 100\% \tag{4-1}$$

（二）水泥净浆凝结时间的测定

该项目主要是测定水泥的初凝和终凝时间，以评定水泥是否符合国家标准的规定。

1. 主要仪器设备

① 水泥净浆搅拌机（同标准稠度用水量一样）。
② 维卡仪（将测定标准稠度的试杆取下，用初凝针或终凝针替换）。
③ 标准养护箱（带有温度和湿度控制装置）。
④ 天平、量水器及人工拌和工具。

2. 试验步骤

① 试件制作。用测定的标准稠度拌和水用量和500g水泥，在净浆搅拌机拌制出标准稠度水泥净浆后，将该净浆一次装满置于玻璃板上的试模中（模内壁和玻璃板表面涂有隔离油），振动数次刮平，放入标准养护箱中，同时记录水泥全部加入水中的时刻 t_1。

② 测定初凝时间。从 t_1 时刻算起，30min 时开始在维卡仪上进行初凝时刻的测定，测定时，将试模放在初凝针下，降低试针与水泥净浆表面接触，拧紧螺栓 1~2s 后，突然放松，试针垂直自由地沉入水泥净浆中，在试针停止沉入或释放试针 30s 时，记录试针距底板的距离。当试针距底板 (4±1)mm 时，水泥达到初凝状态，记录该时刻 t_2。

③ 测定终凝时间。在完成初凝测定后，将试模连同浆体以平移的方式从玻璃板上取下，翻转180°，使试模大端向上放在玻璃板上，再放入养护箱中继续养护。将维卡仪上的初凝针换成终凝针，用同样的方法测定终凝时间。当终凝针沉入试体 0.5mm 或环形附件开始不能在试体上留下痕迹时，水泥达到终凝状态，记录该时刻 t_3。

测定时应注意，在最初测定的操作时应轻扶金属柱，使其慢慢下降，以防试针撞弯，但结果以自由下落为准，在整个测试过程中试针沉入的位置至少要距试模内壁10mm，每次测定不能让试针落入原针孔，每次测试完毕须将试针擦净并将试模放回养护箱中，整个测试过程中要防止试模受振。临近初凝时，每隔5min测定一次，临近终凝时，每隔15min测定一次，到达初凝或终凝时应立即重复测一次，当两次结论相同时，才能定为到达初凝或终凝状态。

3. 试验记录及结果处理

初凝时间：$t_2 - t_1$（单位 h 或 min）
终凝时间：$t_3 - t_1$（单位 h 或 min）

（三）体积安定性的检验

该项目是通过沸煮检验水泥浆体在硬化时体积变化的均匀性。检验方法有雷氏法（标准法）和试饼法（代用法）两种。雷氏法是测定水泥净浆在雷氏夹中沸煮后的膨胀值，试饼法是观察水泥净浆试饼沸煮后的外形变化。若两种方法有争议时以雷氏法为准。

1. 主要仪器设备

① 水泥净浆搅拌机。

② 标准养护箱。
③ 沸煮箱。
④ 雷氏夹（见图 4-10）和雷氏夹膨胀测定仪（见图 4-11）。
⑤ 天平、量筒、小刀、玻璃板等。

图 4-10 雷氏夹

图 4-11 雷氏夹膨胀测定仪

2. 试验步骤

(1) 雷氏法

① 成型试件两个。将已制好的水泥标准稠度净浆一次装满置于玻璃板上的雷氏夹中（内壁和玻璃板表面涂有隔离油），用小刀插捣数次刮平，盖上涂有隔离油的玻璃板，立即将试件放入标准养护箱中。

② 试件在养护箱中标准养护（24±2）h。

③ 用雷氏夹膨胀测定仪测量雷氏夹指针尖端间的距离 A。将养护好的试件脱去玻璃板，测量雷氏夹两指针尖端间的距离 A，精确到 0.5mm。

④ 沸煮试件 3h±5min。将两个试件指针朝上放在沸煮箱水中的试件架上，在（30±5）min 内加热至沸并恒沸 3h±5min。

⑤ 将沸煮后的试件取出冷却至室温后，再次用雷氏夹膨胀测定仪测量沸煮后试件指针尖端间的距离 C。

(2) 试饼法

① 制备标准稠度水泥净浆（方法同前）。

② 制作试饼 2 个。取制好的标准稠度净浆一小部分使之成球形，放在已涂过油尺寸约 100mm×100mm 的玻璃板上，轻轻振动玻璃板并用湿布擦过的小刀由边缘向中央抹，做成直径 70~80mm、中心厚约 10mm、边缘渐薄、表面光滑的试饼。

③ 在养护箱中养护试饼（24±2）h。

④ 沸煮试饼 3h±5min。将养护好的试饼脱去玻璃板，在试饼无缺陷的情况下，将两个试饼放在沸煮箱水中篦板上，在（30±5）min 内加热至沸并恒沸 3h±5min 后取出观察。

3. 试验记录及结果处理

(1) 雷氏法。当两个试件 $C-A$ 的平均值不大于 5.0mm 时，该水泥安定性合格。当两个试件的 $C-A$ 值相差超过 4.0mm 时，应用同一样品重做试验。

(2) 试饼法。目测沸煮后的试饼，未发现裂缝，用直尺检查也没有弯曲的，为体积安定性合格，否则为不合格。当两个试饼的判断结果有矛盾时，该水泥的安定性判为不合格。

（四）水泥胶砂强度的检验

该检验的目的有两个：①检验水泥 3 天、28 天的抗压强度和抗折强度，以确定水泥的强度等级；②检验已知强度等级的水泥是否达到国家标准中规定的 3 天、28 天龄期强度。

1. 主要仪器设备

① 水泥胶砂搅拌机（见图 4-12）。
② 天平与量筒。
③ 振实台（见图 4-13）、大小播料器、勺子和刮平刀。
④ 试模（见图 4-14）：可装拆的三联模，由隔板、端板、底座组成。
⑤ 下料漏斗：由漏斗和套模组成。套模与试模匹配，漏斗可将拌和料同时漏入三联试模的每个模内。
⑥ 抗折强度试验机（见图 4-15）。
⑦ 抗压强度试验机及抗压夹具（见图 4-16）。

图 4-12 水泥胶砂搅拌机

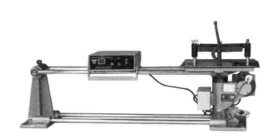

图 4-13 振实台

图 4-14 三联试模

图 4-15 抗折强度试验机

图 4-16 抗压强度试验机及抗压夹具

2. 试验步骤

（1）制备试件和养护。

① 配料。水泥胶砂的质量比是一份水泥、三份标准砂和半份水。搅拌机每次搅拌一锅需要水泥（450±2）g、标准砂（1350±5）g、拌和水（225±1）mL，可用三联试模成型三条试件。每个检测样品需要搅拌两锅，成型 6 个试件。

② 搅拌。把需加入的标准砂放入指定位置后，将水加入锅内，再加入水泥，把锅放好

升至固定位置。开动搅拌机，低速搅拌30s后，在第二个30s搅拌的同时将标准砂均匀地加入，再高速搅拌30s，停止搅拌90s（前15s进行刮胶砂），继续高速搅拌60s结束。

③ 成型。事先将涂好机油的三联试模和下料漏斗固定在振实台上，用勺子将搅拌好的胶砂分两层装入三联试模，装第一层时，每个槽里放约300g胶砂，用大播料器垂直架在模套顶部沿每个模槽来回将料层播平，接着振实60次。再装入第二层胶砂，用小播料器播平，再振实60次，去掉模套移出试模，用金属直尺以近似90°的角度架在试模模顶的一端，沿试模长度方向以横向锯割动作慢慢向另一端移动，一次将超过试模部分的胶砂刮去，并用同一直尺近乎水平将试件表面刮平，将试模编号，放入养护箱。

④ 试件脱模和养护。对于24h以上龄期的试件，应在成型后20～24h之间从养护箱中取出进行脱模；对于24h龄期的应在破型试验前20min内取出脱模。脱模同时应对试件进行标记编号，两个龄期以上的试件，在编号时应将同一试模的三条试件分在两个以上龄期内。脱模完成后，立即将试件放入(20±1)℃水中养护，水平放置时刮平面应朝上。养护期间试件之间间隔或试件上表面的水深不得小于5mm。每个养护池中只养护同类型的水泥试件，试件在水中养护期间不允许全部换水。除24h龄期或延迟至48h脱模的试件外，任何到龄期的试件应在强度试验（破型）前15min从水中取出，擦去试件表面沉积物，并用湿布覆盖至抗压试验为止。

（2）强度试验。不同龄期强度试验应在规定时间里进行：24h±15min、48h±30min、3d±45min、7d±2h、大于28d±8h。

① 抗折强度。将试件一个侧面放在抗折机的支撑圆柱上，试件长轴垂直于支撑圆柱，通过加荷圆柱以(50±10)N/s的速率均匀地将荷载垂直地加在棱柱体相对侧面上，直至折断试件，记录破坏时数据（荷载F或强度f_m）。

② 抗压强度。将折断的半截棱柱体置于抗压夹具（受压面积为40mm×40mm）中，以试件的侧面作为受压面。半截棱柱体中心与压力机压板中心差应在0.5mm内，试件露在压板外部分约有10mm。整个加荷过程中以(2400±200)N/s的速率均匀地加荷至试件破坏，记录破坏时数据（荷载F或强度f）。

（3）试验记录及结果处理。

① 抗折强度。以一组三个棱柱体抗折强度的平均值作为检验结果。当三个强度值中有超出平均值±10%时，应剔除后再取平均值作为抗折强度检验结果。

若从抗折机上读取的数据是抗折荷载F，按下列公式计算抗折强度（精确至0.1MPa）。

$$f_\mathrm{m}=\frac{3FL}{2bh^2} \tag{4-2}$$

式中　f_m——试件的抗折强度，MPa；

　　　F——试件破坏时的最大荷载，N；

　　　L——两支点间的距离，通常水泥抗折机支撑圆柱间的距离$L=100$mm，mm；

　　　b，h——试件横截面的宽和高，水泥试件$b=h=40$mm，mm。

② 抗压强度。以一组三个棱柱体得到的六个抗压强度的平均值作为检验结果。当六个强度测定值中有一个超出平均值的±10%时，应剔除这个结果，以剩下五个的平均值作为结果。若五个测定值中再出现超出它们平均值±10%时，该组结果作废。

若从抗压机上读取的数据是抗压荷载F，按下列公式计算抗压强度（精确至0.1MPa）。

$$f=\frac{F}{A} \tag{4-3}$$

式中　f——试件的抗压强度，MPa；

F——试件受压破坏时的最大荷载，N；

A——试件受压面积，水泥试件抗压夹具中 $A=40\text{mm}\times 40\text{mm}$，$\text{mm}^2$。

（五）合格性判定

国家标准 GB 175—2007 中规定，六种通用水泥的化学指标、凝结时间、安定性和强度的检验结果，符合规定为合格品，其中任何一项检验结果不符合技术要求的为不合格品。

四、仲裁检验

以抽取实物试样的检验结果为验收依据时，买卖双方应在发货前或交货地共同取样和签封。一份由卖方保存 40 天，另一份由买方按标准规定的项目和方法进行检验。在 40 天以内，买方检验认为产品质量不符合标准要求，而卖方又有异议时，则双方应将卖方保存的另一份试样送省级或省级以上国家认可的水泥质量监督检验机构进行仲裁检验。水泥安定性仲裁检验时，应在取样之日起 10 天以内完成。

以生产者同编号水泥的检验报告为验收依据时，在发货前或交货时买方在同编号水泥中取样，双方共同签封后由卖方保存 90 天，或认可卖方自行取样、签封并保存 90 天的同编号水泥的封存样。在 90 天内，买方对水泥质量有疑问时，则买卖双方应将共同认可的试样送省级或省级以上国家认可的水泥质量监督检验机构进行仲裁检验。

任务五　通用水泥的运输保管

一、防潮防水

水泥是吸湿性强的材料，遇水即发生水化反应。因此，水泥在运输与保管时不得受潮，要采取防雨水、雪水措施。储存水泥的库房应保持干燥通风，注意防潮、防漏。水泥不得直接堆在土地上，地面应铺放防水隔离材料或用木板加设隔离层，通常水泥垛离地面、墙面都应有一定的距离（一般为 30cm），袋装水泥堆放高度一般不超过 10 袋，以免下部水泥受压结块。

二、防止水泥过期

水泥即使在良好的储存条件下也不宜久存。因空气中存在的水蒸气和二氧化碳的作用，水泥会发生部分水化和碳化，使其胶结能力及强度下降。一般水泥储存 3 个月后，强度降低约 10%～20%，6 个月后降低 15%～30%，1 年后降低 25%～40%。故通用水泥储存期从出厂日算起一般为三个月。因此，库房安排存放位置要有预见性，尽量做到"先进先用"，避免水泥过期导致强度下降。同时还要有周密的进料、发料计划，预防水泥压库。

【想一想】水泥库房怎样设置才能做到"先进先用"？

三、避免水泥品种混乱

水泥在运输和保管时不得混入杂物，不同品种和强度等级的水泥应该分别储运，避免由于错用水泥造成工程事故。

四、加强水泥的使用管理

为保证工程质量，施工时要根据需要合理选用水泥的品种和强度等级，不可将品种不同的水泥随意换用或混合使用。凡超过三个月储存期的过期水泥或受潮结块水泥应重新进行强度试验,并按新测定的实际强度等级使用。同时还要加强检查,坚持限额领料,杜绝使用中的各种浪费现象。

职业技能训练

实训一　水泥试样的取样

1. 检测依据

《通用硅酸盐水泥》（GB 175—2007）,《水泥取样方法》（GB/T 12573—2008）,《水泥细度检验方法　筛析法》（GB/T 1345—2005）,《水泥标准稠度用水量、凝结时间、安定性检验方法》（GB/T 1346—2011）,《水泥胶砂强度检验方法(ISO 法)》（GB/T 17671—2021）。

2. 水泥试验的一般规定

（1）取样方法。水泥按同品种、同强度等级进行编号和取样。袋装水泥和散装水泥应分别进行编号和取样。每一编号为一取样单位。按水泥厂年生产能力,可以取 100~1200t 为一编号。取样应有代表性,可连续取,亦可从 20 个以上不同部位取等量样品,总量不得少于 12kg。

（2）取得的水泥试样应通过 0.9mm 方孔筛,充分混合均匀,分成两等份,一份进行水泥各项性能试验,另一份密封保存 3 个月,供仲裁检验时使用。

（3）实验室用水必须是洁净的淡水。

（4）水泥细度试验对实验室的温、湿度没有要求,其他试验要求实验室的温度应保持在（20±2）℃,相对湿度大于 50%;湿气养护箱温度为（20+1）℃,相对湿度大于 90%;养护水的温度为（20±1）℃。

（5）水泥试样、标准砂、拌和水、仪器和用具的温度均应与实验室温度相同。

实训二　水泥细度检测

一、检测依据

《水泥细度检验方法　筛析法》（GB/T 1345—2005）。

二、检测目的

水泥细度检验分水筛法和负压筛法,如对两种方法检验的结果有争议时,以负压筛法为准。硅酸盐水泥的细度用比表面积表示,采用透气式比表面积仪测定。

（一）负压筛法

1. 仪器设备

负压筛析仪［由 0.045mm 方孔筛、筛座（见图 4-17）、负压源及收尘器组成］;天平（感量 0.1g）。

2. 检测步骤

（1）检查负压筛析仪系统,调节负压至 4000~6000Pa 范围内。

（2）称取水泥试样 25g,精确至 0.1g,置于负压筛中,盖上筛盖并放在筛座上。

（3）启动负压筛析仪,连续筛析 2min,在此间若有试样黏附于筛盖上,可轻轻敲击使试样落下。

（4）筛毕,取下筛子,倒出筛余物,用天平称

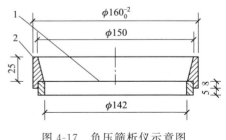

图 4-17　负压筛析仪示意图
1—筛网;2—筛框

量筛余物的质量,精确至 0.1g。

3. 结果计算与评定

以筛余物的质量（g）除以水泥试样总质量（g）的百分数,作为试验结果。本试验以一次试验结果作为检验结果。

（二）水筛法

1. 仪器设备

水筛及筛座［采用边长为 0.080mm 的方孔铜丝筛网制成,筛框内径 125mm,高 80mm（图 4-18）］；喷头［直径 55mm,面上均匀分布 90 个孔,孔径 0.5～0.7mm,喷头安装高度离筛网 35～75mm 为宜］；天平（称量为 100g,感量为 0.05g）；烘箱等。

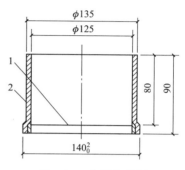

图 4-18 水筛示意图
1—筛网；2—筛框

2. 检测步骤

（1）称取水泥试样 50g,倒入水筛内,立即用洁净的自来水冲至大部分细粉过筛,再将筛子置于筛座上,用水压 0.03～0.07MPa 的喷头连续冲洗 3min。

（2）将筛余物冲到筛的一边,用少量的水将其全部冲至蒸发皿内,沉淀后将水倒出。

（3）将蒸发皿在烘箱中烘至恒重,称量筛余物,精确至 0.1g。

3. 结果计算与评定

以筛余物的质量（g）除以水泥试样质量（g）的百分数,作为试验结果。本试验以一次试验结果作为检验结果。

实训三 水泥标准稠度用水量、凝结时间及安定性检测

一、水泥标准稠度用水量测定（标准法）

1. 检测依据

《水泥标准稠度用水量、凝结时间、安定性检验方法》（GB/T 1346—2011）。

2. 检测目的

水泥的凝结时间和安定性都与用水量有关。为了消除试验条件的差异而有利于比较,水泥净浆必须有一个标准的稠度。本试验就是测定水泥净浆达到标准稠度时的用水量,以便为进行凝结时间和安定性试验做好准备。

二维码 4-4

3. 仪器设备

水泥净浆搅拌机（由主机、搅拌叶和搅拌锅组成）；标准法维卡仪［主要由试杆和盛装水泥净浆的试模两部分组成,见图 4-19］；天平、铲子、小刀、平板玻璃底板、量筒等。

4. 检测步骤

（1）调整维卡仪并检查水泥净浆搅拌机,使得维卡仪上的金属棒能自由滑动,并调整至试杆接触玻璃板时的指针对准零点见图 4-19(c)。搅拌机运行正常,并用湿布将搅拌锅和搅拌叶片擦湿。

（2）称取水泥试样 500g,拌和水量按经验确定并用量筒量好。

（3）将拌和水倒入搅拌锅内,然后在 5～10s 内将水泥试样加入水中。将搅拌锅放在锅座上,升至搅拌位,启动搅拌机,先低速搅拌 120s,停 15s,再快速搅拌 120s,停机。

（4）拌和结束后,立即将水泥净浆装入已置于玻璃底板上的试模中,用小刀插捣,轻轻

振动数次排出气泡，刮去多余净浆；抹平后迅速将试模和底板移到维卡仪上，调整试杆至与水泥净浆表面接触，拧紧螺钉，然后突然放松，试杆垂直自由地沉入水泥净浆中。

（5）在试杆停止沉入或释放试杆 30s 时记录试杆距底板之间的距离。整个操作应在搅拌后 1.5min 内完成。

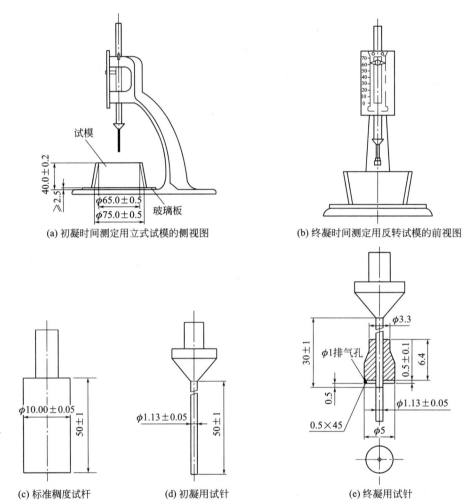

图 4-19　测定水泥标准稠度和凝结时间用的维卡仪

5. 结果计算与评定

以试杆沉入净浆并距底板（6±1）mm 的水泥净浆为标准稠度水泥净浆。标准稠度用水量（P）以拌和标准稠度水泥净浆的水量除以水泥试样总质量的百分数为结果。

二、水泥净浆凝结时间测定

1. 检测依据

《水泥标准稠度用水量、凝结时间、安定性检验方法》（GB/T 1346—2011）。

2. 检测目的

测定水泥的凝结时间，并确定它能否满足施工的要求。

3. 仪器设备

标准法维卡仪［将试杆更换为试针，仪器主要由试针和试模两部分组成，如图 4-19 所示］；其他仪器设备同标准稠度测定。

4. 检测步骤

（1）称取水泥试样 500g，按标准稠度用水量制备标准稠度水泥净浆，并一次装满试模，振动数次刮平，立即放入湿气养护箱中。记录水泥全部加入水中的时间作为凝结时间的起始时间。

（2）初凝时间的测定。首先调整凝结时间测定仪，使其试针接触玻璃板时的指针为零，见图 4-19(d)。试模在湿气养护箱中养护至加水后 30min 时进行第一次测定：将试模放在试针下，调整试针与水泥净浆表面接触，拧紧螺钉，然后突然放松，试针垂直自由地沉入水泥净浆。观察试针停止下沉或释放试针 30s 时指针的读数。临近初凝时，每隔 5min 测定一次，当试针沉至距底板（4±1）mm 时为水泥达到初凝状态。

（3）终凝时间的测定。为了准确观察试针沉入的状况，在试针上安装一个环形附件，见图 4-19(e)。在完成水泥初凝时间测定后，立即将试模连同浆体以平移的方式从玻璃板取下，翻转 180°，直径大端向上，小端向下放在玻璃板上，再放入湿气养护箱中继续养护，临近终凝时间时每隔 15min 测定一次，当试针沉入水泥净浆只有 0.5mm 时，即环形附件开始不能在水泥浆上留下痕迹时，为水泥达到终凝状态。

（4）达到初凝或终凝时应立即重复一次，当两次结论相同时才能定为到达初凝或终凝状态。每次测定不能让试针落入原针孔，每次测定后，须将试模放回湿气养护箱内，并将试针擦净，而且要防止试模受振。

5. 结果计算与评定

（1）水泥全部加入水中至初凝状态的时间为水泥的初凝时间，用"min"表示。
（2）水泥全部加入水中至终凝状态的时间为水泥的终凝时间，用"min"表示。

三、水泥体积安定性的测定

1. 检测依据

《水泥标准稠度用水量、凝结时间、安定性检验方法》（GB/T 1346—2011）。

2. 检测目的

检验水泥是否由于游离氧化钙造成了体积安定性不良，以决定水泥是否可以使用。

二维码 4-5

3. 仪器设备

① 雷式夹。由铜质材料制成，其结构见图 4-20。当用 300g 砝码校正时，两根针的针尖距离增加应在（17.5±2.5）mm 范围内，见图 4-21；

② 雷式夹膨胀测定仪。其标尺最小刻度为 0.5mm，见图 4-22。

③ 沸煮箱。能在（30±5）min 内将箱内的试验用水由室温升至沸腾状态并保持 3h 以上，整个过程不需要补充水量。

④ 水泥净浆搅拌机、天平、湿气养护箱、小刀等。

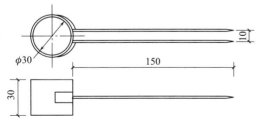

图 4-20 雷式夹示意图

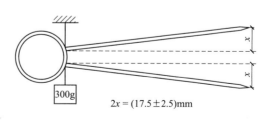

图 4-21 雷式夹校正图

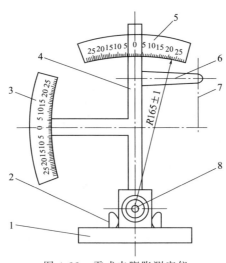

图 4-22 雷式夹膨胀测定仪

1—底座；2—模子座；3—测弹性标尺；4—立柱；5—测膨胀值标尺；6—悬臂；7—悬丝；8—弹簧顶钮

4. 检测步骤

（1）测定前准备工作：每个试样需成型两个试件，每个雷式夹需配备两块质量为75～85g的玻璃板，一垫一盖，并在与水泥接触的玻璃板和雷式夹表面涂一层机油。

（2）将制备好的标准稠度水泥净浆一次装满雷式夹，用小刀插捣数次，抹平，并盖上涂油的玻璃板，然后将试件移至湿气养护箱内养护(24±2)h。

（3）脱去玻璃板取下试件，先测量雷式夹指针尖的距离（A），精确至0.5mm。然后将试件放入沸煮箱水中的试件架上，指针朝上，调好水位与水温，接通电源，在(30±5)min之内加热至沸腾，并保持3h±5min。

（4）取出沸煮后冷却至室温的试件，用雷式夹膨胀测定仪测量试件雷式夹两指针尖的距离（C），精确至0.5mm。

5. 结果计算与评定

当两个试件沸煮后增加的距离（$C-A$）的平均值不大于5.0mm时，认为水泥安定性合格。当两个试件的$C-A$值相差超过4.0mm时，应用同一样品立即重做一次试验。再如此，则认为该水泥安定性不合格。

实训四　水泥胶砂强度检测

1. 检测依据

《水泥胶砂强度检验方法（ISO法）》（GB/T 17671—2021）。

2. 检测目的

测定水泥的强度，应按规定制作试件，养护，并测定其规定龄期的抗折强度和抗压强度值。

二维码 4-6

3. 仪器设备

行星式胶砂搅拌机（是搅拌叶片和搅拌锅相反方向转动的搅拌设备，见图 4-23）；胶砂试件成型振实台；试模（可装拆的三联试模，试模内腔尺寸为40mm×40mm×160mm）；水泥电动抗折试验机；抗压试验机；抗压夹具（见图 4-24）；套模、两个播料器、刮平直尺、标准养护箱等。

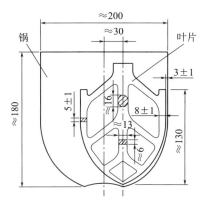

图 4-23 胶砂搅拌机示意图

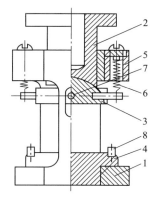

图 4-24 典型抗压夹具
1—框架；2—传压柱；3—上压板和球座；4—下压板；
5—铜套；6—吊簧；7—定向销；8—定位销

4. 检测步骤

（1）制作水泥胶砂试件。

① 水泥胶砂试件是由水泥、中国 ISO 标准砂、拌和用水按 1∶3∶0.5 的比例拌制而成。一锅胶砂可成型三条试体，每锅材料用量见表 4-7。按规定称量好各种材料。

表 4-7 每锅胶砂的材料用量

材料	水泥	中国 ISO 标准砂	水
用量/g	450±2	1350±5	225±1

② 将水加入胶砂搅拌锅内，再加入水泥，把锅放在固定架上，升至固定位置，然后启动机器，低速搅拌 30s，在第二个 30s 开始时均匀加入标准砂；再高速搅拌 30s；停 90s，在第一个 15s 内用一胶皮刮具将叶片上和锅壁上的胶砂刮入锅内，然后继续高速搅拌 60s；胶砂搅拌完成。各阶段的搅拌时间误差应在 ±1s 内。

③ 将试模内壁均匀涂刷一层机油，并将空试模和套模固定在振实台上。

④ 用勺子将搅拌锅内的水泥胶砂分两次装模。装第一层时，每个槽里先放入 300g 胶砂，并用大播料器刮平，接着振动 60 次，再装第二层胶砂，用小播料器刮平，再振动 60 次。

⑤ 移走套模，取下试模，用金属直尺以近似 90°的角度架在试模模顶一端，沿试模长度方向做锯割动作慢慢向另一端移动，一次将超过试模部分的胶砂刮去，并用同一直尺以近乎水平角度将试件表面抹平。

（2）水泥胶砂试件的养护。

① 将成型好的试件连同试模放入标准养护箱内，在温度（20±1）℃、相对湿度不低于 90% 的条件下养护。

② 养护到 20～24h 之间脱模（对于龄期为 24h 的应在破坏试验前 20min 内脱模）。将试件从养护箱中取出，用毛笔编号，编号时应将每个三联试模中的三条试件编在两龄期内，同时编上成型与测试日期。然后脱模，脱模时应防止损伤试件。对于硬化较慢的水泥允许 24h 后脱模，但须记录脱模时间。

③ 试件脱模后立即水平或垂直放入水槽中养护，养护水温为（20±1）℃，水平放置时

刮平面朝上，试件之间留有间隙，水面至少高出试件 5mm，并随时加水以保持恒定水位，不允许在养护期间完全换水。

④ 水泥胶砂试件养护至各规定龄期。试件龄期是从水泥加水搅拌开始起算。不同龄期的强度在下列时间里进行测定：24h±15min，48h±30min，72h±45min，7d±2h，大于28d±8h。

（3）水泥胶砂试件的强度测定。水泥胶砂试件在破坏试验前 15min 从水中取出。揩去试件表面的沉积物，并用湿布覆盖至试验为止。先用抗折试验机以中心加荷法测定抗折强度；然后对折断的试件进行抗压试验测定抗压强度。

① 抗折强度试验。将试件安放在抗折夹具内，试件的侧面与试验机的支撑圆柱接触，试件长轴垂直于支撑圆柱，见图 4-25。启动试验机，以(50±10)N/s 的速度均匀地加荷直至试体断裂。记录最大抗折破坏荷载（N）。

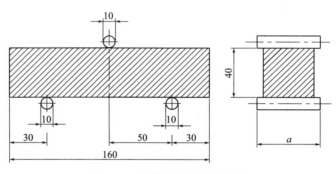

图 4-25 抗折强度测定示意图

② 抗压强度试验。抗折强度试验后的六个断块试件保持潮湿状态，并立即进行抗压试验。将断块试件放入抗压夹具内，并以试件的侧面作为受压面。启动试验机，以(2.4±0.2)kN/s 的速度进行加荷，直至试件破坏。记录最大抗压破坏荷载（N）。

5. 结果计算与评定

（1）抗折强度。

① 每个试件的抗折强度 $f_{ce,m}$ 按下式计算（精确至 0.1MPa）：

$$f_{ce,m} = \frac{3FL}{2b^3} = 0.00234F$$

式中　F——折断时施加于棱柱体中部的荷载，N；
　　　L——支撑圆柱体之间的距离，$L=100mm$，mm；
　　　b——棱柱体截面正方形的边长，$b=40mm$，mm。

② 以一组三个试件抗折结果的平均值作为试验结果。当三个强度值中有超出平均值±10% 时，应剔除后再取平均值作为抗折强度试验结果。试验结果精确至 0.1MPa。

（2）抗压强度。

① 每个试件的抗压强度 $f_{ce,c}$ 按下式计算（精确至 0.1MPa）：

$$f_{ce,c} = \frac{F}{A} = 0.000625F$$

式中　F——试件破坏时的最大抗压荷载，N；
　　　A——受压部分面积（40mm×40mm=1600mm²），mm²。

② 以一组三个棱柱体上得到的六个抗压强度测定值的算术平均值作为试验结果。如六

个测定值中有一个超出六个平均值的±10%，就应剔除这个结果，而以剩下五个的平均值作为结果。如果五个测定值中再有超过它们平均值±10%的，则此组结果作废。试验结果精确至 0.1MPa。

小 结

水泥是工程上广泛应用的水硬性胶凝材料，是本课程的重点内容之一。在水泥混凝土中它也是最主要的组成材料之一。建筑工程中应用最广泛的是通用硅酸盐水泥，因此本项目基本内容侧重于通用硅酸盐水泥。通过对国家标准《通用硅酸盐水泥》（GB 175—2007）中规定的六种通用水泥的定义和组分的了解，知道硅酸盐水泥和普通水泥中掺混合材料较少，而矿渣水泥、火山灰水泥、粉煤灰水泥和复合水泥中掺混合材料较多，且不同的混合材料具有不同的性能，造成六种通用水泥的性质有差异。理解六种通用水泥性能差异的原因，由于这种差异的存在，可以根据其特性和工程特点合理地选用水泥品种，使其满足工程要求。六种通用水泥的特性和选用原则已概括为表 4-3 和表 4-4，供参考掌握。为保证工程质量，必须掌握国家标准对六种通用水泥技术性质的要求。水泥性能的检验既是水泥验收的依据，也是培养学生实践能力、理解水泥性能的重要部分。另外，水泥的验收、储存知识也是从事工程管理工作不可缺少的内容之一，应掌握。

为满足不同的、特殊的工程需要，本项目还简要介绍了一些较常用的专用水泥、特性水泥和铝酸盐水泥。

能力训练题

一、单选题

1.硅酸盐水泥体积安定性不良的原因可能是（　　）。
A.水泥细度不够　　　　　　B.养护不当
C.C_3A 含量过多　　　　　D.游离 CaO 和 MgO 含量过多
2.下列水泥代号表示普通水泥的是（　　）。
A.P·O　　　　B.P·P　　　　C.P·S·A　　　　D.P·Ⅰ
3.GB 175—2007 规定，硅酸盐水泥的细度用（　　）表示。
A.水泥颗粒粒径　　B.比表面积　　C.筛余百分率　　D.细度模数
4.国家标准规定，硅酸盐水泥的强度等级以水泥胶砂试件在（　　）龄期的强度评定。
A.28 天　　　　　　　　　　B.3 天、7 天和 28 天
C.3 天和 28 天　　　　　　　D.7 天和 28 天
5.通用水泥强度等级 42.5 中的数值是指（　　）。
A.水泥 7 天的抗压强度　　　B.水泥 3 天的抗折强度
C.水泥 28 天的抗压强度　　　D.水泥 28 天的抗折强度
6.硅酸盐水泥适用于（　　）混凝土工程。
A.快硬高强　　B.大体积　　C.与海水接触的　　D.受热的
7.（　　）的耐热性最好。
A.硅酸盐水泥　　B.粉煤灰水泥　　C.矿渣水泥　　D.普通硅酸盐水泥

8. 抗渗性最好的水泥是（　　）。
A. 普通硅酸盐水泥　　　　　　B. 粉煤灰水泥
C. 矿渣水泥　　　　　　　　　D. 硅酸盐水泥

二、多选题

1. 对于硅酸盐水泥下列叙述错误的是（　　）。
A. 不适宜早期强度要求高的工程
B. 不适宜大体积混凝土工程
C. 不适宜配制耐热混凝土
D. 不适宜配制有耐磨性要求的混凝土
E. 现行国家标准规定，硅酸盐水泥初凝时间不早于45min，终凝时间不迟于10h

2. 与普通水泥相比，粉煤灰水泥具有（　　）特点。
A. 抗冻性好　　　　B. 水化放热量低　　　　C. 耐热性好
D. 早期强度高　　　E. 抗腐蚀性好

3. 蒸汽养护的构件，可选用（　　）。
A. 硅酸盐水泥　　　B. 普通水泥　　　　　　C. 矿渣水泥
D. 火山灰水泥　　　E. 粉煤灰水泥

4. 不能用于配制严寒地区处在水位升降范围内的混凝土的是（　　）。
A. 普通水泥　　　　B. 矿渣水泥　　　　　　C. 火山灰水泥
D. 粉煤灰水泥　　　E. 复合水泥

5. 下列水泥品种中不宜用于大体积混凝土工程的有（　　）。
A. 硅酸盐水泥　　　B. 普通水泥　　　　　　C. 火山灰水泥
D. 粉煤灰水泥　　　E. 高铝水泥

6. 对于一项紧急抢修工程可选用（　　）。
A. 白色硅酸盐水泥　　　B. 粉煤灰水泥　　　C. 快硬硅酸盐水泥
D. 高铝水泥　　　　　　E. 火山灰水泥

7. 在水泥的储运与管理中应注意的问题是（　　）。
A. 防止水泥受潮
B. 水泥存放期不宜过长
C. 对于过期水泥作废品处理
D. 不同批次水泥不能混放
E. 严防不同品种、不同强度等级的水泥在保管中发生混乱

三、问答题

1. 温度、湿度对硅酸盐水泥的强度有何影响？举例说明施工中不同季节应采取哪些技术措施。
2. 何谓水泥的凝结时间？国家标准规定水泥凝结时间的实际工程意义是什么？
3. 某工程有一批水泥经检验，28d抗压强度不达标，该批水泥应如何处理？
4. 建筑工程在施工过程中因价格原因能否更换水泥生产厂家？
5. 工程现场在设置水泥仓库时，采取什么措施可以保证水泥"先进先用"的要求？
6. 某工地建筑材料仓库存有白色胶凝材料3袋，分别为生石灰粉、建筑石膏和白水泥，后因保管不善，标识不清，问可用什么简易方法来加以辨认？
7. 某建筑工程，因甲方原因造成工程停工三个月，问停工前工地仓库中存放的水泥应如何处理？

8. 测得某硅酸盐水泥各龄期的破坏荷载如表 4-8，试评定其强度等级。

表 4-8　各龄期破坏荷载

破坏类型	抗折荷载/N		抗压荷载/kN	
龄期	3d	28d	3d	28d
试验结果	2000	3200	40	90
			42	94
	1900	3300	39	89
			40	91
	1800	3100	41	90
			43	93

项目五

普通混凝土

> **学习目标**
>
> 1. 了解普通混凝土的基本组成、特点及其应用。
> 2. 熟悉混凝土常用外加剂的种类及适用范围。
> 3. 掌握普通混凝土的技术性质及其影响因素。
> 4. 会利用配合比设计方法设计普通混凝土的配合比。

概述

混凝土是由胶凝材料（水泥）、颗粒状的粗细骨料和水按适当比例配合，必要时添加一定量的外加剂和矿物掺合料，经均匀搅拌、密实成形、硬化、养护后形成的具有一定强度的一种人造石材。混凝土是一种主要的建筑材料，广泛应用于道路、桥梁、隧道、港口、工业与民用建筑等工程中，目前正朝着轻质、高强、耐久、绿色、高性能等方向发展。

一、混凝土的优点

（1）抗压强度高，满足各种建筑工程对材料强度的不同要求。

（2）原材料资源丰富，造价低。水泥的原材料以及砂、石、水等材料，在自然界极为普遍，均可以就地取材，而且价格低廉。

（3）可塑性良好。混凝土可以浇筑成各种形状和大小的制品和构件，凝结前，混凝土拌合物可以按照模板的形状做成任何结构。

（4）工程适应性强。既可以按照需要配制成各种强度的混凝土，还可以按照其使用性能在配料、工艺上采取措施制成特定用途的混凝土。

（5）和钢筋复合成钢筋混凝土，互补优缺，使混凝土的应用范围更加广泛。

（6）耐久性好。在良好的设计、施工和养护条件下，混凝土具备很高的抗冻性、抗渗性及耐腐蚀性能，使用寿命很长。

（7）可以充分利用工业废料，减少对环境的污染，有利于环保。

二、混凝土的缺点

（1）自重大，抗拉强度低，呈脆性，易开裂。

（2）热导率大，保温隔热性能较差。

（3）硬化慢，生产周期长。施工过程中容易受温度、湿度等诸多因素的影响，质量容易产生波动。

（4）大量生产、使用常规的水泥产品，会造成环境污染及温室效应。

任务一　普通混凝土的组成材料

一、水泥

水泥在混凝土中起胶结作用，是混凝土最重要的组成成分。水泥与矿物掺合料拌和形成浆体包裹在集料表面并填充集料颗粒之间的空隙，在混凝土硬化前起润滑和填充作用，赋予混凝土拌合物一定的流动性；硬化后起黏结作用，将砂石集料黏结成具有一定强度的整体。

水泥品种与强度的选用直接影响混凝土的强度、和易性、耐久性和经济性，因此，配制混凝土时，应合理选择水泥的品种和强度等级。

1. 水泥品种的选择

水泥品种的选择首先要考虑工程特点、所处环境条件、施工条件；其次考虑水泥的价格，以满足混凝土经济性的要求，详见本项目任务四。

2. 水泥强度等级的选择

水泥强度等级的选择要综合考虑混凝土的设计强度及工程实际情况。原则上，低强度等级的水泥不能用于配制高强度等级的混凝土，否则水泥的使用量较大，硬化后将产生较大的收缩，影响混凝土的强度和经济性；高强度等级的水泥不宜用于配制低强度等级的混凝土，否则水泥用量会偏少，砂浆量不足，对混凝土的和易性、黏聚性和耐久性均会带来不利影响。

二、细骨料

（一）定义及分类

细骨料是指粒径为 0.15～4.75mm 的颗粒，通常指砂。根据产源的不同，可分为天然砂和人工砂两种。目前，建筑工程中常用的是天然砂。随着地方资源的枯竭和混凝土技术的发展，使用机制砂将成为发展的方向，这样既充分利用了资源，又保护了环境。

二维码 5-1

根据《建设用砂》（GB/T 14684—2022），建筑用砂按技术要求分为Ⅰ类、Ⅱ类和Ⅲ类，见表 5-1。

表 5-1　水泥混凝土用砂的分类及用途

类别	Ⅰ类	Ⅱ类	Ⅲ类
用途	用于强度等级大于 C60 的混凝土	用于强度等级为 C30～C60 及有抗冻、抗渗或其他要求的混凝土	用于强度等级小于 C30 的混凝土和砂浆

（二）技术要求和技术指标

《建设用砂》（GB/T 14684—2022）对水泥混凝土用细集料的技术性质和技术指标做了以下规定。

1. 颗粒级配和粗细程度

（1）颗粒级配。颗粒级配是指集料中不同粒径颗粒的分布情况或所占比例。良好的级配是指在粗颗粒的间隙中填充中颗粒，中颗粒的间隙中填充细颗粒，一级一级填充，使得集料的空隙率和总表面积均较小，从而填充空隙的水泥砂浆较少，节约水泥用量，同时还可以提高混凝土的密实度、强度等性能。

图 5-1 为细骨料颗粒级配示意图，其中（c）所示为理想的级配。可见，要减小砂的空隙率，必须由大小不同的几种粒径的砂组合起来，逐级搭配，才能形成最密集的堆积，使空隙率达到最小。

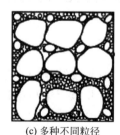

(a) 单一粒径　　(b) 两种不同粒径　　(c) 多种不同粒径

图 5-1　细骨料颗粒级配

根据《建设用砂》（GB/T 14684—2022），砂的颗粒级配通过筛分法确定。筛分砂用的筛为一系列标准方孔筛，规格为 150μm、300μm、600μm、1.18mm、2.36mm、4.75mm 及 9.5mm，并附有筛底和筛盖。

进行砂筛分析时，将预先通过孔径为 9.5mm 筛的烘干砂，称取 500g 置于一套孔径分别为 4.75mm、2.36mm、1.18mm、600μm、300μm、150μm 的标准筛（方孔筛）上，由粗到细依次过筛，然后分别得到存留在各筛上砂的筛余量，并按下述方法计算各级配参数。

a. 分计筛余百分率。某号筛上的筛余量占试样总质量的百分率按式（5-1）计算：

$$a_i = \frac{m_i}{M} \tag{5-1}$$

式中，a_i 为某号筛的分计筛余率；m_i 为存留在某号筛上的筛余量，g；M 为试样的总质量，g。

b. 累计筛余百分率。某号筛上分计筛余百分率与大于该号筛的各筛的分计筛余百分率总和按式（5-2）计算。

$$A_i = a_{4.75} + a_{2.36} + \cdots + a_i \tag{5-2}$$

式中，A_i 为累计筛余百分率；$a_{4.75}$、$a_{2.36}$、$\cdots$、a_i 为依次 4.75mm、2.36mm 至计算孔径第 i 号筛存留在某号筛上的筛余量，g。

c. 质量通过百分率。通过某筛的质量占试样总质量的百分率即 100% 与累计筛余百分率之差，即

$$P_i = 100 - A_i \tag{5-3}$$

式中，P_i 为质量通过百分率。

（2）粗细程度。砂的粗细程度是指不同粒径的砂混合在一起时总体的粗细程度，通常用细度模数表示。砂的细度模数 M_x 可按式（5-4）计算。

$$M_x = \frac{(A_{2.36} + A_{1.18} + A_{0.6} + A_{0.3} + A_{0.15}) - 5A_{4.75}}{100 - A_{4.75}} \tag{5-4}$$

式中，M_x 为细度模数；$A_{4.75}$、$A_{2.36}$、$\cdots$、$A_{0.15}$ 依次为孔径 4.75mm、2.36mm、$\cdots$、0.15mm 的各筛的累计筛余百分率。

细度模数只反映砂整体的粗细程度，而不能反映各级粒径颗粒的具体分布比例情况。细度模数越大，表示砂颗粒组成中粗颗粒占的比重越大，砂整体就越粗。相同质量的砂，细砂的总表面积大，拌制混凝土时，需要用较多的水泥浆去包裹，而粗砂则可少用水泥。过细的砂，不仅水泥用量增加，而且混凝土的强度会降低。一般地，普通水泥混凝土用砂细度模数在 2.3~3.0；高强混凝土用砂的细度模数宜控制在 2.6~3.0。

实际工程中，配制混凝土用砂时，要同时考虑颗粒级配和粗细程度两个指标。为了减少水泥用量，降低混凝土成本，并确保砂颗粒间密集堆积，应尽量选择总表面积小、空隙率也小的良好级配砂。若砂级配不良或过粗过细，可以采用筛分的方法，筛除含量过多的颗粒，也可以掺配使用。

2. 物理指标

（1）表观密度。细集料的表观密度是指集料颗粒单位表观体积所具有的质量，用容量瓶法测定。砂的表观密度通常为 2500~2600kg/m³。砂表观密度越大，颗粒结构越密实，强度越高。《建设用砂》（GB/T 14684—2022）规定：建设用砂的表观密度不小于 2500kg/m³。

（2）堆积密度。细集料的堆积密度是指集料颗粒子在自然堆积状态下单位体积具有的质量，一般采用标准漏斗和容量筒测定。

砂的堆积密度反映砂堆积的紧密程度。在自然状态下，干砂的松散状态下的堆积密度为 1400~1600kg/m³，振实后的堆积密度可达 1600~1700kg/m³。《建设用砂》（GB/T 14684—2022）规定：建设用砂的松散堆积密度不小于 1400kg/m³。

（3）空隙率。空隙率反映材料颗粒堆积起来的紧密程度。空隙率越小，表明砂颗粒堆积得越紧密，填充空隙需要的凝胶材料浆体越少，混凝土成本越低。通常带有棱角的砂空隙率

较大。《建设用砂》(GB/T 14684—2022)规定:建设用砂的空隙率不大于44%。

3. 含泥量、泥块含量、石粉含量和有害物质含量

(1) 含泥量、泥块含量、石粉含量。天然砂中含泥量是指粒径小于0.075mm的颗粒含量,泥块含量是指粒径大于1.18mm,经水浸洗、手捏后小于0.600mm的颗粒含量;人工砂中石粉含量是指粒径小于0.075mm的颗粒含量(包括含泥量),泥块含量同天然砂。

含泥量多会降低骨料与水泥石的黏结力、混凝土的强度和耐久性。泥块比泥土对混凝土的性能影响更大,因此必须严格控制其含量。《建设用砂》(GB/T 14684—2022)对天然砂的含泥量和泥块含量的要求见表5-2。

表5-2 含泥量和泥块含量

类别	Ⅰ	Ⅱ	Ⅲ
含泥量(按质量计)/%	≤1.0	≤3.0	≤5.0
泥块含量(按质量计)/%	0	≤1.0	≤2.0

人工砂中适量的石粉对混凝土是有益的,但石粉中泥土含量过高会影响混凝土的性能,《建设用砂》(GB/T 14684—2022)对机制砂中石粉含量和泥块含量的要求见表5-3、表5-4。

表5-3 石粉含量和泥块含量(MB≤1.4或快速法试验合格)

类别	Ⅰ	Ⅱ	Ⅲ
MB	≤0.5	≤1.0	≤1.4 或合格
石粉含量(按质量计)/%	≤10.0		
泥块含量(按质量计)/%	0	≤1.0	≤2.0

注:石粉含量根据使用地区和用途,经试验验证,可由供需双方协商确定。

表5-4 石粉含量和泥块含量(MB>1.4或快速法试验合格)

类别	Ⅰ	Ⅱ	Ⅲ
石粉含量(按质量计)/%	≤1.0	≤3.0	≤5.0
泥块含量(按质量计)/%	0	≤1.0	≤2.0

(2) 有害物质含量。有害物质是指在混凝土中妨碍水泥的水化、削弱集料与水泥石子的黏结、与水泥的水化物进行化学反应并产生有害膨胀的物质。砂中主要的有害物质有:云母、轻物质、有机物、硫化物及硫酸盐、氯化物、贝壳等。《建设用砂》(GB/T 14684—2022)对砂中有害物质的含量的限定见表5-5。

表5-5 有害物质限量

类别	Ⅰ	Ⅱ	Ⅲ
云母(按质量计)/%	≤1.0	≤2.0	
轻物质(按质量计)/%	≤1.0		
有机物	合格		
硫化物及硫酸盐(按SO_3^{2-}计)/%	≤0.5		
氯化物(以氯离子质量计)/%	≤0.01	≤0.02	≤0.06
贝壳(按质量计)/%	≤3.0	≤5.0	≤8.0

注:贝壳指标仅适用于干海砂,其他砂种不作要求。

4. 坚固性

坚固性是指砂在自然风化和其他外界物理化学因素作用下抵抗破裂的能力。天然砂采用硫酸钠溶液法进行试验,砂样经5次循环后其质量损失应符合《建设用砂》(GB/T 14684—2022)的规定,见表5-6。

表5-6 坚固性指标

类别	Ⅰ	Ⅱ	Ⅲ
质量损失/%	≤8		≤10

机制砂除了要满足坚固性指标外,还应满足坚固性压碎指标,见表5-7。

表5-7 机制砂的压碎值指标

类别	Ⅰ	Ⅱ	Ⅲ
单级最大压碎指标/%	≤20	≤25	≤30

三、粗骨料

(一)定义及分类

混凝土中的粗骨料是指粒径大于4.75mm的岩石颗粒,包括卵石和碎石两种。卵石是由自然风化、水流搬运和分选、堆积形成的粒径大于4.75mm的岩石颗粒;碎石是由天然岩石或卵石经机械破碎、筛分制成的粒径大于4.75mm的岩石颗粒。

相比较,碎石颗粒多棱角且表面粗糙,在水胶比相同的条件下,用碎石拌制的混凝土流动性较小,但碎石与水泥的黏结强度较高,制得的混凝土强度较高。因此,配制高强混凝土时通常采用碎石。

《建设用卵石、碎石》(GB/T 14685—2022)规定:建筑用卵石、碎石按技术要求分为Ⅰ、Ⅱ和Ⅲ三类,见表5-8。

表5-8 混凝土用粗骨料的分类及用途

类别	Ⅰ	Ⅱ	Ⅲ
用途	用于强度等级大于C60的混凝土	用于强度等级为C30~C60及有抗冻、抗渗或其他要求的混凝土	用于强度等级小于C30的混凝土

(二)技术要求和技术指标

《建设用卵石、碎石》(GB/T 14685—2022)对混凝土用粗骨料的技术性质和技术指标做了以下规定。

1. 颗粒级配

粗骨料的颗粒级配决定混凝土粗、细骨料的整体级配,对混凝土和易性、强度和耐久性起决定性作用。

粗骨料的颗粒级配同样采用筛分法确定,所用标准方孔筛筛孔的边长分别为2.36mm、4.75mm、9.50mm、16.0mm、19.0mm、26.5mm、31.5mm、37.5mm、53.0mm、63.0mm、75.0mm和90mm。筛余率的计算方法与细骨料相同。

粗骨料的级配有连续粒级和单粒粒级两种。连续粒级是指颗粒的尺寸由大到小连续分布,每一级颗粒都占一定的比例,又称为连续级配。连续粒级的大小颗粒搭配合理,配制的混凝土拌合物和易性好，不易发生离析现象，目前使用较多。单粒粒级石子主要用于组合成具有要求级配的连续粒级，或与连续粒级混合使用，以改善级配或配成较大粒度的连续粒级。不宜采用单一的单粒粒级配制混凝土。《建设用卵石、碎石》（GB/T 14685—2022）对碎石、卵石的颗粒级配规定见表5-9。

表 5-9　碎石、卵石的颗粒级配

公称粒级 /mm		累计筛余/%										
		方孔筛/mm										
		2.36	4.75	9.50	16.0	19.0	26.5	31.5	37.5	53.0	63.0	75.0	90
连续粒级	5～16	95～100	85～100	30～60	0～10	0							
	5～20	95～100	90～100	40～80	—	0～10	0						
	5～25	95～100	90～100	—	30～70	—	0～5	0					
	5～31.5	95～100	90～100	70～90	—	15～45		0～5	0				
	5～40	—	90～100	70～90	—	30～65			0～5	0			
单粒粒级	5～10	95～100	90～100	0～15	0～15								
	10～16		95～100	80～100									
	10～20		—	85～100	55～70	0～15	0						
	16～25			95～100	95～100	85～100	25～40	0～10					
	16～31.5							0～10	0				
	20～40				95～100		80～100	0～10	0				
	40～80						95～100		70～100		30～60	0～10	0

2. 含泥量和泥块含量

粗骨料中的泥是指卵石、碎石中粒径小于0.075mm的颗粒；泥块是指卵石、碎石中原粒径大于4.75mm，经水浸洗、手捏后小于2.36mm的颗粒含量。粗骨料中含泥量、泥块含量对混凝土性质的影响与细骨料相同。《建设用卵石、碎石》（GB/T 14685—2022）对含泥量、泥块含量的规定见表5-10。

表 5-10　含泥量和泥块含量

项目	指标		
	Ⅰ	Ⅱ	Ⅲ
含泥量（按质量计）/%	<0.5	<1.0	<1.5
泥块含量（按质量计）/%	<0	<0.5	<0.7

3. 针、片状颗粒含量

针状颗粒是指长度大于该颗粒所属粒级平均粒径2.4倍的颗粒；片状颗粒是指厚度小于其所属粒级平均粒径0.4倍的颗粒。在混凝土搅拌的过程中，针片状颗粒容易被折断并产生架空现象，从而增大集料的总表面积和集料的空隙率，使混凝土拌合物的和易性变差，难以成形密实，强度降低。所以，必须严格控制其含量。《建设用卵石、碎石》（GB/T 14685—2022）对卵石、碎石中针、片状颗粒含量的规定见表5-11。

表 5-11　针、片状颗粒含量

项目	指标		
	Ⅰ	Ⅱ	Ⅲ
针、片状颗粒(按质量计)/%　<	5	15	25

4. 有害物质

粗骨料中有害物质主要指有机物、硫化物及硫酸盐，它们对混凝土技术性质的影响与细集料的影响基本相同。《建设用卵石、碎石》(GB/T 14685—2022) 对有害物质的含量的规定见表 5-12。

表 5-12　有害物质含量

项目	指标		
	Ⅰ	Ⅱ	Ⅲ
有机物	合格	合格	合格
硫化物及硫酸盐(按 SO_3 质量计)/%　<	0.5	1.0	1.0

5. 坚固性

坚固性指砂在自然风化和其他外界物理化学因素作用下抵抗破裂的能力。对有抗冻要求的混凝土用粗骨料，必须测定其坚固性。

《建设用卵石、碎石》(GB/T 14685—2022) 规定：岩石的坚固性采用硫酸钠溶液试验法测定，试样经过 5 次循环后，其质量损失应符合表 5-13 的要求。

表 5-13　坚固性指标

项目	指标		
	Ⅰ	Ⅱ	Ⅲ
质量损失/%　<	5	8	12

6. 强度

为了保证粗骨料在混凝土中起骨架和支撑的作用，粗骨料本身必须具有足够的强度。粗骨料的强度可用岩石的抗压强度和压碎指标两种方法表示。

(1) 岩石的抗压强度。采用直径与高度均为 50mm 的圆柱体或边长为 50mm 的立方体岩石试件，在水中浸泡 48h 后，测得的岩石极限抗压强度值。《建设用卵石、碎石》(GB/T 14685—2022) 规定：在水饱和状态下，其抗压强度火成岩应不小于 80MPa，变质岩应不小于 60MPa，水成岩应不小于 60MPa。

(2) 压碎指标。压碎指标表征石子抵抗压碎的能力。压碎指标越小，表明石子抵抗破碎的能力越强。根据《建设用卵石、碎石》(GB/T 14685—2022)，碎石、卵石的压碎指标应符合表 5-14 的要求。

表 5-14　压碎指标

类别	Ⅰ	Ⅱ	Ⅲ
碎石压碎指标/%　<	10	20	30
卵石压碎指标/%　<	12	16	16

7. 表观密度、连续级配松散堆积空隙率

卵石、碎石的表观密度均应大于 2600kg/m³。连续级配堆积空隙率应符合表 5-15 的规定。

表 5-15　连续级配松散堆积空隙率

类别	Ⅰ	Ⅱ	Ⅲ
空隙率/%	≤43	≤45	≤47

8. 吸水率

根据《建设用卵石、碎石》（GB/T 14685—2022），碎石、卵石的吸水率应符合表 5-16 的要求。

表 5-16　吸水率

类别	Ⅰ	Ⅱ	Ⅲ
吸水率/%	≤1.0	≤2.0	≤2.0

9. 碱集料反应

碱集料反应通过碱集料反应试验测定，是为了避免混凝土结构在使用过程中出现碱-集料反应，影响其使用的耐久性。《建设用卵石、碎石》（GB/T 14685—2022）规定：经碱集料反应试验后，由卵石、碎石制备的试件无裂缝、酥裂、胶体外溢等现象，在规定的试验龄期膨胀率应小于 0.10%。

四、水

混凝土用水是混凝土拌和用水和养护用水的总称，包括：饮用水、地表水、地下水、再生水、混凝土企业设备洗刷水和海水等。

混凝土拌和用水必须满足混凝土强度和耐久性的要求，对混凝土中的钢筋无锈蚀危害，对混凝土表面无污染。根据《混凝土用水标准》（JGJ 63—2006），凡符合国家标准的生活饮用水，均可拌制和养护各种混凝土；海水可拌制素混凝土，但不宜拌制有饰面要求的素混凝土，更不得拌制钢筋混凝土和预应力混凝土。值得注意的是，在野外或山区施工采用天然水拌制混凝土时，均应对水的有机质、Cl^- 和 SO_4^{2-} 含量等进行检测，检测合格后方可使用。特别是某些污染严重的河水或池塘水，一般不得用于拌制混凝土。

《混凝土用水标准》（JGJ 63—2006）对混凝土拌和用水水质要求做了规定，见表 5-17。

表 5-17　混凝土拌和用水水质要求

项目	预应力混凝土	钢筋混凝土	素混凝土
pH 值	≥5.0	≥4.5	≥4.5
不溶物/(mg/L)	≤2000	≤2000	≤5000
可溶物/(mg/L)	≤2000	≤5000	≤10000
Cl^-/(mg/L)	≤500	≤1000	≤3500
SO_4^{2-}/(mg/L)	≤600	≤2000	≤2700
碱含量/(mg/L)	≤1500	≤1500	≤1500

注：碱含量按 $Na_2O+0.658K_2O$ 计算值来表示；采用非碱活性骨料时，可不检验碱含量。

五、矿物掺合料

矿物掺合料是以硅、铝、钙等一种或多种氧化物为主要成分，具有规定细度，能改善混凝土性能的活性粉体材料。在混凝土中，掺加一定量的矿物掺合料，可以改善混凝土拌合物的和易性，提高混凝土的强度和耐久性。

常用的混凝土矿物掺合料有粉煤灰、粒化高炉矿渣粉、钢渣粉、磷渣粉、硅灰、沸石粉等，也可以把上述两种或两种以上矿物掺合料按一定比例复合后使用。下面主要介绍粉煤灰和硅灰在混凝土中的应用。

1. 粉煤灰

粉煤灰是从煤粉炉烟道气体中收集的粉末，按煤种和氧化钙含量分为F类和C类。F类粉煤灰是由无烟煤或烟煤煅烧收集的粉煤灰；C类粉煤灰是由褐煤或次烟煤煅烧收集的粉煤灰，其氧化钙含量一般大于10%。

粉煤灰适用于一般工业建筑和民用建筑结构和构筑物的混凝土，尤其适用于泵送混凝土、大体积混凝土、抗渗混凝土、地下工程和水下工程混凝土等。粉煤灰对混凝土的性能有以下影响。

（1）改善新拌混凝土的和易性。粉煤灰颗粒呈球状且颗粒表面光滑，加入混凝土中可以减少用水量或增大拌合物的流动性；同时还可以增加拌合物的黏聚性，减少泌水。

（2）提高硬化混凝土的强度。在混凝土中掺入粉煤灰，可以在不改变流动性的条件下，减少用水量，从而提高混凝土的强度。

（3）提高混凝土的长久性能。粉煤灰中的活性二氧化硅发生二次水化反应，增加了混凝土的胶凝材料生产量，提高了混凝土的后期强度和耐腐蚀性，减少了碱-集料反应的危害。

（4）降低混凝土的水化升温速率。混凝土中掺入粉煤灰可以减少一定的水泥用量，从而降低由于大量水泥水化而导致的混凝土升温，有利于大体积混凝土施工，可以减少由温差收缩引起的混凝土构件开裂。

2. 硅灰

硅灰是从冶炼硅铁合金或工业硅时通过烟道排出的粉尘，经收集得到的以无定形二氧化硅为主要成分的粉体材料。其细度和比表面积约为水泥的80~100倍，为粉煤灰的50~70倍，所以其加入混凝土中的作用效果比粉煤灰好。硅灰在混凝土工程中具有以下应用。

（1）配制高强混凝土。采用SiO_2含量不小于90%的硅灰代替5%~15%的水泥用量，同时掺入高效减水剂时，采用常规的施工方法便可配制出C100混凝土。

（2）提高混凝土耐蚀、耐磨性能。采用硅粉混凝土可以成倍地提高混凝土的抗磨性能。硅粉混凝土主要用于水工混凝土泄水建筑物，提高混凝土对高速含砂水流的冲击和磨蚀作用的承受能力，避免混凝土表层遭受损坏。

（3）配制抗化学腐蚀混凝土。处于海水中的混凝土建筑物会遭受氯离子、硫酸根离子的侵蚀，而使混凝土产生脱皮甚至损坏等现象。在混凝土中掺入硅粉时，硅粉的水化物填充了混凝土中的孔隙，使混凝土结构密实度增大，抗氯离子、硫酸根离子等化学侵蚀能力增强。

（4）抑制碱-集料反应。硅灰具有极高的火山灰活性，水化反应消耗了胶体中的OH^-，使KOH、NaOH浓度降低，硬化混凝土中碱含量降低，从而抑制了碱-集料反应。

（5）减少混凝土喷射的回弹量。在普通喷射混凝土中，加入3%~5%的硅粉，可减少混凝土喷射的回弹量约10%。这样节约了原材料，加快了施工速度，降低了工程成本。

（6）提高混凝土的泵送性能。混凝土长距离泵送会造成泌水，降低混凝土施工和使用性能。在混凝土中掺入少量硅粉可增加拌合物的黏性，减少泌水。

（7）提高灌浆液的稳定性能。在水泥灌浆液中加入5%～10%的硅灰，可增加浆液的稳定性，使其不易分离，不堵管，且能很密实地填充到岩隙中。

六、外加剂

外加剂是指在混凝土搅拌之前或者拌制过程中掺入的不超过水泥用量的5%（特殊情况除外），用以改善新拌混凝土性能或硬化混凝土性能的物质。虽然用量较少，但对改善混凝土拌合物的和易性、调节凝结硬化时间、控制强度发展和提高耐久性等方面起着显著作用，是混凝土中必不可少的成分。

外加剂的品种很多，根据《混凝土外加剂术语》（GB/T 8075—2017）的规定，混凝土外加剂按其功能不同分为以下四类。

（1）改变混凝土拌合物流动性的外加剂，包括各种减水剂和泵送剂等。

（2）调节混凝土凝结时间、硬化性能的外加剂，包括缓凝剂、促凝剂和速凝剂等。

（3）改善混凝土耐久性的外加剂，包括引气剂、防水剂、阻锈剂和矿物外加剂等。

（4）改善混凝土其他性能的外加剂，包括膨胀剂、防冻剂和着色剂等。

目前常用的外加剂主要有：减水剂、引气剂、早强剂、缓凝剂、防冻剂等。

1. 减水剂

减水剂是指在混凝土坍落度基本相同的条件下，能减少拌和用水的外加剂。根据在混凝土中的作用不同，减水剂可分为：普通减水剂、高效减水剂、早强减水剂、缓凝减水剂、引气减水剂等。减水剂是使用最广泛、效果最显著的一种外加剂。其作用效果主要表现为：

（1）配合比不变时显著提高流动性；

（2）流动性和水泥用量不变时，减少用水量，降低水胶比，提高强度；

（3）保持流动性和强度不变时，节约水泥用量，降低成本；

（4）提高混凝土的强度。

2. 引气剂

引气剂是指在搅拌混凝土的过程中能引入大量均匀分布、稳定而封闭的微小气泡（直径$10 \sim 100 \mu m$）的外加剂。气泡在混凝土中可以起到以下作用：

（1）改善混凝土拌合物的和易性。

（2）显著提高混凝土的抗渗性、抗冻性。

（3）降低混凝土强度。大量气泡的存在，减少了混凝土的有效受力面积，使混凝土强度有所降低。

引气剂能减少混凝土拌合物泌水、离析，改善和易性，并能显著提高混凝土抗冻性、抗渗性。混凝土引气剂有松香树脂类、烷基苯磺酸盐类、脂肪醇磺酸盐类、蛋白质盐类及石油磺酸盐类等几种。其中以松香树脂类应用最为广泛，这类引气剂的主要品种有松香热聚物和松香皂两种。引气剂可用于抗渗混凝土、抗冻混凝土、抗硫酸盐侵蚀混凝土、泌水严重的混凝土等，但不宜用于蒸养混凝土及预应力混凝土。

3. 早强剂

早强剂是能提高混凝土早期强度，并对后期强度无显著影响的外加剂。早强剂的主要作用机理是加速水泥水化速度，加速水化产物的早期结晶和沉淀。其主要功能是缩短混凝土施工养护期，加快模板和场地的周转，使混凝土在短期内即能达到拆模强度，加快施工进度，提高模板的周转率。

早强剂适用于有早强要求的混凝土工程，低温、负温施工混凝土，有防冻要求的混凝土、预制构件等。早强剂的主要品种有氯盐、硫酸盐和有机胺三大类，但更多使用的是复合早强剂。

4. 缓凝剂

缓凝剂是指能延缓混凝土凝结时间，而不显著影响混凝土后期强度的外加剂。缓凝剂分为有机和无机两大类。有机类缓凝剂多为表面活性剂，掺入混凝土中，能吸附在水泥颗粒表面，形成同种电荷的亲水膜，使水泥颗粒相互排斥，阻碍水泥水化产物粘连和凝结，起缓凝作用；无机类缓凝剂，一般是在水泥颗粒表面形成一层难溶的薄膜，对水泥的正常水化起阻碍作用，从而导致缓凝。

缓凝剂主要适用于夏季施工的混凝土、大体积混凝土、滑模施工、泵送混凝土、长时间或长距离运输的商品混凝土，不适用于5℃以下施工的混凝土、有早强要求的混凝土及蒸养混凝土。

5. 速凝剂

速凝剂是指能使混凝土迅速凝结硬化的外加剂。速凝剂产生速凝的原因是：速凝剂中的铝酸钠、碳酸钠在碱溶液中迅速与水泥中的石膏反应生成硫酸钠，使石膏丧失缓凝作用或迅速生成钙矾石。

速凝剂主要用于喷射混凝土或喷射砂浆工程。用于喷射混凝土的速凝剂主要起三种作用：①抵抗喷射混凝土因重力而引起的脱落和空鼓；②提高喷射混凝土的黏结力，缩短间隙时间，增大一次喷射厚度，减小回弹率；③提高早期强度，及时发挥结构的承载能力。

6. 防冻剂

防冻剂是在规定温度下，能显著降低混凝土冰点，使混凝土的液相在较低温度下不冻结或仅轻微冻结，保证水泥的水化作用，使其能在一定时间内获得预期强度的外加剂。

常用的防冻剂有氯盐类（氯化钙、氯化钠）、氯盐阻锈类（以氯盐与亚硝酸钠阻锈剂复合而成）、无氯盐类（以亚硝酸盐、硝酸盐、碳酸盐及尿素复合而成）。氯盐类防冻剂适用于无筋混凝土；氯盐阻锈类防冻剂可用于钢筋混凝土；无氯盐类防冻剂可用于钢筋混凝土和预应力钢筋混凝土。无氯盐类外加剂不适用于预应力混凝土以及与镀锌钢材或与铝铁相接触部位的钢筋混凝土结构。选择使用防冻剂时须严格按《混凝土防冻剂》（JC 475—2004）执行，同时必须考虑混凝土性质和工程环境特点。

7. 外加剂的选择与使用

（1）外加剂品种的选择。外加剂品种的选择，一方面要考虑工程需要、现场的材料条件；另一方面要保证所用外加剂与水泥具有良好的匹配性。

（2）外加剂掺量的确定。混凝土外加剂均有适宜掺量。掺量过小，往往达不到预期效果；掺量过大，则会影响混凝土质量，甚至造成质量事故。因此，应通过试配确定外加剂的最佳掺量。

（3）外加剂的掺加方法。

① 水剂。对于可溶于水的外加剂，应先配制成合适浓度的溶液，随水加入搅拌机进行搅拌。

② 干掺。对于不溶于水的外加剂，应与适量水泥或砂混合均匀后再加入搅拌机内。

（4）掺入时间。外加剂的掺入时间可视工程的具体要求确定，可选同掺、后掺、分次掺入等不同的掺加方法。

职业技能训练

实训一　砂、石试样的取样与处理

1. 取样方法

（1）在料堆上取样时，取样部位应均匀分布。取样前先将取样部位表层铲除，然后由各部位抽取大致相等的砂 8 份、石 16 份组成各自一组样品。

(2) 从皮带运输机上取样时，应从皮带运输机机尾的出料处用接料器定时抽取砂 4 份、石 8 份组成各自一组样品。

(3) 从火车、汽车、货船上取样时，应从不同部位和深度抽取大致相等的砂 8 份、石 16 份组成各自一组样品。

2. 取样数量

每组试样的取样数量，对每一单项检测，应不小于表 5-18 和表 5-19 规定的最少取样质量。作几项检测时，可在确保样品经一项试验不影响其他试验结果的前提下，用同组样品进行多项不同的试验。

表 5-18　每一单项检验项目所需砂的最少取样质量

序号	检验项目	最少取样质量/kg
1	筛分析	4.4
2	含水率	1.0
3	堆积密度	5.0
4	含泥量	4.4
5	泥块含量	20.0

表 5-19　每一单项检验项目所需碎石或卵石的最小取样质量

序号	检验项目	不同最大粒径的最少取样质量/kg							
		10.0mm	16.0mm	20.0mm	25.0mm	31.5mm	40.0mm	63.0mm	80.0mm
1	筛分析	8	15	16	20	25	32	50	64
2	含水率	8	8	24	24	40	40	80	80
3	泥块含量	8	8	24	24	40	40	80	80
4	针片状颗粒含量	1.2	4	8	12	20	40	—	—
5	含泥量	8	8	24	24	40	40	80	80
6	堆积密度、紧密密度	40	40	40	40	80	80	120	120

3. 样品的缩分处理

(1) 砂样品缩分处理。将所取样品置于平板上，在潮湿状态下拌和均匀，并堆成厚度约为 2cm 的"圆饼"状，然后沿互相垂直的两条直径把"圆饼"分成大致相等的四份，取其对角的两份重新拌匀，再堆成"圆饼"。重复上述过程，直到缩分后的材料质量略多于进行试验所需的质量为止。

有条件时，也可用分料器对试样进行缩分。

(2) 碎石或卵石的缩分处理。将所取样品置于平板上，在自然状态下拌均匀，并堆成锥体，然后沿互相垂直的两条直径把锥体分成大致相等的四份，取其对角的两份重新拌匀，再堆成锥体，重复上述过程，直至把样品缩分至试验所需的质量为止。

实训二　砂的颗粒级配检测

一、实训目的
测定砂的颗粒级配和粗细程度，作为混凝土用砂的技术依据。

二、实训内容
通过筛分析实验来检验细骨料的颗粒级配及其粗细程度，为混凝土配合比设计及一般使用提供依据。

三、实训组织运行要求
以学生自行训练为主的开放模式组织教学。

四、实训条件
（1）主要仪器设备。

① 筛。孔径为 4.75mm、2.36mm、1.18mm、0.60mm、0.30m、0.15mm 的方孔筛，以及筛的底盘和盖各 1 只。筛框尺寸为 300mm 或 200mm。

② 天平。天平称量 1kg，感量 1g。

③ 摇筛机。

④ 烘箱。烘箱应能使温度控制在（105±5）℃。

⑤ 浅盘、硬（软）毛刷、容器、小勺等。

（2）试样制备。样品经缩分处理后，先将试样筛除大于 10mm 颗粒，并算出筛余百分率。若试样中的含泥量超过 5%，应先用水洗烘干至恒重再进行筛分。取不少于 550g 的试样两份，分别倒入两个浅盘中，置于烘箱烘至恒重（间隔时间大于 3h 的两次称量之差小于所要求的称量精度），冷却至室温后备用。

五、实训步骤
（1）测定步骤

① 将筛由上至下按孔径大小顺序叠置，加底盘。

② 称取烘干样 500g，倒入最上层 4.75mm 筛内。加盖后，置于摇筛机上摇筛约 10min。

③ 将整套筛自摇筛机上取下，按孔径大小顺序在洁净浅盘上逐个进行手筛，至每分钟的筛出量不超过试样总量的 0.1%。通过的颗粒并入下号筛中，并与下号筛中的试样一起过筛，每个筛依次全部筛完为止。如无摇筛机，也可用手筛。如试样为特细砂，在筛分时应增加 0.08mm 方孔筛一只。

④ 称量各号筛的筛余试样（精确至 1g）。所有各筛的分计筛余量和底盘中剩余量的总和与筛分前的试样总量相比，其差值不得超过试样总量的 1%，否则须重做。

（2）测定结果。

① 计算分计筛余百分率 a，即各号筛上的筛余量占试样总量的百分率（精确至 0.1%）。

② 计算累计筛余百分率 A，即该号筛上分计筛余百分率与大于该号筛的各号筛上分计筛余百分率的总和（精确至 1.0%）。

③ 根据各筛的累计筛余百分率 A，查表或绘制筛分曲线，评定该试样的颗粒级配分布情况。

④ 按下式计算砂的细度模数 M_x（精确至 0.01），即

$$M_x = \frac{(A_2+A_3+A_4+A_5+A_6)-5A_1}{100-A_1}$$

式中，A_1、A_2、A_3、A_4、A_5、A_6 为 4.75mm、2.36mm、1.18mm、0.60mm、0.30mm、0.15mm 筛上的累计筛余百分率。

⑤ 筛分试验采用两份试样平行试验，并以其结果的算术平均值作为测定值。若两次试验所得的细度模数之差大于0.20，应重新取样试验。

实训三　砂的表观密度检测

一、实训目的

测定砂的表观密度，作为评定砂的质量和混凝土用砂的技术依据。

二、实训内容

试样制备、试验测定。

三、原理、方法和手段

表观密度是指材料在自然状态下单位体积的质量。本试验用排水法测体积。

四、实训组织运行要求

以学生自行训练为主的开放模式组织教学。

五、实训条件

（1）主要仪器设备。

① 天平称量1kg，感量0.2g。

② 容量瓶，500mL。

③ 烘箱，能使温度控制在（105±5）℃。

④ 烧杯，500mL。

⑤ 干燥器、浅盘、温度计、料勺等。

（2）试样制备。将缩分至约650g的试样，置于烘箱中烘至恒重，并在干燥器内冷却至室温备用。

六、实训步骤

（1）测定步骤。

① 称取烘干试样300g（m_0），装入盛有半瓶冷开水的容量瓶中，摇动容量瓶，使试样充分搅动，排除气泡。

② 塞紧瓶塞静置约24h，再用滴管添水，使水面与瓶颈刻度线平齐，塞紧瓶塞，并擦干瓶外水分，称其质量（m_1）。

③ 倒出瓶中的水和试样，将瓶内外清洗干净，再注入与②水温相差不超过2℃的冷开水至瓶颈刻度线，塞紧瓶塞，并擦干瓶外水分，称其质量（m_2）。

注意：试验应在15～25℃的环境中进行，全过程温度变化应不超过2℃。

（2）测定结果。砂的表观密度$\rho_{a,s}$（精确至0.01g/cm³）：

$$\rho_{a,s} = \frac{m_0}{m_0 + m_2 - m_1} - a_t$$

式中　m_0——烘干试样质量，g；

　　　m_2——试样、水及容量瓶总质量，g；

　　　m_1——水及容量瓶质量，g；

　　　a_t——考虑的水温对表观密度影响的修正系数，见表5-20。

表5-20　不同水温下砂的表观密度温度修正系数

水温/℃	15	16	17	18	19	20	21	22	23	24	25
a_t	0.002	0.003	0.003	0.004	0.004	0.005	0.005	0.006	0.006	0.007	0.008

砂的表观密度以两次测定的算术平均值作为测定值。若两次所得结果之差大于 $0.029g/cm^3$，则应重新取样测定。

实训四　砂的堆积密度与空隙率检测

一、实训目的
测定砂的堆积密度，作为混凝土用砂的技术依据。

二、实训内容
砂的堆积密度实验。

三、原理、方法和手段
堆积密度是材料为散状或粉状，在堆积状态下单位体积的质量。测定出砂的堆积密度，可供混凝土配合比设计用，也可用以估计运输工具的数量或存放堆场的面积等。

四、实训组织运行要求
以学生自行训练为主的开放模式组织教学。

五、实训条件
（1）主要仪器设备。

① 案秤。称量 5kg，感量 5g。

② 容量筒。容量筒是由金属制成的圆柱形筒，容积约 1L，筒底厚 5mm，内径 108mm，高 109mm，壁厚 2mm。容量筒使用前应先校正其容积。以温度为（20±5）℃的饮用水装满容量筒，用玻璃板沿筒口滑行，使其紧贴水面，不能夹有气泡，擦干筒外壁水分后称量。用下式计算筒的容积 V_0（L）。

$$V_0 = m'_2 - m'_1$$

式中　m'_2——筒和玻璃板质量，kg；

　　　m'_1——筒、玻璃板和水的质量，kg。

③ 烘箱。能使温度控制在（105±5）℃。

④ 料勺或标准漏斗、直尺、浅盘等。

（2）试样制备。用浅盘装样品约 3L，置于烘箱中烘至恒重，取出冷却至室温，再用 4.75mm 筛过筛，分成大致相等的两份试样备用（若出现结块，测试前先予以捏碎）。

六、实训步骤
（1）测定步骤。

① 称容量筒质量（m_1），将筒置于不受振动的桌上浅盘中，用料勺将试样徐徐装入容量筒内，料勺口距容量筒口不超 50mm，装至筒口上面呈锥形为止；或通过标准漏斗，按上述步骤进行。

② 用直尺将筒口上部的试样沿筒口中心线向两个相反方向刮平，称其质量（m_2）。

（2）测定结果。砂的堆积密度 $\rho_{L,S}$ 按下式计算（精确至 $10kg/m^3$）

$$\rho_{L,S} = \frac{m_2 - m_1}{V_0} \times 1000$$

式中　m_1——容量筒的质量，kg；

　　　m_2——容量筒、砂的质量，kg；

　　　V_0——容量筒容积，L。

砂的堆积密度以两次测定结果的算术平均值作为测定值。

实训五　砂中含泥量检测

一、实训目的

测定砂中粒径小于 $80\mu m$ 的尘屑、淤泥和黏土的总含量。

二、实训条件

(1) 主要仪器设备。天平（称量 1kg，感量 1g）、烘箱、筛、洗砂用的容器及烘干用的浅盘等。

(2) 试样制备。将试样缩分至 1100g，置于温度为（105±5）℃的烘箱中烘干至恒重，冷却至室温后，称取 400g（m_0）的试样两份备用。

三、实训步骤

(1) 取烘干的试样一份置于容器中，并注入饮用水，使水面高出砂面约 15cm，充分拌匀后，浸泡 2h，然后用手在水中淘洗试样，使尘屑、淤泥和黏土与砂粒分离，并使之悬浮或溶于水中。缓缓地将浑浊液倒入 1.25mm 及 $80\mu m$ 的套筛（1.25mm 筛放置上面）上，滤去小于 $80\mu m$ 的颗粒。检测前筛子的两面应先用水润湿。在整个检测过程中应注意避免砂粒丢失。

(2) 再次加水于容器中，重复上述过程，直至洗出的水清澈为止。

(3) 用水淋洗留在筛上的细粒，并将 $80\mu m$ 筛放在水中（使水面略高出筛中砂粒的上表面）来回摇动，以充分洗除小于 $80\mu m$ 的颗粒，然后将两只筛上剩余的颗粒和已经洗净的试样一并装入浅盘，置于温度为（105±5）℃的烘箱中烘干至恒重。取出冷却至室温后称量试样的质量 m_1。

(4) 结果计算。砂的含泥量 w_c 按下式计算（精确至 0.1%）：

$$w_c = \frac{m_0 - m_1}{m_0} \times 100\%$$

式中　m_0——检测前的烘干试样质量，g；

m_1——检测后的烘干试样质量，g。

以两次检测结果的算术平均值作为测定值。两次结果的差值超过 0.5% 时，应重新取样进行检测。

实训六　砂中泥块含量检测

一、实训目的

测定混凝土用砂中的泥块含量。

二、实训条件

烘箱、试验筛、天平、洗砂用的容器及烘干用的浅盘等。

三、实训步骤

(1) 将试样缩分至 5000g，放在烘箱中于（105±5）℃下烘干至恒重，待冷却至室温后，除去小于 1.25mm 的颗粒，分为大致相等的两份备用。

(2) 称取试样 200g（m_1）置于容器中，注入清水，使水面高于试样面约 150mm，充分拌匀后，浸泡 24h。然后用手在水中碾碎泥块，再把试样放在 $630\mu m$ 筛中，用水淘洗，直至容器内的水清澈为止。

(3) 保留下来的试样小心地从筛中取出，装入浅盘后，放在烘箱中于（105±5）℃下烘干至恒重，冷却后称重 m_2。

(4) 结果计算。泥块含量 $w_{c,L}$ 按下式计算（精确至 0.1%）：

$$w_{c,L} = \frac{m_1 - m_2}{m_1} \times 100\%$$

式中　m_1——试验前干燥试样质量，g；

　　　m_2——试验后烘干试样的质量，g。

泥块含量取两次试验结果的算术平均值，精确至 0.1%。

实训七　石子颗粒级配检测

一、实训目的

测定碎石或卵石的颗粒级配、粒级规格，作为混凝土配合比设计和一般使用的依据。

二、实训内容

碎石或卵石的筛分析实验。

三、原理、方法和手段

通过筛分析实验来检验粗骨料的颗粒级配，为混凝土配合比设计及一般使用提供依据。

四、实训组织运行要求

以学生自行训练为主的开放模式组织教学。

五、实训条件

(1) 主要仪器设备。

① 实验筛。孔径为 90.0mm、75.0mm、63.0mm、53.0mm、37.5mm、31.5mm、26.5mm、19.0mm、16.0mm、9.5mm、4.75mm 和 2.36mm 的方孔筛，以及筛的底盘、盖各一只，筛框内径约 300mm。其规格、质量应符合 GB/T 6003.2 的规定。

② 天平或案秤。随试样质量而定，精确至 0.1% 左右。

③ 烘箱，能使温度控制在 (105±5)℃。

④ 浅盘。

(2) 试样制备。试样用四分法缩分至不少于表 5-21 规定的需用量，经烘干或风干后备用。

表 5-21　石子筛分析实验试样的最少质量

最大粒径/mm	9.5	16.0	19.0	26.5	31.5	37.5	63.0	75.0
试样质量/kg　不小于	1.9	3.2	3.8	5.0	6.3	7.5	12.6	16.0

六、实训步骤

(1) 测定步骤。

① 称量并记录烘干或风干试样质量。

② 按试样粒径选取需要的一套筛；再按筛孔大小顺序由上至下叠置于平整、干净的地面或铁盘上。将称量完毕的试样倒入最上层筛中，摇动过筛。当筛上的筛余量层厚大于试样最大粒径时，应将该号筛上的筛余分成两份后再进行筛分，直至各筛号每分钟的通过量不超过试样总量的 0.1%。以两份筛余量之和作为该号筛的筛余量。当筛余颗粒的粒径大于 2.0mm 时，筛分过程中允许用手指拨动。

③ 称量各号筛上的筛余试样，精确至试样总量的 0.1%。各筛上的所有分计筛余量和底盘中剩余量的总和与筛分前测定的试样总量相比，其差值不得超过 1%。

(2) 测定结果。

① 计算分计筛余百分率（精确至 0.1%）的方法同砂。

② 计算累计筛余百分率（精确至 1.0%）的方法同砂。

③ 根据各筛的累计筛余百分率，查表评定该试样的颗粒级配。

实训八　石子表观密度检测

一、实训目的

通过试验测定石子的表观密度，为评定石子质量和混凝土配合比设计提供依据。石子的表观密度可以反映骨料的坚实、耐久程度，因此是一项重要的技术指标。

石子的表观密度测定方法有液体比重天平法和广口瓶法。

二、实训条件

（1）主要仪器设备。

① 液体比重天平法。鼓风烘箱、吊篮、天平、方孔筛、盛水容器（有溢水孔）、温度计、浅盘、毛巾等。

② 广口瓶法。广口瓶、天平、方孔筛、鼓风烘箱、浅盘、温度计、毛巾等。

（2）试样制备。按规定取样，用四分法缩分至不少于表 5-22 规定的量，经烘干或风干后筛除小于 4.75mm 的颗粒，洗刷干净后，分为大致相等的两份备用。

表 5-22　粗集料表观密度试验所需试样量

最大粒径/mm	<26.5	31.5	37.5	63.0	75.0
最少试样质量/kg	2.0	3.0	4.0	6.0	6.0

三、实训步骤

（1）液体比重天平法。

① 取试样一份装入吊篮，并浸入盛有水的容器中，液面至少高出试样表面 50mm。浸水 24h 后，移放到称量用的盛水容器内，然后上下升降吊篮以排除气泡（试样不得露出水面）。吊篮升降一次约 1s，升降高度为 30～50mm。

② 测定水温后（吊篮应全浸在水中），准确称出吊篮及试样在水中的质量（精确至 5g），称量时盛水容器中水面的高度由容器的溢水孔控制。

③ 提起吊篮，将试样倒入浅盘，置于烘箱中烘干至恒重，冷却至室温，称出其质量（精确至 5g）。

④ 称出吊篮在同样温度水中的质量（精确至 5g）。称量时盛水容器中水面的高度由容器的溢水孔控制。

注意：试验时各项称量可以在 15～25℃ 范围内进行，但从试样加水静止的 2h 起至试验结束，其温度变化不得超过 2℃。

（2）广口瓶法。

① 将试样浸水 24h，然后装入广口瓶（倾斜放置）中，注入清水，摇晃广口瓶以排除气泡。

② 向瓶内加水至凸出瓶口边缘，然后用玻璃片迅速滑行，滑行中应紧贴瓶口水面。擦干瓶外水分，称取试样、水、广口瓶及玻璃片的总质量（精确至 1g）。

③ 将广口瓶中试样倒入浅盘，然后在（105±5）℃的烘箱中烘至恒重，冷却至室温后称其质量（精确至 1g）。

④ 将广口瓶洗净，重新注入饮用水，并用玻璃片紧贴瓶口水面，擦干瓶外水分，称取水、广口瓶及玻璃片总质量（精确至 1g）。

注意：此方法为简易方法，不宜用于石子的最大粒径大于 37.5mm 的情况。

(3) 结果计算与评定。

① 石子的表观密度按下式计算（精确至 $10kg/m^3$）：

$$\rho_0 = \frac{G_0}{G_0 + G_2 - G_1} \rho_水$$

式中　ρ_0——石子的表观密度，kg/m^3；

　　　$\rho_水$——水的密度，$1000kg/m^3$；

　　　G_0——烘干试样的质量，g；

　　　G_1——吊篮及试样在水中的质量，g；

　　　G_2——吊篮在水中的质量，g。

② 表观密度取两次试验结果的算术平均值，精确至 $10kg/m^3$；如两次试验结果之差大于 $20kg/m^3$，须重新试验。对材质不均匀的试样，如两次试验结果之差大于 $20kg/m^3$，可取 4 次试验结果的算术平均值。

实训九　石子堆积密度与空隙率检测

一、实训目的

测定石子的堆积密度，作为混凝土配合比设计和一般使用的依据。

二、实训内容

石子堆积密度与空隙率检测。

三、原理、方法和手段

堆积密度是材料为散状或粉状，在堆积状态下单位体积的质量。测定石子松散状态下的堆积密度，可供混凝土配合比设计用，也可用以估计运输工具的数量或存放堆场的面积等。

四、实训组织运行要求

以学生自行训练为主的开放模式组织教学。

五、实训条件

(1) 主要仪器设备。

① 案秤。称量 50kg、感量 50g 及称量 100kg、感量 100g 各一台；

② 容量筒（金属制），规格见表 5-23。

表 5-23　石子堆积密度实验用容量筒规格

石子最大粒径/mm	容量筒体积/L	容量筒规格		筒壁厚度/mm
		内径/mm	净高/mm	
10.0、16.0、20.0、26.5	10	208	294	2
31.5、37.5	20	294	294	3
53.0、63.0、75.0	30	360	294	4

③ 烘箱，能使温度控制在 $(105\pm5)℃$。

④ 平头铁锹、浅盘等。

(2) 试样制备。从取样中按表 5-24 规定用量称取实样放入浅盘，置于烘箱烘干，也可摊在清洁地面上风干拌匀后备用。

表 5-24　石子堆积密度实验取样数量

最大粒径/mm	9.5	16.0	19.0	26.5	31.5	37.5	63.0	75.0
取样质量/kg　不少于	40.0				80.0		120.0	

六、实训步骤

(1) 测定步骤。

① 称量容量筒质量（G_1）。

② 取一份试样置于平整、干净的地面或铁板上，用铁锹将试样铲起，保持石子自由落入容量筒的高度约 50mm。装满容量筒并除去凸出筒口表面的颗粒，再用合适的颗粒填入凹陷部分使其表面大致平整，称取试样和容量筒的质量（G_2）。

(2) 测定结果。

① 石子的堆积密度 $\rho_{L,G}$ 按下式计算（精确至 10kg/m^3）

$$\rho_1 = \frac{G_1 - G_2}{V_0}$$

式中　G_1——容量筒质量，kg；

　　　G_2——试样和容量筒质量，kg；

　　　V_0——容量筒容积，L。

石子的堆积密度以两次测定结果的算术平均值作为测定值。

② 空隙率按下式计算

$$V_0 = \left(1 - \frac{\rho_1}{\rho_0}\right) \times 100\%$$

式中　V_0——空隙率，%；

　　　ρ_1——松散（或紧密）堆积密度，kg/m^3；

　　　ρ_0——试样的表观密度，kg/m^3。

空隙率取两次计算结果的算术平均值，精确至 1%。

实训十　石子的压碎指标检测

一、实训目的

通过测定碎石或卵石抵抗压碎的能力，以间接地推测其相应的强度，评定石子的质量。掌握《建设用碎石、卵石》（GB/T 14685—2022）的测试方法，正确使用仪器与设备，并熟悉其性能。

二、实训条件

(1) 主要仪器设备。压力试验机、压碎值测定仪、方孔筛、天平、台秤、垫棒等。

(2) 试样制备。按规定取样，风干后筛除大于 19.0mm 及小于 9.50mm 的颗粒，并去除针片状颗粒，拌匀后分成大致相等的三份备用（每份 3000g）。

三、实训步骤

(1) 风干后筛除大于 19.0mm 及小于 9.50mm 的颗粒，并去除针片状颗粒，分为大致相等的三份备用。称取试样 $G_1 = 3000 \text{g}$，将试样分两层装入圆模内，每装完一层试样后，在底盘下面垫放一直径 10mm 的圆钢，将筒按住，左右交替颠击地面各 25 次，两层颠实后，平整模内试样表面，盖上压头。

(2) 把装有试样的模子置于压力机上，开动压力机，按 1kN/s 速度均匀加荷至 200kN

并稳荷 5s，然后卸荷。取下加压头，倒出试样，用孔径 2.36mm 的筛筛除被压碎的细粒，称出留在筛上的试样质量 G_2（精确至 1g）。

（3）结果计算与评定。

① 压碎指标按下式计算（精确至 0.1%）

$$Q_e = \frac{G_1 - G_2}{G_1} \times 100\%$$

式中　Q_e——压碎指标，%；

　　　G_1——试样的质量，g；

　　　G_2——压碎试验后筛余的试样质量，g。

② 压碎指标取三次结果的算术平均值，精确至 1%。

实训十一　石子的针片状颗粒含量检测

一、实训目的

通过测定碎石或卵石中针片状颗粒的含量，以间接地推测其相应的强度，评定石子的质量。

二、实训条件

主要仪器设备：天平、台秤、试验筛、卡尺、针状规准仪、片状规准仪等。

三、实训步骤

（1）准备好用的工具，检查仪器设备的状态是否正常。

（2）按规定粒径称取一定量的试样一份（G_1，精确到 1g），然后按规定的粒级进行筛分。粒级划分见表 5-25。

表 5-25　针、片状颗粒含量试验的粒级划分及其相应的规准仪孔宽或间距　　单位：mm

石子粒级	4.75～9.50	9.50～16.0	16.0～19.0	19.0～26.5	26.5～31.5	31.5～37.5
片状规准仪相对应孔宽	2.8	5.1	7.0	9.1	11.6	13.8
针状规准仪相对应孔宽	17.1	30.6	42.0	54.6	69.6	82.8

（3）按表 5-25 规定的粒级分别用规准仪逐粒检验，凡颗粒长度大于针状规准仪上相应间距者，为针状颗粒；颗粒厚度小于片状规准仪上孔宽者，为片状颗粒。称出其总质量 G_2（精确至 1g）。

（4）粒径大于 37.5mm 的碎石或卵石可用卡尺检验针、片状颗粒，卡尺卡口的设定宽度应符合表 5-26 的规定。

表 5-26　卡尺卡口的设定宽度

石子粒级/mm	37.5～53.0	53.0～63.0	63.0～75.0	75.0～90.0
检验片状颗粒的卡尺卡口设定宽度/mm	18.1	23.2	27.6	33.0
检验针状颗粒的卡尺卡口设定宽度/mm	108.6	139.2	165.6	198.0

（5）结果计算与评定。

针、片状颗粒含量按下式计算（精确至 1%）

$$Q_c = \frac{G_2}{G_1} \times 100\%$$

式中 Q_c——针、片状颗粒含量，%；
　　　G_1——试样的质量，g；
　　　G_2——试样中所含针片状颗粒的总质量，g。

任务二　普通混凝土的技术性质

一、混凝土拌合物的工作性

混凝土各组成材料按一定比例配合，经搅拌均匀后尚未凝结硬化的材料称为混凝土拌合物。混凝土拌合物的工作性又称和易性，混凝土拌合物须具有良好的和易性，才能便于施工和获得均匀而密实的混凝土，从而保证混凝土的强度和耐久性。

（一）和易性的概念

和易性是指混凝土拌合物在施工过程（包括搅拌、运输、振捣和养护等）中能保持其成分均匀，不分层离析、无泌水现象，并能获得均匀、密实、稳定的混凝土的性能。和易性包括流动性、黏聚性和保水性。

二维码 5-2

1. 流动性

流动性是指拌合物在自重或机械振捣作用下，易于产生流动并能均匀密实填满模板、包围钢筋的性能。它反映了混凝土拌合物的稀稠程度及充满模板的能力。流动性越大，施工操作越方便，越易于捣实、成形；但流动性过大，混凝土的密实性、均匀性和强度均下降。

2. 黏聚性

黏聚性是指混凝土拌合物的各组成材料在施工过程中具有一定的黏聚力，能保持成分的均匀性，在运输、浇筑、振捣、养护过程中不发生离析、分层现象的性能。它反映了混凝土拌合物的均匀性。拌合物黏聚性差，混凝土各组分容易分离，或稀的水泥浆从混凝土中流淌出来，致使混凝土硬化后产生蜂窝、麻面等缺陷，影响强度和耐久性。

3. 保水性

保水性是指混凝土拌合物在施工过程中具有一定的保持水分的能力，不产生严重泌水的性能。拌合物保水性差，混凝土容易泌水，积聚到混凝土表面，会使混凝土表层疏松，影响混凝土的密实性，降低混凝土的强度，同时泌水通道会形成混凝土的连通孔隙而降低其耐久性。

（二）和易性的测定

评定混凝土拌合物和易性的方法是测定其流动性，根据直观经验观察其黏聚性和保水性，从而全面地评定混凝土拌合物的和易性。按照《混凝土质量控制标准》（GB 50164—2011）规定，混凝土拌合物的稠度可采用坍落度、维勃稠度或扩展度表示。坍落度检验适用于坍落度不小于10mm 的混凝土拌合物，维勃稠度检验适用于维勃稠度5～30s 的混凝土拌合物，扩展度适用于泵送高强混凝土和自密实混凝土。

1. 坍落度法

将混凝土拌合物按规定的试验方法装入坍落度筒内，在规定的时间内垂直提起坍落度筒（提筒过程应在5～10s 完成），拌合物因自重而向下坍落，下落的尺寸即为混凝土拌合物的坍落度，以 mm 为单位，精确至5mm，如图 5-2。

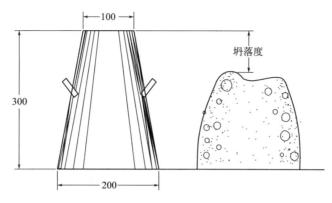

图 5-2 坍落度测定示意图

《混凝土质量控制标准》(GB 50164—2011) 规定,混凝土拌合物根据其坍落度大小分为五级,见表 5-27。

表 5-27 混凝土拌合物坍落度等级划分

等级	坍落度/mm	等级	坍落度/mm
S1	14~40	S4	160~210
S2	50~90	S5	≥220
S3	100~150		

坍落度主要用来表示混凝土拌合物的流动性,坍落度越大,流动性越大。在测定坍落度的同时,应观察黏聚性和保水性。应当注意的是,只有当拌合物的流动性、黏聚性和保水性均满足要求时,和易性才算合格。

2. 维勃稠度法

维勃稠度用维勃稠度仪测定,如图 5-3 所示。把维勃稠度仪水平放置在坚实的基面上,喂料斗转到坍落度筒上方,将拌合物分层装入筒内插捣密实。把喂料斗转离,垂直提起坍落筒,把透明圆盘转到拌合物锥体顶部,放松夹持圆盘的螺钉,使圆盘落到拌合物顶面,启动振动台和秒表,当透明圆盘的底面被水泥浆所布满的瞬间,停下秒表并关闭振动台,记录秒表上的时间(单位以 s 计),即为拌合物的维勃稠度值。维勃稠度值越小,表示拌合物越稀,流动性越好;反之维勃稠度值越大,表示黏度越大,越不容易振实。

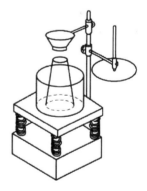

图 5-3 维勃稠度仪

用维勃稠度可以合理表示坍落度在 0~10mm 的混凝土拌合物的流动性。《混凝土质量控制标准》(GB 50164—2011) 规定,混凝土拌合物维勃稠度分为五级,见表 5-28。

表 5-28 混凝土拌合物维勃稠度的等级划分

等级	维勃时间/s	备注
V_0	≥31	超干硬性混凝土
V_1	30~21	特干硬性混凝土

续表

等级	维勃时间/s	备注
V_2	20～11	干硬性混凝土
V_3	10～6	半干硬性混凝土
V_4	5～3	

3. 坍落扩展度法

坍落扩展度法适用于集料最大公称粒径不大于40mm、坍落度值大于220mm的大流动性混凝土拌合物的稠度测定。

混凝土坍落扩展度试验是在坍落度试验的基础上,用钢尺测量混凝土扩展后最终的最大直径和最小直径,当这两个直径之差小于50mm时,其算术平均值即为坍落扩展度。混凝土拌合物的扩展度划分等级见表5-29。

表5-29 混凝土拌合物的扩展度等级划分

等级	扩展度/mm	等级	扩展度/mm
F1	≤340	F4	490～550
F2	350～410	F5	560～620
F3	420～480	F6	≥630

4. 坍落度的选择

混凝土拌合物的坍落度,应根据结构构件截面尺寸的大小、配筋的疏密、施工捣实方法和环境温度来确定。当构件截面尺寸较小或钢筋较密,或采用人工插捣时,坍落度可选择大些。反之,如构件截面尺寸较大或钢筋较疏,或者采用振动器振捣时,坍落度可选择小些。一般情况下,混凝土浇筑时的坍落度宜按表5-30选用。

表5-30 混凝土浇筑时的坍落度

序号	结构种类	坍落度/mm	
		机械捣实	人工捣实
1	基础或地基等的垫层	10～30	20～40
	无配筋的大体积结构(挡土墙、基础、厚大块体等)或配筋稀疏的结构	10～30	35～50
2	板、梁和大型及中型截面的柱子等	35～50	55～70
3	配筋密列的结构(薄壁、斗仓、细柱等)	55～70	75～90
4	配筋密列的其他结构	75～90	90～120

(三)影响和易性的因素

影响拌合物和易性的主要因素有用水量、水泥浆用量、水泥浆稠度、砂率和外加剂。此外,材料品种、环境的温湿度、施工工艺等也会对混凝土拌合物的和易性产生影响。

1. 用水量

拌合物流动性随用水量增加而增大。若用水量过大,使拌合物黏聚性和保水性都变差,会产生严重泌水、分层或流浆;同时,强度与耐久性也会随之降低。

2. 水泥浆用量

当水泥浆用量过少时，水泥浆不能填满骨料空隙或不足以包裹骨料表面，混凝土拌合物的流动性也小，而且拌合物容易发生崩塌现象，黏聚性也差；若水泥浆用量过多，骨料表面包裹层过厚，会出现严重的流浆和泌水现象，使拌合物的黏聚性变差。因此，水泥浆的用量不能太少也不能太多，应以满足流动性和强度要求为宜。

3. 水泥浆稠度

水泥浆的稠度由水灰比决定，水灰比过小，水泥浆干稠，拌合物流动性小；但水灰比过大，使水泥浆的黏聚性变差，保水能力不足，导致严重的沁水、分层、流浆现象，混凝土的强度和耐久性也随之降低。因此，水灰比应根据混凝土设计强度等级和耐久性要求合理选用。

4. 砂率

砂率是指混凝土中砂的质量占砂石总质量的百分率。砂率的改变会使混凝土的坍落度发生显著的变化，如图5-4所示。

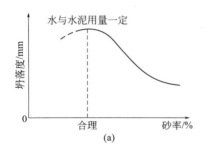 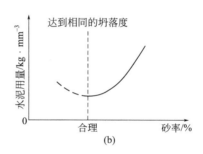

图 5-4 砂率与坍落度和水泥用量的关系

从图5-4(a)可以看出：混凝土拌合物中，水泥浆量固定时加大砂率，骨料的总表面积及空隙率增大，砂浆中水泥浆不足以包裹砂粒表面并填满砂粒空隙，使水泥浆显得比原来贫乏，从而减小了流动性；若减小砂率，使水泥浆显得富余起来，流动性会加大，但不能在粗骨料颗粒之间形成有足够润滑作用的砂浆层，也会降低拌合物的流动性，并严重影响其黏聚性和保水性。

当砂率适宜时，砂不但能填满石子的空隙，而且还能保证粗骨料间有一定厚度的砂浆层，以减小粗集料的滑动阻力，使拌合物有良好的流动性，这个适宜的砂率称为合理砂率。

如图5-4(b)，当采用合理砂率时，在用水量和水泥用量一定的情况下，能使拌合物获得较大的流动性、良好的稳定性；或者在保证拌合物获得所要求的流动性及良好的均匀稳定性时，水泥用量最少。

5. 施工条件

施工中环境温度、湿度的变化，运输时间的长短，称料设备、搅拌设备及振捣设备的性能都会对和易性产生影响。

（四）改善和易性的措施

在实际工程中，通常采用以下措施来改善混凝土拌合物的和易性。

（1）采用适宜的水泥品种和掺合材料。

（2）改善砂、石的颗粒级配，尽量采用总表面积和空隙率均较小的良好级配。

(3) 采用合理砂率，尽可能降低砂率，提高混凝土的质量和节约水泥。

(4) 在上述基础上，当混凝土拌合物坍落度太小时，保持水灰比不变，适当增加水泥浆的用量，加入外加剂；当拌合物坍落度太大，但黏聚性良好时，可保持砂率不变，适当增加砂、石用量。

(5) 在拌合物中加入少量外加剂（如减水剂、引气剂等），能使拌合物在不增加水泥浆用量的条件下，有效地改善工作性，增大流动性，改善黏聚性，降低泌水性，提高混凝土的耐久性。

二、硬化混凝土的技术性质

硬化混凝土的技术性质主要包括混凝土的强度、变形性能和耐久性。

（一）混凝土的强度

强度是硬化混凝土最重要的力学指标，通常用于评定和控制混凝土的质量。混凝土强度分为抗压强度、抗拉强度、抗折强度以及与钢筋的黏结强度。其中以抗压强度最大，抗拉强度最小。因此，在结构工程中，混凝土主要用于承受压力，并且可以根据抗压强度的大小估算其他强度值。

1. 立方体抗压强度

(1) 立方体抗压强度含义。按照《混凝土物理力学性能试验方法标准》（GB/T 50081—2019）的规定：以边长为150mm的立方体试件为标准试件，按标准方法成型，放入温度为（20±2）℃，相对湿度为95%以上的标准养护室中养护，或在温度为（20±2）℃的不流动的$Ca(OH)_2$饱和溶液中养护，养护到28d龄期，用标准试验方法测定的极限抗压强度，称为混凝土标准立方体抗压强度，符号为f_{cu}，单位为MPa（1MPa=1N/mm²），按式（5-5）计算。

$$f_{cu} = \frac{F}{A} \tag{5-5}$$

式中 F——试件破坏荷载，N；

　　　A——试件承压面积，mm²。

每组有三个试件，根据混凝土强度检验评定方法确定每组试件的强度值（精确至0.1MPa）。

按照《混凝土强度检验评定标准》（GB/T 50107—2010）的规定，混凝土立方体抗压强度的测定是以边长为150mm的立方体试块为标准试件。当采用非标准尺寸试件时，应将其抗压强度乘以尺寸折算系数，折算成边长为150mm的标准尺寸试件抗压强度。不同尺寸的混凝土试件的尺寸折算系数见表5-31。

表5-31　混凝土试件尺寸及折算系数

混凝土强度等级	试件尺寸/mm	尺寸折算系数
<C60	100×100×100	0.95
	150×150×150	1.00
	200×200×200	1.05
≥C60	100×100×100	由试验确定，其试件数量不应少于30组
	150×150×150	
	200×200×200	

(2) 立方体抗压强度标准值。在立方体极限抗压强度总体分布中,具有95%保证率的抗压强度,称为立方体抗压强度标准值($f_{cu,k}$)。

混凝土强度等级按混凝土的立方体抗压强度标准值确定。采用符号C与立方体抗压强度标准值(单位为MPa)表示。《混凝土质量控制标准》(GB 50164—2011)规定,普通混凝土按立方体抗压强度标准值划分为C10、C15、C20、C25、C30、C35、C40、C45、C50、C55、C60、C65、C70、C80、C85、C90、C95、C100等级。例如,"C30"即表示混凝土立方体抗压强度标准值为30MPa,在该等级的混凝土立方体抗压强度大于30MPa的概率为95%以上。不同工程或用于工程不同部位的混凝土,其强度等级要求也不同,一般情况下,工程设计时,混凝土强度等级应根据建筑物的部位及承载情况进行选取。

2. 轴心抗压强度

混凝土强度等级是采用立方体试件确定的。实际工程中,钢筋混凝土结构大部分都是棱柱体或圆柱体结构形式,立方体很少用到。所以在钢筋混凝土结构设计时,考虑到混凝土构件的实际受力状态,计算轴心受压构件时,常以轴心抗压强度作为依据。

按照《混凝土物理力学性能试验方法标准》(GB/T 50081—2019)的规定:轴心抗压强度采用150mm×150mm×300mm的标准试件,在标准条件下养护28天,测其抗压强度值,即为轴心抗压强度(f_{cp})值。

轴心抗压强度比同截面的立方体抗压强度小,并且棱柱体试件的高宽比越大,轴心抗压强度越小。当高宽比达到一定值之后,强度就不再降低。试验表明:混凝土的轴心抗压强度与立方体抗压强度之比为0.7~0.8。

3. 抗折强度

道路路面或机场道面用水泥混凝土,以抗折强度(或称抗弯拉强度)为主要强度指标,以抗压强度为参考强度指标。

道路水泥混凝土抗折强度是以标准操作方法制备150mm×150mm×550mm的梁形试件,在标准条件下,经养护28天后,按图5-5所示的三分点加荷方式,测定其抗折强度(f_{cf})。按式(5-6)计算。

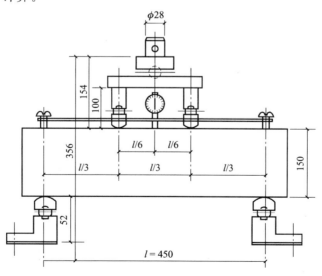

图5-5 混凝土抗折强度和抗折模量试验装置(单位:mm)

$$f_{cf} = \frac{FL}{bh^2} \tag{5-6}$$

式中　F——试件破坏荷载，N；

　　　L——支座间距，mm；

　　　b——试件宽度，mm；

　　　h——试件高度，mm；

　　　f_{cf}——抗折强度，MPa。

4. 混凝土与钢筋的黏结强度

由于混凝土的抗拉强度很低，通常与钢筋复合成钢筋混凝土使用。在钢筋混凝土结构中，为使钢筋充分发挥其作用，混凝土与钢筋必须有足够的黏结强度。这种黏结强度主要来源于混凝土与钢筋之间的摩擦力、钢筋与水泥石之间的黏结力及变形钢筋的表面机械咬合力。混凝土抗压强度越高，其黏结强度越高。

5. 影响混凝土强度的因素

影响混凝土强度的主要因素有水泥强度和水胶比、骨料的特性、施工因素、养护条件与龄期、试验条件等。

（1）水泥强度和水胶比。

① 水泥强度。水泥是混凝土的主要黏结材料，水泥强度的大小直接影响着混凝土强度的高低。在其他材料相同时，水泥强度越高，水泥石的强度及其与集料的黏结力越大，制成的混凝土强度也越高。试验表明：混凝土的强度与水泥强度成正比例关系。

② 水胶比。水泥强度等级一定时，混凝土的强度主要取决于水胶比，水胶比越小，水泥与集料的黏结强度越大，配制成的混凝土强度越高。但是如果水胶比过小，拌合物过于干稠，在一定的施工条件下，混凝土不能被振捣密实，容易出现较多的蜂窝、孔洞，反而会导致混凝土强度严重下降。

大量的试验和工程实践表明：在原材料一定的情况下，当混凝土的强度等级低于C60时，混凝土28天龄期的抗压强度与水泥的实际强度、水胶比的关系为：

$$f_{cu,o} = \alpha_a f_{ce} \left(\frac{B}{W} - \alpha_b \right) \tag{5-7}$$

式中　$f_{cu,o}$——混凝土28d龄期的立方体抗压强度，MPa；

　　　f_{ce}——水泥28d龄期抗压强度实测值，MPa；

　　　B/W——混凝土的胶水比；

　　　α_a, α_b——回归系数。

回归系数根据工程所使用的水泥、骨料种类通过试验确定。当不具备试验统计资料时，可按《普通混凝土配合比设计规程》（JGJ 55—2011）提供的经验系数取用：碎石混凝土 $\alpha_a = 0.53$，$\alpha_b = 0.20$；卵石混凝土 $\alpha_a = 0.49$，$\alpha_b = 0.13$。

由式（5-7）根据所用水泥强度和水胶比可以推算所配制的混凝土强度等级，也可以根据水泥强度和要求的混凝土强度计算应采用的水胶比。

（2）骨料的特性。骨料本身的强度一般都比混凝土高（轻骨料除外），它不会直接影响混凝土的强度；但若使用含有害杂质较多且品质低劣的骨料时，会降低混凝土强度。由于碎石表面粗糙并富有棱角，与水泥的黏结力较强，所配制的混凝土强度比用卵石的要高。骨料级配良好、砂率适当，能组成密实的骨架，也能使混凝土获得较高的强度。

（3）养护条件与龄期。混凝土振捣成型后一段时间内，保持适当的温度和湿度，使水泥充分水化，称为混凝土的养护。混凝土在拌制成型后所经历的时间称为龄期。在正常养护条件下，混凝土的强度将随龄期的增长而不断发展，最初几天强度发展较快，以后逐渐缓慢，28d 达到设计强度。28d 以后更慢，若能长期保持适当的温度和湿度，强度的增长可延续数十年。混凝土的强度和龄期的关系见图 5-6。

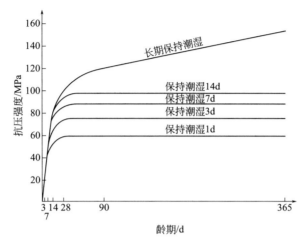

图 5-6　混凝土的强度和龄期的关系

混凝土的养护应同时注意温度和湿度两个条件，原则是温度要适宜、湿度要充分。

① 温度。通常情况下，温度越高，胶凝材料的溶解、水化和硬化速度加快，有利于混凝土强度的增长。由图 5-7 可见：养护温度的提高，可以促进胶凝材料的溶解、水化和硬化，提高混凝土的早期强度。

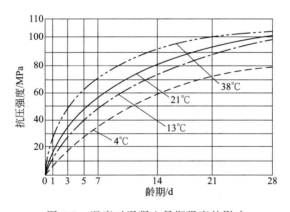

图 5-7　温度对混凝土早期强度的影响

② 湿度。养护的湿度是水泥正常水化的必要条件。湿度适宜，水泥的水化正常进行，利于混凝土强度的增长；如果湿度不够，胶凝材料的水化速度减慢甚至水化停止，会导致混凝土失水干燥形成干缩裂缝，不仅严重降低混凝土强度，而且会使混凝土结构疏松，渗水性增大，耐久性降低。

《混凝土结构工程施工质量验收规范》（GB 50204—2015）规定：在混凝土浇筑完毕后的 12h 以内对混凝土加以覆盖和浇水，并保湿养护；对硅酸盐水泥、普通硅酸盐水泥或矿渣硅酸盐水泥拌制的混凝土不得少于7天,对掺用缓凝型外加剂或有抗渗要求的混凝土不得少于14天。浇水次数应能保持混凝土处于湿润状态,混凝土养护用水应与拌制用水相同。

(4) 施工因素。混凝土施工工艺复杂,在配料、搅拌、运输、振捣、养护过程中,一定要严格遵守施工规范,确保混凝土强度。

(5) 试验条件。试验条件对混凝土强度的影响包括试件尺寸、形状、表面状态及加载速度等。

① 试件尺寸。实践证明,材料用量相同的混凝土试件,其尺寸越大,测得的强度值越小。其原因是试件尺寸增大时,内部孔隙、缺陷等出现的概率也增大,容易导致有效受力面积减小和应力集中,引起混凝土强度降低。棱柱体试件(150mm×150mm×300mm)要比立方体试件(150mm×150mm×150mm)测得的强度值小。

② 试件表面状态。试验过程中,压力机承压板对试件表面的横向变形的约束作用与试件的表面状态有关。试件表面光滑平整,约束作用小,压力测值也小。当试件受压面上有油脂类润滑物时,压板与试件间的摩擦阻力大大减小,试件将出现垂直裂纹而破坏,测出的强度值明显降低。试件受压破坏状态如图5-8所示。

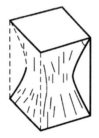 

(a) 试件破坏后残存的棱柱体　　(b) 不同压板约束时试件的破坏情况

图 5-8　混凝土试件受压破坏状态

③ 加载速度。试验表明,加载速度越快,测得的混凝土强度值越大。因为当试件受到外力作用时会产生一定的变形,变形累加到一定程度便会产生破坏,当加载速度较快时,材料变形的增长滞后于荷载的增加,因此强度测定值会很大。

因此,国家标准《混凝土物理力学性能试验方法标准》(GB/T 50081—2019)规定:在试验过程中应连续均匀地加载,混凝土强度等级小于C30时,加载速度为0.3~0.5MPa/s;混凝土强度等级不小于C30且小于C60时,取0.5~0.8MPa/s;混凝土强度等级不小于C60时,取0.8~1.0MPa/s。

综上所述,在其他条件完全相同的情况下,由于试验条件不同,所测得的强度结果也有所差异。因此,要得到正确的混凝土抗压强度值,就必须严格遵守国家有关的试验标准。

6. 提高混凝土强度的措施

实际施工中为了加快施工进度,提高模板的周转率,常需提高混凝土的早期强度。根据影响混凝土强度的因素,通常可采取以下措施提高混凝土的强度:

(1) 采用高强度水泥和早期型水泥。

(2) 采用水胶比较小、用水量较少的混凝土。

(3) 采用合理砂率,以及级配合格、强度较高、质量良好的碎石。

(4) 采用机械搅拌、机械振捣，改进施工工艺。

(5) 加强养护。采用湿热养护方式，即蒸汽养护和蒸压养护的方法，提高混凝土的强度。

(6) 在混凝土中掺入减水剂、早强剂等外加剂。

（二）混凝土的变形性能

混凝土的变形主要包括非荷载作用下的变形和荷载作用下的变形。非荷载作用下的变形分为混凝土的化学收缩、碳化收缩、干湿变形及温度变形；荷载作用下的变形分为短期荷载作用下的变形及长期荷载作用下的变形。混凝土的变形是混凝土产生裂缝的重要原因，直接影响混凝土的强度和耐久性。

1. 非荷载作用下的变形

(1) 化学收缩。在混凝土硬化过程中，胶凝材料水化反应后水化物的总体积比反应前物质的总体积小，从而引起混凝土的收缩，称为化学收缩。

特点：收缩值较小，无法恢复，收缩值随龄期的增长而增加，对混凝土结构没有破坏作用，但在混凝土内部可能产生微细裂缝而影响承载状态和耐久性。

(2) 碳化收缩。碳化收缩是指水泥水化产物氢氧化钙与空气中的二氧化碳发生反应生成碳酸钙而引起的混凝土体积收缩。碳化收缩的程度与空气中二氧化碳浓度、空气的相对湿度有关，当相对湿度为30%～50%时，收缩值最大。碳化收缩过程常伴随着干燥收缩，在混凝土表面产生拉应力，导致混凝土表面产生微细裂缝。

(3) 干湿变形。干湿变形是指由于混凝土周围环境湿度变化而引起的变形，主要表现为干缩湿胀。

① 产生原因。混凝土在干燥过程中，由于毛细孔中形成负压，随着空气湿度的降低，负压逐渐增大，产生收缩力，导致混凝土收缩。同时，水泥凝胶颗粒的吸附水也发生部分蒸发，凝胶体因失水而产生收缩。当混凝土在水中硬化时，体积产生轻微膨胀，这是由凝胶体中胶体粒子的吸附水膜增厚，胶体粒子间的距离增大所致。

② 影响因素。

a. 水泥的用量、细度及品种。水胶比不变，水泥用量越多，混凝土干缩率越大；水泥颗粒越细，混凝土干缩率越大。

b. 水胶比。水泥用量不变，水胶比越大，干缩率越大。

c. 施工质量。延长养护时间能延迟干缩变形的发生和发展，但影响甚微；采用湿热法处理养护混凝土，可有效减小混凝土的干缩率。

d. 骨料。骨料含量多的混凝土，干缩率较小。

③ 危害。混凝土的湿胀变形量很小，一般无破坏作用。但干缩变形对混凝土危害较大，干缩能使混凝土表面产生较大的拉应力而导致开裂，降低混凝土的抗渗、抗冻、抗侵蚀、耐久性能。

实际施工中，应严格控制集料的含泥量，加强保湿养护，尤其是混凝土凝结硬化初期的养护可以减少或控制混凝土干缩裂缝导致的混凝土技术性能的下降。

(4) 温度变形。温度变形是指混凝土随着温度的变化而产生的热胀冷缩变形。其温度膨胀变形系数为$(1～1.5)×10^{-5}$ mm/(m·℃)，即温度每升降1℃，1m长的混凝土胀缩0.01～0.015mm。

温度变形对大体积混凝土、纵长的混凝土结构、大面积混凝土工程极为不利。因为混凝土是热的不良导体，水泥水化初期产生的大量水化热难于散发，使大体积混凝土内外产生较大的温差，有时温差可达50～80℃，使混凝土产生内胀外缩现象。当外部混凝土所受的拉应力超过极限抗拉强度时便产生裂缝。

实际工程中,为了避免大体积混凝土产生裂缝,通常采用低热水泥,或减少水泥的使用量,或采用人工降温等措施,尽可能降低混凝土的发热量,减少混凝土的温度裂缝,确保混凝土的使用质量。

对于纵长的钢筋混凝土结构,应每隔一段距离设置一道伸缩缝,或采取在结构物中设置温度钢筋等措施减少温度变形。

2. 荷载作用下的变形

(1) 短期荷载作用下的变形。混凝土是一种由水泥、砂、石、游离水、气泡等组成的不匀质的多组分三相复合材料,为弹塑性体。其受力时既产生弹性变形,又产生塑性变形,其应力-应变关系呈曲线,如图 5-9 所示。

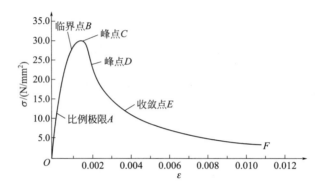

图 5-9　混凝土在压力作用下的应力-应变曲线

在 OA 段,应力-应变为线性关系,说明混凝土处于弹性工作阶段。

在 AB 段,应力-应变曲线弯曲,应变增长速度比应力增长快,说明混凝土逐渐呈现非弹性性质,塑性变形增大。

在 BC 段,混凝土塑性变形急剧增大,裂缝发展进入不稳定阶段,C 点达到峰值应力。

曲线 C 点以后,试件的承载力随应变的增加而降低,试件表面出现纵向裂缝,试件宏观上已经破坏,但由于集料间的咬合力及摩擦力,块体还能承受一定荷载。此时应力下降减缓,逐渐趋向于稳定的残余应力。

在应力-应变曲线上 OA 段任一点的应力(σ)与应变(ε)的比值,称为混凝土的弹性模量。影响弹性模量的因素主要有混凝土的强度、骨料的含量及其弹性模量以及养护条件等。

(2) 长期荷载作用下的变形(徐变)。徐变是指混凝土在长期恒载作用下,随着时间的延长,沿作用力方向发生的变形,即随时间而增长的变形。混凝土的徐变与作用时间的关系如图 5-10 所示。

① 徐变的特点。荷载初期,混凝土的徐变变形增长较快,然后逐渐变慢并稳定下来。卸载后,一部分变形瞬时恢复,其值小于在加载瞬间产生的瞬时变形,在卸载后的一段时间内变形还会继续恢复(称为徐变恢复),最后剩余的变形是不可恢复的变形,称作残余变形。

② 徐变对结构的影响。有利影响:可消除钢筋混凝土内的应力集中,使应力重新分配,从而使混凝土构件中局部应力得到缓和。对大体积混凝土则能消除一部分由于温度变形所产生的破坏应力。

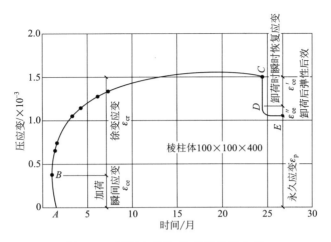

图 5-10　混凝土的徐变-时间关系曲线

不利影响：使钢筋的预加应力受到损失（预应力较小），使构件强度减小。

（3）影响徐变的因素。混凝土的徐变是在长期荷载作用下，水泥石中的胶凝体产生黏性流动，向毛细孔内迁移所致。影响混凝土徐变的因素主要有以下几个：

① 应力。应力是影响混凝土徐变的最主要因素，应力越大，徐变量越大。

② 水灰比及水泥用量。水泥用量和水灰比越小，徐变越小。

③ 骨料种类。所用骨料弹性模量越大，徐变越小。

④ 养护条件。养护温度越高、养护环境湿度越大、养护龄期越长，混凝土的徐变越小。

⑤ 加载龄期。加载龄期越长，徐变越小。

⑥ 水泥品种。用普通硅酸盐水泥制作的混凝土较矿渣硅酸盐水泥、火山灰质硅酸盐水泥的混凝土徐变量相对要大。

（三）混凝土的耐久性

混凝土在实际使用条件下抵抗各种破坏因素的作用，长期保持强度和外观完整性，维持混凝土结构的安全和正常使用的能力称为混凝土耐久性。

混凝土的耐久性主要包括抗冻性、抗渗性、抗侵蚀性、抗碳化性能、抗碱-集料反应等。

1. 抗冻性

混凝土的抗冻性是指混凝土在水饱和状态下，能抵抗冻融循环作用而不发生破坏，强度也不显著降低的性质。混凝土的抗冻性用抗冻等级表示。混凝土工程性质不同，其抗冻性的测定方法不同。

二维码 5-5

（1）慢冻试验法。建筑工程、水工、碾压及抗冻性要求较低的混凝土的抗冻性用慢冻试验法测定，以抗冻标号表示混凝土的抗冻性能。

慢冻试验法以标准养护 28 天龄期的混凝土标准试件，在饱和水状态下反复冻融循环，以抗压强度损失不超过 25%，且质量损失不超过 5% 时，所能承受的最大冻融循环次数来确定。《混凝土质量控制标准》（GB 50164—2011）规定：混凝土的抗冻等级划分为 D50、D100、D150、D200、大于 D200 五个等级，分别表示混凝土能承受冻融循环的最大次数不小于 50 次、100 次、150 次、200 次和 200 次以上。

（2）快冻试验法。对于铁路、水工、港工等行业使用的经常处于水中的混凝土及抗冻性要求较高的混凝土，采用快冻试验法测定其抗冻性，并用抗冻等级表示抗冻性能。

快冻试验法以标准养护 28 天龄期的混凝土标准试件,在饱和水状态下反复冻融循环,依据其弹性模量下降不超过 40%,且质量损失不超过 5% 时,所能承受的最大冻融循环次数来确定。《混凝土质量控制标准》(GB 50164—2011)规定了 F50、F100、F150、F200、F250、F300、F350、F400、大于 F400 九个等级。

密实的混凝土和具有闭口孔隙的混凝土抗冻性较高。在实际工程中,可采取以下方法提高混凝土的抗冻性:掺入引气剂、减水剂或防冻剂;减小水灰比;选择好的骨料级配;加强振捣和养护等。在寒冷地区,特别是潮湿环境下受冻的混凝土工程,其抗冻性是评定混凝土耐久性的重要指标。

2. 抗渗性

混凝土的抗渗性是指混凝土抵抗有压介质(如水、油、溶液等)渗透的能力。混凝土的抗渗性用抗渗等级表示。抗渗等级是以 28 天龄期的标准试件,按标准方法进行试验,以每组 6 个试件中 4 个未出现渗漏时的最大静水压力来表示。混凝土抗渗等级可分为 P4、P6、P8、P10、P12 和大于 P12 六个等级,分别表示混凝土能抵抗 0.4MPa、0.6MPa、0.8MPa、1.0MPa、1.2MPa 和 1.2MPa 以上的水压力而不发生渗透。

密实的混凝土和具有闭口孔隙的混凝土,抗渗性较高。在实际工程中,可采取以下方法提高混凝土的抗渗性:掺入引气剂或减水剂;合理选择水泥品种;减小水灰比;选择好的骨料级配;加强施工振捣和保湿养护等。

3. 抗侵蚀性

当混凝土所处环境中含有酸、碱、盐等侵蚀性介质时,混凝土便会遭受侵蚀。混凝土的抗侵蚀性与所用水泥品种、混凝土的密实度和孔隙特征等有关。结构密实和孔隙封闭的混凝土,环境水不易侵入,抗侵蚀性较强。

用于地下工程、海岸与海洋工程等恶劣环境中的混凝土对抗侵蚀性有着更高的要求。提高混凝土抗侵蚀性的主要措施是合理选择水泥品种,降低水胶比,提高混凝土密实度和改善孔结构。

4. 抗碳化性能

混凝土的碳化,是指在一定湿度条件下,混凝土中水泥的水化产物氢氧化钙与空气中的二氧化碳发生反应,生成碳酸钙和水的反应。当混凝土所处的环境中二氧化碳浓度高、环境湿度大时,可加快碳化腐蚀。

二维码 5-6

碳化这个过程由表及里逐渐向混凝土内部扩散,降低了混凝土的碱度,削弱了混凝土对钢筋的保护作用,易引起钢筋锈蚀;碳化还会增加混凝土的收缩,使混凝土表面产生拉应力而出现微细裂缝,从而降低混凝土的抗拉、抗折强度及抗渗能力。但碳化作用产生的碳酸钙填充了水泥石的孔隙,增加了混凝土的密实度,有利于提高混凝土的抗压强度。

在实际工程中,可采取以下方法提高混凝土的抗碳化能力:

① 在钢筋混凝土结构中采用适当的保护层,使碳化深度在建筑物设计年限内达不到钢筋表面;或者在混凝土表面涂刷保护层,防止二氧化碳侵入。

② 根据工程所处环境及使用条件,合理选择水泥品种,如使用碱度相对较大的掺混合材水泥,降低碳化速度。

③ 使用减水剂,降低水胶比,改善混凝土的和易性,提高混凝土的密实度。

④ 加强施工质量控制,加强养护,保证振捣质量,减少或避免混凝土出现蜂窝等质量事故。

5. 抗碱-集料反应

碱-集料反应是指水泥、外加剂等混凝土组成物及环境中的碱性氧化物(Na_2O、K_2O

等）与集料中的活性 SiO_2 在潮湿环境下缓慢发生的反应。碱-集料反应的特点是速度很慢，反应产物碱-硅酸凝胶 Na_2SiO_3，能从周围介质中吸收水分而产生 3 倍以上的体积膨胀，导致混凝土产生膨胀而开裂，严重影响混凝土的耐久性。

目前，碱-集料反应导致高速公路路面或大型桥梁墩台的开裂和破坏，这已引起世界各国的普遍关注。在实际工程中，采取以下方法可防止碱-集料反应：选用低碱水泥；选用非活性骨料；降低混凝土的单位水泥用量，以降低单位混凝土的含碱量；在混凝土中掺入火山灰质混合材料，以减小膨胀值；保证混凝土的密实度和重视建筑物排水，使混凝土处于干燥状态。

6. 提高混凝土耐久性的措施

混凝土所处环境条件不同，对耐久性的要求也不同。总的来说，混凝土的密实程度是影响混凝土耐久性的主要因素；其次是原材料的品质和施工质量等。提高混凝土耐久性的主要措施有：

（1）根据环境条件，合理选择水泥品种。

（2）严格控制其他原材料品质，使之符合规范。

（3）严格控制水灰比及水泥的用量。最大水灰比和最小水泥用量必须严格按现行国家标准《混凝土结构设计规范》[GB 50010—2010（2015 年版）] 的规定确定。

（4）控制集料的级配。尽量控制集料的级配为良好级配，使用合理砂率配制混凝土。

（5）掺入外加剂和高活性的矿物掺合料，提高混凝土的耐久性。

（6）精心进行混凝土配制与施工，加强施工振捣，加强养护。

职业技能训练

实训一　水泥混凝土拌合物的拌和与现场取样

一、实训目的

学习在常温环境中室内水泥混凝土拌合物的拌和与现场取样方法。

二、实训条件

（1）主要仪器和设备。

① 搅拌机：自由式或强制式。

② 振动台：标准振动台，符合《混凝土试验用振动台》的要求。

③ 磅秤：感量满足称量总量 1% 的磅秤。

④ 天平：感量满足称量总量 0.5% 的天平。

⑤ 其他：铁板、铁铲等。

（2）材料。

① 所有材料均应符合有关要求，拌和前材料应放置在温度 20℃±5℃ 的室内。

② 为防止粗集料的离析，可将集料按不同的粒径分开，使用时再按一定比例混合。试样从抽取至试验完毕过程中，不要风吹日晒，必要时应采取保护措施。

三、拌和步骤

（1）拌和时保持室温 20℃±5℃。

（2）拌合物的总量应比所需量高 20% 以上。拌制混凝土的材料用量应以质量计，称量的精确度：集料为 ±1%，水、水泥、掺合料和外加剂为 ±0.5%。

（3）粗集料、细集料均以干燥状态（含水量小于 0.5% 的细集料和含水量小于 0.2% 的粗集料）为基准，计算用水量时扣除粗集料、细集料的含水量。

（4）外加剂的加入。

① 对于不溶于水或难溶于水且不含潮解型盐类，应先和一部分水泥拌和，以保证充分分散。

② 对于不溶于水或难溶于水但含潮解型盐类，应先和细集料拌和。

③ 对于水溶性或液体，应先和水拌和。

④ 其他特殊外加剂，应遵守有关规定。

（5）拌制混凝土所用各种用具，如铁板、铁铲、抹刀，应预先用水润湿，使用完后必须清洗干净。

（6）使用搅拌机前，应先用少量砂浆进行涮膛，再刮出涮膛砂浆，以避免正式拌和混凝土时水泥砂浆黏附筒壁的损失。涮膛砂浆的水灰比及砂灰比，应与正式的混凝土配合比相同。

（7）用搅拌机拌和时，拌和量宜为搅拌机公称容量的 1/4～3/4 之间。

四、搅拌机搅拌

按规定称好原材料，往搅拌机内按顺序加入粗集料、细集料、水泥。启动搅拌机，将材料拌和均匀，在拌和过程中徐徐加水，全部加料时间不宜超过 2min，水全部加入后，继续拌和约 2min，而后将拌合物倾出在铁板上，再经人工翻拌 1～2min，务必使拌合物均匀一致。

（1）人工拌和。采用人工拌和时，先用湿布将铁板、铁铲润湿，再将称好的砂和水泥在铁板上拌匀，加入粗集料，再混合搅拌均匀。而后将此拌合物堆成长堆，中心扒成长槽，将称好的水倒入约一半，将其与拌合物仔细拌匀，再将材料堆成长堆，扒成长槽，倒入剩余的水，继续进行拌和，来回翻拌至少 6 遍。

（2）从试样制备完毕到开始做各项性能试验不宜超过 5min（不包括成型试件）。

五、现场取样

（1）新混凝土现场取样：凡由搅拌机、料斗、运输小车以及浇制的构件中采取新拌混凝土代表性样品时，均须从 3 处以上的不同部位抽取大致相同分量的代表性样品（不要抽取已经离析的混凝土），集中用铁铲翻拌均匀，然后立即进行拌合物的试验。拌合物取样量应多于试验所需量的 1.5 倍，其体积不小于 20L。

（2）为使取样具有代表性，宜采用多次采样的方法，最后集中用铁铲翻拌均匀。

（3）从第 1 次取样到最后 1 次取样不宜超过 15min。取回的混凝土拌合物应经过人工再次翻拌均匀，然后进行试验。

实训二　混凝土拌合物和易性的检测

一、实训目的

通过测定拌合物的流动性，观察其黏聚性和保水性，综合评定混凝土的和易性，作为调整配合比和控制混凝土质量的依据。

二、实训内容

混凝土拌合物和易性试验（拌合物坍落度法试验）。

三、实训原理、方法和手段

和易性是混凝土在凝结硬化前必须具备的性能，是指混凝土拌合物易于施工操作（拌和、运输、浇灌、捣实）并能获得质量均匀、成型密实的性能。和易性是一项综合的技术性质，包括有流动性、黏聚性和保水性三方面的含义。通过测量混凝土拌合物的流动性，观察其黏聚性和保水性，综合评定混凝土拌合物的和易性是否满足要求，作为调整配

二维码 5-7

合比和控制混凝土质量的依据。

四、实训组织运行要求

以学生自主训练为主的开放模式组织教学。

五、实训条件

主要仪器设备。

(1) 磅秤：称量50kg，感量50g。

(2) 天平：称量5kg，感量1g。

(3) 拌板（1.5m×2.0m左右）、量筒（200mL、1000mL）、拌铲、盛器、抹布等。

(4) 标准坍落度筒：金属制圆锥体形，底部内径200mm，顶部内径100mm，高300mm，壁厚大于或等于1.5mm（图5-11）。

(5) 弹头形捣棒：$\phi 16 \times 600$mm（图4-1）。

(6) 装料漏斗：与坍落度筒配套。

(7) 直尺、抹刀、小铲等。

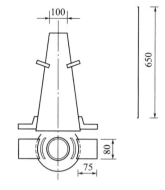

图5-11 坍落度筒及捣棒（单位：mm）

六、实训步骤

1. 测定步骤

(1) 用湿布将拌板、拌铲等搅拌工具、坍落度筒擦净并润湿，置于适当的位置，按砂、水泥、石子、水的投放顺序，先把砂和水泥在拌板上干拌均匀（用铲在拌板一端均匀翻拌至另一端，再从另一端又均匀翻拌回来，如此重复）。再加石子干拌成均匀的干混合物。

(2) 将干混合物堆成堆，其中间做一凹槽，将已称好的水倒入一半左右于凹槽内（不能让水流淌掉），仔细翻拌、铲切，并徐徐加入另一半剩余的水，继续翻拌、铲切，直至拌和均匀。从加水到搅拌均匀的时间控制参考值：拌合物体积为30L以下时为4~5min；拌合物体积为30~50L时为5~9min；拌合物体积为50~75L时为9~12min。

(3) 将润湿后的坍落度筒放在不吸水的刚性水平底板上，然后用脚踩住两边的脚踏板，使坍落度筒在装料时保持位置固定。

(4) 将已拌匀的混凝土试样用小铲分层装入筒内，数量控制在经插捣后层厚为筒高的1/3左右。每层用捣棒插捣25次。插捣应沿螺旋方向由外向中心进行，各个插捣点在截面上均匀分布；插捣筒边混凝土时，捣棒可以稍稍倾斜；插捣底层时，捣棒应贯穿整个深度；插捣第二层和顶层时，捣棒应插透本层至下一层的表面以下。

插捣顶层前，应将混凝土灌满高出坍落度筒，如果插捣使拌合物沉落到低于筒口，应随时添加使之高于坍落度筒顶。插捣完毕，用捣棒将筒顶搓平，刮去多余的混凝土。

(5) 清理筒周围的散落物，小心地垂直提起坍落度筒，特别注意平稳，不让混凝土实体受到碰撞或震动，筒体的提离过程应在5~10s内完成。从开始装料于筒内到提起坍落度筒的操作不得间断，并应在150s内完成。

将筒安放在拌合物实体一侧（注意整个操作基面要保持同一水平面），立即测量筒顶与坍落后拌合物实体最高点之间的高度差，即为该混凝土拌合物的坍落度值。

(6) 保水性目测。坍落度筒提起后，如有较多稀浆从底部析出，实体则因失浆使骨料外露，表示该混凝土拌合物保水性能不好。若无此现象，或仅只少量稀浆自底部析出，而锥体部分混凝土实体含浆饱满，则表示保水性良好，并作记录。

(7) 黏聚性目测。用捣棒在已坍落的混凝土锥体一侧轻轻敲打，锥体渐渐下沉表示黏聚性良好；反之，锥体突然倒塌，部分崩裂或发生石子离析，表示黏聚性不好，并作记录。

(8) 和易性调整。按计算备料的同时，另外还需备好两份为调整坍落度所需的材料量，该量应是计算实拌材料用量的5%或10%。

当测得的坍落度小于施工要求的坍落度时，可在保持水灰比不变的同时，增加5%或10%的水泥、水的用量；若测得的坍落度大于施工要求的坍落度值，可在保持砂率不变的同时，增加5%或10%（或更多）的砂、石用量；若黏聚性或保水性不好，则需适当调整砂率，并尽快拌和均匀，重新测定，直到和易性符合要求为止。

2. 测定结果

（1）混凝土拌合物和易性评定，应按试验测定值和试验目测情况综合评议。其中坍落度至少要测定两次，并以两次测定值之差不大于20mm的测定值，求算术平均值，将其作为本次试验的测定结果（精确至5mm）。

（2）记录下调整前后拌合物的坍落度、保水性、黏聚性以及各材料实际用量，并以和易性符合要求后的各材料用量为依据，对混凝土配合比进行调整，求基准配合比。

（3）所测拌合物坍落度值若小于10mm，说明该拌合物稠度过干，宜采用其他方法测定。

注意：①若采用机械搅拌，应备有搅拌机（容量75~100L，转速18~22r/min），一次拌和量应不小于搅拌机额定搅拌量的1/4。使用前，先用同一配合比的少量水泥砂浆搅拌一次，倒出水泥砂浆，再按石子、砂、水泥、水的投料顺序，倒入石子，加砂和水泥在机内干拌约1min，再徐徐倒入水搅拌约2min。② 当坍落度筒提起后，若发现拌合物崩坍或一边剪坏，应立即重新拌和，重复实验测定，第二次实验又出现上述现象，则表示该混凝土拌合物和易性不好，应予记录备查。

实训三　混凝土拌合物表观密度检测

一、实训目的

测定拌合物捣实后单位体积的质量，作为调整混凝土配合比的依据。

二、实训内容

混凝土拌合物表观密度测定。

三、实训原理、方法和手段

混凝土拌合物的表观密度是拌合物捣实后单位体积的质量，是混凝土的重要指标之一。拌制每立方米混凝土所需各种材料用量，需根据表观密度计算。

四、实训组织运行要求

以学生自主训练为主的开放模式组织教学。

五、实训条件

1. 主要仪器设备

（1）试样筒。试样筒为刚性金属圆筒，两侧装有把手，筒壁坚固且不漏水。对于集料公称最大粒径不大于31.5mm的拌合物采用5L的试样筒，其内径与内高均为186mm±2mm，壁厚为3mm；对于集料公称最大粒径大于31.5mm的拌合物所采用的试样筒，其内径与内高均应大于集料公称最大粒径的4倍。

（2）捣棒：符合T 0522—2005的规定。

（3）磅秤：量程100kg，感量为50g。

（4）振动台：应符合T 0521—2005的规定。

（5）其他：金属直尺、镘刀、玻璃板等。

2. 试件制备

从满足混凝土和易性要求的拌合物中取样，及时连续试验。

六、实训步骤

(1) 试验前用湿布将试样筒内擦拭干净,称出质量(m_1),精确至50g。

(2) 当坍落度小于70mm时,宜用人工捣固。

对于5L试样筒,可将混凝土拌合物分两层装入,每层插捣次数为25次。

对于大于5L的试样筒,每层混凝土高度不应大于100mm,每层插捣次数按每10000mm^{2}截面不小于12次计算。用捣棒从边缘到中心螺旋线均匀插捣。插捣应垂直压下,不得冲击,捣底层时应至筒底,捣上层时,须插入其下一层约20~30mm。每插捣完一层,应在筒外壁拍打5~10次,直至拌合物表面不出现气泡为止。

(3) 当坍落度小于70mm时,宜用振动台振实,应将试样筒在振动台上夹紧,一次将拌合物装满试样筒,立即开始振动,振动过程中如混凝土低于筒口,应随时添加混凝土,振动直至拌合物表面出现水泥浆为止。

(4) 用金属直尺齐筒口刮去多余的混凝土,用镘刀抹平表面,并用玻璃板检验,然后擦净试样筒外部并称其质量(m_2),精确至50g。

七、试验结果计算

按下式计算拌合物表观密度ρ_h:

$$\rho_h = \frac{m_2 - m_1}{V} \times 1000$$

式中 ρ_h——拌合物表观密度,kg/m^3;

m_1——试样筒质量,kg;

m_2——捣实或振实后混凝土和试样筒总质量,kg;

V——试样筒容积,L。

以两次试验结果的算术平均值作为测定值,精确到10kg/m^3,试样不得重复使用。

注意:应经常校正试样筒容积,将干净的试样筒和玻璃板合并称其质量,再将试样筒加满水,盖上玻璃板,勿使筒内存有气泡,擦干外部水分,称出水的质量,即为试样筒容积。

实训四 混凝土立方体抗压强度检测

一、实训目的

测定混凝土立方体抗压强度,作为确定混凝土强度等级和调整配合比的依据。

二、实训内容

混凝土立方体抗压强度试验。

三、实训原理、方法和手段

混凝土抗压强度是以边长150mm立方体试件为标准试件,标准养护28天,测定的抗压强度。测定混凝土抗压强度的目的是检验混凝土的抗压强度是否满足设计要求。

二维码5-8

四、实训组织运行要求

以学生自主训练为主的开放模式组织教学。

五、实训条件

主要仪器设备如下:

(1) 压力实验机或万能实验机。其测量精度为±1%,实验时由试件最大荷载选择压力机量程,使试件破坏时的荷载位于全量程的20%~80%范围以内。

(2) 钢垫板。平面尺寸不小于试件的承压面积,厚度应不小于25mm,承压面的平面度公差为0.04mm,表面硬度不小于55HRC,硬化层厚度约为5mm。

(3) 实模。由铸铁或钢制成的立方体,试件尺寸根据混凝土中骨料最大粒径选用(表 5-32)。

表 5-32 试件尺寸选用表

试件横截面尺寸/(mm×mm)	骨料最大粒径/mm
100×100	31.5
150×150	40
200×200	63

(4) 标准养护室:温度 (20±2)℃、相对湿度大于 95%。
(5) 振动台频率 (50±3)Hz,空载振幅 0.5mm。
(6) 捣棒、小铁铲、金属直尺、镘刀等。

六、实训步骤

1. 试件制备

(1) 按表 5-32 选择同规格的实模 2 只组成一组。将实模拧紧螺栓并清刷干净,内壁涂一薄层矿物油,编号待用。

(2) 试模内装的混凝土应是同一次拌和的拌合物。坍落度小于或等于 70mm 的混凝土,试件成型宜采用振动台振实;坍落度大于 70mm 的混凝土,试件成型宜采用捣棒人工捣实。

a. 振动台成型试件。将拌合物一次装入试模并稍高出模表面 1~2mm,用镘刀沿实模内壁略加插捣后,移至振动台上,启动振动台,振动至表面呈现水泥浆为止,刮去多余拌合物并用镘刀沿模口抹平。

b. 人工捣实成型试件。将拌合物分两层装入试模,每层厚度大致相等。插捣按螺旋方向从边缘向中心均匀进行。插捣底层时,捣棒应贯穿整个深度,插捣上层时,捣棒应插入下层深度 20~30mm。插捣时捣棒应保持垂直不得倾斜,并用抹刀沿实模内壁插入数次,以防止试件产生麻面。每层插捣次数在 $1000mm^2$ 截面积内不得少于 12 次。然后刮去多余拌合物,并用镘刀抹平。

c. 成型后的试件应覆盖,防止水分蒸发,并在室温 (20±5)℃环境中静置 1~2 昼夜(不得超过两昼夜),拆模编号。

d. 拆模后的试件立即放在标准养护室内养护。实件在养护室内置于架上,试件间距离应保持 10~20mm,并避免用水直接冲刷。

注意:①当缺乏标准养护室时,混凝土试件允许在温度为(20±2)℃不流动的 $Ca(OH)_2$ 饱和溶液中养护;②同条件养护的混凝土实样,拆模时间应与实际构件相同,拆模后也应放置在该构件附近,与构件同条件养护。

2. 测定步骤

试件从养护地点取出后,应尽快进行试验,以免试件内部的温湿度发生显著变化。

(1) 将试件擦拭干净,测量尺寸,并检查外观。试件尺寸测量精确至 1mm,据此计算试件的承压面积。如实测尺寸与公称尺寸之差不超过 1mm,可按公称尺寸进行计算。

(2) 试件承压面的不平度应为每 100mm 长不超过 0.05m,承压面与相邻面的不垂直度不应超过±0.5mm。

(3) 将试件安放在实验机的下压板上,试件的承压面应与成型时的顶面垂直。试件的中心应与实验机下压板中心对准。

(4) 启动实验机,当上压板与试件接近时,调整球座,使接触均衡。

(5) 应连续而均匀地加荷,预计混凝土强度等级小于 C30 时,加荷速度每秒 0.3~0.5MPa;混凝土强度等级大于或等于 C30 且小于 C60 时,加荷速度每秒 0.5~0.8MPa;混凝土强度等级大于或等于C60时，加荷速度每秒0.8~1.0MPa。当试件接近破坏而开始迅速变形时，停止调整实验机油门，直至试件破坏，然后记录破坏荷载。

3. 测定结果

试件的抗压强度f_{cu}按下式计算（精确至0.1MPa），即

$$f_{cu}=\frac{P}{A}$$

式中　P——破坏载荷，N；

　　　A——实件承压面积，mm^2。

一组试件的立方体抗压强度代表值，取3个试件测定值的算术平均值。如果3个测定值中的最大值或最小值中有一个与中间值的差值超过中间值的15%，则把最大值和最小值一并舍去，取中间值作为该组试件的抗压强度代表值；如果最大值和最小值与中间值的差值均超过15%，则该组试验结果无效。

抗压强度试验的标准立方体尺寸为150mm×150mm×150mm，用其他尺寸试件测得的抗压强度值均应乘以相应的换算系数（见表5-33）。当混凝土强度等级大于或等于C60时，宜采用标准试件；使用非标准试件时，尺寸换算系数由试验确定。

表5-33　试件尺寸及其强度折算系数

试件边长/mm	强度折算系数
100	0.95
150	1
200	1.05

任务三　普通混凝土的配合比设计

混凝土的配合比，即组成混凝土的各种材料间的质量之比。配合比设计就是通过计算、试验等方法和步骤确定混凝土中各种组分间用量比例的过程。

一、配合比及其表示方法

混凝土配合比常用的表示方法有两种：单位用量表示法和相对用量表示法。

（1）单位用量表示法：以每立方米混凝土中各种材料的质量（kg）表示，如水泥340kg、水180kg、砂710kg、石子1200kg。

（2）相对用量表示法：以水泥的质量为1，其他材料的用量与水泥相比较，并按水泥：细集料：粗集料：水的顺序排列表示，将上例换算成质量比为：

水泥：砂：石子：水=1：2.09：3.53：0.53

配合比设计的目的就是科学地确定混凝土各组成成分的质量比，使混凝土在满足工程所要求的各项技术指标的条件下，尽量节约水泥。

二、配合比设计要求

（1）满足混凝土施工所要求的和易性。配合比要满足混凝土拌合物的稠度、表观密度、含气量、凝结时间等性能要求。

（2）满足混凝土结构设计所要求的强度等级。配合比应满足结构设计或施工进度中混凝土抗压强度的要求。

（3）满足工程所处环境对混凝土耐久性的要求。配合比应满足混凝土硬化后的收缩和徐变等长期性能和抗冻性、抗渗性等耐久性的要求。

（4）满足经济性的要求。在满足上述3方面技术要求的前提下，应合理使用原材料，节约水泥，降低成本。

三、配合比设计步骤

（一）混凝土配合比设计的基本资料

（1）了解工程设计要求的混凝土强度等级，以便确定混凝土配制强度。

（2）了解工程所处环境对混凝土耐久性的要求，以便确定所配制的混凝土的适宜水泥品种、最大水胶比和最小水泥用量。

（3）了解结构或构件的形状、尺寸及钢筋配置情况，以便确定混凝土粗骨料的最大粒径。

（4）掌握原材料的性能指标，包括水泥的品种、强度等级、密度；砂、石、骨料的种类、表观密度、级配、最大粒径；拌和用水的水质情况；外加剂的品种、性能、适宜掺量。

（5）了解混凝土施工条件及施工水平。其中，包括搅拌和振捣方式、要求的坍落度、施工单位的施工及管理水平等资料，以便选择混凝土拌合物的坍落度及骨料的最大粒径。

（二）混凝土配合比设计的三个重要参数

水胶比（W/B）、砂率（β_s）和单位用水量（m_{w0}）是混凝土配合比设计的三个基本参数。混凝土配合比设计，实质上就是合理地确定水泥、水、砂与石子这四种基本组成材料之间的三个比例关系。

1. 三个参数

（1）水胶比（W/B）　要得到适宜的水泥浆，就必须合理地确定水和水泥用量的质量比，即水胶比。在组成材料一定的情况下，水胶比对混凝土的强度和耐久性起关键作用。

（2）砂率（β_s）　要使砂、石在混凝土中组成密实的骨架，就必须合理地确定砂和石子的比例关系，即砂率（$\beta_s = \dfrac{m_{s0}}{m_{g0} + m_{s0}}$）。砂率对混凝土拌合物的和易性，特别是黏聚性和保水性有很大影响。

（3）单位用水量（m_{w0}）　单位用水量是指水泥净浆与集料之间的对比关系，用1m³混凝土的用水量来表示。在水胶比一定的情况下，单位用水量反映了水泥浆与骨料之间的组成关系，是控制混凝土流动性的主要因素。

2. 参数的确定原则

三个参数的确定原则如图5-12所示。

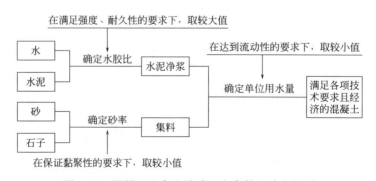

图5-12　混凝土配合比设计三个参数的确定原则

（三）混凝土配合比设计方法与步骤

混凝土配合比设计应根据所使用原材料的实际品种，经过计算、试配和调整三个阶段，得出合理的配合比。混凝土配合比设计共分四个步骤，共需确定四个配合比。

（1）按照原材料和混凝土的技术要求，计算出初步配合比；

（2）按照初步配合比，拌制混凝土并测定和调整和易性，得到满足和易性要求的试拌配合比；

（3）在试拌配合比的基础上，成型混凝土试件，养护至规定的龄期后测定强度，确定满足设计和施工强度要求的实验室配合比；

（4）根据现场砂石实际含水情况，换算各材料用量比，确定施工配合比。

1. 初步配合比的计算

根据《普通混凝土配合比设计规程》（JGJ 55—2011）的规定，初步配合比按以下步骤和方法确定。

（1）混凝土配制强度的确定。

① 当混凝土的设计强度等级小于 C60 时，配制强度 $f_{cu,0}$ 按式（5-8）确定。

$$f_{cu,0} \geq f_{cu,k} + 1.645\sigma \tag{5-8}$$

式中　$f_{cu,0}$——混凝土配制强度，MPa；

　　　$f_{cu,k}$——混凝土立方体抗压强度标准值，这里取混凝土的设计强度等级值，MPa；

　　　σ——混凝土强度标准差，MPa。

② 当混凝土的设计强度等级不小于 C60 时，配制强度按式（5-9）确定。

$$f_{cu,0} \geq 1.15 f_{cu,k} \tag{5-9}$$

③ 强度标准差（σ）的确定。

当生产或施工单位具有近期（1~3 个月）的同一品种、同一强度等级混凝土的强度资料，且强度试件组数不小于 30 组时，标准差 σ 可按式（5-10）计算。

$$\sigma = \sqrt{\frac{\sum_{i=1}^{n} f_{cu,i}^2 - n m_{f_{cu}}^2}{n-1}} \tag{5-10}$$

式中　σ——混凝土强度标准差；

　　　$f_{cu,i}$——第 i 组的试件强度，MPa；

　　　$m_{f_{cu}}$——n 组试件的强度平均值，MPa；

　　　n——试件组数。

对于强度等级不大于 C30 的混凝土，当混凝土强度标准差计算值 σ 不小于 3.0MPa 时，应按式（5-10）计算结果取值；当混凝土强度标准差计算值 $\sigma < 3.0$MPa 时，应取 $\sigma = 3.0$MPa。

对于强度等级大于 C30 且小于 C60 的混凝土，当混凝土强度标准差计算值 σ 不小于 4.0MPa 时，应按式（5-10）计算结果取值；当混凝土强度标准差计算值 $\sigma < 4.0$MPa 时，应取 $\sigma = 4.0$MPa。

当没有近期的同一品种、同一强度等级混凝土强度资料时，其强度标准差 σ 可按表 5-34 取值。

表 5-34　混凝土强度标准差 σ 值

强度等级	<C20	C20~C35	≥C35
标准差 σ/MPa	4.0	5.0	6.0

(2) 水胶比的确定。

① 计算水胶比。当混凝土的强度等级小于 C60 时，水胶比按式（5-11）计算。

$$\frac{W}{B} = \frac{\alpha_a f_b}{f_{cu,0} + \alpha_a \alpha_b f_b} \tag{5-11}$$

式中 W/B——混凝土水胶比；

α_a, α_b——回归系数，其值应根据工程所用的原料，通过试验由建立的水胶比与混凝土强度关系式确定；当不具备上述试验统计资料时，可取碎石混凝土 $\alpha_a = 0.53$，$\alpha_b = 0.20$；卵石混凝土 $\alpha_a = 0.49$，$\alpha_b = 0.13$；

f_b——胶凝材料 28d 胶砂抗压强度，MPa。

f_b 可实测，且试验方法应按现行国家标准《水泥胶砂强度检验方法（ISO法）》（GB/T 17671—2021）执行；无实测值时，可按式（5-12）计算。

$$f_b = \gamma_f \gamma_s f_{ce} \tag{5-12}$$

式中 γ_f, γ_s——分别为粉煤灰影响系数和粒化高炉矿渣粉影响系数；

f_{ce}——水泥 28d 胶砂抗压强度试验测定值，MPa。

当水泥 28d 胶砂强度 f_{ce} 无实测值时，按式（5-13）计算。

$$f_{ce} = \gamma_c f_{ce,g} \tag{5-13}$$

式中 $f_{ce,g}$——水泥强度等级标准值，MPa；

γ_c——水泥强度等级值的富余系数，可按实际统计资料确定，当缺乏实际统计资料时，也可按表 5-35 选用。

表 5-35 水泥强度等级值的富余系数

水泥强度等级值/MPa	32.5	42.5	52.5
富余系数(γ_c)	1.12	1.16	1.10

② 耐久性复核。为了使混凝土耐久性符合要求，按强度要求计算的水胶比不得超过规定的最大水胶比，否则混凝土耐久性不合格，此时取规定的最大水胶比作为混凝土的水胶比。

(3) 计算用水量和外加剂用量。

① 用水量的确定。

a. 干硬性或塑性混凝土的用水量。当混凝土的水胶比在 0.40～0.80 时，干硬性混凝土用水量按表 5-36 选取；塑性混凝土的用水量按表 5-37 选取。

表 5-36 干硬性混凝土用水量　　单位：kg/m³

拌合物稠度		卵石最大公称粒径/mm			碎石最大公称粒径/mm		
		10.0	20.0	40.0	16.0	20.0	40.0
维勃稠度/s	16～20	175	160	145	180	170	155
	11～15	180	165	150	185	175	160
	5～10	185	170	155	190	180	165

表 5-37　塑性混凝土用水量　　　　　　　　　　单位:kg/m³

拌合物稠度		卵石最大公称粒径/mm				碎石最大公称粒径/mm			
		10.0	20.0	31.5	40.0	16.0	20.0	31.5	40.0
坍落度/mm	10～30	190	170	160	150	200	185	175	165
	35～50	200	180	170	160	210	195	185	175
	55～70	210	190	180	170	220	205	195	185
	75～90	215	195	185	175	230	215	205	195

当混凝土的水胶比小于 0.40 时，每立方米混凝土用水量应通过试验确定。

b. 流动性和大流动性混凝土的用水量。掺外加剂时，每立方米流动性和大流动性混凝土的用水量 m_{w0} 按式（5-14）计算。

$$m_{w0} = m'_{w0}(1-\beta) \tag{5-14}$$

式中　m_{w0}——计算配合比中每立方米混凝土的用水量，kg/m³；

m'_{w0}——未掺外加剂时推定的满足坍落度要求的每立方米混凝土的用水量，kg/m³；

β——减水剂的减水率，经混凝土试验确定，%。

② 外加剂用量的确定。每立方米混凝土中外加剂用量（m_{a0}）按式（5-15）计算。

$$m_{a0} = m_{b0}\beta_a \tag{5-15}$$

式中　m_{a0}——计算配合比中每立方米混凝土的外加剂用量，kg/m³；

m_{b0}——计算配合比中每立方米混凝土的胶凝材料用量，kg/m³；

β_a——外加剂掺量，应经混凝土试验确定，%。

（4）确定胶凝材料、矿物掺合料和水泥用量。

① 胶凝材料用量的确定。每立方米混凝土的胶凝材料用量（m_{b0}）应按式（5-16）计算，并应进行试拌调整，在满足拌合物性能的情况下，取经济合理的胶凝材料用量。

$$m_{b0} = \frac{m_{w0}}{W/B} \tag{5-16}$$

式中　m_{b0}——计算配合比每立方米混凝土中胶凝材料用量，kg/m³；

m_{w0}——计算配合比每立方米混凝土的用水量，kg/m³；

W/B——混凝土水胶比。

② 掺合料用量的确定。每立方米混凝土的矿物掺合料用量 m_{f0} 按式（5-17）计算。

$$m_{f0} = m_{b0}\beta_f \tag{5-17}$$

式中　m_{f0}——计算配合比每立方米混凝土的矿物掺合料用量，kg/m³；

β_f——为矿物掺合料掺量，应通过试验确定，%。

③ 水泥用量的确定。每立方米混凝土的水泥用量 m_{c0} 按式（5-18）计算。

$$m_{c0} = m_{b0} - m_{f0} \tag{5-18}$$

式中　m_{c0}——计算配合比每立方米混凝土的水泥用量，kg/m³。

（5）确定砂率。砂率应根据骨料的技术指标、混凝土拌合物性能和施工要求，参考既有历史资料确定；当缺乏砂率的历史资料时，混凝土砂率的确定应符合下列规定：

① 坍落度小于 10mm 的混凝土，其砂率应经试验确定。

② 坍落度为 10～60mm 的混凝土，其砂率可根据粗骨料品种、最大公称粒径及水胶比

按表 5-38 选取。

③ 坍落度大于 60mm 的混凝土，其砂率可经试验确定，也可在表 5-38 的基础上，按坍落度每增大 20mm、砂率增大 1% 的幅度予以调整。

表 5-38 混凝土的砂率   单位：%

水胶比	卵石最大公称粒径/mm			碎石最大公称粒径/mm		
	10.0	20.0	40.0	16.0	20.0	40.0
0.40	26～32	25～31	24～30	30～35	29～34	27～32
0.50	30～35	29～34	28～33	33～38	32～37	30～35
0.60	33～38	32～37	31～36	36～41	35～40	33～38
0.70	36～41	35～40	34～39	39～44	38～43	36～41

（6）确定粗、细骨料用量。

① 质量法。质量法又称假定体积密度法。假定每立方米混凝土拌合物的质量为 m_{cp}，粗、细骨料用量应按式（5-19）计算；砂率按式（5-20）计算。

$$m_{f0} + m_{c0} + m_{g0} + m_{s0} + m_{w0} = m_{cp} \tag{5-19}$$

$$\beta_s = \frac{m_{s0}}{m_{g0} + m_{s0}} \times 100\% \tag{5-20}$$

式中　m_{g0}——计算配合比每立方米混凝土的粗骨料用量，kg/m^3；

　　　m_{s0}——计算配合比每立方米混凝土的细骨料用量，kg/m^3；

　　　β_s——砂率，%；

　　　m_{cp}——每立方米混凝土拌合物的假定质量，可取 2350～2350kg/m^3，kg/m^3。

② 体积法。体积法又称绝对体积法，假定混凝土拌合物的体积等于各项组成材料绝对体积和混凝土拌合物中所含空气体积之和。

采用体积法计算混凝土配合比时，砂率按式（5-20）计算；粗、细骨料用量应按式（5-21）计算。

$$\frac{m_{c0}}{\rho_c} + \frac{m_{f0}}{\rho_f} + \frac{m_{g0}}{\rho_g} + \frac{m_{s0}}{\rho_s} + \frac{m_{w0}}{\rho_w} + 0.01\alpha = 1 \tag{5-21}$$

式中　ρ_c——水泥密度，可按现行国家标准《水泥密度测定方法》（GB/T 208—2014）测定，也可取 2900～3100kg/m^3，kg/m^3；

　　　ρ_f——矿物掺合料密度，可按现行国家标准《水泥密度测定方法》（GB/T 208—2014）测定，kg/m^3；

　　　ρ_g——粗骨料的表观密度，应按现行行业标准《普通混凝用砂、石质量及检验方法标准》（JGJ 52—2006）测定，kg/m^3；

　　　ρ_s——细骨料的表观密度，应按现行行业标准《普通混凝用砂、石质量及检验方法标准》（JGJ 52—2006）测定，kg/m^3；

　　　ρ_w——水的密度，可取 1000kg/m^3，kg/m^3；

　　　α——混凝土的含气量百分数，在不使用引气剂或引气型外加剂时，α 可取 1。

（7）得出初步配合比。通过以上计算，得出每立方米混凝土中各项组成材料的质量，进一步计算即可得到混凝土的初步配合比。

$$m_{c0} : m_{s0} : m_{g0} = 1 : \frac{m_{s0}}{m_{c0}} : \frac{m_{g0}}{m_{c0}} \tag{5-22}$$

$$\frac{W}{B} = \frac{m_{w0}}{m_{c0}} \tag{5-23}$$

2. 试拌配合比的确定

试拌配合比是和易性满足设计要求的各项组成材料间的质量之比。

由于在计算初步配合比的过程中,使用了一些经验公式和经验数据,所以按初步配合比的计算结果拌制的混凝土,其和易性不一定能够完全符合施工要求。因此,确定基准配合比的基本思路是先按照初步配合比拌制一定量的混凝土,然后检验其和易性,必要时进行和易性调整,直至和易性满足设计要求时,各种材料的用量比即为试拌配合比。

二维码 5-10

(1) 试配混凝土拌合物。按计算的初步配合比试配混凝土拌合物,设备及工艺、原材料、最小搅拌量等应按《普通混凝土配合比设计规程》(JGJ 55—2011)和《普通混凝土拌合物性能试验方法标准》(GB/T 50080—2016)的规定选用,具体应满足表 5-39 的有关要求。

表 5-39 混凝土拌合物的试配要求

序号	项目	要求		备注
1	设备及工艺	采用强制式搅拌机,搅拌方法与施工时相同		① 搅拌设备应符合《混凝土试验用搅拌机》(JG 244—2009)的规定。 ② 搅拌量不应小于搅拌机公称容量的 1/4,且不应大于搅拌机的公称容量
2	原材料	采用工程中实际使用的原材料		
3	试配最小搅拌量	粗集料最大公称直径/mm	拌合物最小搅拌量/L	
		≤31.5	20	
		40	25	

(2) 和易性的检验与调整。混凝土搅拌均匀后即要检测拌合物的和易性。根据流动性、黏聚性和保水性的测评结果,综合判断和易性是否满足要求。当试拌出的拌合物坍落度(或维勃稠度)不能满足要求,或黏聚性和保水性不好时,应在保证水胶比不变的条件下相应调整用水量或砂率,重新配制混凝土并再次测定流动性,直到流动性、黏聚性和保水性均符合要求为止。然后计算得出混凝土强度试验的试拌配合比。

(3) 试拌配合比的计算。

① 计算调整至和易性满足要求后拌合物的总重=$C_{拌}+S_{拌}+G_{拌}+W_{拌}$。

② 测定和易性满足设计要求的拌合物的实际表观密度 ρ_{ct} (kg/m³)。

③ 按式 (5-24) 计算混凝土的基准配合比,以 1m³ 混凝土各材料用量计。

$$\left. \begin{array}{l} C_{基} = \dfrac{C_{拌}}{C_{拌}+S_{拌}+G_{拌}+W_{拌}} \rho_{ct} \\[6pt] S_{基} = \dfrac{S_{拌}}{C_{拌}+S_{拌}+G_{拌}+W_{拌}} \rho_{ct} \\[6pt] G_{基} = \dfrac{G_{拌}}{C_{拌}+S_{拌}+G_{拌}+W_{拌}} \rho_{ct} \\[6pt] W_{基} = \dfrac{W_{拌}}{C_{拌}+S_{拌}+G_{拌}+W_{拌}} \rho_{ct} \end{array} \right\} \tag{5-24}$$

则试拌配合比为 $1 : \dfrac{S_{基}}{G_{基}} : \dfrac{G_{基}}{C_{基}} : \dfrac{W_{基}}{C_{基}}$,其中 C 表示水泥,S 表示细骨料,G 表示粗骨

料，W 表示水。

3. 实验室配合比的确定

实验室配合比是同时满足和易性和强度要求的混凝土各组成材料用量之比。

按照试拌配合比拌制的混凝土，其和易性一定会满足设计和施工要求，但其硬化后的强度能否满足设计要求，还需要进一步检验和调整。因此，需要按照基准配合比拌制混凝土、制作标准试块，标准养护至规定的龄期后，测定混凝土试块的强度。若强度合格，则试拌配合比即为实验室配合比；若不合格则须进行配合比调整，直至强度满足要求，得到的混凝土各组成材料的质量之比即为混凝土的实验室配合比。

（1）制作标准试块。一般采用三个不同的配合比，分别制作三组混凝土标准试块（每组三块），其中一个为试拌配合比，另外两个配合比的水胶比宜较试拌配合比分别增加及减少 0.05，其用水量应与试拌配合比相同，砂率可分别增加和减少 1%。每组试块混凝土拌合物的性能应符合设计和施工要求，并按标准养护到 28d 时试压。

（2）测定强度，确定水胶比。将三组试块置于标准条件下养护到 28d 龄期或达到设计规定的龄期，分别测定每组试块的抗压强度。根据混凝土抗压强度试验结果，绘制强度和胶水比的线性关系图或插值法确定略大于配制强度对应的胶水比，然后换算成水胶比。

（3）各组成材料用量的确定。在试拌配合比的基础上，用水量（m_w）和外加剂用量（m_a）应根据确定的水胶比做调整。

胶凝材料用量（m_b）应以用水量乘以确定的胶水比计算得出。

粗骨料和细骨料的用量（m_g 和 m_s）应根据用水量和胶凝材料用量进行调整。

（4）表观密度的计算和实验室配合比的确定。

① 配合比调整后的混凝土拌合物的表观密度应按下式计算：

$$\rho_{c,c} = m_c + m_f + m_g + m_s + m_w \tag{5-25}$$

式中 $\rho_{c,c}$——混凝土拌合物的表观密度计算值，kg/m^3；

m_c——每立方米混凝土的水泥用量，kg/m^3；

m_f——每立方米混凝土的矿物掺合料用量，kg/m^3；

m_g——每立方米混凝土的粗骨料用量，kg/m^3；

m_s——每立方米混凝土的细骨料用量，kg/m^3；

m_w——每立方米混凝土的用水量，kg/m^3。

② 混凝土配合比校正系数应按下式计算：

$$\delta = \frac{\rho_{c,t}}{\rho_{c,c}} \tag{5-26}$$

式中 δ——混凝土配合比校正系数；

$\rho_{c,t}$——混凝土拌合物的表观密度实测值，kg/m^3。

当混凝土拌合物表观密度实测值与计算值之差的绝对值不超过计算值的 2% 时，在试拌配合比基础上确定的配合比即为混凝土的实验室配合比；当两者之差的绝对值超过 2% 时，应将配合比中每项材料用量均乘以校正系数（δ），即可得到实验室配合比。

4. 施工配合比的确定

混凝土的初步配合比、试拌配合比和实验室配合比均是以干燥状态骨料为基准得到的配合比。而在施工现场或混凝土搅拌站，堆放在空气中的砂、石常含有一定量的水，且含水量随气温的变化而变化。因此，在混凝土拌制前必须根据所用集料的实际含水情况，对实验室配合比进行相应的换算，换算得到的配合比称为施工配合比。

换算施工配合比的原则：胶凝材料的用量不变，从计算的加水量中扣除由湿集料带入拌合物中的水量。

假设施工现场砂、石含水率分别为 $a\%$、$b\%$，则施工配合比中 1m^3 混凝土的各组成材料用量分别为：

$$\left.\begin{array}{l} m_c = m'_c \\ m_s = m'_s \\ m'_s = m_s(1+a\%) \\ m'_g = m_g(1+b\%) \\ m'_f = m_f \\ m_w = m_w - m_s a\% - m_g b\% \end{array}\right\} \quad (5\text{-}27)$$

式中 m'_c，m'_s，m'_g，m'_f，m_w——依次为每立方米混凝土拌合物中，施工时用的水泥、砂、石、矿物掺合料、水的用量，kg。

施工配合比可表示为：

$$m'_c : m'_s : m'_g = 1 : x : y, \quad m'_w/m'_c$$

职业技能训练

实训　混凝土配合比设计实例

某工程制作室内用的钢筋混凝土大梁，混凝土设计强度等级为 C20，施工要求坍落度为 35～50mm，采用机械振捣。该施工单位无历史统计资料。

采用材料：普通水泥，32.5 级，实测强度为 34.8MPa，密度为 3100kg/m³；中砂，表观密度为 2650kg/m³，堆积密度为 1450kg/m³；卵石，最大粒径 20mm，表观密度为 2.73g/cm³，堆积密度为 1500kg/m³；自来水。试设计混凝土的配合比（按干燥材料计算）。若施工现场中砂含水率为 3%，卵石含水率为 1%，求施工配合比。

解：（1）确定配制强度。

该施工单位无历史统计资料，查表 5-34 取 $\sigma = 5.0\text{MPa}$

$$f_{cu,0} = f_{cu,k} + 1.645\sigma = 20 + 8.2 = 28.2 \text{ (MPa)}$$

（2）确定水灰比（W/C）。

① 利用强度经验公式计算水灰比：

$$f_{cu,v} = 0.48 f_{ce} \left(\frac{C}{W} - 0.33\right) \qquad \frac{W}{C} = 0.49$$

② 复核耐久性。查表规定最大水灰比为 0.65，因此 $W/C = 0.49$ 满足耐久性要求。

（3）确定用水量（m_{w0}）。

此题要求施工坍落度为 35～50mm，卵石最大粒径为 20mm，查表 5-37 得每立方米混凝土用水量：

$$m_{w0} = 180 \text{(kg)}$$

（4）计算水泥用量（m_{c0}）。

$$m_{c0} = m_{w0} \times \frac{C}{W} = 180 \times 2.02 \approx 364 \text{ (kg)}$$

查相关表规定最小水泥用量为 260kg，故满足耐久性要求。

(5) 确定砂率。

根据上面求得的 $W/C=0.49$，卵石最大粒径 20mm，查相关表，选砂率 $\beta_s=32\%$。

(6) 计算砂、石用量 m_{s0}、m_{g0}

① 按体积法列方程组。

$$\frac{m_{c0}}{\rho_c}+\frac{m_{g0}}{\rho_g}+\frac{m_{s0}}{\rho_s}+\frac{m_{w0}}{\rho_w}+10\alpha=1000$$

$$\beta_s=\frac{m_{s0}}{m_{s0}+m_{g0}}$$

解得：$m_{s0}=599(kg)$，$m_{g0}=1273(kg)$。

② 按质量法：强度等级 C20 的混凝土，取混凝土拌合物计算表观密度 $m'_{cp}=2400kg/m^3$，列方程：

$$m_{f0}+m_{c0}+m_{g0}+m_{s0}+m_{w0}=m_{cp}$$

$$\beta_s=\frac{m_{s0}}{m_{g0}+m_{s0}}\times 100\%$$

解得：$m_{s0}=594(kg)$，$m_{g0}=1262(kg)$。

(7) 计算初步配合比。

① 体积法。

$$m_{c0}:m_{s0}:m_{g0}=364:599:1273=1:1.65:3.50$$

$$W/C=0.49$$

② 质量法。

$$m_{c0}:m_{s0}:m_{g0}=364:594:1262=1:1.63:3.47$$

$$W/C=0.49$$

两种方法计算结果相近。

(8) 配合比调整。按初步配合比称取 15L 混凝土拌合物的材料。

水泥：$364\times 15/1000=5.46(kg)$

砂子：$599\times 15/1000=8.99(kg)$

石子：$1273\times 15/1000=19.10(kg)$

水：$180\times 15/1000=2.70(kg)$

① 和易性调整。将称好的材料均匀拌和后，进行坍落度试验。假设测得坍落度为 25mm，小于施工要求的 35～50mm，应保持原水灰比不变，增加 5% 水泥浆。再经拌和后，坍落度为 45mm，黏聚性、保水性均良好，已满足施工要求。

此时各材料实际用量如下。

水泥：$5.46+5.46\times 5\%=5.73(kg)$

砂：$8.99(kg)$

石：$19.10(kg)$

水：$2.70+2.70\times 5\%=2.84(kg)$

并测得每立方米拌合物质量为：$m_{cp}=2380(kg/m^3)$

② 强度调整。方法如前所述，此题假定 $W/C=0.49$ 时，强度符合设计要求，故不需调整。

(9) 实验室配合比。

上述基准配合比为：

水泥：砂：石 $=5.73:8.99:19.10=1:1.57:3.33$

$W/C = 0.49$

则调整后 $1m^3$ 混凝土拌合物的各种材料用量为:

$m_c = 5.73/(5.73+8.99+19.10+2.84) \times 2380 = 372(kg)$
$m_s = 1.57 \times 372 = 584(kg)$
$m_g = 3.33 \times 372 = 1239(kg)$
$m_w = 0.49 \times 372 = 182(kg)$

实验室配合比见表 5-40。

表 5-40 实验室配合比

材料名称	水泥	砂	卵石	水
$1m^3$ 混凝土拌合物各材料用量/kg	372	584	1239	182
质量配合比	1	1.57	3.33	0.49

(10) 施工配合比。

$1m^3$ 拌合物的实际材料用量(kg):

$m'_c = m_c = 375(kg)$
$m'_s = m_s(1+a\%) = 584 \times (1+3\%) = 602(kg)$
$m'_g = m_g(1+b\%) = 1239 \times (1+1\%) = 1251(kg)$
$m'_w = m_w - m_s \times a\% - m_g \times b\% = 182 - 17.5 - 12.4 = 152(kg)$

任务四 混凝土的质量控制与强度评定

混凝土的质量是影响混凝土结构可靠性的重要因素。混凝土的质量控制应贯穿设计、生产、施工和成品检验的全过程。

生产前的初步控制，包括组成材料的检验、配合比的设计与调整、人员配备和设备调试等内容。生产过程的控制，包括计量、搅拌、运输、浇筑和养护等内容。生产后的合格性控制，包括批量划分、确定每批取样数、确定检测方法和验收界限等内容。

以上过程的任一步骤（如原材料性能、施工操作、试验条件等）都会使混凝土质量产生波动。在混凝土的质量控制中，抗压强度与其他性能有较好的相关性，故常以其作为评定和控制质量的主要指标。

在工程施工中，混凝土的质量就是整个工程的生命，混凝土质量的好坏直接影响工程质量，混凝土的质量控制，需要控制住源头，管理好生产，控制好现场施工，多方紧密配合，及时沟通才会取得良好的效果，保证混凝土的实体质量，创造更好的效益和更加优质的工程。

一、混凝土的质量控制

（一）混凝土原材料的质量控制

1. 水泥

水泥在混凝土中主要起润滑和胶凝作用，水泥质量的好坏直接关系着混凝土的工作性和混凝土实体质量，因此，对于水泥质量的控制应放在首位。水泥在使用之前除应持有厂家的合格证外，还应做强度、凝结时间、安定性等常规检验，检验合格方可使用。在工程开工之前水泥应提前检验，不同品种的水泥应分开存储。由于水泥入场时温度较高，若立即使用，则会造成混凝土需水量变大，与外加剂适应性变差，还有可能因为温度过高出现假凝现象，从而影响施工，对混凝土的质量也会造成很大影响，因此，水泥在使用之前应预先存 2～3 天，使温度降低，有助于改善混凝土的和易性。水泥强度必须按批次检测，根据水泥的强度变化来指导生产。

(1) 水泥品种与强度等级应根据设计、施工要求以及工程所处环境确定　对于一般建筑结构及预制构件的普通混凝土，宜采用通用硅酸盐水泥；高强度混凝土和有抗冻要求的混凝土宜采用硅酸盐水泥或普通硅酸盐水泥；有预防混凝土碱集料反应要求的混凝土工程宜采用低碱水泥；大体积混凝土宜采用中、低热硅酸盐水泥或低热矿渣硅酸盐水泥，也可采用通用硅酸盐水泥；有特殊要求的混凝土也可采用其他品种的水泥。水泥应符合现行国家标准《通用硅酸盐水泥》（GB 175—2007）和《中热硅酸盐水泥、低热硅酸盐水泥》（GB/T 200—2017）的规定。

(2) 水泥的质量控制　水泥的质量主要控制项目应包括凝结时间、安定性、胶砂强度、氧化镁含量、三氧化硫含量、氯离子含量、碱含量等，低碱水泥主要控制项目还应包括碱含量，中、低热硅酸盐水泥或低热矿渣硅酸盐水泥主要控制项目还应包括水化热。

2. 粗集料

集料是指在混凝土中起骨架或填充作用的粒状松散材料，分为粗集料和细集料。集料占混凝土总体积的 70%～80%，在混凝土中起着骨架作用，可减少混凝土的收缩，通过选用适当的集料和改变集料的级配可改变混凝土的性能，良好的砂石级配还可降低混凝土中水泥的用量，节约生产成本。

(1) 符合标准　粗集料应符合现行行业标准《普通混凝土用砂、石质量及检验方法标准》（JGJ 52—2006）的规定。

(2) 粗集料的质量控制　粗集料的质量主要控制项目应包括颗粒级配、针片状含量、含泥量、泥块含量、压碎值指标和坚固性，用于高强度混凝土的粗集料主要控制项目还应包括岩石抗压强度。

颗粒级配对混凝土的和易性有很大影响，直接影响混凝土的强度、抗渗性、耐久性。较好的集料级配应该是空隙率小，总表面积小，有少量细颗粒。在拌制混凝土时宜采用连续级配的碎石，碎石的粒形以接近球形或立方体为好，以针片状为差，当含有较多针片状颗粒时将增加空隙率，降低混凝土的和易性，并且针片状颗粒在受力时容易折断进而降低混凝土强度。

3. 细集料

(1) 符合标准　细集料应符合现行行业标准《普通混凝土用砂、石质量及检验方法标准》（JGJ 52—2006）的规定；混凝土用海砂应符合现行行业标准《海砂混凝土应用技术规范》（JGJ 206—2010）的规定。

(2) 细集料的质量控制　细集料的质量主要控制项目应包括颗粒级配、细度模数、含泥量、泥块含量、坚固性、氯离子含量和有害物质含量，人工砂主要控制项目还应包括石粉含量和压碎值指标，但可不包括氯离子含量和有害物质含量；海砂主要控制项目还应包括贝壳含量。

4. 水

(1) 符合标准　混凝土用水应符合现行行业标准《混凝土用水标准》（JGJ 63—2006）的规定。

(2) 水的质量控制　混凝土用水主要控制项目应包括 pH 值、不溶物含量、可溶物含量、硫酸根离子含量、氯离子含量、水泥凝结时间差和水泥胶砂强度对比，当混凝土集料为碱活性时，主要控制项目还应包括碱含量。

5. 外加剂

外加剂可以改善混凝土的凝结时间、强度、和易性、耐久性，目前工程中用到的外加剂的主要作用是提高混凝土强度、减缓坍落度损失和减小混凝土泌水，提高混凝土的抗渗性和抗冻融的能力。外加剂在使用之前应经过试验确定掺量，在生产过程中根据实际情况适当调整外加剂的掺量。在夏季高温条件下施工，由于天气炎热，混凝土的坍落度损失大，应适当调整外加剂的成分，减小坍落度损失。在冬季低温施工时做好外加剂的防冻工作。同时，还要保证外加剂的质量稳定，防止由于外加剂的质量不稳定而影响混凝土的性能，对施工造成不必要的影响。

（1）符合标准　外加剂应符合国家标准《混凝土外加剂》（GB 8076—2008）和《混凝土外加剂应用技术规范》（GB 50119—2013）的规定。

（2）外加剂的质量控制　外加剂的质量主要控制项目应包括掺外加剂混凝土性能和外加剂匀质性两方面。混凝土性能方面的主要控制项目有减水剂、凝结时间差和抗压强度比；外加剂匀质性方面的主要控制项目有pH值、氯离子含量和碱含量。引气剂和引气减水剂主要控制项目还应包括含气量，防尘剂主要控制项目还应包括钢筋锈蚀试验。

6. 矿物掺合料

在混凝土中加入一定量的掺合料可以改善混凝土的和易性，降低水化热，防止混凝土产生裂缝，掺合料还可以减少水泥用量，提高经济性。

（1）矿物掺合料应符合标准　用于混凝土中的矿物掺合料包括粉煤灰、粒化高炉矿渣粉、硅灰、钢渣粉、磷渣粉；可采用两种或两种以上的矿物掺合料按一定比例混合使用。粉煤灰应符合现行国家标准《用于水泥和混凝土中的粉煤灰》（GB/T 1596—2017）的规定，粒化高炉矿渣粉应符合现行国家标准《用于水泥、砂浆和混凝土中的粒化高炉矿渣粉》（GB/T 18046—2017）的规定，钢渣粉应符合现行国家标准《用于水泥和混凝土中的钢渣粉》（GB/T 20491—2017）的规定，其他矿物掺合料应符合现行国家相关标准的规定；矿物掺合料的放射性应符合现行国家标准《建筑材料放射性核素限量》（GB 6566—2010）的规定。

（2）矿物掺合料的质量控制　粉煤灰的主要控制项目应包括细度、需水量比、烧失量和三氧化硫含量，C类粉煤灰的主要控制项目还应包括游离氧化钙含量和安定性；粒化高炉矿渣粉的主要控制项目应包括比表面积、活性指数和流动度比；钢渣粉的主要控制项目应包括比表面积、活性指数、流动度比、游离氧化钙含量、三氧化硫含量、氧化镁含量和安定性；磷渣粉的主要控制项目应包括细度、活性指数、流动度比、五氧化二磷含量和安定性；硅灰的主要控制项目应包括比表面积和二氧化硅含量。矿物掺合料还应进行放射性检验。

（二）混凝土施工质量控制

1. 原材料进场

（1）进场时递交质量证明文件。混凝土原材料进场时，供方应按规定批次向需方提供质量证明文件。质量证明文件应包括型式检验报告、出场检验报告与合格证等，外加剂产品还应提供使用说明书。

（2）进场检验。原材料进场后，应按《混凝土质量控制标准》（GB 50164—2011）的规定进场检验。

（3）储存要求。

① 水泥应按不同品种和强度等级分批存储，并应采取防潮措施；出现结块的不得用于混凝土工程；水泥出厂超过3个月（快硬硅酸盐水泥超过1个月），应进行复检，合格者方可使用。

② 粗、细集料堆场应有防尘和遮雨设施；粗、细集料应按品种、规格分别堆放，不得混入杂物。

③ 矿物掺合料存储时，应有明显标记，不同矿物掺合料以及水泥不得混杂堆放，应防潮、防雨，并应符合有关环境保护的规定；当矿物掺合料存储期超过3个月时，应复检，合格者方可使用。

④ 外加剂的送检样品应与工程大批量供货一致，并应按不同的供货单位、品种和牌号进行标识，单独存放；粉状外加剂应防止受潮结块，如有结块，应进行检验，合格者应经粉碎至全部通过600筛孔后方可使用；液态外加剂应储存在密闭容器内，并应防晒和防冻，如有沉淀等异常现象，应经检验合格后方可使用。

⑤ 对于原材料计量，应根据粗、细集料含水率的变化及时调整粗、细集料和拌和用水的称量。

2. 搅拌

（1）符合标准。混凝土搅拌机应符合现行国家标准《混凝土搅拌机》（GB/T 9142—2000）的规定。混凝土搅拌宜采用强制式搅拌机。

（2）使用要求。

① 原材料投料方式应满足混凝土搅拌技术要求和混凝土拌合物质量要求。

② 混凝土搅拌的最短时间可按表5-41采用；当搅拌高强度混凝土时，搅拌时间应适当延长；在采用自落式搅拌机时，搅拌时间宜延长3s；对于双卧轴强制式搅拌机，可在保证搅拌均匀的情况下适当缩短搅拌时间。混凝土搅拌时间应每班检查2次。

表5-41 混凝土搅拌的最短时间　　　　　　　　　　单位：s

混凝土坍落度/mm	搅拌机机型	搅拌机出料量/L		
		<250	250~500	>500
≤40	强制式	60	90	120
>40且<100	强制式	60	60	90
≥100	强制式	60		

注：混凝土搅拌的最短时间是指全部材料装入搅拌筒中开始起到卸料止的时间。

（3）同一盘混凝土的搅拌匀质性应符合以下规定：

① 混凝土中砂浆密度两次测量值的相对误差不应大于0.8%；

② 混凝土稠度两次测量值的差值不应大于表5-42规定的混凝土拌合物稠度允许偏差的绝对值。

表5-42 混凝土拌合物稠度允许偏差

坍落度			
设计值/mm	≤40	>50且<90	≥100
允许偏差/mm	±10	±20	±30
维勃稠度			
设计值/s	≥11	>6且<10	≤5
允许偏差/s	±3	±2	±1
扩展度			
设计值/mm	≥350		
允许偏差/mm	±30		

③ 冬季生产施工搅拌混凝土时，宜优先采用加热水的方法提高拌合物温度，也可同时采用加热集料的方法提高拌合物温度。应先投入集料和热水进行搅拌，然后再投入胶凝材料等共同搅拌，水泥不应与热水直接接触。拌和用水和集料的加热温度不得超过表 5-43 的规定。当集料不加热时，拌和用水可加热到 60℃ 以上。

表 5-43 拌和用水和集料的最高加热温度

采用的水泥品种	拌和用水/%	集料/%
硅酸盐水泥和普通硅酸盐水泥	60	40

3. 运输

（1）在运输过程中，应控制混凝土不离析、不分层和组成成分不发生变化，并应控制混凝土拌合物性能满足施工要求。

（2）当采用机动翻斗车运输混凝土时，道路应平整，避免颠簸。

（3）当采用搅拌罐车运送混凝土拌合物时，搅拌罐在冬季应有保温措施，夏季最高气温超过 40℃ 时，应有隔热措施。

（4）当采用搅拌罐车运送混凝土拌合物时，卸料前应采用快挡旋转搅拌罐不少于 20s；由于运距过远、交通或现场等问题造成坍落度损失较大而卸料困难时，可采用在混凝土拌合物中掺入适量减水剂并快挡旋转搅拌罐的措施，减水剂掺量应有试验确定的预案，但不得加水。

（5）混凝土拌合物从搅拌机卸出至施工现场接受的时间间隔不宜大于 90min。

（6）当采用泵送混凝土时，混凝土运输应能保证混凝土连续泵送，并应符合现行行业标准《混凝土泵送施工技术规程》（JGJ/T 10—2011）的有关规定。

4. 混凝土施工（浇筑成型）

（1）浇筑混凝土前，应检查并控制模板、钢筋、保护层和预埋件等的尺寸、规格、数量和位置，其偏差值应符合现行国家标准《混凝土结构工程施工质量验收规范》（GB 50204—2015）的规定。另外，还应检查模板支撑的稳定性以及接缝的密合情况，并应保证模板在混凝土浇筑过程中不失稳、不跑模和不漏浆。

（2）浇筑混凝土前，应清除模板内以及垫层上的杂物；表面干燥的地基土、垫层模板应浇水湿润。

（3）当夏季天气炎热时，混凝土拌合物入模温度不应高于 30℃，宜选择晚间或夜间浇筑混凝土；现场温度高于 30℃ 时，宜对模板进行浇水降温，但不得留有积水。

（4）当冬期施工时，混凝土拌合物入模温度不应低于 5℃，并应有保温措施。

（5）在浇筑过程中，应有效控制混凝土的均匀性、密实性和整体性。

（6）泵送混凝土输送管道的最小内径宜符合表 5-44 的规定，混凝土输送泵的泵压应与混凝土拌合物特性和泵送高度相匹配；泵送混凝土的输送管道应安装稳定，不漏浆。冬期应有保温措施，在夏季最高气温超过 40℃ 时，应有隔热措施。

表 5-44 泵送混凝土输送管道的最小内径

粗集料公称最大粒径/mm	输送管道的最小内径/mm
25	125
40	150

（7）不同配合比或不同强度等级泵送混凝土在同一时间段交替浇筑时，输送管道中的混凝土不得混入其他不同配合比或不同强度等级混凝土。

（8）当混凝土自由倾落高度大于 25m 时，应采用串筒、溜管或振动溜管等辅助设备。

（9）现场浇筑的竖向结构物应分层浇筑，每层浇筑厚度宜控制在 300mm、350mm；大体积混凝土宜采用分层浇筑方法，可利用自然流筒形成斜坡沿高度均匀上升，分层厚度不应大于 500mm。

（10）自密实混凝土浇筑布料点应结合拌合物特性选择适宜的间距，必要时可以通过试验确定混凝土布料点下料间距。

（11）结构柱、墙混凝土设计强度等级高于梁、板混凝土设计强度等级时，应在交界区域采取分隔措施。分隔位置应设在低强度等级的构件中，且应距高强度等级构件边缘不小于 500mm 的距离。应先浇筑高强度等级混凝土，后浇筑低强度等级混凝土。

（12）应根据混凝土拌合物特性及混凝土结构、构件或制品的制作方式选择适当的振捣方式和振捣时间。

混凝土振捣宜采用机械振捣，当施工无特殊振捣要求时，可采用振捣棒进行振捣，插入间距不应大于振捣棒振动作用半径的 1 倍，连续多层浇筑时，振捣棒应插入下层拌合物约 50mm 进行振捣，当浇筑厚度在 200mm 以下的表面积较大的平面结构或构件时，宜采用表面振动成型。

当采用干硬性混凝土拌合物浇筑成型混凝土制品时，宜采用振动台或表面加压振动成型。

振捣时间宜按拌合物稠度和振捣部位等不同情况，控制在 10～30s 内，当混凝土拌合物表面出现泛浆，即为捣实。

（13）混凝土拌合物从搅拌机卸出后到浇筑完毕的延续时间不宜超过表 5-45 的规定。

表 5-45 混凝土拌合物从搅拌机卸出后到浇筑完毕的延续时间　　　　　单位：min

混凝土生产地点	气温/℃	
	≤25	>25
商品混凝土搅拌站	150	120
施工现场	120	90
混凝土制品厂	90	30

（14）在混凝土浇筑的同时，应制作供结构或构件出池、拆模、吊装、张拉、放张和强度合格评定用的同条件养护试件，还应按设计要求制作防冻、抗渗或其他性能试验用的试件。

在混凝土浇筑及静置过程中，应在混凝土终凝前对浇筑面进行抹面处理。

（15）混凝土构件成型后，在强度达到 1.2MPa 前，不得在构件上面踩踏行走，混凝土在自然保湿养护下强度达到 1.2MPa 的时间可按表 5-46 估计，构件底模及其支架拆除时的混凝土强度要求应符合表 5-47 的规定。

表 5-46 混凝土强度达到 1.2MPa 的外界温度　　　　　单位：℃

水泥品种	时间			
	1～5 天	5～10 天	10～15 天	15 天以上
硅酸盐水泥 普通硅酸盐水泥	46	36	26	20
矿渣硅酸盐水泥 火山灰硅酸盐水泥 粉煤灰硅酸盐水泥	60	38	28	22

注：掺加矿物掺合料的混凝土可适当增加时间。

表 5-47 构件底模及其支架拆除时的混凝土强度要求

构件类型	构件跨度/m	达到设计的混凝土立方体抗压强度标准值的百分率/%
梁、拱、壳	≤8	≥75
	≤8	≥100
板	≤2	≥50
	>2 且 ≤8	≥75
	>8	≥100
悬臂构件	—	≥100

5. 混凝土养护后的质量控制

混凝土必须养护至表面强度达到 1.2MPa 以上,能准许在其上行人或安装模板和支架,否则将损伤构件边角,严重时可能够坏混凝土的内部结构而造成工程质量事故。底模及其支架拆除时的混凝土强度应符合设计要求;当无设计要求时,应符合《混凝土结构工程施工质量验收规范》(GB 50204—2015)的规定,混凝土强度应符合表 5-47 的要求。

二、混凝土的强度评定

在混凝土施工中,既要保证混凝土达到设计要求的性能,又要保持其质量的稳定性,但实际上,混凝土的质量不可能是均匀稳定的。造成其质量波动的因素比较多:水泥、骨料等原材料质量的波动;原材料计量的误差;水胶比的波动;搅拌、浇筑、振捣和养护条件的波动;取样方法、试件制作、养护条件和试验操作等因素。

在正常施工条件下,这些影响因素是随机的,混凝土的性能也是随机变化的,因此可采用数理统计方法来评定混凝土强度和性能是否达到质量要求。混凝土的抗压强度与其他性能有较好的相关性,能反映混凝土的质量,所以通常是以混凝土抗压强度作为评定混凝土质量的一项重要指标。

1. 混凝土强度的波动规律

在施工条件一定的情况下,对同一批混凝土进行随机抽样,制作成型,养护 28d,测其抗压强度并绘出强度概率分布曲线,该曲线符合正态分布规律,如图 5-13 所示。正态分布曲线呈钟形,以平均强度为对称轴,两边对称,距对称轴越远,出现的概率越小,最后逐渐趋向于零;在对称轴两侧曲线上各有一个拐点,拐点距对称轴距离为标准差 σ,曲线和横坐标之间围成的面积为概率总和(100%)。用数理统计方法评定混凝土质量时,常用强度平均值、标准差、变异系数和强度保证率等统计参数进行综合评定。

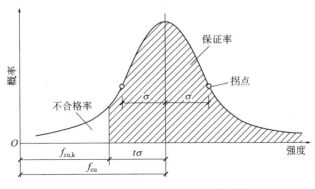

图 5-13 混凝土强度概率分布曲线

(1) 强度平均值　强度平均值只能反映该批混凝土总体强度的平均水平，而不能反映混凝土强度波动性的情况。强度平均值的计算如下：

$$\overline{f}_{cu} = \frac{1}{n}\sum_{i=1}^{n} f_{cu,i} \tag{5-28}$$

式中　n——试件组数；

$f_{cu,i}$——第 i 组抗压强度值，MPa。

(2) 标准差（方差）　标准差 σ 是正态分布曲线上拐点到对称轴的距离，σ 小，正态曲线高而窄，说明混凝土强度波动小、强度值分布集中，混凝土质量稳定，均匀性好；σ 大，正态曲线矮而宽，表明强度的离散厉害，混凝土质量不稳定。可见，σ 可有效地评定混凝土质量的均匀性、稳定性。

$$\sigma = \sqrt{\frac{\sum_{i=1}^{n}(f_{cu,i} - \overline{f}_{cu})}{n-1}} = \sqrt{\frac{\sum_{i=1}^{n} f_{cu,i}^2 - n\overline{f}_{cu}^2}{n-1}} \tag{5-29}$$

(3) 变异系数 C_v　变异系数的计算公式如下：

$$C_v = \frac{\sigma}{\overline{f}_{cu}} \times 100\% \tag{5-30}$$

变异系数又称为离差系数。C_v 也是用来评定混凝土质量均匀性的指标。C_v 越小，说明混凝土质量越均匀。

(4) 强度保证率 P　强度保证率是指混凝土强度总体中，大于或等于设计强度所占的概率，以正态分布曲线上的阴影部分面积表示，如图 5-13 所示。其计算方法如下。

先根据混凝土设计要求的强度等级（$f_{cu,k}$）、混凝土的强度平均值（$\overline{f}_{cu}$）、标准差（σ）或变异系数（C_v），由式（5-31）或式（5-32）计算出概率度 t。

$$t = \frac{f_{cu,k} - \overline{f}_{cu}}{\sigma} \tag{5-31}$$

$$或\ t = \frac{f_{cu,k} - \overline{f}_{cu}}{C_v \overline{f}_{cu}} \tag{5-32}$$

由概率度再根据正态分布曲线可通过式（5-33）求强度保证率 $P(\%)$：

$$P = \frac{1}{\sqrt{2\pi}} \int_t^\infty e^{\frac{t^2}{2}} dt \tag{5-33}$$

利用表 5-48 查到 P。

表 5-48　不同 t 值的保证率

t	0.00	0.50	0.80	0.84	1.00	1.04	1.20	1.28	1.40	1.50	1.60
$P/\%$	50.0	69.2	78.8	80.0	84.1	85.1	88.5	90.0	91.9	93.3	94.5
t	1.645	1.70	1.75	1.18	1.88	1.96	2.00	2.05	2.33	2.50	3.00
$P/\%$	95.0	95.5	96.0	96.5	97.0	97.5	97.7	98.0	99.0	99.4	99.87

在工程中，P 可根据统计周期内混凝土试件强度不低于强度等级的组数 N_0 与试件总数 N 之比求得：

$$P = \frac{N_0}{N} \times 100\%,\ N \geqslant 25 \tag{5-34}$$

保证率的取值应根据工程的重要性确定,我国《混凝土强度检验评定标准》(GB/T 50107—2010)及《混凝土结构设计规范》(GB 50010—2010)规定,同批试件的统计强度保证率不得小于 95%。

2. 混凝土强度的评定

根据《混凝土强度检验评定标准》(GB/T 50107—2010)规定,对混凝土强度应分批进行检验评定。一个验收批的混凝土应由强度等级相同、龄期相同及生产工艺条件和配合比基本相同的混凝土组成。

混凝土强度评定可分为统计方法和非统计方法两种。对大批量、连续生产混凝土的强度,应按标准规定的统计方法评定混凝土强度;对小批量或零星生产的混凝土的强度,可按国家标准规定非统计方法评定。

(1) 统计方法一。当混凝土的生产条件在较长时间内能保持一致,且同一品种、同一强度等级混凝土的强度变异性保持稳定时,强度评定应由连续三组试件组成一个验收批,其强度应同时满足下列要求:

$$m_{f_{cu}} \geqslant f_{cu,k} + 0.7\sigma_0 \tag{5-35}$$

$$f_{cu,min} \geqslant f_{cu,k} - 0.7\sigma_0 \tag{5-36}$$

验收批混凝土立方体抗压强度的标准差应按下式计算:

$$\sigma_0 = \sqrt{\frac{\sum_{i=1}^{n} f_{cu,i}^2 - nm_{f_{cu}}^2}{n-1}} \tag{5-37}$$

当混凝土强度等级低于 C20 时,其强度的最小值尚应满足下式要求:

$$f_{cu,min} \geqslant 0.85 f_{cu,k} \tag{5-38}$$

当混凝土强度等级高于 C20 时,其强度的最小值尚应满足下式要求:

$$f_{cu,min} \geqslant 0.90 f_{cu,k} \tag{5-39}$$

式中 $m_{f_{cu}}$——同一验收批混凝土立方体抗压强度的平均值,精确至 0.1MPa,MPa;

$f_{cu,k}$——混凝土立方体抗压强度的平均值,精确至 0.1MPa,MPa;

σ_0——验收批混凝土立方体抗压强度的标准差,精确至 0.1MPa,当验收批混凝土标准差 σ_0 计算值小于 2.5N/mm² 时,应取 2.5N/mm²,MPa;

$f_{cu,min}$——同一验收批混凝土立方体抗压强度的最小值,精确至 0.1MPa,MPa;

$f_{cu,i}$——前一检验期内同一品种、同一强度登记的混凝土试件立方体抗压强度代表值,精确至 0.1MPa,该检验期不应少于 60 天,不得大于 90 天,MPa;

n——前一检验期内的样本容量,在此期间内样本容量不应少于 45。

(2) 统计方法二。当混凝土的生产条件在较长时间内不能保持一致,且混凝土强度变异性不能保持稳定,或前一个检验期内的同一品种混凝土没有足够的数据用以确定验收批混凝土立方体抗压强度的标准差时,应由不少于 10 组的试件组成一个验收批,其强度应同时满足下列要求:

$$m_{f_{cu}} \geqslant f_{cu,k} + \lambda_1 S_{f_{cu,k}} \tag{5-40}$$

$$f_{cu,min} \geqslant \lambda_2 f_{cu,k} \tag{5-41}$$

同一验收批混凝土立方体抗压强度的标准差应按下式计算:

$$S_{f_{cu}} = \sqrt{\frac{\sum_{i=1}^{n} f_{cu,i}^2 - nm_{f_{cu}}^2}{n-1}} \tag{5-42}$$

式中 $S_{f_{cu}}$——同一验收批混凝土立方体抗压强度标准差,精确至0.1MPa,当验收批混凝土强度标准差 $S_{f_{cu}}$ 计算值小于2.5MPa时,应取2.5MPa,MPa;

λ_1, λ_2——合格判定系数,按表5-49取用;

n——本检验期内的样本容量。

表5-49 混凝土强度的合格判定系数

试件组数/组	10~14	15~19	≥20
λ_1	1.15	1.05	0.95
λ_2	0.90	0.85	

(3) 非统计方法。对某些小批量零星混凝土的生产,因其试件数量、有限试件组数<10组,不具备统计方法评定混凝土强度的条件,可按非统计方法。当验收批混凝土试件只有一组时,该组试件强度应不低于强度标准值的15%。

按非统计方法评定混凝土强度时,其强度应同时满足下列要求:

$$m_{f_{cu}} \geqslant \lambda_3 f_{cu,k} \tag{5-43}$$

$$f_{cu,min} \geqslant \lambda_4 f_{cu,k} \tag{5-44}$$

式中 λ_3, λ_4——合格评定系数,应按照表5-50取用。

表5-50 混凝土强度的非统计方法合格评定系数

混凝土强度等级	<C60	≥C60
λ_3	1.15	1.10
λ_4	0.95	

(4) 混凝土强度的合格性判定。混凝土强度分批检验结果能满足以上评定的规定时,则该批混凝土判为合格;否则,为不合格。由不合格批混凝土制成的结构或构件,应进行鉴定。对不合格的结构或构件,必须及时处理。

当对混凝土试件强度的代表性有怀疑时,可采用从结构或构件中钻取试件的方法或采用非破损检验方法,按有关标准的规定对结构或构件中混凝土的强度进行推定。

职业技能训练

实训 混凝土强度评定实例

某6层砖混结构住宅楼主体部分混凝土设计强度等级为C20,检验批12组试件的强度测定值分别列于表5-51中。试对该工程主体部分的混凝土进行强度评定。

表5-51 混凝土试件强度测定值 单位:MPa

1层	2层	3层	4层	5层	6层
19.6	20.5	23.4	24.0	23.0	24.0
23.5	25.3	25.1	27.0	28.0	23.5

解:该检验批混凝土试件为12组,采用标准差未知的统计方法评定。

检验批混凝土抗压强度平均值:

$$m_{f_{cu}} = \frac{1}{12}\sum_{i=1}^{12} f_{cu,i} = \frac{286.9}{12} = 23.9(\text{MPa})$$

检验批混凝土抗压强度标准差：

$$S_{f_{cu}} = \sqrt{\frac{\sum_{i=1}^{n} f_{cu,i}^2 - nm_{f_{cu}}^2}{n-1}} = \sqrt{\frac{\sum_{i=1}^{n} f_{cu,i}^2 - 12m_{f_{cu}}^2}{12-1}} = \sqrt{\frac{6920.8 - 12 \times 23.9^2}{12-1}} = 2.45(\text{MPa})$$

查表 5-49，可得相应的强度合格评定系数 $\lambda_1 = 1.15$，$\lambda_2 = 0.90$。

$$m_{f_{cu}} = 23.9 \geqslant f_{cu,k} + \lambda_1 S_{f_{cu,k}} = 20 + 1.15 \times 2.45 = 22.8(\text{MPa})$$
$$f_{cu,\min} = 19.6 \geqslant \lambda_2 f_{cu,k} = 0.90 \times 20 = 18.0(\text{MPa})$$

结论：该主体部分的混凝土强度合格。

任务五　其他品种混凝土

一、高性能混凝土

强度等级大于等于 C60 的混凝土称为高强混凝土；具有良好的施工和易性与优异耐久性，且均匀密实的混凝土称为高性能凝土；同时具有上述各性能的混凝土称为高强高性能混凝土。

1. 高强高性能混凝土的原材料

（1）优质高强水泥。高强高性能混凝土用水泥的矿物成分中 C_3S 和 C_3A 含量较高，特别是 C_3S 含量较高，水泥经两次振动磨细后，细度应达到 $4000 \sim 6000 \text{cm}^2/\text{g}$ 及以上。

（2）拌和水。高强高性能混凝土采用磁化水拌和，磁化水是普通的水以一定速度流经磁场，由于磁化作用得到高活性的水。用磁化水拌制混凝土，使水泥水化更安全、充分，因而可提高混凝土强度 30%～50%。

（3）硬质高强的骨料。高强高性能混凝土的粗骨料应使用质地坚硬、级配良好的碎石。骨料的抗压强度应比所配制的混凝土强度高 50% 以上。含泥量应小于 5%，骨料的最大粒径宜小于 26.5mm。

（4）外加剂。高强高性能混凝土均采用减水剂及其他外加剂。应选用优质高效的 NNO、MF 等减水剂。

2. 配制原理及其措施

提高混凝土强度的途径很多，通常是同时采用几种技术措施进行复合，增强效果显著。目前常用的配制原理及其措施如下：

（1）减少混凝土内孔，改善孔结构，提高混凝土密实度。

减少混凝土内孔，改善孔结构，提高混凝土密实度最好的办法是掺加高效减水剂，以大幅度降低水胶比，再配合加强振捣或者采用真空振动作业。这是目前提高混凝土强度最有效而简便的措施。

（2）提高水泥石与集料界面的黏结强度。

除采用高强度等级水泥外，在混凝土中掺加优质的掺合料（如硅灰）及拌合物，或者采用活性集料（如水泥熟料），均可大大减少粗集料周围的薄弱区影响，明显改善混凝土内部结构，提高密实程度。

（3）改善水泥水化产物的性质。

采用蒸压养护混凝土，先将成型的混凝土构件经常压蒸汽养护，脱模后再入蒸压釜进行高温高压蒸汽养护，这时将生成托贝莫来石水化产物而使混凝土获得高强性能。

(4) 采用增强材料。

在混凝土中添加纤维材料，如钢纤维、碳纤维等，可显著提高混凝土的抗拉强度和抗弯强度。配制高强度混凝土时，应选用强度等级不低于42.5、质量稳定的优质硅酸盐水泥或普通水泥，并应采用优质的集料。粗集料最大粒径不应超过3.5mm，针片状颗粒含量不宜超过5%，含泥量不应超过0.5%。粗集料应进行压碎指标值检验，对碎石还应进行立方体强度试验。细集料宜采用稍粗的中砂，其细度模数宜大于2.6，含泥量不应超过2%。

3. 高强高性能混凝土的主要技术性质

(1) 高强高性能混凝土的早期强度高，但后期强度增长率一般不及普通混凝土。故不能用普通混凝土的龄期—强度关系式（或图表），而是由早期强度推算后期强度。如C60~C80混凝土，3天强度为28天的60%~70%；7天强度为28天的80%~90%。

(2) 高强高性能混凝土由于非常致密，故抗渗、抗冻、抗碳化和抗腐蚀等耐久性指标均十分优异，可极大地提高混凝土结构物的使用年限。

(3) 混凝土强度高，因此构件截面尺寸可大大减小，从而改变"肥梁胖柱"的现状，减轻建筑物自重，简化地基处理，并使高强钢筋的应用和效能得以充分利用。

(4) 高强混凝土的弹性模量高，徐变小，可大大提高构筑物的结构刚度。特别是对预应力混凝土结构，可大大减小预应力损失。

(5) 高强混凝土的抗拉强度增长幅度往往小于抗压强度，即拉压比相对较低，且随着强度等级提高，可大大减小预应力损失。

(6) 高强混凝土的水泥用量较大，故水化热大，自收缩大，干缩也较大，较易产生裂缝。

4. 高强高性能混凝土的应用

高强高性能混凝土作为住房和城乡建设部推广应用的十大新技术之一，是建设工程发展的必然趋势。发达国家早在20世纪50年代即已开始对其加以研究应用。我国约在20世纪80年代初首次在轨枕和预应力桥梁中应用高强高性能混凝土，高层建筑中的应用则始于80年代末，进入90年代以来，对其研究和应用逐渐增加，北京、上海、广州、深圳等许多大中城市已建起了多幢高强高性能混凝土建筑。

随着国民经济的发展，高强高性能混凝土在建筑、道路、桥梁、港口、海洋、大跨度及预应力结构、高耸建筑物等工程中的应用将越来越广泛，强度等级也将不断提高，C50~C80的混凝土普遍得到使用，C80以上的混凝土将在一定范围内得到应用。

二、轻混凝土

1. 轻混凝土的特点

轻混凝土是指表观密度小于1950kg/m³的混凝土。轻混凝土的主要特点如下：

(1) 表观密度小。轻混凝土与普通混凝土相比，其表观密度一般可减小1/4~3/4，使上部结构的自重明显减轻，从而显著地减少地基处理费用，并且可减小柱子的截面尺寸。构件自重产生的恒载减小，因此，可减少梁板的钢筋用量。另外，还可降低材料运输费用，加快施工进度。

(2) 保温性能良好。材料的表观密度是决定其热导率的最主要因素，因此，轻混凝土通常具有良好的保温性能，能降低建筑物使用能耗。

（3）耐火性能良好。轻混凝土具有保温性能好、热膨胀系数小等特点，遇火强度损失小，故特别适用于耐火等级要求高的高层建筑和工业建筑。

（4）力学性能良好。轻混凝土的弹性模量较小、受力变形较大，抗裂性较好，能有效吸收地震能，提高建筑物的抗震能力，故适用于有抗震要求的建筑。

（5）易于加工。轻混凝土，尤其是多孔混凝土，易于打入钉子和进行锯切加工。这对于施工中固定门窗框、安装管道和电线等带来很大方便。

轻混凝土在主体结构中的应用尚不多，主要原因是价格较高。但是，若对建筑物进行综合经济分析，则可收到显著的技术和经济效益，尤其是考虑建筑物使用阶段的节能效益，其技术经济效益更佳。

2. 轻混凝土的分类

轻混凝土可分为轻集料混凝土、多孔混凝土和无砂大孔混凝土3类。

（1）轻集料混凝土　轻集料混凝土是指用轻粗集料、轻细集料（或普通砂）和水泥配制而成的混凝土，其干表观密度不大于 1950kg/m³。当粗、细集料均为轻集料时，称为全轻混凝土；当细集料为普通砂时，称为砂轻混凝土。

① 轻集料的种类及技术性质。

a. 轻集料的种类。凡是集料粒径为 5mm 以上，堆积密度小于 1000kg/m³ 的轻质集料，称为轻粗集料；粒径小于 5mm，堆积密度小于 1200kg/m³ 的轻质集料，称为轻细集料。

轻集料按来源不同分为 3 类：天然轻集料（如浮石、火山渣及轻砂等）；工业废料轻集料（如粉煤灰陶粒、膨胀矿渣、自燃煤矸石等）；人造轻集料（如膨胀珍珠岩、页岩陶粒、黏土陶粒等）。

b. 轻集料的技术性质。轻集料的技术性质主要有松堆密度、强度、吸水率和颗粒级配等。另外，还有耐久性、体积安定性、有害成分含量等。

松堆密度：轻集料的表观密度直接影响所配制的轻集料混凝土的表观密度和性能，轻粗集料按松堆密度划分为 8 个等级，即 300、400、500、600、700、800、900、1000kg/m³。

轻砂的松堆密度为 410～1200kg/m³。

强度：轻粗集料的强度，通常采用"筒压法"测定其筒压强度。筒压强度是间接反映轻集料颗粒强度的一项指标，对相同品种的轻集料，筒压强度与堆积密度常呈线性关系。但筒压强度不能反映轻集料在混凝土中的真实强度，因此，采用强度等级来评定轻粗集料的强度。"筒压法"和强度等级测试方法可参考有关规范。

吸水率：轻集料的吸水率一般都比普通砂石料大，因此，其将显著影响混凝土拌合物的和易性、水胶比和强度的发展。在设计轻集料混凝土配合比时，必须根据轻集料的 1h 吸水率计算附加用水量。国家标准中关于轻集料 1h 吸水率的规定：对轻砂和天然轻集料吸水率不做规定，其他轻集料的吸水率不应大于 22%。

最大粒径与颗粒级配：保温及结构保温轻集料、混凝土用的轻集料，其最大粒径不宜大于 40mm。结构轻集料混凝土的轻集料不宜大于 20mm。

对轻粗集料的级配要求，其自然级配的空隙率不应大于 50%。轻砂的细度模数不宜大于 4.0；大于 5mm 筛余量不宜大于 10%。

② 轻集料混凝土的强度等级。轻集料混凝土按表观密度一般为 800～1950kg/m³ 共分为 12 个等级。强度等级按立方体抗压强度标准值分为 CL5.0、CL7.5、CL10、CL15、CL20、CL25、CL30、CL35、CL40、CL45、CL50 共 11 个等级。

按用途不同，轻集料混凝土分为 3 类，其相应的强度等级和表观密度要求见表 5-52。

表 5-52 轻集料混凝土按用途分类

类别名称	混凝土强度等级	混凝土表观密度等级的合理范围/(kg/m³)	用途
保温轻集料混凝土	CL5.0	≤800	主要用于保温的围护结构或热工构筑物
结构保温轻集料混凝土	CL5.0、CL7.5、CL10、CL15	800~1400	主要用于既承重又保温的围护结构
结构轻集料混凝土	CL15、CL20、CL25、CL30、CL35、CL40、CL45、CL50	1400~1950	主要用于承重构件或构筑物

轻集料混凝土由于其轻集料具有颗粒表观密度小、总表面积大、易于吸水等特点，其拌合物适用的流动范围比较窄。过大的流动性会使轻集料上浮、离析；过小的流动性则会使捣实困难。流动性的大小主要取决于用水量，轻集料吸水率大，因而其用水量的概念与普通混凝土略有区别。加入拌合物中的水量称为总用水量，可分为两部分：一部分被集料吸收，其数量相当于 1h 的吸水量，这部分水称为附加用水量；另一部分称为净用水量，使拌合物获得要求的流动性和保证水泥水化的进行。净用水量可根据混凝土的用途及要求的流动性来选择。另外，轻集料混凝土的和易性也受砂率的影响，尤其是采用轻细集料时，拌合物和易性随着砂率的提高而有所改善。轻集料混凝土的砂率一般比普通混凝土的砂率略大。

对于轻集料混凝土，轻集料自身强度较低，因此，其强度的决定因素除了水泥强度与水胶比（水胶比考虑净用水量）外，还取决于轻集料的强度。与普通混凝土相比，采用轻集料会导致混凝土强度下降，并且轻集料用量越多，强度降低越大，其表观密度也越小。

轻集料混凝土的另一特点是，由于受到轻集料自身强度的限制，每一品种轻集料只能配制一定强度的混凝土，如要配制高于此强度的混凝土，即使降低水胶比，也不可能使混凝土强度有明显提高或提高幅度很小。

轻集料混凝土的变形比普通混凝土大，弹性模量较小，约为同级别普通混凝土的 50%~70%，缺点是制成的构件受力后挠度较大。但因极限应变大，有利于改善构筑物的抗震性能或抵抗动荷载能力。轻集料混凝土的收缩和徐变比普通混凝土相应地大 20%~50% 和 30%~60%，热膨胀系数则比普通混凝土低 20% 左右。

③ 轻集料混凝土的制作与使用特点。

a. 轻集料本身吸水率较天然砂、石大，若不进行预湿，则拌合物在运输或浇筑过程中的坍落度损失较大，在设计混凝土配合比时须考虑轻集料附加用水量。

b. 拌合物中粗集料容易上浮，不易搅拌均匀，应选用强制式搅拌机做较长时间的搅拌。轻集料混凝土成型时振捣时间不宜过长，以免造成分层，最好采用加压振捣。

c. 轻集料吸水能力较强，要加强浇水养护，防止早期干缩开裂。

④ 轻集料混凝土配合比设计要点。轻集料混凝土配合比设计的基本要求与普通混凝土相同，但应满足对混凝土表观密度的要求。

轻集料混凝土配合比设计方法与普通混凝土基本相似，分为绝对体积法和松散体积法。砂轻混凝土宜采用绝对体积法，即按每立方米混凝土的绝对体积为各组成材料的绝对体积之和进行计算；松散体积法宜用于全轻混凝土，即以给定每立方米混凝土的粗细集料松散总体积为基础进行计算，然后按设计要求的混凝土表观密度为依据进行校核，最后通过试拌调整得出。轻集料混凝土与普通混凝土配合比设计中的不同之处主要有两点，一是用水量为净用水量与附加用水量两者之和；二是砂率为砂的体积占砂石总体积之比值。

（2）多孔混凝土　多孔混凝土中无粗、细集料，内部充满大量细小封闭的孔，孔隙率高达60%以上。多孔混凝土可分为加气混凝土和泡沫混凝土两种。近年来,也有用压缩空气经过充气介质弥散成大量微气泡,均匀地分散在料浆中而形成多孔结构,这种多孔混凝土称为充气混凝土。

根据养护方法不同,多孔混凝土可分为蒸压多孔混凝土和非蒸压(蒸养或自然养护)多孔混凝土两种。由于蒸压加气混凝土在生产和制品性能上有较多优越性,以及可以大量地利用工业废渣,故近年来发展应用较为迅速。

多孔混凝土质轻,其表观密度不超过 $1000kg/m^3$,通常为 $300\sim800kg/m^3$;保温性能优良,热导率随其表观度降低而减小,一般为 $0.09\sim0.17W/(m\cdot K)$;可加工性好,可锯、可刨、可钉、可钻,并可用胶黏剂黏结。

① 蒸压加气混凝土。蒸压加气混凝土是用钙质材料(水泥、石灰)、硅质材料(石英砂、尾矿粉、粉煤灰、粒状高炉矿渣、页岩等)和适量加气剂为原料,经过磨细、配料、搅拌、浇筑、切割和蒸压养护(在压力为 $0.8\sim1.5MPa$ 下养护 $6\sim8h$)等工序生产而成的。加气剂一般采用铝粉膏,它能迅速与钙质材料中的氢氧化钙发生化学反应产生氢气,形成气泡,使料浆形成多孔结构。其化学反应过程如下:

$$2Al + 3Ca(OH)_2 + 6H_2O \longrightarrow 3CaO\cdot Al_2O_3\cdot 6H_2O + 3H_2\uparrow$$

除铝粉膏外,也可采用过氧化氢、碳化钙、漂白粉等作为加气剂。

蒸压加气混凝土通常是在工厂预制成砌块或条板等制品。蒸压加气混凝土砌块按其强度和表观密度划分产品等级。

根据我国《蒸压加气混凝土砌块》(GB 11968—2020)的规定,强度级别分为 A1.5、A2.0、A2.5、A3.5、A5.0 共五个级别,其强度平均值和单块最小值应分别满足表5-53的要求。干密度级别分为 B03、B04、B05、B06、B07 共五个级别。各强度级别和密度级别的要求见表5-53、表5-54。

表 5-53 蒸压加气混凝土砌块的立方体抗压强度   单位:MPa

强度级别	A1.5	A2.0	A2.5	A3.5	A5.0
平均值≥	1.5	2.0	2.5	3.5	5.0
单块最小值≥	1.2	1.7	2.1	3.0	4.2

表 5-54 蒸压加气混凝土砌块的强度级别和密度级别

密度级别		B03	B04	B05	B06	B07
强度级别	优等品(A)	A1.5	A2.0	A3.5	A5.0	—
	合格品(B)	A1.5	A2.0	A2.5	A3.5	A5.0

蒸压加气混凝土砌块在温度为 $(20\pm2)℃$、相对湿度为 $41\%\sim45\%$ 的条件下,测定的干燥收缩值不大于 $0.5mm/m$。密度级别为 B03、B04、B05 的热导率分别小于 $0.10W/(m\cdot K)$、$0.12W/(m\cdot K)$、$0.14W/(m\cdot K)$,可用作保温层。

蒸压加气混凝土砌块适用于承重和非承重的内墙和外墙。强度等级为 A3.5 级、密度等级为 B05 级和 B06 级的砌块用于横墙承重的房屋时,其楼层数不得超过三层,总高度不超过 10m;强度等级为 A5.0 级、密度等级为 B06 级和 B07 级的砌块,其层数不得超过五层,总高度不超过 16m。蒸压加气混凝土砌块可用作框架结构中的非承重墙。蒸压加气混凝土条板可用于工业和民用建筑中,用作承重和保温合一的屋面板和隔墙板。条板均配有钢筋,钢筋必须预先经防锈处理。另外,还可用加气混凝土和普通混凝土预制成复合墙板,用作外墙板。蒸压加气混凝土还可做成各种保温制品，如管道保温壳等。

蒸压加气混凝土的吸水率大且强度较低，所以，其所用砌筑砂浆及抹面砂浆与砌筑砖墙时不同，需专门配制。墙体外表面必须做饰面处理，其门窗固定方法也与砖墙不同。

② 泡沫混凝土。泡沫混凝土是将由水泥等拌制的料浆与由泡沫剂搅拌制成的泡沫混合搅拌，再经浇筑、养护硬化而成的多孔混凝土。

配制自然养护的泡沫混凝土时，水泥强度等级不宜低于32.5级，否则强度太低。当生产中采用蒸汽养护或蒸压养护时，不仅可以缩短养护时间、提高强度，而且还能掺用粉煤灰、煤渣或矿渣，以节省水泥，甚至可以全部使用工业废渣代替水泥。如以粉煤灰、石灰、石膏等为胶凝材料，再经蒸压养护，制成蒸压泡沫混凝土。

泡沫混凝土的技术性质和应用，与相同表观密度的加气混凝土大体相同，也可在现场直接浇筑，用作屋面保温层。

(3) 大孔混凝土　大孔混凝土是指无细集料的混凝土。按其粗集料的种类，可分为普通无砂大孔混凝土和轻集料大孔混凝土两类。普通无砂大孔混凝土是用碎石、卵石、重矿渣等配制而成的；轻集料大孔混凝土则是用陶粒、浮石、碎砖、煤渣等配制而成的。有时为了提高大孔混凝土的强度，也可掺入少量细集料，这种混凝土称为少砂混凝土。

普通大孔混凝土的表观密度为 $1500 \sim 1900 kg/m^3$，抗压强度为 $3.5 \sim 10 MPa$；轻集料大孔混凝土的表观密度为 $500 \sim 1500 kg/m^3$，抗压强度为 $1.5 \sim 7.5 MPa$。大孔混凝土的热导率小，保温性能好，收缩一般较普通混凝土小 30%～50%，抗冻性优良。大孔混凝土宜采用单一粒级的粗集料，如粒径为 $10 \sim 20mm$ 或 $10 \sim 30mm$，不允许采用小于 5mm 和大于 40mm 的集料；水泥宜采用等级为 32.5 级或 42.5 级水泥；水胶比（对轻集料大孔混凝土为净用水量的水胶比）可取 $0.30 \sim 0.40$，应以水泥浆能均匀包裹在集料表面不流淌为准。大孔混凝土适用于制作墙体小型空心砌块、砖和各种板材，也可用于现浇墙体。普通大孔混凝土可制成滤水管、滤水板等，广泛用于市政工程。

三、泵送混凝土

泵送混凝土是指可通过泵压作用沿输送管道强制流动到目的地并进行浇筑的混凝土。泵送混凝土已逐渐成为混凝土施工中一个常用的品种。它具有施工速度快、质量好、节省人工、施工方便等特点，因此广泛应用于一般房建结构混凝土、道路混凝土、大体积混凝土、高层建筑混凝土等。它既可以做水平及垂直运输（指用地泵），又可直接用布料杆浇注（指用汽车泵）。它要求混凝土不仅要满足设计强度、耐久性等，还要满足管道输送对混凝土拌合物的要求，即要求混凝土拌合物有较好的可泵性。

混凝土可泵性是指在泵压下沿输送管道流动的难易程度以及稳定程度的特性。可泵性好的混凝土应该具有以下两个条件：一是输送过程中与管道之间的流动阻力尽可能小；二是有足够的黏聚性，保证在泵送过程中不泌水、不离析。

混凝土可泵性与流动性是两个完全不同的概念。

影响混凝土可泵性的因素主要有：水泥用量和水灰比、骨料、泵送剂、坍落度、砂率。《普通混凝土配合比设计规程》（JGJ 55—2011）中对泵送混凝土做了明确规定。

(1) 泵送混凝土所采用的原材料

① 泵送混凝土宜选用硅酸盐水泥、普通硅酸盐水泥、矿渣硅酸盐水泥和粉煤灰硅酸盐水泥。

② 粗骨料宜采用连续级配，其针片状颗粒含量不宜大于 10%；粗骨料的最大公称粒径与输送管径之比宜符合表 5-55 的规定。

表 5-55　粗骨料的最大公称粒径与输送管径之比（JGJ 55—2011）

粗骨料品种	泵送高度/m	粗骨料的最大公称粒径与输送管径之比
碎石	<50	≤1:3.0
	50~100	≤1:4.0
	>100	≤1:5.0
卵石	<50	≤1:2.5
	50~100	≤1:3.0
	>100	≤1:4.0

③ 泵送混凝土宜采用中砂，其通过公称直径 315μm 筛孔的颗粒含量不宜小于 15%。

④ 泵送混凝土应掺用泵送剂或减水剂，并宜掺用粉煤灰等矿物掺合料。

（2）泵送混凝土配合比应符合的规定

① 泵送混凝土的胶凝材料用量不宜小于 $300kg/m^3$；

② 泵送混凝土的砂率宜为 35%~45%。

（3）泵送混凝土试配时应考虑坍落度经时损失。

（4）泵送混凝土的水灰比宜为 0.4~0.6。

四、抗渗混凝土

《普通混凝土配合比设计规程》（JGJ 55—2011）中定义：抗渗混凝土是指抗渗等级不低于 P6 的混凝土。抗渗混凝土通过提高混凝土的密实度，改善孔隙结构，从而减少渗透通道，提高抗渗性。常用的办法是掺用引气型外加剂，使混凝土内部产生不连通的气泡，截断毛细管通道，改变孔隙结构，从而提高混凝土的抗渗性。此外，减小水灰比，选用适当品种及强度等级的水泥，保证施工质量，特别是注意振捣密实、养护充分等，都对提高抗渗性能有重要作用。

1. 抗渗混凝土分类

抗渗混凝土一般可分为普通防水混凝土、外加剂防水混凝土和膨胀水泥防水混凝土 3 大类。

（1）普通防水混凝土　普通防水混凝土所用原材料与普通混凝土基本相同，但两者的配制原则不同。普通防水混凝土主要借助于采用较小的水灰比，适当提高水泥用量、砂率及灰砂比，控制石子最大粒径，加强养护等方法，以抑制或减少混凝土孔隙率，改变孔隙特征，提高砂浆及其与粗骨料界面之间的密实性和抗渗性。普通防水混凝土施工简便、造价低廉、质量可靠，适用于地上和地下防水工程。

（2）外加剂防水混凝土　在混凝土拌合物中加入微量有机物（引气剂、减水剂、三乙醇胺）或无机盐（如氯化铁），以改善其和易性，提高混凝土的密实性和抗渗性。引气剂防水混凝土抗冻性好，能经受 150~200 次冻融循环，适用于抗水性、耐久性要求较高的防水工程；减水剂防水混凝土具有良好的和易性，可调节凝结时间，适用于泵送混凝土及薄壁防水结构；三乙醇胺防水混凝土早期强度高，抗渗性能好，适用于工期紧迫、要求早强的防水工程；氯化铁防水混凝土具有较高的密实性和抗渗性，适用于水下、深层防水工程或修补堵漏工程。

（3）膨胀水泥防水混凝土　该种混凝土是利用膨胀水泥水化时产生的体积膨胀，形成大量体积增大的水化硫铝酸钙，使混凝土在约束条件下的抗裂性和抗渗性获得提高，主要用于地下防水工程和后灌缝。

2. 抗渗混凝土的优点

抗渗混凝土与采用卷材防水等相比较，抗渗混凝土具有以下优点：

(1) 兼有防水和承重两种功能，能节约材料，加快施工速度。
(2) 材料来源广泛，成本低廉。
(3) 在结构物造型复杂的情况下，施工简便，防水性能可靠，适用性强。
(4) 渗、漏水时易于检查，便于修补。
(5) 耐久性好。
(6) 可改善劳动条件。

3. 对抗渗混凝土的规定

《普通混凝土配合比设计规程》(JGJ 55—2011) 中有关抗渗混凝土的规定。

(1) 抗渗混凝土的原材料规定

① 水泥宜采用普通硅酸盐水泥；
② 粗骨料宜采用连续级配，其最大公称粒径不宜大于 40.0mm，含泥量不得大于 1.0%，泥块含量不得大于 0.5%；
③ 细骨料宜采用中砂，含泥量不得大于 3%，泥块含量不得大于 1%；
④ 抗渗混凝土宜掺用外加剂和矿物掺合料，粉煤灰应采用 F 类，并不应低于 Ⅱ 级。

(2) 抗渗混凝土配合比的规定

① 最大水胶比应符合表 5-56 的规定；
② 每立方米混凝土中的胶凝材料用量不宜小于 320kg；
③ 砂率宜为 35%~45%。

表 5-56 抗渗混凝土最大水胶比

设计抗渗等级	最大水胶比	
	C20~C30	C30 以上混凝土
P6	0.60	0.55
P8~P12	0.55	0.50
>P12	0.50	0.45

(3) 配合比设计中混凝土抗渗技术要求应符合的规定

① 配制抗渗混凝土要求的抗渗水压应比设计值提高 0.2MPa；
② 抗渗试验结果应符合下式要求：

$$p_t \geq \frac{p}{10} + 0.2 \tag{5-45}$$

式中 p_t——6 个试件中不少于 4 个未出现渗水时的最大水压，MPa；

p——设计要求的抗渗等级值。

掺用引气剂的抗渗混凝土，应进行含气量试验，含气量宜控制在 3.0%~5.0%。

五、商品混凝土

商品混凝土是以集中预拌、远距离运输的方式向施工工地提供的现浇混凝土，它是现代混凝土与现代化施工工艺相结合的高科技建材产品。它的普及程度能代表一个国家或地区的混凝土施工水平和现代化程度。商品混凝土主要用于现浇混凝土工程，混凝土从搅拌、运输到浇灌需 1~2h，有时超过 2h。因此商品混凝土搅拌站合理的供应半径应在 10km 之内。随着商品混凝土的普及和发展，现浇混凝土成为今后发展方向。在我国的许多大城市，如北京、上海、天津、广州、深圳等，商品混凝土搅拌站都在 100 个以上，其规模和工艺水平不亚于发达国家。许多中小城市也在推广应用商品混凝土。商品混凝土包括大流动性混凝土、流态混凝土、泵送混凝土、自密实混凝土、防渗抗裂大体积混凝土、高强混凝土和高性能混凝土等。

流态混凝土用作商品混凝土时，对新拌混凝土的流动性和流动性损失的控制要更严格。因为运距较长，交通堵塞等因素，要求坍落度损失小，2h（有时超过 2h）内混凝土应保持流动性，浇灌时要求泵送。用后掺法虽然能解决坍落度损失和泵送等问题，但是增加了搅拌时间或次数，这样影响商品混凝土的产量，并且使搅拌操作复杂。即使在泵送前掺超塑化剂，在搅拌运输车中快速搅拌 3min，也不能充分发挥超塑化剂的分散作用，拌合物均匀性差。因此，在我国，后掺法不易推广，而采用同掺法较好。这就要求研究新的超塑化剂，保证新拌混凝土的流动性保持在 2h 或 2h 以上，而不影响硬化混凝土的强度，特别是早期强度。

我国商品混凝土中，约 70% 的强度等级为 C25~C40，C50~C60 在一些重要工程中应用，个别特殊情况采用 C70~C80。为了减少水泥用量，改善新拌混凝土的工作性，以及提高硬化混凝土性能，特别是耐久性，应当掺用粉煤灰。这样在掺 10%~25% 粉煤灰的情况下，可以减少单位水泥用量 10%~20%。计算表明，基准混凝土中掺 20% 粉煤灰（减少水泥用量 10% 情况下）可节省能源 10%；基准混凝土掺超塑化剂（减少水泥用量 15% 时）配制流态混凝土可节省能源 15%；当粉煤灰和超塑化剂同时掺用时可节省能源 25.5%。因此，将粉煤灰和超塑化剂同时掺用配制流态混凝土是最节能的，并且在性能和节能两方面都可得到满意的效果，还可以增加流态混凝土的可泵性。

流态混凝土主要用于高层建筑的基础、梁、柱、框架、桥梁等现浇混凝土，以及 T 形接头的整体浇灌。特别是配筋密集、不易振捣的情况下。

泵送混凝土在泵压的作用下，会产生坍落度损失、离析和堵泵现象。主要是通过混凝土配合比和超塑化剂的成分来调整拌合物的均匀性和稳定性、流动性和黏聚性。在泵送混凝土中，细粉料（<0.25mm）的用量应在 $350~400kg/m^3$，水泥用量不得低于 $250kg/m^3$，粗集料最大粒径为 25mm 或 31.5mm。另外，最好掺用粉煤灰，因为粉煤灰在较大降低屈服值的同时，塑性黏度降低小一些，这样使拌合物保持一定的黏聚性，提高了稳定性，从而防止离析和堵泵现象。

为了使商品混凝土性能稳定、经济、性价比高，必须严格选择所需的原材料和优化混凝土的配合比。

1. 商品混凝土的特点

（1）严格在线控制原材料质量和配合比，保证混凝土的质量要求。

（2）要求拌合物具有良好的工作性，即高流动性、坍落度损失小、不泌水不离析、可泵性好。

（3）经济性方面要求成本低，性价比高。

2. 原材料的选择与要求

（1）水泥的选择。通常采用硅酸盐水泥、普硅水泥或矿渣水泥，对水泥的基本要求如下：

① 相同标号时，选择富裕系数大的水泥，因为水泥是使混凝土获得强度的"基础"。

② 相同强度时选择需水量小的水泥。水泥的标准稠度需水量在 21%~27%，在配制混

凝土时采用需水量小的水泥可降低水泥用量。

③ 选择 C_3S 高、C_3A 低（<8%），碱含量低（<1%），比表面积适中（3400～3600cm²/g），颗粒级配好的水泥。

④ 合理使用不同标号的水泥。配制 C40 以下的流态混凝土时应用 32.5MPa 普通硅酸盐水泥，配制 C40 以上的高性能混凝土应用 42.5MPa 硅酸盐水泥或普通硅酸盐水泥。

⑤ 针对不同用途的混凝土正确选择水泥品种，如要求早强或冬季施工尽量采用 R 型硅酸盐水泥，大体积混凝土采用矿渣水泥或普通硅酸盐水泥。

（2）矿物细掺料的选择。常用的矿物细掺料有粉煤灰、磨细矿渣、沸石粉、硅粉等。配制商品混凝土时对矿物细掺料的基本要求如下：

① 售价低、具有一定的水化活性，能替代部分水泥，在保证强度和其他性能的情况下，应多掺矿物细掺料，使混凝土的成本降低。

② 需水量小（<100%），颗粒级配合理能提高拌合物的流动性。

③ 合理使用不同品种的细掺料。配制 C60 以下的流态混凝土时采用 Ⅱ 级粉煤灰，C60～C80 采用 Ⅰ 级粉煤灰或磨细矿渣，100MPa 以上的高性能混凝土掺硅粉。

（3）集料的选择。粗细集料应符合有关标准的要求。正确选择集料能确保混凝土工作性、强度和经济性。

① 细集料。砂子的颗粒级配合理、含泥量低有利于强度和工作性的提高。人工砂和风化山砂的需水量大、颗粒形状和级配不合理使拌合物流动性下降。河砂是理想的细集料，使用时应正确选择细度模数。配制高强混凝土时应用粗砂，普通流态混凝土用中砂。砂子的细度模数影响混凝土的砂率和用水量，砂率高用水量大，坍落度损失快。砂率偏低容易产生泌水和离析。

② 粗集料。石子的最大粒径和级配影响混凝土的用水量、砂率和工作性。配制高强混凝土和高性能混凝土时应采用高强度的碎石，其最大粒径应为 19mm 或 25mm，因为高强混凝土的强度几乎为石子强度的 1/2。普通流态混凝土采用最大粒径 25mm 或 31.5mm 碎石，采用泵送工艺时石子最大粒径应小于泵出口管径的 1/3，否则产生堵泵现象。目前市场连续级配的碎石较少，多数为单一粒级，这时应采用二级配石子。若采用单一粒级的石子应提高砂率。

混凝土的砂率与石子的最大粒径有关，大石子砂率小、小石子砂率大。在配制流态混凝土时，若采用较大粒径（如 31.5mm）碎石与中细砂（$M_x=2.50$）配合可以降低砂率和用水量，因而降低混凝土的成本。

（4）外加剂的选择。商品混凝土所用的外加剂应包括引气减水剂、高效缓凝引气减水剂、缓凝减水剂、高效缓凝减水剂、泵送剂、高效泵送剂等。选择外加剂的原则如下：

① 根据所配制的混凝土类型选择相应的外加剂品种。

② 根据混凝土的原材料、配合比和标号确定对外加剂的减水率和掺量的要求。

③ 根据工程类型、气候条件、运输距离、泵送高度等因素，确定对坍落度损失程度、凝结时间和早期强度的要求。

④ 其他特殊要求（如抗渗性、抗冻性、抗浸蚀性、耐磨性等）。最后，通过混凝土试配、经济性评估后才能应用外加剂。

3. 混凝土配合比设计和优化

商品混凝土的工艺不同于现场搅拌的混凝土，由于运输距离和时间的存在，必须控制坍落度损失。因此在设计混凝土配合比时应考虑如下因素。

（1）根据运距和运输时间确定初始坍落度：近距离（<10km）或 1h 时，初始坍落度为

18~20cm；远距距离（>10km）或 2h 时，为 20~22cm。

（2）控制坍落度损失，即控制入泵前的坍落度大于 15cm。因为坍落度<15cm 时可泵性差。而坍落度>20cm 时，浇筑后混凝土长时间保持大流动性状态，其稳定性差，容易产生离析，凝结慢。

（3）初凝时间的控制：梁、板、柱浇筑时初凝时间 8~12h，大体积混凝土为 12~15h。

（4）商品混凝土作为一种建材产品参与市场竞争必须考虑经济性，在保证技术性能的前提下售价最低。对商品混凝土总的要求是稳定、可靠、适用和经济。

传统的混凝土配合比设计方法（即假定容重法和绝对体积法）是以强度为基础的，即根据"水灰比定则"设计配合比；而商品混凝土的全计算配合比设计方法是以工作性、强度和耐久性为基础，通过混凝土体积模型推导出用水量和砂率计算公式，并且将此二式与水灰比规则相结合实现 FLC 和 HPC 的组成和配合比的全计算。全计算法与传统设计方法相比较，全计算法使混凝土配合比设计由半定量走向全定量，由经验走向科学。与传统配合比设计相比，全计算法更方便快捷地得到优化的混凝土配合比。

4. 预拌泵送混凝土施工现场的质量控制

（1）正确选择浇筑方案。浇筑方案分为 3 种形式：水平全面分层、水平分段分层及斜面分层。

① 水平全面分层。该方案关键是要做到第一层浇筑完成后，第二层开始浇筑时，第一层混凝土尚未凝固，如此逐层进行，直至浇筑完毕。

② 水平分段分层。对厚度不太大、面积或长度较大的工程，可采用沿水平方向分段分层浇筑的方案。该方案关键做到第二段开展浇筑时，第一段接头处的混凝土还未凝固。

③ 斜面分层。对于厚度较大的工程，可采用此方案。此方案关键在于施工时应从浇筑的下端开始，逐渐上移，浇筑层的坡度不宜大于 1:3，以保证工程的质量。

（2）混凝土的摊铺厚度应根据所用振捣器的作用深度及混凝土的和易性确定。当采用泵送混凝土时，混凝土的摊铺厚度不宜大于 600mm；当采用非泵送混凝土时，混凝土的摊铺厚度不宜大于 400mm。

（3）分层连续浇筑不得随意留施工缝，其层间的间隔时间应尽量缩短，必须在前层混凝土初凝之前，将其次层混凝土浇筑完毕。

（4）混凝土施工采取分层浇筑混凝土时，如设水平施工缝，施工缝的处理应符合下列规定：① 清除浇筑表面的浮浆、软弱混凝土层及松动的石子，并均匀地露出粗集料。② 在上层混凝土浇筑前，应用压力水冲洗混凝土表面的污物，充分湿润，但不得有积水。③ 对非泵送及低流动度混凝土，在浇筑上层混凝土时，应采取接浆措施。

（5）混凝土的拌制、运输必须满足连续浇筑施工以及尽量降低混凝土浇筑温度等方面的要求。

（6）在混凝土浇筑过程中，应及时进行混凝土表面的处理，及时清除混凝土表面泌水。

（7）加强对预拌泵送混凝土的养护，使周围环境有一定的温度、湿度，以保证混凝土的强度、耐久性。

六、再生混凝土

（一）再生混凝土的组成

再生混凝土是指将废弃的混凝土块经过破碎、清洗、分级后，按一定比例与级配混合，部分或全部代替砂石等天然集料（主要是粗集料），再加入水泥、水等配制而成的新混凝土。再生混凝土按集料的组合形式可以有以下几种情况：①集料全部为再生集料；②粗集料为再生集料,细集料为天然砂;③粗集料为天然碎石或卵石,细集料为再生集料;④再生集料替代部分粗集料或细集料。

(二)再生混凝土技术性质

1. 工作性

由于再生集料表面粗糙、棱角较多且集料表面包裹着相当数量的水泥砂浆,原生混凝土块在破碎过程中由于损伤,内部存在大量微裂纹,使其吸水率增大。因此,在配合比相同的条件下,再生混凝土的黏聚性、保水性均优于普通混凝土,而流动性比普通混凝土差。

2. 耐久性

再生混凝土的耐久性可用多个指标来表征,包括再生混凝土的抗渗性、抗冻性、抗硫酸盐侵蚀性、抗碳化能力、抗氯离子渗透性以及耐磨性等。由于再生集料的孔隙率和吸水率较高,再生混凝土的耐久性要低于普通混凝土。

3. 力学性质

(1) 抗压强度 通过大量的试验,一般认为,与普通混凝土的抗压强度相比,再生混凝土的强度会降低5%～32%。其原因:一是由于再生集料孔隙率较高,在承受轴向应力时,易形成应力集中现象;二是再生集料与新旧水泥浆之间存在一些结合较弱的区域;三是再生集料本身的强度降低。

(2) 抗拉及抗弯拉强度 大量的试验已经发现,再生混凝土的劈裂抗拉强度与普通混凝土的差别不大,只是略有降低。同时,再生混凝土的抗弯强度为其抗压强度的1/8～1/5,这与普通混凝土基本类似,再生混凝土的这个特性,对于在路面混凝土中应用再生混凝土尤为有利。

(3) 弹性模量 综合已有的试验研究可以发现,再生混凝土的弹性模量较普通混凝土可降低15%～40%,再生混凝土弹性模量降低的原因是大量的砂浆附着于再生集料上,而这些砂浆的模量较低。再生混凝土弹性模量较低也从另一个方面说明再生混凝土的变形能力要优于普通混凝土。

综上所述,再生混凝土的开发应用从根本上解决了天然骨料日益缺乏及大量混凝土废弃物造成生态环境日益恶化等问题,保证了人类社会的可持续发展,其社会效益和经济效益显著。

小 结

混凝土是工程上应用最广泛的建筑材料,是本课程的重点内容之一。本项目主要内容是:混凝土的组成材料、混凝土性能、混凝土外加剂、混凝土矿物掺合料、普通混凝土配合比设计、混凝土质量控制和强度评定、特殊品种混凝土、新型混凝土以及混凝土骨料和混凝土性能检测。学习混凝土重点掌握普通混凝土的配合比设计,要把混凝土的设计要求和混凝土原材料的特性结合起来进行设计要求,要求掌握主要的技术要求,学会分析影响混凝土性能的因素,同时要求学会施工现场对混凝土的质量控制和强度评定的影响。近几年来外加剂和矿物掺合料在混凝土配制中已经被广泛应用,学习有关内容是要了解外加剂的特性及对混凝土的影响,要会根据混凝土的设计要求选择合适的外加剂,对特种混凝土和新型混凝土要有一定的认识,多了解混凝土的发展现状。

能力训练题

一、填空题

1. 砂、石子在混凝土中起（　　　　）作用，水泥浆在硬化前起（　　　　）作用，硬化后起（　　　　）作用。
2. 评定混凝土拌合物和易性的试验方法有（　　　　）和（　　　　）。
3. 石子的压碎指标值越大，则石子的强度越（　　　　）。
4. 混凝土的立方体抗压强度是以边长为（　　　　）mm 的立方体试件，在温度为（　　　　）℃，相对湿度为（　　　　）以上的条件下养护（　　　　）天，用标准试验方法测定的抗压极限强度，用符号（　　　　）表示，单位为（　　　　）。
5. 粗集料颗粒级配有（　　　　）和（　　　　）之分。
6. 合理砂率是指在用水量及水泥用量一定的条件下，使混凝土拌合物获得最大的（　　　　）及良好的（　　　　）与（　　　　）的砂率值；或者是指保证混凝土拌合物具有所要求的流动性及良好的黏聚性与保水性条件下，使（　　　　）用量最少的砂率值。
7. 颗粒的长度大于该颗粒所属粒级平均粒径 2.4 倍者称为（　　　　）。厚度小于平均粒径 0.4 倍者称为（　　　　）。
8. 混凝土硬化前拌合物的性质主要是指混凝土拌合物的（　　　　），也称为（　　　　）。
9. 混凝土和易性是一项综合性能，它包括（　　　　）、（　　　　）、（　　　　）3 方面含义。
10. 确定混凝土配合比的 3 个基本参数是：（　　　　）、（　　　　）、（　　　　）。
11. （　　　　）和（　　　　）是决定混凝土强度最主要的因素。
12. 已知混凝土立方体抗压强度标准试件 28 天龄期的抗压破坏荷载分别为 465kN、470kN、550kN，则该组混凝土的抗压强度可评定为（　　　　）。
13. 水泥混凝土的基本组成材料有（　　　　）、（　　　　）、（　　　　）和（　　　　）。
14. 为保证混凝土的耐久性，应满足配合比（　　　　）水灰比与（　　　　）水泥用量原则。

二、选择题

1. 混凝土中细集料最常用的是（　　　　）
   A. 山砂　　　　B. 海砂　　　　C. 河砂　　　　D. 人工砂
2. 普通混凝土用砂的细度模数范围一般在（　　　　），以其中的中砂为宜。
   A. 3.7～3.1　　B. 3.0～2.3　　C. 2.2～1.6　　D. 3.7～1.6
3. 在水和水泥用量相同的情况下，用（　　　　）水泥拌制的混凝土拌合物的和易性最好。
   A. 普通　　　　B. 火山灰　　　C. 矿渣　　　　D. 粉煤灰
4. 混凝土配合比的试配调整中规定，在混凝土强度试验时至少采用 3 个不同的配合比，其中一个应为（　　　　）配合比。
   A. 初步　　　　B. 实验室　　　C. 施工　　　　D. 基准
5. 高强度混凝土是指混凝土强度等级为（　　　　）及以上的混凝土。
   A. C30　　　　B. C40　　　　C. C50　　　　D. C60
6. 某混凝土拌合物的立方体抗压强度标准值为 24.5MPa，则该混凝土的强度等级为（　　　　）。
   A. C25　　　　B. C20　　　　C. C30　　　　D. C24.5

7. 混凝土的（　　）强度最大。
   A. 抗拉　　　B. 抗压　　　C. 抗弯　　　D. 抗剪

8. 防止混凝土中钢筋腐蚀的主要措施有（　　）。
   A. 混凝土中加阻锈剂　　　B. 钢筋表面刷漆
   C. 钢筋表面用碱处理　　　D. 在高浓度二氧化碳环境中应用

9. 选择混凝土集料时，应使其（　　）。
   A. 总表面积大，空隙率大　　　B. 总表面积小，空隙率大
   C. 总表面积小，空隙率小　　　D. 总表面积大，空隙率小

10. 普通混凝土立方体强度测试，采用 100mm×100mm×100mm 的试件，其强度换算系数为（　　）。
    A. 0.90　　　B. 0.95　　　C. 1.05　　　D. 1.00

11. 在原材料质量不变的情况下，决定混凝土强度的主要因素是（　　）。
    A. 水泥用量　　B. 砂率　　C. 单位用水量　　D. 水灰比

12. 引气剂对混凝土的作用，以下哪种说法不正确？（　　）
    A. 改善混凝土和易性　　　B. 提高混凝土抗渗性
    C. 提高混凝土抗冻性　　　D. 提高混凝土强度

13. 混凝土抗压强度标准试件的尺寸为（　　）。
    A. 150×150×150mm³　　　B. 40×40×160mm³
    C. 70.7×70.7×70.7mm³　　D. 240×115×53mm³

14. 混凝土配合比设计时，选择水灰比原则上是按（　　）确定的。
    A. 混凝土强度要求
    B. 大于最大水灰比
    C. 小于最大水灰比
    D. 混凝土强度、耐久性要求及最大水灰比的规定

15. 混凝土中加入减水剂，在保持流动性及水灰比不变的条件下，最主要的目的是（　　）。
    A. 增加流动性　　　B. 提高混凝土强度
    C. 节约水泥　　　　D. 改善混凝土耐久性

16. （　　）是指颗粒尺寸由大到小连续分级，其中每一级石子都占适当的比例。
    A. 最大粒径　　B. 间断级配　　C. 连续级配　　D. 单粒级

17. 《钢筋混凝土工程施工质量验收规范》规定，石子最大颗粒尺寸不得超过（　　）。
    A. 结构截面最小尺寸的3/4　　B. 结构截面最小尺寸的1/2
    C. 结构截面最大尺寸的1/4　　D. 结构截面最小尺寸的1/4

三、判断题

1. 在拌制混凝土中，中砂越细越好。（　　）

2. 在混凝土拌合物中，水泥浆越多，拌合物的和易性就越好。（　　）

3. 混凝土中掺入引气剂后，会引起强度降低。（　　）

4. 级配好的集料空隙率小，其总表面积也小。（　　）

5. 混凝土强度随水灰比的增大而降低，呈直线关系。（　　）

6. 用高强度等级水泥配制混凝土时，混凝土的强度一定能得到保证，但混凝土的和易性肯定不好。（　　）

7. 混凝土强度试验，试件尺寸越大，强度越低。（　　）

8.当采用合理砂率时,能使混凝土获得所要求的流动性、良好的黏聚性和保水性,而水泥用量最大。(   )

9.用于配制高强度混凝土的石子,石子的针、片状颗粒含量应有所限定。(   )

10.在保证混凝土强度与耐久性的前提下,尽量选用较大的水灰比,以节约水泥。(   )

11.砂的级配原则是砂级配后使得砂的总表面积最小、堆积密度最大、空隙率最小。(   )

12.混凝土和易性测定时,当测定的坍落度值大于设计值时,可保持砂率不变,增加砂、石用量,直到满足设计要求为止。(   )

四、简答题

1.简述影响混凝土拌合物和易性的因素和改善拌合物工作性的措施。

2.试述影响混凝土抗压强度的主要因素以及提高混凝土强度的措施。

3.什么是混凝土的立方体抗压强度标准值?它与强度等级有什么关系?

4.简述碱-骨料反应的条件和产生的危害。

5.混凝土的抗渗性和抗冻性如何表示?

6.混凝土配合比设计应满足哪些基本要求?混凝土配合比设计的3个基本参数是什么?混凝土配合比设计分为哪几个步骤?

7.什么是合理砂率?合理砂率有何技术及经济意义?

8.什么是混凝土的耐久性?包括哪些方面?提高混凝土耐久性的措施有哪些?

五、计算题

1.某框架梁,混凝土设计强度等级 C30,施工要求坍落度 30~50mm,施工单位无历史资料。采用的原材料为:普通水泥强度等级 42.5,$\rho_c = 3000 \text{kg/m}^3$;中砂,级配2区合格,$\rho_s = 3000 \text{kg/m}^3$;卵石 5~20mm,$\rho_g = 3000 \text{kg/m}^3$;自来水(未掺外加剂),$\rho_w = 1000 \text{kg/m}^3$;(取水泥的强度富余系数为 $\gamma_c = 1.13$)。求初步配合比。

2.某混凝土试拌调整后,各材料用量分别为水泥 3.1kg、水 1.86kg、砂 6.24kg、碎石 12.84kg,并测得拌合物体积密度为 2450kg/m³。采用自来水。试求 1m³ 混凝土的各材料实际用量。

3.采用矿渣水泥、卵石和天然砂配制混凝土,水灰比为 0.5,制作 10cm×10cm×10cm 试件 3 块,在标准养护条件下养护 7 天后测得破坏荷载分别为 140kN、135kN、142kN。试求该混凝土 28 天的标准立方体抗压强度?

4.某工程现浇钢筋混凝土梁,该梁不受风雪影响,设计强度等级为 C30,施工坍落度要求为 35~50mm,施工单位无历史统计资料,所用材料为:

① 水泥:32.5 级复合硅酸盐水泥,实测强度为 45MPa,密度为 3100kg/m³;

② 砂:中砂,表观密度为 2600 kg/m³;

③ 石子:碎石,最大粒径 $D_{max}=20$mm,表观密度为 2700kg/m³;

④ 水:自来水,不掺外加剂。

试求初步配合比。

项目六

建筑砂浆

学习目标

1. 掌握砂浆和易性的概念及测定方法，砌筑砂浆的强度及配合比确定。
2. 熟悉抹面砂浆的技术性能和应用。
3. 了解装饰砂浆的装饰方法与效果，其他砂浆的技术性能和应用。

概述

一、砂浆的概念

砂浆在建筑工程中是用量大、用途广泛的一种建筑材料。砂浆可把散粒材料、块状材料、片状材料等胶结成整体结构,也可以装饰、保护主体材料。

例如在砌体结构中,砂浆薄层可以把单块的砖、石以及砌块等胶结起来构成砌体;大型墙板和各种构件的接缝也可用砂浆填充;墙面、地面及梁柱结构的表面都可用砂浆抹面,以便满足装饰和保护结构的要求;镶贴大理石、瓷砖等也常使用砂浆。

砂浆是由无机胶凝材料、细骨料和水,有时也加入某些外掺材料,按一定比例配合调制而成。与混凝土相比,砂浆可看作无粗骨料的混凝土,或砂率为100%的混凝土。

二、砂浆的分类

砂浆按所用胶凝材料的不同可分为水泥砂浆、石灰砂浆即混合砂浆。按砂浆在建筑工程中的主要作用可分为砌筑砂浆、抹面砂浆及特种砂浆。

任务一　建筑砂浆的组成

二维码 6-1

一、水泥

1. 水泥品种

(1) 建筑砂浆中常用的胶凝材料是水泥,其品种的选择与混凝土基本相同,应根据砂浆的用途和使用环境来选择。

(2) 普通水泥、矿渣水泥、粉煤灰水泥、火山灰质水泥、复合水泥等常用品种水泥都可以用来配制建筑砂浆。

(3) 砌筑水泥是专门用来配制砌筑砂浆和内墙抹面砂浆的少熟料水泥,强度低,配制的砂浆具有较好的和易性。砌筑砂浆所用原材料不应对人体、生物与环境造成有害的影响,并应符合现行国家标准《建筑材料放射性核素限量》(GB 6566—2010)的规定。

(4) 一些特殊用途的砂浆应采用特种水泥配制。

2. 水泥强度等级

(1) 配制砂浆时,应尽量选用低强度等级水泥和砌筑水泥。

(2) 选择的水泥强度等级,一般为砂浆强度等级的3~5倍。但水泥强度等级应根据砂浆品种及强度等级的要求进行选择。M15及以下强度等级的砌筑砂浆宜选用32.5级的通用硅酸盐水泥或砌筑水泥;M15以上强度等级的砌筑砂浆宜选用42.5级通用硅酸盐水泥。

3. 水泥用量

(1) 水泥砂浆中,水泥用量不宜小于 $200 kg/m^3$;

(2) 水泥混合砂浆中,水泥和掺合料总量应在 $300 \sim 350 kg/m^3$。

二、砂

配制砂浆的细集料最常用的是天然砂。砂应符合混凝土用砂的技术性质要求。由于砂浆层较薄,砂的最大粒径应有所限制,理论上不应超过砂浆层厚度的1/5~1/4,例如砖砌体用砂浆宜选用中砂，最大粒径不大于 2.5mm 为宜；石砌体用砂浆宜选用粗砂，砂的最大粒径以不大于 5.0mm 为宜；光滑的抹面及勾缝的砂浆宜采用细砂，其最大粒径不大于 1.2mm 为宜。为保证砂浆质量，尤其在配制高强度砂浆时，应选用洁净的砂。因此对砂的含泥量应予以限制，例如砌筑砂浆用砂砌体砂浆宜选用中砂，毛石砌体宜选用粗砂，砂的含泥量不应超过 5%，强度等级为 M2.5 的水泥混合砂浆，砂的含泥量不应超过 10%。

砂的粗细程度对砂浆的水泥用量、和易性、强度及收缩等影响很大。也可以采用细炉渣等作为细骨料，但应该选用燃烧完全、未燃煤分和其他有害杂质含量较小的炉渣，否则将影响砂浆的质量。

三、水

为改善新拌砂浆的和易性与硬化后砂浆的各种性能或赋予砂浆某些特殊性能，可在砂浆中掺入适量外加剂（如减水剂、引气剂、微末剂、防水剂等）。

在混凝土修补、补强加固中，往砂浆中掺入一定的聚合物（如环氧树脂、聚酯树脂等），可显著提高砂浆的粘接性、韧性、抗冲击性及耐久性等。

拌和砂浆用水与混凝土拌和水的要求相同。

四、掺合料

为了改善砂浆的和易性和节约水泥，降低砂浆成本，在配制砂浆时，常在砂浆中掺入适量的磨细生石灰、石灰膏、石膏、粉煤灰、黏土膏、电石膏等物质作为掺合料。为了保证砂浆的质量，经常将生石灰先熟化成石灰膏，然后用孔径不大于 3mm×3mm 的网过滤，且熟化时间不得少于 7 天；如用磨细生石灰粉制成，其熟化时间不得少于 2 天。沉淀池中储存的石灰膏，应采取防止干燥、冻结和污染的措施。严禁使用脱水硬化的石灰膏。制成的膏类物质稠度一般为 (120±5) mm，如果现场施工时石灰膏稠度与试配时不一致时，可参照表 6-1 进行换算。

表 6-1　石灰膏不同稠度时的换算系数

石灰膏稠度/mm	120	110	100	90	80	70	60	50	40	30
换算系数	1.00	0.99	0.97	0.95	0.93	0.92	0.90	0.88	0.87	0.86

消石灰粉不得直接用于砂浆中。

任务二　砌筑砂浆的技术性质

砌筑砂浆的主要技术性质包括新拌砂浆的和易性，硬化后砂浆的强度、黏结性和收缩等。对于硬化后的砂浆则要求具有所需要的强度、与底面的黏结及较小的变形。

一、砂浆拌合物的性质

新拌砂浆的和易性是指在搅拌运输和施工过程中不易产生分层、析水现象，并且易于在粗糙的砖、石等表面上铺成均匀的薄层的综合性能。

通常用流动性和保水性两项指标表示和易性。

1. 流动性

流动性（稠度）指砂浆在自重或外力作用下是否易于流动的性能。

二维码 6-2

砂浆流动性实质上反映了砂浆的稠度。流动性的大小以砂浆稠度测定仪的圆锥体沉入砂浆中的深度（以 mm 计）来表示，称为稠度（沉入度）。

砂浆流动性的选择与基底材料种类及吸水性能、施工条件、砌体的受力特点以及天气情况等有关。对于多孔吸水的砌体材料和干热的天气，则要求砂浆的流动性大一些；相反，对于密实不吸水的砌体材料和湿冷的天气，要求砂浆的流动性小一些。可参考表 6-2 和表 6-3 来选择砂浆流动性。

表 6-2 砌筑砂浆流动性要求

砌体种类	砂浆稠度/mm
烧结普通砖砌体、粉煤灰砖砌体	70～90
混凝土砖砌体、普通混凝土小型空心砌块砌体、灰砂砖砌体	50～70
烧结多孔砖、烧结空心砖砌体、轻集料混凝土小型空心砌块砌体、蒸压加气混凝土砌块砌体	60～80
石砌体	30～50

表 6-3 抹面砂浆流动性要求（稠度） 单位：mm

抹灰工程	机械施工	手工操作
准备层	80～90	110～120
底层	70～80	70～80
面层	70～80	90～100
石膏浆面层	—	90～120

影响砂浆流动性的主要因素有：

（1）胶凝材料及掺加料的品种和用量；
（2）砂的粗细程度、形状及级配；
（3）用水量；
（4）外加剂品种与掺量；
（5）搅拌时间等。

2. 保水性

保水性指新拌砂浆保存水分的能力，也表示砂浆中各组成材料是否易分离的性能。

新拌砂浆在存放、运输和使用过程中，都必须保持其水分不致很快流失，才能便于施工操作且保证工程质量。如果砂浆保水性不好，在施工过程中很容易泌水、分层、离析或水分易被基面所吸收，使砂浆变得干稠，致使施工困难，同时影响胶凝材料的正常水化硬化，降低砂浆本身强度以及与基层的黏结强度。因此，砂浆要具有良好的保水性。一般来说，砂浆内胶凝材料充足，尤其是掺加了石灰膏和黏土膏等掺合料后，砂浆的保水性均较好，砂浆中掺入加气剂、微末剂、塑化剂等也能改善砂浆的保水性和流动性。

但是砌筑砂浆的保水性并非越高越好，对于不吸水基层的砌筑砂浆，保水性太高会使得砂浆内部水分早期无法蒸发释放，从而不利于砂浆强度的增长并且增大了砂浆的干缩裂缝，降低了整个砌体的整体性。

砂浆的保水性以"保水率"表示，保水率是指用标准的试验方法，测得的保留在砂浆中的水分占试验前砂浆中总水分的百分数（质量分数）。砌筑砂浆的保水率应符合表 6-4 的规定。

表 6-4 砌筑砂浆的保水率

砂浆种类	保水率/%
水泥砂浆	≥80
水泥混合砂浆	≥84
预拌砂浆	≥88

二、硬化砂浆的技术性质

1. 抗压强度与强度等级

砂浆强度等级是以 70.7mm×70.7mm×70.7mm 的 3 个立方体试块，按标准条件养护至 28 天的抗压强度平均值确定。

根据《砌筑砂浆配合比设计规程》（JGJ/T 98—2010）的规定，砂浆强度等级分为 M5、M7.5、M10、M15、M20、M25、M30 共 7 个等级。

砂浆的实际强度除了与水泥的强度和用量有关外，还与基底材料的吸水性有关，因此其强度可分为下列两种情况。

① 不吸水基层材料。影响砂浆强度的因素与混凝土基本相同，主要取决于水泥强度和水灰比，即砂浆的强度与水泥强度和灰水比成正比关系。

$$f_{mu} = A f_{ce} \left(\frac{C}{W} - B \right) \quad (6-1)$$

式中　f_{mu}——砂浆 28 天抗压强度，MPa；

　　　f_{ce}——水泥的实测强度值，MPa；

　　　$\frac{C}{W}$——灰水比；

　　　A，B——经验系数，其中 $A=0.29$，$B=0.4$。

② 吸水性基层材料。砂浆强度主要取决于水泥强度和水泥用量，而与水灰比无关。砂浆强度计算公式如下：

$$f_{mu} = f_{ce} Q_c \frac{\alpha}{1000} + \beta \quad (6-2)$$

式中　f_{mu}——砂浆 28 天抗压强度，MPa；

　　　f_{ce}——水泥的实测强度值，MPa；

　　　Q_c——每立方米砂浆中水泥用量，kg/m³；

　　　α，β——砂浆的特征系数，其中 $\alpha=3.03$，$\beta=-15.09$。

2. 黏结性

砖、石、砌块等材料是靠砂浆黏结成一个坚固整体并传递荷载的，因此，要求砂浆与基材之间应有一定的黏结强度。两者黏结得越牢，则整个砌体的整体性、强度、耐久性及抗震性等越好。

一般砂浆抗压强度越高，则其与基材的黏结强度越高。此外，砂浆的黏结强度与基层材料的表面状态、清洁程度、湿润状况以及施工养护等条件有很大关系，同时还与砂浆的胶凝材料种类有很大关系，加入聚合物可使砂浆的黏结性大为提高。

实际上，针对砌体这个整体来说，砂浆的黏结性较砂浆的抗压强度更为重要。但是，考虑到我国的实际情况以及抗压强度相对来说容易测定，因此，将砂浆抗压强度作为必检项目和配合比设计的依据。

3. 变形性

砌筑砂浆在承受荷载或在温度变化时，会产生变形。如果变形过大或不均匀容易使砌体的整体性下降，产生沉陷或裂缝，影响到整个砌体的质量。抹面砂浆在空气中也容易产生收缩等变形，变形过大也会使面层产生裂纹或剥离等质量问题。因此要求砂浆具有较小的变形性。

砂浆变形性的影响因素很多，如胶凝材料的种类和用量、用水量、细骨料的种类、级配和质量以及外部环境条件等。

4. 抗冻性

强度等级 M2.5 以上的砂浆，常用于受冻融影响较多的建筑部位。当设计中做出冻融循环要求时，必须进行冻融试验，经冻融试验后，质量损失率不应大于 5%，强度损失率不应大于 25%。砌筑砂浆的抗冻性应符合表 6-5 的规定。

表 6-5 砌筑砂浆的抗冻性

使用条件	抗冻指标	质量损失率/%	强度损失率/%
夏热冬暖地区	F15	$\leqslant 5$	$\leqslant 25$
夏热冬冷地区	F25		
寒冷地区	F35		
严寒地区	F50		

5. 砌筑砂浆的验收

砌筑砂浆试块强度验收时其强度合格标准必须符合下列规定：

同一验收批砂浆试块抗压强度平均值必须大于或等于设计强度对应的立方体抗压强度；同一验收批砂浆试块抗压强度的最小一组的平均值必须大于或等于设计强度等级对应的立方体抗压强度的 0.75 倍。

注意：①砌筑砂浆的验收批，同一类型、强度等级的砂浆试块应不少于 3 组，当同一验收批只有一组试块时，该组试块抗压强度的平均值必须大于或等于设计强度等级所对应的立方体抗压强度；②砂浆强度应以标准养护、龄期为 28 天的试块抗压试验结果为准。

抽检数量：每一检验批且不超过 $250m^3$ 砌体的各种类型及强度等级的砌筑砂浆，每台搅拌机应至少抽检一次。

检验方法：在砂浆搅拌机出料口取样制作砂浆试块（同盘砂浆只应制作一组试块），最后检查试块强度试验报告单。

当施工中或验收时出现下列情况，可采用现场检验方法对砂浆和砌体强度进行原位检测或取样检测，并判定其强度：

(1) 砂浆试块缺乏代表性或试块数量不足；

(2) 对砂浆试块的试验结果有怀疑或有争议；

(3) 砂浆试块的试验结果，不能满足设计要求。

三、砌筑砂浆配合比设计

砌筑砂浆是将砖、石、砌块等黏结成为砌体的砂浆。砌筑砂浆主要起黏结、传递应力的作用，是砌体的重要组成部分。

砌筑砂浆可根据工程类别及砌体部位的设计要求，确定砂浆的强度等级，然后选定其配合比。一般情况下可以查阅有关手册和资料来选择配合比，但如果工程量较大、砌体部位较为重要或掺入外加剂等非常规材料时砂浆,为保证质量和降低造价,应进行配合比设计。经过计算、试配、调整,从而确定施工用的砂浆配合比。

目前常用的砌筑砂浆有水泥砂浆和水泥混合砂浆两大类。

根据《砌筑砂浆配合比设计规程》(JGJ/T 98—2010)规定;用于砌筑吸水底面的砂浆配合比设计或选用步骤如下。

1. 水泥混合砂浆配合比设计过程

(1) 确定试配强度。

砂浆的试配强度可按下式确定:

$$f_{m,0} = kf_2 \tag{6-3}$$

式中 $f_{m,0}$——砂浆的试配强度,应精确至 0.1MPa,MPa;
  f_2——砂浆强度等级值,应精确至 0.1MPa,MPa;
  k——系数,按表 6-6 取值。

表 6-6 砂浆强度标准差 σ 及 k 值

强度等级 施工水平	强度标准差 σ/MPa							k
	M5	M7.5	M10	M15	M20	M25	M30	
优良	1.00	1.50	2.00	3.00	4.00	5.00	6.00	1.15
一般	1.25	1.88	2.50	3.75	5.00	6.25	7.50	1.20
较差	1.50	2.25	3.00	4.50	6.00	7.50	9.00	1.25

砂浆强度标准差的确定应符合下列规定:

① 当有统计资料时,砂浆强度标准差应按下式计算:

$$\sigma = \sqrt{\frac{\sum_{i=1}^{n} f_{m,i}^2 - n\mu_{f_m}^2}{n-1}} \tag{6-4}$$

式中 $f_{m,i}$——统计周期内同一品种砂浆第 i 组试件的强度,MPa;
  μ_{f_m}——统计周期内同一品种砂浆 n 组试件强度的平均值,MPa;
  n——统计周期内同一品种砂浆试件的总组数,$n \geq 25$。

② 当无统计资料时,砂浆强度标准差可按表 6-6 取值。

(2) 计算每立方米砂浆中水泥用量:

$$Q_C = \frac{1000(f_{m,0} - \beta)}{\alpha f_{ce}} \tag{6-5}$$

式中 Q_C——每立方米砂浆中的水泥用量,精确至 1kg,kg/m³;
  $f_{m,0}$——砂浆的试配强度,精确至 0.1MPa,MPa;
  f_{ce}——水泥的实测强度,精确至 0.1MPa,MPa;
  α,β——砂浆的特征系数,其中 $\alpha = 3.03$,$\beta = -15.09$。

在无法取得水泥的实测强度 f_{ce} 时,可按下式计算:

$$f_{ce} = \gamma_c f_{ce,k} \tag{6-6}$$

式中 $f_{ce,k}$——水泥强度等级对应的强度值,MPa;
  γ_c——水泥强度等级值的富余系数,该值应按实际统计资料确定,无统计资料时

取 $\gamma_c = 1.0$。

当计算出水泥砂浆中的水泥用量不足 200kg/m³ 时,应按 200kg/m³ 采用。

(3) 水泥混合砂浆的掺合料用量。

水泥混合砂浆的掺合料应按下式计算:

$$Q_D = Q_A - Q_C \tag{6-7}$$

式中 Q_D——每立方米砂浆中掺合料用量,精确至 1kg,石灰膏、黏土膏使用时的稠度为 (120 ± 5) mm,kg/m³;

Q_C——每立方米砂浆中水泥用量,精确至 1kg,kg/m³;

Q_A——每立方米砂浆中水泥和掺合料的总量,精确至 1kg,宜在 300~350kg/m³ 之间,kg/m³。

(4) 确定砂子用量。

每立方米砂浆中砂子用量 Q_S(kg/m³),应以干燥状态(含水率小于 0.5%)的堆积密度作为计算值。即 1m³ 的砂浆含有 1m³ 堆积体积的砂。

(5) 确定用水量。

每立方米砂浆中用水量 Q_W(kg/m³),可根据砂浆稠度要求选用 240~310kg。

注意:

① 混合砂浆中的用水量,不包括石灰膏或黏土膏中的水;
② 当采用细砂或粗砂时,用水量分别取上限或下限;
③ 稠度小于 70mm 时,用水量可小于下限;
④ 施工现场气候炎热或干燥季节,可酌情增加水量。

2. 水泥砂浆配合比选用

水泥砂浆各种材料用量可按照表 6-7 选用。

表 6-7 水泥砂浆材料用量   单位:kg/m³

强度等级	水泥用量	砂	用水量
M5	200~230	砂的堆积密度值	270~330
M7.5	230~260		
M10	260~290		
M15	290~330		
M20	340~400		
M25	360~410		
M30	430~480		

注:1. M15 及 M15 以下强度等级水泥砂浆,水泥强度等级为 32.5 级;M15 以上强度等级水泥砂浆,水泥强度等级为 42.5 级;
2. 当采用细砂或粗砂时,用水量分别取上限或下限;
3. 稠度小于 70mm 时,用水量可小于下限;
4. 施工现场气候炎热或干燥时,可酌情增加用水量;
5. 试配强度应按照式(6-3)进行计算。

水泥粉煤灰砂浆材料用量可按表 6-8 选用。

表 6-8　水泥粉煤灰砂浆材料用量　　　　　　　　　　单位：kg/m³

强度等级	水泥和粉煤灰总量	粉煤灰	砂	用水量
M5	210～240	粉煤灰掺量可占胶凝材料总量的 15%～25%	砂的堆积密度值	270～330
M7.5	240～270			
M10	270～300			
M15	300～330			

注：1. 表中水泥强度等级为 32.5 级；
2. 当采用细砂或粗砂时，用水量分别取上限或下限；
3. 稠度小于 70mm 时，用水量可小于下限；
4. 施工现场气候炎热或干燥季节，可酌情增加用水量；
5. 试配强度应按公式（6-3）计算。

3. 配合比的试配、调整与确定

砂浆试配时应采用工程中实际使用的材料；搅拌采用机械搅拌，搅拌时间自投料结束后算起，水泥砂浆和水泥混合砂浆不得小于 120s，掺用粉煤灰和外加剂的砂浆不得小于 180s。

按计算或查表选用的配合比进行试拌，测定其拌合物的稠度和分层度，若不能满足要求，则应调整用水量和掺合料用量，直至符合要求为止。此时的配合比为砂浆基准配合比。

为了测定的砂浆强度能在设计要求范围内，试配时至少采用 3 个不同的配合比，其中一个为基准配合比，另外两个配合比的水泥用量按基准配合比分别增加及减少 10%，在保证稠度和分层度合格的条件下，可将用水量或掺合料用量做相应调整。按《建筑砂浆基本性能试验方法标准》JGJ/T 70 的规定成型试件，测定砂浆强度。选定符合试配强度要求并且水泥用量最少的配合比作为砂浆配合比。

砂浆配合比以各种材料用量的比例形式表示：

$$水泥：掺加料：砂：水 = Q_C : Q_D : Q_S : Q_W$$

任务三　干混砂浆

干混砂浆是指经干燥筛分处理的骨料（如石英砂）、无机胶凝材料（如水泥）和添加剂（如聚合物）等按一定比例进行物理混合而成的一种颗粒状或粉状，以袋装或散装的形式运至工地，加水拌和后即可直接使用的物料。又称作砂浆干粉料、干混料、干拌粉，有些建筑黏合剂也属于此类。干混砂浆在建筑业中以薄层发挥黏结、衬垫、防护和装饰作用，建筑和装修工程应用极为广泛。

一、概述

干混砂浆是建材领域新兴的干混材料之一。《干混砂浆应用技术规程》将干混砂浆定义为：由专业生产厂家生产的，以水泥为主要胶结料与干燥筛分处理的细集料、矿物掺合料、加强材料和外加剂按一定比例混合而成的混合物。它可以广泛地适用于各种墙体和地面的砌筑、抹灰，还可以用于陶瓷、马赛克、石材等内外墙装饰材料的黏结。

二、干混砂浆的原料组成

干混砂浆亦称为预混（干）砂浆，也有称干粉料、干混料等，它是在工厂经准确配料和均匀混合而制成的砂浆半成品，到施工现场只需加水搅拌即可使用。干混砂浆的种类很多，其成分也比较复杂，概括起来是由胶结料、填料、矿物掺合料、外加剂等材料组成。

(1) 胶结料。干混砂浆常用的胶结料有硅酸盐水泥、普通硅酸盐水泥、高铝水泥、硅酸钙水泥、天然石膏、石灰以及由这些材料组成的混合体。硅酸盐水泥（通常是Ⅰ型）或硅酸盐白水泥都是主要的胶结料。地坪砂浆中通常还需要用一些特殊的水泥。胶结料的用量占干混料产品质量的20%~40%。

(2) 填料。干混砂浆的主要填料有黄砂、石英砂、石灰石、白云石、膨胀珍珠岩等。这些填料经过破碎、烘干，再筛分成粗、中、细三类，颗粒尺寸为：粗填料4~0.4mm、中填料0.4mm~100μm、细填料在100μm以下。粒度很小的产品，需用细石粉和经分选过的石灰石作骨料，而且石灰石要尽可能地白。普通的干粉砂浆既可用粉碎过的石灰石，也可用经干燥、筛选过的砂子作骨料。如果砂子质量足可用于高级的结构混凝土，则其一定符合生产干混料的要求。生产质量可靠的干混砂浆，关键在于原料粒度的掌握以及投料配比的准确，而这是在干混砂浆自动生产中实现的。

(3) 保水增稠材料。干混砂浆常用砂浆稠化粉作为保水增稠材料，它通过对水分子的物理吸附作用，达到使砂浆增稠、保水的目的，具有安全、无毒、无放射性和腐蚀等特性。

(4) 矿物掺合料。干混砂浆的矿物掺合料主要是工业副产品、工业废料及部分天然矿石等，如矿渣、粉煤灰、火山灰、细硅石粉等，这些掺合料的化学成分可溶于水，具有很高的活性和水硬性。

(5) 外加剂。外加剂是干混砂浆的关键环节，外加剂的种类和数量以及外加剂之间的适应性关系到干混砂浆的质量和性能。增加干混砂浆的和易性和黏结力，提高砂浆的抗裂性，降低渗透性，使砂浆不宜泌水分离，从而提高干混砂浆的施工性能，降低生产成本。

三、干混砂浆与普通砂浆区别

1. 组分不同

普通水泥砂浆的组成材料是三组分，即水泥、砂和水。而干混砂浆至少是四组分，即水泥、砂、聚合物胶粉等外加剂和水，有的甚至是五组分，增加了超细掺合料。由于增加了聚合物外加剂和超细掺合料，干混砂浆与普通砂浆的性能差别很大成为可能。外加剂尤其是高效减水剂作为一种表面活性剂解决了低水灰比与工作性的矛盾，它具有高度分散水泥颗粒、消除絮凝结构的作用，也使砂浆的水灰比突破理论水胶比成为现实。高性能水泥砂浆中的掺合料有别于普通水泥砂浆中的掺合料，普通水泥砂浆中的掺合料，如双灰粉中的粉煤灰等主要是天然火山灰材料、原状工业副产品粉煤灰和水淬矿渣等，由于这些材料细度不足，它们在普通混凝土中产生的火山灰反应程度有限，其主要贡献是微集料效应和填充效应；聚合物胶粉和超细矿物掺合料，都有助于改善水泥浆与集料的界面，从而提高黏结强度和耐久性能。

2. 颗粒分布不同

普通砂浆颗粒分布比较粗，不是连续级配，砂与砂之间颗粒分布不合理。干混砂浆对砂子的要求很高，砂必须经过分级处理，使砂从粗到细，合理分布。

3. 水灰比不同

水泥的理论水灰比是0.38，普通砂浆为满足工作性需要普遍采用0.4~0.8，甚至更高的水灰比。而干混砂浆可以加入高效减水剂使水灰比降低至0.38或者以下。在高水灰比的普通砂浆中，拌合物内的大量水分加大了水泥颗粒间的距离，使砂浆硬化后存在大量有害的毛细孔隙。此外，多余水分还集结在集料表面尤其是底面，使集料的界面形成薄弱的界面过渡区。界面过渡区的结构具有疏松多孔、粗大晶体富集并呈定向排列等特征，使其成为普通砂浆中最薄弱的环节。干混砂浆普遍采用了低水灰比，拌合物内没有多余水分存在，水泥硬化后毛细孔隙数量大大减少,而且毛细孔的孔径也比普通砂浆的孔径小。此外,超细掺合料的粒径小于水泥颗粒,能填充水泥颗粒之间的孔隙,改善了粉体材料之间级配,进一步减少了砂浆中的毛细孔隙数量。

4. 微观结构不同

从宏观上看,砂浆包括水泥石、微集料。微集料主要指超细掺合料、孔隙和水。而从微观上看,水泥石中包含水化产物、未水化水泥颗粒及毛细孔等,水化产物又包含晶体、凝胶和凝胶孔。因此,水泥砂浆是一种具有不同孔隙的多孔体。在这个多孔体中,毛细孔和凝胶数量是决定砂浆强度和耐久性的重要因素。毛细孔越少,砂浆越密实,耐久性越好,反之越差。而凝胶数量越多,砂浆的强度越高,反之越低。普通砂浆的水灰比大,使硬化砂浆中毛细孔体积占砂浆总体积的比例高以及界面过渡区的存在,砂浆的密实性差。普通砂浆中加入的混合材料由于细度不足,品质不佳,后期的火山灰反应较弱,所能消耗薄弱结晶的能力有限,提供的凝胶数量也少,其强度也很低。干混砂浆采用低水灰比,硬化后毛细孔数量显著减少,而超细掺合料又改善粉体集料的级配,也能大幅度降低毛细孔数量,使干混砂浆形成高度致密的微观结构。此外,超细掺合料活性大,火山灰反应强烈,消耗掉大量的结晶,产生的凝胶数量多,因此对强度的贡献大,$Ca(OH)_2$的减少相应也提高了干混砂浆的抗腐蚀性能。

5. 性能不同

砂浆的宏观性能主要包括强度、耐久性及工作性等。普通砂浆因水灰比大其强度较低耐久性也因毛细孔及集料界面过渡区的存在而难以提高,工作性主要指砂浆的流动性,一般用砂浆的稠度和分层度表示。而高性能水泥砂浆的强度随其水灰比的降低而显著提高,水灰比的降低,减少了砂浆中孔隙含量,加之粉料的合理级配使其微观结构达到相当致密的状态,外界有害介质很难侵入,大大提高了耐久性能。外加剂的引入使高性能水泥砂浆的工作性达到前所未有的理想程度。在混凝土行业,坍落度均达到180mm以上的流态混凝土和泵送混凝土,得到大量应用;与之相对应,在砂浆领域出现了自流平砂浆,流动性非常好,无须抹面,自动找平,并在工业地面和大型展览馆地面,应用广泛。

四、干混砂浆的优点

干混砂浆突破了传统砂浆生产工艺的限制,产品质量稳定,有利于工程质量的提高。一方面,传统砂浆工艺,由于在现场拌制,不可能完全满足建筑物在设计时对材料的要求。而干混砂浆的生产可以根据不同的使用要求设计不同的砂浆配合比。通过生产企业微机的数据库资料系统,可以从上百个甚至几百个配合比中调取数据,并通过数学模型计算试配性能,且计量十分准确,这是产品质量稳定的前提。另一方面,干混砂浆生产工艺对各种原材料进行了预处理,为产品质量的稳定提供了又一有效保证。

产品品种齐全,针对性强,专业程度高,提高了砂浆对工程的适应性。不同用途砂浆对材料的抗收缩、抗龟裂、保温、防潮等特性的要求不同,且施工要求的和易性、保水性、凝固时间也不同,这些特性需要按照科学配方严格配制才能实现。干混砂浆配料十分灵活且准确,可随时根据各种工程材料要求和施工要求配制与之相适应的砂浆,明显提高了砂浆对工程的适应性。

机械化作业,生产效率高,有利于降低建筑成本,连续生产和精确配料可以避免材料浪费。同时商品化的生产规模,使得固定成本的摊销大幅度降低,在保证质量的前提下实现最低的成本。而这种低成本是以技术进步来保证质量的,因此干混砂浆的实际生产具有相当可观的利润。从建筑工程投资考虑,干混砂浆的使用不仅提高了建筑质量,而且在施工过程中节约了大量的人力、物力和时间,工程总造价显著降低。施工方便快捷,中间环节少,有利于加快施工进度和改善施工现场环境。施工过程中，使用干混砂浆就像人们食用方便面一样，随取随用，加适量水搅拌数分钟即可用，十分方便，施工速度大幅度提高。干混砂浆极大地改善了施工现场的环境，完全可以杜绝由现场堆放水泥、砂等带来的脏、乱、差的局面。与商品混凝土一样，砂浆的商品化有利于环境保护和散装水泥的推广。

总之，干混砂浆具有施工简便、适用面广、工作性能好、有利于环保等优点。推广应用建筑干混砂浆，不仅是建材业的一项突破，而且有利于促进建筑业的技术进步、文明施工和环境保护。

五、干混砂浆分类

1. 普通干混砂浆

（1）普通抹灰砂浆。主要用于墙面打底、找平和满足一般饰面要求，要解决的主要问题是抹灰层的开裂、空鼓、脱落等。抹灰砂浆将是我国应用量最大的建筑干混砂浆产品。

（2）普通砌筑砂浆。主要用于烧结砖、混凝土砌块、石材等块材的砌筑。通过外加剂的加入也可配制用于新型墙体材料（如加气混凝土砌块、轻质保温砌块等）的专用砂浆。干混砌筑砂浆要解决的主要问题是传统砂浆的砌筑灰缝不饱满、砌体劈剪强度低等。砌筑砂浆的性能特点是高触变性和高黏结性。

（3）普通地面砂浆。主要用于地面找平处理和满足一般地面装饰要求。地面砂浆以不同等级的黏结性、耐磨性、抗冲击性、抗压强度和尺寸稳定性为性能特点。

2. 特种砂浆

（1）墙体保温系统专用砂浆。主要用于墙体保温材料的黏结和表面防护，按不同的保温体系可分为膨胀聚苯板薄抹灰保温体系专用砂浆、膨胀聚苯大模内置保温体系专用砂浆、胶粉聚苯颗粒保温体系专用砂浆、硬泡聚氨酯保温体系专用砂浆和加气混凝土单一材料保温体系专用砂浆。这类砂浆是目前我国北方地区用量最大的特种砂浆，其以高聚合物含量为产品配料特点，以高黏结强度、高变形性、低吸水率为性能特点。

（2）墙地砖黏结砂浆。主要用于墙面、地面装饰砖的黏结，可分为陶瓷砖黏结砂浆、石材黏结砂浆和彩色填缝砂浆等。根据使用环境温度的不同又可分为普通型和防冻型两类。这类砂浆以高聚合物含量为配料特点，以高黏结性、高保水性、高耐候性、抗反碱性以及优异的工作性为性能特点。

（3）界面处理砂浆主要用于提高抹灰层与基材之间和新旧抹灰层之间的黏结性能，可分为混凝土界面处理砂浆、加气混凝土界面处理砂浆、钢结构界面处理砂浆。这类砂浆以高聚合物掺量、高黏结性能为主要特点。

（4）自流平地坪砂浆。指具有自流平、耐磨、防静电、防滑和耐腐蚀等特殊性能的地面砂浆，用于有特殊要求的地面，有别于普通的地面砂浆。可分为水泥自流平砂浆、石膏自流平砂浆、耐磨地坪砂浆、环氧地坪砂浆、聚氨酯地坪砂浆等。

（5）刮墙腻子。主要用于涂料装饰前墙面的找平，可分为内墙腻子、外墙腻子、柔性抗裂腻子等几类。在北京及周边地区有相当长的应用历史和较大的使用量。腻子产品以高保水剂掺量为配料特点，以高保水性、高黏结强度、表面光滑细腻为性能特点。

（6）装饰砂浆。主要用于墙面最终装饰，可分为彩色砂浆、彩色腻子和艺术砂浆等。这类砂浆在欧洲应用非常广泛，国内南方地区也有应用。以黏结强度、耐老化性、抗反碱性和装饰性为性能特点。装饰砂浆作为墙体保温体系的最终装饰层，是一种较好的解决方案。

（7）修复砂浆。主要用于对既有建筑物的修复处理。其黏结性突出，结构强度高。

（8）防水砂浆。主要用于对墙面、地面和层面等的防水处理，其抗渗性能突出，黏结强度高。

(9) 灌浆材料。主要用于混凝土后浇灌浆、设备基础灌浆、加固灌浆等工程，具有微膨胀特性和较高的强度。

(10) 弹性砂浆。主要用于具有防裂、抗变形要求的工程。其掺加大量聚合物、纤维材料等，具有较高的柔性和良好的形变能力。

(11) 其他特种砂浆。根据实际使用要求，通过高分子聚合物等外加剂的掺入，可以配制生产出具有特殊性能、满足特殊要求的其他特种砂浆品种。

任务四　抹面砂浆

凡涂抹在基底材料的表面，兼有保护基层和增加美观作用的砂浆，可统称为抹面砂浆。

根据抹面砂浆功能不同，一般可将抹面砂浆分为普通抹面砂浆、防水砂浆、装饰砂浆和特种砂浆（如绝热、吸声、耐酸、防射线砂浆）等。

与砌筑砂浆相比，抹面砂浆的特点和技术要求如下：

(1) 抹面层不承受荷载；

(2) 抹面砂浆应具有良好的和易性，容易抹成均匀平整的薄层，便于施工；

二维码 6-3

(3) 抹面层与基底层要有足够的黏结强度，使其在施工中或长期自重和环境作用下不脱落、不开裂；

(4) 抹面层多为薄层，并分层涂抹，面层要求平整、光洁、细致、美观；

(5) 多用于干燥环境，大面积暴露在空气中。

抹面砂浆的组成材料与砌筑砂浆基本上是相同的。但为了防止砂浆层的收缩开裂，有时需要加入一些纤维材料，或者为了使其具有某些特殊功能需要选用特殊骨料或掺加料。

与砌筑砂浆不同，抹面砂浆的主要技术性质不是抗压强度，而是和易性以及与基底材料的黏结强度。

一、普通抹面砂浆

普通抹面砂浆对建筑物和墙体起到保护作用。它可以抵抗风、雨、雪等自然环境对建筑物的侵蚀，并提高建筑物的耐久性，同时经过抹面的建筑物表面或墙面又可以达到平整、光洁、美观的效果。

常用的普通抹面砂浆有水泥砂浆、石灰砂浆、水泥混合砂浆、麻刀石灰砂浆（简称麻刀灰）、纸筋石灰砂浆（简称纸筋灰）等。

普通抹面砂浆通常分为两层或三层进行施工。底层抹灰的作用是使砂浆与基底能牢固地黏结，因此要求底层砂浆具有良好的和易性、保水性和较好的黏结强度；中层抹灰主要是找平，有时可省略；面层抹灰是为了获得平整、光洁的表面效果。各层抹灰面的作用和要求不同，因此每层所选用的砂浆也不一样。同时不同的基底材料和工程部位，对砂浆技术性能要求也不同，这也是选择砂浆种类的主要依据。水泥砂浆宜用于潮湿或强度要求较高的部位；混合砂浆多用于室内底层、中层或面层抹灰；石灰砂浆、麻刀灰、纸筋灰多用于室内中层或面层抹灰。水泥砂浆不得涂抹在石灰砂浆层上。普通抹面砂浆的组成材料及配合比，可根据使用部位及基底材料的特性确定，一般情况下参考有关资料和手册选用。

二、装饰砂浆

装饰砂浆是指涂抹在建筑物内外墙表面，具有美观装饰效果的抹面砂浆。

装饰砂浆的底层和中层抹灰与普通抹面砂浆基本相同，但是其面层要选用具有一定颜色的胶凝材料和骨料或者经各种加工处理，使得建筑物表面呈现各种不同的色彩、线条和花纹等装饰效果。

1. 装饰砂浆的组成材料

① 胶凝材料。装饰砂浆所用胶凝材料与普通抹面砂浆基本相同，只是灰浆类饰面更多地采用白色水泥或彩色水泥。

② 集料。装饰砂浆所用集料，除普通天然砂外，石碴类饰面常使用石英砂、彩釉砂、着色砂、彩色石碴等。

③ 颜料。装饰砂浆中的颜料，应采用耐碱和耐光晒的矿物颜料。

2. 装饰砂浆主要饰面方式

装饰砂浆饰面方式可分为灰浆类饰面和石碴类饰面两大类。

（1）灰浆类饰面是主要通过水泥砂浆的着色或对水泥砂浆表面进行艺术加工，从而获得具有特殊色彩、线条、纹理等质感的饰面。其主要优点是材料来源广泛，施工操作简便，造价比较低廉，而且通过不同的工艺加工，可以创造不同的装饰效果。常用的灰浆类饰面有以下几种：

① 拉毛灰。拉毛灰是用铁抹子或木蟹，将罩面灰浆轻压后顺势拉起，形成一种凹凸质感很强的饰面层。拉细毛时用棕刷黏着灰浆拉成细的凹凸花纹。

② 甩毛灰。甩毛灰是用竹丝刷等工具将罩面灰浆甩涂在基面上，形成大小不一而又有规律的云朵状毛面饰面层。

③ 仿面砖。仿面砖是在掺入氧化铁系颜料（红、黄）的水泥砂浆抹面上，用特制的铁钩和靠尺，按设计要求的尺寸进行分格划块，沟纹清晰，表面平整，酷似贴面砖饰面。

④ 拉条。拉条是在面层砂浆抹好后，用一凹凸状轴辊作模具，在砂浆表面上滚压出立体感强、线条挺拔的条纹。条纹分半圆形、波纹形、梯形等多种，条纹可粗可细，间距可大可小。

⑤ 喷涂。喷涂是用挤压式砂浆泵或喷斗，将掺入聚合物的水泥砂浆喷涂在基面上，形成波浪、颗粒或花点质感的饰面层。在表面再喷一层甲基硅醇钠或甲基硅树脂疏水剂，可提高饰面层的耐久性和耐污染性。

⑥ 弹涂。弹涂是用电动弹力器，将掺入107胶的2～3种水泥色浆，分别弹涂到基面上，形成1～3mm圆状色点，获得不同色点相互交错、相互衬托、色彩协调的饰面层。最后刷一道树脂罩面层，起防护作用。

（2）石碴类饰面是用水泥（普通水泥、白水泥或彩色水泥）、石碴、水拌成石碴浆，同时采用不同的加工手段除去表面水泥浆皮，使石碴呈现不同的外露形式以及水泥浆与石碴的色泽对比，构成不同的装饰效果。

石碴是天然的大理石、花岗石以及其他天然石材经破碎而成，俗称米石。常用的规格有大八厘（粒径为8mm）、中八厘（粒径为6mm）、小八厘（粒径为4mm）。石碴类饰面比灰浆类饰面色泽较明亮，质感相对丰富，不易褪色，耐光性和耐污染性也较好。常用的石碴类饰面有以下几种：

① 水刷石。将水泥石碴浆涂抹在基面上，待水泥浆初凝后，以毛刷蘸水刷洗或用喷枪以一定水压冲刷表层水泥浆皮，使石碴半露出来，达到装饰效果。

② 干粘石。干粘石又称甩石子，是在水泥浆或掺入107胶的水泥砂浆黏结层上，把石碴、彩色石子等粘在其上，再拍平压实而成的饰面。石粒的2/3应压入黏结层内，要求石子粘牢，不掉粒并且不露浆。

③ 斩假石。斩假石又称剁假石，是以水泥石碴（掺30％石屑）浆作成面层抹灰，待具有一定强度时，用钝斧或凿子等工具，在面层上剁斩出纹理，而获得类似天然石材经雕琢后的纹理质感。

④ 水磨石。水磨石是由水泥、彩色石碴或白色大理石碎粒及水按一定比例配制，需要时掺入适量颜料，经搅拌均匀。浇筑捣实、养护，待硬化后将表面磨光而成的饰面。常常将磨光表面用草酸冲洗，干燥后上蜡。

水刷石、干粘石、斩假石和水磨石等装饰效果各具特色。在质感方面：水刷石最为粗犷，干粘石粗中带细，斩假石典雅庄重，水磨石润滑细腻。在颜色花纹方面：水磨石色泽华丽、花纹美观；斩假石的颜色与斩凿的灰色花岗石相似；水刷石的颜色有青灰色、奶黄色等；干粘石的色彩取决于石碴的颜色。

三、防水砂浆

用作防水层的砂浆称为防水砂浆。砂浆防水层又称作刚性防水层，适用于不受振动和具有一定刚度的混凝土或砖石砌体的表面。

防水砂浆主要分为3种：

（1）水泥砂浆。由水泥、细骨料、掺合料和水制成的砂浆。普通水泥砂浆多层抹面用作防水层。

（2）掺加防水剂的防水砂浆。在普通水泥中掺入一定量的防水剂而制成的防水砂浆是目前应用最广泛的一种防水砂浆。常用的防水剂有硅酸钠类、金属皂类、氯化物金属盐及有机硅类。

（3）膨胀水泥和无收缩水泥配制砂浆。该种水泥具有微膨胀或补偿收缩性能，从而能提高砂浆的密实性和抗渗性。

防水砂浆的配合比为水泥与砂的质量比，一般不宜大于1∶2.5，水灰比应为0.50～0.60，稠度不应大于80mm。水泥宜选用325号以上的普通硅酸盐水泥或425号矿渣水泥，砂子宜选用中砂。

防水砂浆施工方法有人工多层抹压法和喷射法等。各种方法都是以防水抗渗为目的，减少内部连通毛细孔，提高密实度。

四、特种砂浆

1. 隔热砂浆

隔热砂浆是采用水泥等胶凝材料以及膨胀珍珠岩、膨胀蛭石、陶粒砂等轻质多孔骨料，按照一定比例配制的砂浆。其具有质量轻、保温隔热性能好［热导率一般为0.07～0.10W/(m·K)］等特点，主要用于屋面、墙体绝热层和热水、空调管道的绝热层。

常用的隔热砂浆有：水泥膨胀珍珠岩砂浆、水泥膨胀蛭石砂浆、水泥石灰膨胀蛭石砂浆等。

2. 吸声砂浆

一般采用轻质多孔骨料拌制而成的吸声砂浆，其骨料内部孔隙率大，因此吸声性能也十分优良。还可以在吸声砂浆中掺入锯末、玻璃纤维、矿物棉等材料。主要用于室内吸声墙面和顶面。

3. 耐腐蚀砂浆

水玻璃类耐酸砂浆一般采用水玻璃作为胶凝材料，常常掺入氟硅酸钠作为促硬剂。耐酸砂浆主要作为衬砌材料、耐酸地面或内壁防护层等。

耐碱砂浆使用42.5强度等级以上的普通硅酸盐水泥（水泥熟料中铝酸三钙含量应小于9%），细骨料可采用耐碱、密实的石灰岩类（石灰岩、白云岩、大理岩等），火成岩类（辉绿岩、花岗岩等）制成的砂和粉料，也可采用石英质的普通砂。耐碱砂浆可耐一定温度和浓度下的氢氧化钠和铝酸钠溶液的腐蚀，以及任何浓度的氨水、碳酸钠、碱性气体和粉尘等的腐蚀。

硫黄砂浆是以硫黄为胶结料，加入填料、增韧剂，经加热熬制而成的砂浆。采用石英粉、辉绿岩粉、安山岩粉作为耐酸粉料和细骨料。硫黄砂浆具有良好的耐腐蚀性能，几乎能耐大部分有机酸、无机酸、中性和酸性盐的腐蚀，对乳酸也有很强的耐蚀能力。

4. 防辐射砂浆

防辐射砂浆可采用重水泥（钡水泥、锶水泥）或重质骨料（黄铁矿、重晶石、硼砂等）拌制而成，可防止各类辐射的砂浆，主要用于射线防护工程。

5. 聚合物砂浆

聚合物砂浆是在水泥砂浆中加入有机聚合物乳液配制而成的，具有黏结力强、干缩率小、脆性低、耐蚀性好等特性，用于修补和防护工程。常用的聚合物乳液有氯丁胶乳液、丁苯橡胶乳液、丙烯酸树脂乳液等。

职业技能训练

实训一　砂浆试样的制备与现场取样

1. 检测依据

《建筑砂浆基本性能试验方法标准》（JGJ/T 70—2009）。

2. 取样方法

（1）建筑砂浆试验用料应根据不同要求，应从同一盘砂浆或同一车砂浆中取样。取样量应不少于试验所需量的4倍。

（2）施工中取样进行砂浆试验时，其取样方法和原则按相应的施工验收规范执行。一般在使用地点的砂浆槽、砂浆运送车或搅拌机出料口，至少从3个不同部位取样，试验前应人工搅拌均匀。

（3）从取样完毕到开始进行各项性能试验不宜超过15min。

3. 试样的制备

（1）在实验室制备砂浆拌合物时，所用材料应提前24h运入室内。拌和时实验室的温度应保持在（20±5）℃，如需要模拟施工条件下所用的砂浆时，所用原材料的温度宜与施工现场一致。

（2）试验所用原材料应与现场使用材料一致。

（3）实验室拌制砂浆时，材料用量应以质量计。称量精度：水泥、外加剂、掺合料等为±0.5%；砂为±1%。

（4）在实验室搅拌砂浆时应采用机械搅拌，搅拌量宜为搅拌机容量的30%～70%，搅拌时间不应少于120s。掺有掺合料和外加剂的砂浆，其搅拌时间不应少于180s。

实训二　砂浆稠度检测

1. 检测目的

检验砂浆配合比或施工过程中控制砂浆的稠度，以达到控制用水量的目的。

2. 仪器设备

（1）砂浆稠度测定仪。如图 6-1 所示，由试锥、容器和支座 3 部分组成。试锥高度为 145mm，锥底直径为 75mm，试锥连同滑杆的质量应为（300±2）g；盛载砂浆的筒高为 180mm，锥底内径为 150mm；支座分底座、支架及刻度显示 3 个部分。

（2）钢制捣棒：直径 10mm、长 350mm，端部磨圆。

（3）秒表等。

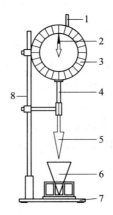

图 6-1 砂浆稠度测定仪

1—齿条测杆；2—指针；3—刻度盘；4—滑杆；5—试锥；6—盛装容器；7—底座；8—支架

3. 检测步骤

（1）用少量润滑油轻擦滑杆，再将滑杆上多余的油用吸油纸擦净，使滑杆能自由滑动。

（2）用湿布擦净盛装容器和试锥表面，将砂浆拌合物一次装入容器，使砂浆表面约低于容器口 10mm。用捣棒自容器中心向边缘均匀地插捣 25 次，然后轻轻地将容器摇动或敲击 5~6 下，使砂浆表面平整，将容器置于稠度测定仪的底座上。

（3）拧松制动螺钉，向下移动滑杆，当试锥尖端与砂浆表面刚接触时，拧紧制动螺钉，使齿条测杆下端刚接触滑杆上端，并将指针对准零点。

（4）拧开制动螺钉，同时记时间，10s 时立即拧紧螺钉，将齿条测杆下端接触滑杆上端，从刻度盘上读出下沉深度（精确至 1mm）即为砂浆稠度值。

（5）盛装容器内的砂浆只允许测定一次稠度，重复测定时，应重新取样。

4. 结果计算与评定

（1）取两次试验结果的算术平均值，精确至 1mm。

（2）如两次试验值之差大于 10mm，应重新取样测定。

实训三　砂浆分层度检测

1. 检测目的

测定砂浆拌合物在运输及停放时内部组分的稳定性，用来评定和易性。

2. 仪器设备

（1）砂浆分层度测定仪。如图 6-2 所示，由上下两层金属圆筒及左右两根连接螺栓组成。圆筒内径为 150mm，上节高度为 200mm，下节带底净高为 100mm。上下层连接处需加宽到 3~5mm，并设有橡胶垫圈。

（2）振动台：振幅为（0.5±0.05）mm，频率为（50±3）Hz。

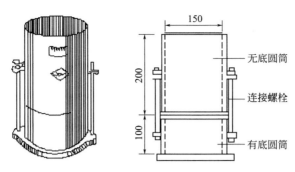

图 6-2 砂浆分层度测定仪（单位：mm）

（3）稠度仪、木锤子等。

3. 检测步骤

分层度试验一般采用标准法，也可采用快速法，但如有争议时，则以标准法为准。

（1）标准法。

① 首先将砂浆拌合物按稠度检测方法测定其稠度（沉入度）K_1。

② 将砂浆拌合物一次装入分层度筒内，待装满后，用木锤在容器周围距离大致相等的 4 个不同部位分别轻轻敲击 1~2 下，如砂浆沉落到低于筒口，则应随时添加，然后刮去多余砂浆并用抹刀抹平。

③ 静置 30min 后，去掉上节 200mm 砂浆，将剩余的 100mm 砂浆倒出放在拌和锅内拌 2min，再按上述稠度检测方法测其稠度 K_2。

（2）快速法。

① 按稠度检测方法测其稠度 K_1。

② 将分层度筒预先固定在振动台上，砂浆一次装入分层度筒内，振动 20s。

③ 去掉上节 200mm 砂浆，剩余 100mm 砂浆倒出放在拌和锅内拌 2min，再按稠度检测方法测其稠度 K_2。

4. 结果计算与评定

（1）前后两次测得的稠度之差，为砂浆分层度，即 $\Delta = K_1 - K_2$。

（2）取两次试验结果的算术平均值作为该砂浆的分层度。

（3）两次分层度试验值之差如果大于 10mm，应重新取样测定。

实训四 砂浆立方体抗压强度检测

1. 检测目的

检测砂浆立方体抗压强度是否满足工程要求。

2. 仪器设备

（1）试模为 70.7mm×70.7mm×70.7mm 的带底试模，由铸铁或钢制成，应具有足够的刚度并拆装方便。试模内表面应机械加工，其不平度应为每 100mm 不超过 0.05mm，组装后各相邻面的不垂直度不应超过±0.5°。

（2）压力试验机、捣棒、垫板、振动台等。

3. 检测步骤

（1）试件制作及养护。

① 采用立方体试件，每组试件 3 个。

② 应用黄油等密封材料涂抹试模的外接缝，试模内涂刷薄层机油或脱膜剂，将拌制好

的砂浆一次性装满砂浆试模,成型方法根据稠度而定。当稠度≥50mm时采用人工振捣成型,当稠度<50mm时采用振动台振实成型。

人工振捣。将捣棒均匀地由边缘向中心按螺旋方式插捣25次,插捣过程中如砂浆沉落低于试模口,应随时添加砂浆,可用油灰刀插捣数次,并用手将试模一边抬高5～10mm后振动5次,使砂浆高出试模顶面6～8mm。

机械振动。将砂浆一次性装满试模,放置到振动台上,振动时试模不得跳动,振动5～10秒或持续到表面出浆为止,不得过振。

③ 待表面水分稍干后,将高出试模部分的砂浆沿试模顶面刮去并抹平。

④ 试件制作后,应在室温(20±5)℃的环境下静置(24±2)h,当气温较低时,可适当延长时间,但不应超过两昼夜,然后对试件进行编号并拆模。试件拆模后应立即放入温度为(20±2)℃、相对湿度为90%以上的标准养护室中养护。养护期间,试件彼此间隔不小于10mm,混合砂浆试件上表面应覆盖,以防有水滴在试件上。

(2) 立方体抗压强度试验。

① 试件从养护地点取出后,应尽快进行试验。试验前将试件擦拭干净,测量尺寸,并检查其外观。并据此计算试件的承压面积,如实测尺寸与公称尺寸之差不超过1mm,可按公称尺寸进行计算。

② 将试件安放在试验机下压板(或下垫板)上,试件的承压面应与成型时的顶面垂直,试件的中心应与试验机下压板(或下垫板)中心对准。开动试验机,当上压板(或上垫板)与试件接近时,调整球座,使接触面均衡受压。承压试验应连续而均匀地加荷,加荷速度应为0.25～1.5kN/s(砂浆强度≤5MPa时,宜取下限;砂浆强度>5MPa时,宜取上限),当试件接近破坏而开始迅速变形时,停止调整试验机油门,直至试件破坏,然后记录破坏荷载。

4. 结果计算与评定

(1) 砂浆立方体抗压强度按式(6-8)计算,精确至0.1MPa。

$$f_{m,cu} = \frac{P}{A} \tag{6-8}$$

式中 $f_{m,cu}$——砂浆立方体试件抗压强度,MPa;
P——试件破坏荷载,N;
A——试件承压面积,mm^2。

(2) 以3个试件测定值的算术平均值的1.3倍,作为该组试件的砂浆立方体抗压强度平均值,精确至0.1MPa。

(3) 当3个测定值的最大值或最小值中如有1个与中间值的差值超过中间值的15%时,则把最大值及最小值一并舍去,取中间值作为该组试件的抗压强度;如有两个测定值与中间值的差值均超过中间值的15%时,则该组试件的试验结果无效。

小 结

本项目介绍了砌筑砂浆和抹面砂浆的组成、技术性能及应用,还介绍了砌筑砂浆的配合比设计方法等。

建筑砂浆是由胶凝材料、细骨料、掺合料、外加剂和水按照适当比例配合、拌制并经硬化而成的材料,又称为细骨料胶凝材料。它在工业与民用建筑中应用极其广泛,主要用作砌筑、抹灰、灌封和粘贴饰面的材料,起黏结、衬垫等作用。

根据建筑砂浆的用途不同，可分为砌筑砂浆、防辐射砂浆、抹面砂浆、装饰砂浆和其他砂浆。根据所用胶凝材料不同，建筑砂浆又分为水泥砂浆、石灰砂浆、石膏砂浆、混合砂浆和聚合砂浆。

与现代化施工技术和质量管理水平相适应的建筑工程，要求采用工厂配制好的干拌砂浆，在搅拌站集中搅拌，或在工地上加水搅拌，制成工程所需的干混砂浆。由于干混砂浆的技术经济效果明显，其取代传统的现场配制拌和的建筑砂浆已经成为一种必然趋势。

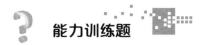

能力训练题

一、名词解释
砂浆，砌筑砂浆，砂浆的和易性，抹面砂浆，流动性，保水性

二、填空题
1. 砂浆的和易性包括（　　　）和（　　　）两方面的含义。
2. 砂浆流动性指标是（　　　），其单位是（　　　）；砂浆保水性指标是（　　　），其单位是（　　　）。
3. 测定砂浆强度的试件尺寸是（　　　）cm 的立方体。在（　　　）条件下养护（　　　）天，测定其（　　　）。
4. 砂浆流动性的选择，是根据（　　　）和（　　　）等条件来决定。夏天砌筑红砖墙体时，砂浆的流动性应选得（　　　）些；砌筑毛石时，砂浆的流动性应选得（　　　）些。
5. 用于不吸水（密实）基层的砌筑砂浆的强度的影响因素是（　　　）和（　　　）。
6. 用于吸水底面的砂浆强度主要取决于（　　　）与（　　　），而（　　　）与（　　　）没有关系。

三、判断题
1. 影响砂浆强度的因素主要有水泥强度等级和 W/C。（　　）
2. 砂浆的分层度越大，保水性越好。（　　）
3. 砂浆的分层度越小，流动性越好。（　　）
4. 采用石灰混合砂浆是为了改善砂浆的流动性。（　　）
5. 砂浆的保水性用沉入度表示，沉入度愈大表示保水性愈好。（　　）
6. 砂浆的流动性用沉入度表示，沉入度愈小，表示流动性愈小。（　　）
7. 砂浆的保水性用分层度表示，分层度愈小，保水性愈好。（　　）
8. 采用石灰混合砂浆是为了改善砂浆的保水性。（　　）
9. 砂浆的分层度越大，说明砂浆的流动性越好。（　　）
10. 无论其底面是否吸水，砌筑砂浆的强度主要取决于水泥强度及水灰比。（　　）
11. 砂浆的和易性包括流动性、黏聚性、保水性三方面的含义。（　　）
12. 用于多孔基面的砌筑砂浆，其强度大小主要取决于水泥标号和水泥用量，而与水灰比大小无关。（　　）
13. 相同流动性条件下，用粗砂拌制混凝土比细砂所用的水泥浆要省。（　　）

四、单选题
1. 水泥强度等级宜为砂浆强度等级的（　　　）倍，且水泥强度等级宜小于 32.5 级。
   A. 2～3　　　　　　B. 3～4　　　　　　C. 4～5　　　　　　D. 5～6

2. 砌筑砂浆适宜分层度一般在（ ）mm。
A. 10～20　　B. 10～30　　C. 10～40　　D. 10～50
3. 材料费用一般占（ ）。
A. 工程总造价的 50%左右　　B. 工程总造价的 60%左右
C. 工程总造价的 70%左右　　D. 工程直接费的 60%左右
4. 凡涂在建筑物或构件表面的砂浆，可统称为（ ）。
A. 砌筑砂浆　　B. 抹面砂浆　　C. 混合砂浆　　D. 防水砂浆
5. 下列有关抹面砂浆、防水砂浆的叙述，哪一条不正确？（ ）
A. 抹面砂浆一般分为两层或三层进行施工，各层要求不同。在容易碰撞或潮湿的地方，应采用水泥砂浆。
B. 外墙面的装饰砂浆常用的工艺做法有拉毛、水刷石、水磨石、斩假石、假面转等。
C. 水磨石一般用普通水泥、白色或彩色水泥拌和各种色彩的花岗石渣作面层。
D. 防水砂浆可用普通水泥砂浆制作，也可在水泥砂浆中掺入防水剂来提高砂浆的抗渗能力。

五、多选题

1. 影响材料的冻害因素有（ ）。
A. 孔隙率　　B. 开口孔隙率　　C. 热导率　　D. 孔的充水程度
2. 下列选项中，可以要求砂浆的流动性大些的是（ ）。
A. 多孔吸水的材料　　B. 干热的天气
C. 手工操作砂浆　　D. 密实不吸水砌体材料
E. 砌筑砂浆
3. 目前常用的膨胀水泥有（ ）。
A. 硅酸盐膨胀水泥　　B. 低热微膨胀水泥　　C. 硫铝酸盐膨胀水泥
D. 自应力水泥　　E. 中热膨胀水泥
4. 土木工程材料与水有关的性质有（ ）。
A. 耐水性　　B. 抗剪性　　C. 抗冻性　　D. 抗渗性

六、计算题

1. 称取砂样 500g，经筛分析试验称得各号筛的筛余量如表 6-9 所示：

表 6-9　烘干砂样各筛的筛余量

筛孔尺寸/mm	4.75	2.36	1.18	0.600	0.300	0.150	<0.15
筛余量/g	45	95	70	65	100	120	5

问：(1) 此砂是何种砂？依据是什么？(2) 判断此砂级配情况？依据是什么？

2. 一工程砌砖墙，需要制 M5.0 的水泥石灰混合砂浆。现材料供应如下：水泥，42.5 级强度等级的普通硅酸盐水泥；砂，粒径小于 2.5mm，含水率 3%，堆积密度 1600kg/m³；石灰膏，表观密度 1300 kg/m³。求 1m³ 砂浆各材料的用量。

项目七

墙体材料

 学习目标

1. 掌握砌墙砖（包括烧结砖及蒸养砖等）的性质和应用特点。
2. 了解各种砌块（包括混凝土及加气混凝土砌块等）和墙体板材的特点及应用。

目前，墙体工程出现了各种各样的新型材料，但砖的价格便宜，且又能满足一些功能要求，因此，砌墙砖仍是当前主要的墙体材料。通常来说，凡是以黏土、工业废料等资源为主要原料，以不同工艺制成的，在建筑中用于砌筑承重和非承重墙体的人造小型块体统称为砌墙砖。砖与砌块通常是按块体的高度尺寸划分的，块体尺寸小于180mm者称为砖；大于或等于180mm者称为砌块。

砌墙砖可分为普通砖和空心砖两大类。普通砖是没有孔洞或孔洞率（砖面上孔洞总面积的百分率）小于25%的砖；而孔洞率大于或等于25%，其孔的尺寸小而数量多者又称为多孔砖，常用于承重部位；孔洞率大于或等于40%，孔的尺寸大而数量少的砖称为空心砖，常用在非承重部位。

根据生产工艺不同，又有烧结砖和非烧结砖之分。经焙烧制成的砖为烧结砖，如黏土砖（N）、页岩砖（Y）、煤矸石砖（M）、粉煤灰砖（F）等；非烧结砖有碳化砖、常压蒸汽养护（或高压蒸汽养护）生成的蒸养（压）砖（如粉煤灰砖、炉渣砖、灰砂砖等）。

任务一 墙体砖

一、烧结普通砖

烧结普通砖是指以黏土、页岩、煤矸石或粉煤灰等为主要原料，经成型、焙烧而成的实心或孔隙率不大于15%的砖。烧结普通砖为矩形体，其标准尺寸是240mm×115mm×53mm。根据所用原料不同，可分为烧结黏土砖（符号为N）、烧结页岩砖（Y）、烧结煤矸石砖（M）和烧结粉煤灰砖（F）。烧结普通砖的生产工艺过程为原料→配料调制→制坯→干燥→焙烧→成品。

生产烧结黏土砖主要采用砂质黏土，其矿物组成是高岭石，该土和成浆体后，具有良好的可塑性，可塑制成各种制品。焙烧时可发生收缩、烧结与烧熔。焙烧初期，该土中自由水蒸发，坯体变干；当温度达450～850℃时，黏土中有机杂质燃尽，矿物中结晶水脱出并逐渐分解，坯体成为强度很低的多孔体；加热至1000℃左右时，矿物分解并出现熔融态的新矿物，它将包裹未熔颗粒并填充颗粒间孔隙，将颗粒黏结，坯体孔隙率降低，体积收缩，强度随之增大，坯体的这一状态称为烧结，经烧结后的制品具有良好的强度和耐水性，故烧结黏土砖的烧结温度控制在950～1050℃，即烧至烧结状态即可。若继续加温，坯体将软化变形，甚至熔融。

焙烧是制砖的关键过程，焙烧时火候要适当、均匀，以免出现欠火砖或过火砖。欠火砖色浅、断面包心（黑心或白心）、敲击声哑、孔隙率大、强度低、耐久性差，因此国标规定欠火砖为不合格品；过火砖色较深、敲击声胎、较密实、强度高、耐久性好，但容易出现变形砖（酥砖或螺纹砖），变形砖也为不合格品。在烧砖时，若窑内氧气充足，使之在氧化气氛中焙烧，则土中的铁元素被氧化成高价的铁，烧得红砖。若在焙烧的最后阶段窑内缺氧，则窑内燃烧气氛呈还原气氛，砖中的高价氧化铁（三氧化二铁）被还原为青灰色的低价氧化铁（氧化亚铁），即烧得青砖。青砖比红砖结实、耐久，但价格较红砖高。

当采用页岩、煤矸石、粉煤灰为原料烧砖时，因其含有可燃成分，焙烧时可在砖内燃烧，不但节省燃料，还使坯体烧结均匀，提高了砖的质量。采用可燃性工业废料作为内燃料烧制成的砖称为内燃砖。

1. 烧结普通砖的技术要求

根据国家标准《烧结普通砖》（GB/T 5101—2017）的规定，烧结普通砖的技术要求包括尺寸偏差、外观质量、强度等级、抗风化性能、泛霜和石灰爆裂等。强度、抗风化性能和放射性物质合格的砖,根据尺寸偏差、外观质量、泛霜和石灰爆裂等情况分为优等品(A)、一等品(B)、合格品(C)3个质量等级。烧结普通砖优等品用于清水墙的砌筑,一等品、合格品可用于混水墙的砌筑。中等泛霜的砖不能用于潮湿部位。

(1) 尺寸偏差。烧结普通砖为矩形块体材料,其标准尺寸为240mm×115mm×53mm。在砌筑时加上砌筑灰缝宽度10mm。每块砖的240mm×115mm的面称为大面,240mm×53mm的面称为条面,115mm×53mm的面称为顶面,具体参见图7-1。为保证砌筑质量,要求烧结普通砖的尺寸偏差必须符合国家标准《烧结普通砖》(GB/T 5101—2017)的规定,如表7-1所示。

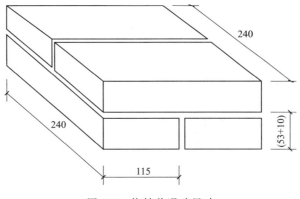

图 7-1 烧结普通砖尺寸

【知识链接】 砖的标准尺寸为长240mm,宽115mm,高53mm。但是在砌砖时加上灰缝宽度之后就是宽120mm,高60mm,两块砖的长加上灰缝就是490mm。

表 7-1 烧结普通砖的尺寸偏差　　　　　　　　　　　单位:mm

公称尺寸	优等品		一等品		合格品	
	样本平均偏差	样本极差≤	样本平均偏差	样本极差≤	样本平均偏差	样本极差≤
240	±2.0	8	±2.5	8	±3.0	8
115	±1.5	6	±2.0	6	±2.5	7
53	±1.5	4	±1.6	5	±2.0	6

(2) 外观质量。砖的外观质量包括两条面高度差、弯曲、杂质凸出高度、缺棱掉角、裂纹、完整面等内容,各项内容均应符合表7-2的规定。

表 7-2 烧结普通砖的外观质量要求

项目		优等品	一等品	合格品
两条面高度差/mm	≤	2	3	5
弯曲/mm	≤	2	3	5
杂质凸出高度/mm	≤	2	3	5
缺棱掉角的三个破坏尺寸/mm(不得同时大于)		15	20	30

续表

项目		优等品	一等品	合格品
裂纹长度/mm	a. 大面上宽度方向及其延伸至条面的长度	70	70	110
	b. 大面上长度方向及其延伸至顶面的长度或条顶	100	100	150
完整面		一条面和顶面	一条面和顶面	—
颜色		基本一致	—	—

注：1. 为装饰而加的色差、凹凸面、拉毛、压花等不算作缺陷。
2. 凡有下列缺陷者，不得称为完整面：
(1) 缺损在条面或顶面上造成的破坏面尺寸同时大于10mm×10mm；
(2) 条面或顶面上裂纹宽度大于1mm，其长度超过30mm；
(3) 压陷、粘底、焦化在条面或顶面上的凹陷或凸出超过2mm，区域尺寸同时大于10mm×10mm。

（3）强度等级。烧结普通砖按抗压强度分为 MU30、MU25、MU20、MU15、MU10 共 5 个强度等级。测定强度时，抽取 10 块砖试样，加荷速度为（5±0.5）kN/s。试验后计算出 10 块砖的抗压强度平均值，并分别按式 (7-1)、式 (7-2)、式 (7-3) 计算标准差、变异系数和强度标准值，具体强度应符合表 7-3 的规定。

$$S = \sqrt{\frac{1}{9}\sum_{i=1}^{10}(f_i - \overline{f})^2} \tag{7-1}$$

$$\delta = \frac{S}{\overline{f}} \tag{7-2}$$

$$f_k = \overline{f} - 1.8S \tag{7-3}$$

式中　S——10 块砖试样的抗压强度标准差，MPa；
　　　δ——强度变异系数；
　　　$\overline{f}$——10 块砖试样的抗压强度平均值，MPa；
　　　f_i——单块砖试样的抗压强度测定值，MPa；
　　　f_k——抗压强度标准值，MPa。

表 7-3　烧结普通砖强度等级

强度等级	抗压强度平均值 $\overline{f}$/MPa ≥	强度标准值 f_k/MPa ≥
MU30	30.0	22.0
MU25	25.0	18.0
MU20	20.0	14.0
MU15	15.0	10.0
MU10	10.0	6.5

（4）泛霜。泛霜是指黏土原料中含有硫、镁等可溶性盐类时，随着砖内水分蒸发而在砖表面产生的盐析现象，一般为白色粉末，常在砖表面形成絮团状斑点。轻微泛霜就对清水砖墙建筑外观产生较大影响；中等程度泛霜的砖用于建筑中潮湿部位时，7~8 年后盐析结晶

膨胀将使砖砌体表面产生粉化剥落,在干燥环境使用约 10 年以后也将开始剥落;严重泛霜对建筑结构的破坏性则更大。要求优等品无泛霜现象,一等品不允许出现中等泛霜,合格品不允许出现严重泛霜。

(5) 石灰爆裂。如果烧结砖原料土中夹杂有石灰石成分,在烧砖时可能被烧成生石灰,砖吸水后生石灰消化产生体积膨胀,导致砖发生胀裂破坏,这种现象称为石灰爆裂。石灰爆裂严重影响烧结砖的质量,并降低砌体强度。国家标准《烧结普通砖》(GB/T 5101—2017)规定:优等品砖不允许出现最大破坏尺寸大于 2mm 的爆裂区域,一等品砖不允许出现最大破坏尺寸大于 10mm 的爆裂区域,合格品砖不允许出现最大破坏尺寸大于 15mm 的爆裂区域。

(6) 抗风化性能。抗风化性能是在干湿变化、温度变化、冻融变化等物理因素作用下,材料不被破坏并长期保持原有性质的能力,抗风化性能是烧结普通砖的重要耐久性能之一,对砖的抗风化性要求应根据各地区风化程度的不同而定。烧结普通砖的抗风化性通常以其抗冻性、吸水率及饱和系数等指标判别。国家标准《烧结普通砖》(GB/T 5101—2017)指出:风化指数≥12700 时为严重风化区,风化指数<12700 时为非严重风化区,部分属于严重风化区的砖必须进行冻融试验,某些地区的砖的抗风化性能符合规定时可不做冻融试验,如表 7-4 所示。

表 7-4 烧结普通砖的抗风化性能标准

种类	严重风化区				非严重风化区			
	5h 沸煮吸水率/% ≤		饱和系数 ≤		5h 沸煮吸水率/% ≤		饱和系数 ≤	
	平均值	单块最大值	平均值	单块最大值	平均值	单块最大值	平均值	单块最大值
黏土砖	18	20	0.85	0.87	19	20	0.88	0.9
粉煤灰砖	21	23			23	25		
页岩砖	16	18	0.74	0.77	18	20	0.78	0.8
煤矸石砖								

注:粉煤灰砖其粉煤灰掺入量(体积分数)小于 50% 时,抗风化性能按黏土砖规定。

2. 烧结普通砖的性质与应用

烧结普通砖具有较高的强度,又因多孔结构而具有良好的绝热性、透气性和稳定性,还具有较好的耐久性及隔热、保温等性能,加上原料广泛,工艺简单,是应用历史最长、应用范围最为广泛的砌体材料。广泛用于砌筑建筑物的墙体、柱、拱、烟囱、窑身、沟道及基础等。

由于烧结黏土砖主要以毁田取土烧制,加上其自重大、施工效率低及抗震性能差等缺点,已不能适应建筑发展的需要。建设部已做出使用烧结普通黏土砖的相关限制规定,随着墙体材料的发展和推广,烧结普通黏土砖必将被其他墙体材料所取代。

二、烧结多孔砖和烧结空心砖

烧结普通砖因自重大、体积小、生产能耗高、施工效率低等缺点,被烧结多孔砖和烧结空心砖代替,可使建筑物自重减轻 30% 左右,节约黏土 20%~30%,节省燃料 10%~20%,墙体施工工效提高 40%,并能改善砖的隔热隔声性能,所以推广使用多孔砖和空心砖是加快我国墙体材料改革,促进墙体材料工业技术进步的重要措施之一。

烧结多孔砖和烧结空心砖的生产工艺与烧结普通砖相同,但由于坯体有孔洞,增加了成型的难度，对原料的可塑性要求更高。

1. 烧结多孔砖

烧结多孔砖是以黏土、页岩或煤矸石为主要原料烧制的主要用于结构承重的多孔砖，其主要技术要求如下：

(1) 规格要求。烧结多孔砖有 190mm×190mm×90mm（M 型）和 240mm×115mm×90mm（P 型）两种规格，如图 7-2 所示。多孔砖大面有孔，孔多而小，孔洞率在 15% 以上。其孔洞尺寸为：圆孔直径＜22mm，非圆孔内切圆直径＜15mm，手抓孔（30～40）mm×（75～85）mm。

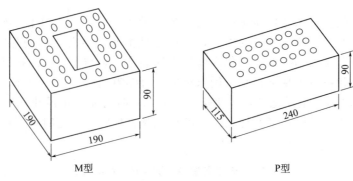

图 7-2　烧结多孔砖（单位：mm）

(2) 强度等级。根据砖样的抗压强度将烧结多孔砖分为 MU30、MU25、MU20、MU15、MU10 共 5 个强度等级，各产品等级的强度应符合国家标准的规定，如表 7-5 所示。

表 7-5　烧结多孔砖强度等级

强度等级	强度标准值 f/MPa ≥	变异系数($\delta \leq 0.21$) 强度标准值 f/MPa ≥	变异系数($\delta > 0.21$) 单块最小抗压强度值 f_u/MPa ≥
MU30	30	22	25
MU25	25	18	22
MU20	20	14	16
MU15	15	10	12
MU10	10	6.5	7.5

(3) 烧结多孔砖外观质量要求。具体要求见表 7-6。

表 7-6　烧结多孔砖外观质量要求

项目	优等品	一等品	合格品
颜色	一致	基本一致	—
完整面（不得少于）	一条面和一顶面	一条面和一顶面	—
缺棱掉角的三个破坏尺寸/mm（不得同时大于）	15	20	30

续表

项目		优等品	一等品	合格品
裂纹及其延伸到条面的长度/mm 不大于	a. 大面上深入孔壁15mm以上宽度方向	60	80	100
	b. 大面上深入孔壁15mm以上长度方向	60	100	120
	c. 条顶面上的水平裂纹	80	100	120
杂质在砖面上造成的凸出高度/mm 不大于		3	4	5

注：1. 为装饰而施加的色差、凹凸纹、拉毛、压花等不算作缺陷。
2. 凡有下列缺陷之一者，不得称为完整面：
(1) 缺损在条面或顶面上造成的破坏面尺寸同时大于20mm×30mm；
(2) 条面或顶面上裂纹宽度大于1mm，其长度超过70mm；
(3) 压陷、粘底、焦化在条面上或顶面上的凹陷或凸出超过2mm，区域尺寸同时大于20mm×30mm。

(4) 其他技术要求。除了上述技术要求外，烧结多孔砖的技术要求还包括冻融、泛霜、石灰爆裂和抗风化性能等。各质量等级的烧结多孔砖的泛霜、石灰爆裂性能要求与烧结普通砖相同。产品的外观质量、物理性能均应符合标准规定。尺寸允许偏差应符合表7-7的规定。强度和抗风化性能合格的砖，根据尺寸偏差、外观质量、孔型及孔洞排列、泛霜、石灰爆裂等状况分为优等品（A）、一等品（B）和合格品（C）3个质量等级。

表7-7 烧结多孔砖的尺寸允许偏差　　　　　　　　　　　　单位：mm

公称尺寸	优等品		一等品		合格品	
	样本平均偏差	样本极差≤	样本平均偏差	样本极差≤	样本平均偏差	样本极差≤
290、240	±2.0	8	±2.5	7	±3.0	8
190、180、175、140、115	±1.5	6	±2.0	6	±2.5	7
90	±1.5	4	±1.7	5	±2.0	6

(5) 应用。烧结多孔砖强度较高，主要用于多层建筑物的承重墙体和高层框架建筑的填充墙和分隔墙。

2. 烧结空心砖

烧结空心砖是以黏土、页岩或粉煤灰为主要原料烧制成的主要用于非承重部位的空心砖，烧结空心砖自重较轻，强度较低，多用作非承重墙，如多层建筑内隔墙或框架结构的填充墙等，其主要技术要求如下：

(1) 规格要求。烧结空心砖的外形为直角六面体，有290mm×190mm×90mm和240mm×180mm×115mm两种规格。砖的壁厚应大于10mm，肋厚应大于7mm。空心砖顶面有孔，孔大而少，孔洞为矩形条孔或其他孔形，孔洞平行于大面和条面，孔洞率一般在35%以上。空心砖形状如图7-3。

(2) 强度等级。根据砖样的抗压强度将烧结空心砖分为MU10.0、MU7.5、MU5.0、MU3.5、MU2.5共5个强度等级，各产品等级的强度应符合国家标准的规定，如表7-8所示。

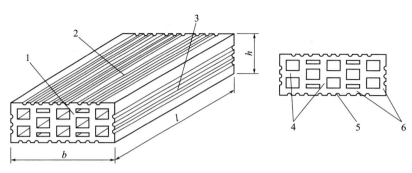

图 7-3 烧结空心砖

1—顶面；2—大面；3—条面；4—肋；5—壁；6—外壁；l—长度；b—宽度；h—高度

表 7-8 烧结空心砖强度等级

强度等级	强度标准值 f/MPa ≥	变异系数($\delta \leqslant 0.21$) 强度标准值 f/MPa ≥	变异系数($\delta > 0.21$) 单块最小抗压强度值 f_u/MPa ≥	密度等级范围 /(kg/m³)
MU10	10.0	7.5	8.0	≤1000
MU7.5	7.5	5.0	5.8	
MU5.0	5.0	3.5	4.0	
MU3.5	3.5	2.5	2.8	
MU2.5	2.5	1.6	1.8	≤800

（3）密度等级。按砖的表观密度不同，把空心砖分成 800、900、1000 和 1100 共 4 个密度等级。

（4）外观质量。烧结空心砖外观质量要求见表 7.9。

表 7-9 烧结空心砖外观质量

项目		优等品	一等品	合格品
颜色		一致	基本一致	—
完整面(不得少于)		一条面和一顶面	一条面和一顶面	—
缺棱掉角的三个破坏尺寸/mm (不得同时大于)		15	20	30
裂纹及其延伸到条面的长度/mm 不大于	a. 大面上深入孔壁 15mm 以上宽度方向	60	80	100
	b. 大面上深入孔壁 15mm 以上长度方向	60	100	120
	c. 条顶面上的水平裂纹	80	100	120
杂质在砖面上造成的凸出高度/mm 不大于		3	4	5

注：1. 为装饰而施加的色差、凹凸纹、拉毛、压花等不算作缺陷。

2. 凡有下列缺陷之一者，不得称为完整面：

（1）缺损在条面或顶面上造成的破坏面尺寸同时大于 20mm×30mm；

（2）条面或顶面上裂纹宽度大于 1mm，其长度超过 70mm；

（3）压陷、粘底、焦化在条面上或顶面上的凹陷或凸出超过 2mm，区域尺寸同时大于 20mm×30mm。

（5）其他技术要求。除了上述技术要求外，烧结空心砖的技术要求还包括冻融、泛霜、石灰爆裂、吸水率等。产品的外观质量、物理性能均应符合标准规定。各质量等级的烧结空心砖的泛霜、石灰爆裂性能要求与烧结普通砖相同。强度、密度、抗风化性能和放射性物质合格的砖和砌块，根据尺寸偏差、外观质量、孔洞排列及其物理性能（结构、泛霜、石灰爆裂、吸水率）分为优等品（A）、一等品（B）和合格品（C）3个质量等级。

三、蒸压砖

蒸压砖属硅酸盐制品，是以石灰和含硅材料（砂、粉煤灰、煤矸石、炉渣和页岩等）加水拌和、成型、蒸养或蒸压而制成的。目前使用的主要有粉煤灰砖、灰砂砖和煤渣砖，其规格尺寸与烧结普通砖相同。

1. 蒸压粉煤灰砖

蒸压粉煤灰砖是以粉煤灰和石灰为主要原料，加水混合拌成坯料，经陈化、轮碾、加压成型，再经常压或高压蒸汽养护而制成的一种墙体材料。根据抗压强度和抗折强度分为MU20、MU15、MU10、MU7.5共4个强度等级。按尺寸偏差、外观质量、强度和干燥收缩率分为优等品（A）、一等品（B）和合格品（C）。在易受冻融和干湿交替作用的建筑部位必须使用一等品。粉煤灰砖出窑后，应存放一段时间后再用，以减少相对伸缩量。用于易受冻融作用的建筑部位时要进行抗冻性检验，并采取适当措施，以提高建筑耐久性；用于砌筑建筑物时，应适当增设圈梁及伸缩缝或采取其他措施，以避免或减少收缩裂缝的产生；不得用于长期受高于200℃温度作用、急冷急热以及酸性介质侵蚀的建筑部位。

（1）蒸压粉煤灰砖外观质量见表7-10。

表7-10 蒸压粉煤灰砖外观质量

项目名称			技术指标
外观质量	缺棱掉角	个数/个	≤2
		三个方向投影尺寸的最大值/mm	≤15
	裂纹	裂纹延伸投影尺寸累计值/mm	≤20
	层裂		不允许
尺寸偏差	长度/mm		+2 -1
	宽度/mm		±2
	高度/mm		+2 -1

（2）蒸压粉煤灰砖抗冻性见表7-11。

表7-11 蒸压粉煤灰砖抗冻性

使用地区	抗冻指标	质量损失	强度损失
夏热冬暖地区	D15	≤5%	≤25%
夏热冬冷地区	D25		
寒冷地区	D35		
严寒地区	D50		

2. 蒸压灰砂砖

蒸压灰砂砖是以石灰和天然砂为主要原料，经混合搅拌、陈化、轮碾、加压成型、蒸压养护而制得的墙体材料。按抗压强度和抗折强度分为 MU25、MU20、MU15、MU10 共 4 个强度等级，见表 7-12。根据尺寸偏差、外观质量、强度及抗冻性分为优等品（A）、一等品（B）和合格品（C）3 个等级。灰砂砖表面光滑平整，使用时注意提高砖与砂浆之间的黏结力；其耐水性良好，但抗流水冲刷的能力较弱，可长期在潮湿、不受冲刷的环境使用。15 级以上的砖可用于基础及其他建筑部位，10 级砖只可用于防潮层以上的建筑部位。另外，不得用于长期受高于 200℃ 温度作用、急冷急热和酸性介质侵蚀的建筑部位。

表 7-12 蒸压灰砂砖强度等级

强度级别	抗压强度/MPa		抗折强度/MPa	
	平均值 ≥	单块值 ≥	平均值 ≥	单块值 ≥
MU25	25.0	20.0	5.0	4.0
MU20	20.0	16.0	4.0	3.2
MU15	15.0	12.0	3.3	2.6
MU10	10.0	8.0	2.5	2.0

蒸压灰砂砖抗冻性能见表 7-13。

表 7-13 蒸压灰砂砖抗冻性能

强度级别	冻后抗压强度/MPa ≥	单块砖的干质量损失/%
MU25	20.0	2.0
MU20	16.0	2.0
MU15	12.0	2.0
MU10	8.0	2.0

当砖用作建筑主体材料时，其放射性核素限量应符合《建筑材料放射性核素限量》（GB 6566—2010）的规定。当建筑主体材料中天然放射性核素镭-226、钍-232、钾-40 的放射性比活度同时满足 $I_{Ra} \leqslant 1.0$ 和 $I_r \leqslant 1.0$ 时，其产销与使用范围不受限制。对空心率大于 25% 的建筑主体材料，其天然放射性核素镭-226、钍-232、钾-40 的放射性比活度同时满足 $I_{Ra} \leqslant 1.0$ 和 $I_r \leqslant 1.3$ 时，其产销与使用范围不受限制。

职业技能训练

实训 烧结普通砖实验

1. 目的

为了规范实验室对砖瓦的尺寸、外观质量、抗折强度和抗压强度、冻融、石灰爆裂、泛霜、吸水率和饱和系数等检验的工作程序，实现标准化操作。

2. 适用范围

适用于烧结砖和非烧结砖。烧结砖包括烧结普通砖、烧结多孔砖以及烧结空心砖和空心砌块（简称空心砖）；非烧结砖包括蒸压灰砂砖、粉煤灰砖、炉渣砖和碳化砖等。

3. 依据

《砌墙砖试验方法》（GB/T 2542—2012）、《烧结普通砖》（GB/T 5101—2017）、《烧结砖瓦原料物理性能试验方法》（GB/T 36495—2018）。

4. 实训准备

材料试验机、低温箱、烘箱、天平等。

5. 实训条件

实验室的温度应保持在 15～30℃。

6. 实训顺序

（1）抗压强度试验。

① 试件制备：每次试验时用砖 10 块，将试样切断或锯成两个半截砖，断开的半截砖长不得小于 100mm，如果不足 100mm，应另取备用试样补足。在试件制备平台上，将已断开的半截砖放入室温的净水中浸 10～20min 后取出，并以断开反方向叠放，两者中间抹以厚度不超过 5mm 的用 P32.5 普通硅酸盐水泥调制成稠度适宜的水泥净浆，上下两面用厚度不超过 3mm 的同种水泥浆抹平。制成的试件上下两面须相互平行，并垂直于侧面。

② 试件养护：制成的抹面试件置于不低于 10℃ 的不通风室内养护 3 天。

③ 测量每个试件连接面或受压面的长宽尺寸各两个，分别取其平均值，精确至 1mm。

④ 将试件平放在加压设备中央，垂直于受压加荷，应均匀平稳，不得发生冲击或振动，加荷速度以（5±0.5）kN/s 为宜。直至试件破坏为止，记录最大破坏荷载。

⑤ 结果计算与评定。

每块试样的抗压强度：

$$R_P = P/(LB)$$

式中　R_P——抗压强度，MPa；

　　　P——最大破坏荷载，N；

　　　L——受压面（连接面）的长度，mm；

　　　B——受压面（连接面）的宽度，mm。

试验结果以试样抗压强度的算术平均值和强度标准值或单块最小值表示，精确至 0.1MPa。

（2）抗折试验。

① 试样制备。烧结砖和灰砂砖为 5 块，其他砖为 10 块。非烧结砖应放在温度为（20±5）℃ 的水中浸泡 24h 后取出，用湿布拭去其表面水分进行抗折试验。粉煤灰砖不需浸水及其他处理，直接进行试验。

② 测量试样的宽度和高度尺寸各 2 个，分别取其算术平均值，精确至 1mm。调整抗折夹具下支辊的跨距为砖规格长度减去 40mm。但规格长度为 190mm 的砖，其跨距为 160mm。将试样大面平放在下支辊上，试样两端面与下支辊的距离应相同，当试样有裂缝或凹陷的大面朝下，以 50～150N/s 的速度均匀加荷，直到试样断裂，记录最大破坏荷载。

③ 结果计算与评定。每块试样的抗折强度 R_c，按下式计算：

$$R_c = \frac{3PL}{2BH^2}$$

式中　R_c——抗折强度，MPa；

　　　P——最大破坏荷载，N；

　　　L——跨距，mm；

B——试样宽度，mm；
H——试样高度，mm。

试验结果以试样抗折强度荷重的算术平均值和单块最小值表示，精确至0.1MPa。

(3) 冻融试验。

① 试样数量与处理。试样数量应符合规定。试验结果以抗压强度表示时，试样数量为10块；以质量损失率计算时，试样数量为5块。用毛刷清理试样表面，并按顺序编号。

② 将试样放入鼓风干燥箱中，在105～110℃下干燥至恒重，称其质量，并检查外观。将缺棱掉角和裂纹做标记。将试样浸在10～20℃的水中，24h后取出，用湿布拭去表面水分，以大于20mm的间距侧向立放于预先降温至－15℃以下的冷冻箱中。当箱内温度再次降至－15℃时开始计时，在－20～－15℃下冰冻；烧结砖冻3h，非烧结砖冻5h；然后取出放入10～20℃的水中熔化，烧结砖不少于2h，非烧结砖不少于3h。如此为一次冻融循环。每5次冻融循环检查一次冻融过程中出现的破坏情况，如冻裂、缺棱、掉角、剥落等。

③ 冻融过程中，发现试样的冻坏超过外观规定时，应继续试验至15次冻融循环结束为止，检查并记录试样在冻融过程中的冻裂长度、掉角和剥落情况。15次冻融循环后，将试样放入鼓风干燥箱中，按规定干燥至恒重，称其质量。若未发现烧结砖冻坏现象，则可不进行试验。

④ 将干燥后的试样按规定进行抗压强度试验。结果计算与评定：

强度损失率 P_m，按下式计算（精确至0.1%）：

$$P_m=(P_0-P_1)/P_0\times 100$$

式中　　P_m——强度损失率，%；
　　　　P_0——试样冻融前强度，MPa；
　　　　P_1——试样冻融后强度，MPa。

质量损失率 G_m，按下式计算（精确至0.1%）：

$$G_m=(G_0-G_1)/G_0\times 100\%$$

式中　　G_m——质量损失率，%；
　　　　G_0——试样冻融前干质量，g；
　　　　G_1——试样冻融后干质量，g。

试验结果以试样抗压强度、外观质量或质量损失率表示与评定。

(4) 石灰爆裂试验。

① 试样。试样为未经雨淋或浸水，且近期生产的砖样，数量为5块。试验前检查每块试样，将不属于石灰爆裂的外观缺陷作标记。将试样平行侧立于蒸煮箱内的箅子板上，试样间隔不得小于50mm，箱内水面低于筐上板40mm。加盖蒸6h后取出。检查每块试样上因石灰爆裂而造成的外观缺陷，记录其尺寸（mm）。

② 结果评定。以每块试样石灰爆裂区域的尺寸最大者表示，精确至1mm。

(5) 泛霜。

① 试样5块。可以从体积密度试验后的试样的长度方向的中间处锯取。将黏附在试样表面的粉尘刷掉并编号，然后放入105～110℃的干燥箱中干燥24h，取出冷却至常温。将试样顶面或有孔洞的面朝上分别置于5个浅盘中，往浅盘中注入蒸馏水，水面高度不低于20mm，用透明材料覆盖在浅盘上，并将试样暴露在外面，记录时间。

试样浸在盘中的时间为7天，开始2天内经常加水以保持盘内水面高度，以后则保持浸在水中即可，试验过程中要求环境温度为16～32℃，相对湿度30%～70%。7天后取出试样,在同样的环境条件下放置 4 天,然后在 105~110℃ 的鼓风干燥箱中连续干燥 24h,取出冷却至常温,记录干燥后的泛霜程度。7 天后开始记录泛霜情况,每天一次。

② 结果评定。泛霜程度根据记录以最严重者表示。泛霜程度划分如下。

无泛霜:试样表面的盐析几乎看不到。

轻微泛霜:试样表面出现一层细小明显的霜膜,但试样表面仍清晰。

中等泛霜:试样部分表面或棱角出现明显霜层。

严重泛霜:试样表面出现砖粉、掉屑及脱皮现象。

(6) 吸水和饱和系数试验。

① 试样数量为 5 块。普通砖用整块,多孔砖可用 1/2 块,空心砖用 1/4 块,空心砖试样可从体积密度试验后的试样上锯取。清理试样表面,并编号,然后置于 105~110℃ 鼓风干燥箱中干燥至恒量,除去粉尘后,称其干质量 G_0。

将干燥试样浸水 24h,水温 10~30℃。取出试样,用湿毛巾拭去表面水分,立即称量,称量时试样毛细孔渗出于秤盘中水的质量亦应计入吸水质量中,所得质量为浸泡 24h 的湿质量 G_{24}。

将浸泡 24h 后的湿试样侧立放入蒸煮箱的笼子板上,试样间距不得小于 10mm,注入清水,箱内水面应高于试样表面 50mm,加热至沸腾,煮沸 3h(饱和系数试验煮沸 5h),停止加热,冷却至常温。按规定称量煮沸 3h 的湿质量 G_3 和煮沸 5h 的湿质量 G_5。

② 结果计算与评定。常温水浸泡 24h 试样吸水率 W_{24} 按下式计算(精确至 0.1%):

$$W_{24} = (G_{24} - G_0)/G_0 \times 100$$

式中 W_{24}——常温浸泡 24h 试样吸水率,%;

G_{24}——试样浸水 24h 的湿质量,g;

G_0——试样干质量,g。

试样煮沸 5h 吸水率 W_5 按下式计算(精确至 0.1%):

$$W_5 = (G_5 - G_0)/G_0 \times 100$$

式中 W_5——试样煮沸 5h 吸水率,%;

G_5——试样煮沸 5h 湿质量,g;

G_0——试样干质量,g。

每块试样的饱和系数 K 按下式计算(精确至 0.01):

$$K = (G_{24} - G_0)/(G_5 - G_0)$$

式中 K——试样饱和系数;

G_{24}——常温水浸泡 24h 试样湿质量,g;

G_0——试样干质量,g;

G_5——试样煮沸 5h 的湿质量,g。

吸水率以 5 块试样的算术平均值表示,精确至 1%;饱和系数以 5 块试样的算术平均值表示,精确至 0.01。

(7) 体积密度试验。

① 所需数量。每次试验用砖为 5 块,所取试样应外观完整。清理试样表面,并编号,然后将试样置于 105~110℃ 鼓风干燥箱中干燥至恒重,称其质量 G_0,并检查外观情况,不得有缺棱、掉角等破损。如有破损者,须重新换取备用试样。将干燥后的试样按测量规定,测量其长、宽、高尺寸各两个,分别取其平均值。

② 结果计算与评定。体积密度 ρ 按下式计算(精确至 0.1kg/m³):

$$\rho = G_0/(LBH)$$

式中 ρ——体积密度，kg/m^3；
  G_0——试样干质量，kg；
  L——试样长度，m；
  B——试样宽度，m；
  H——试样高度，m。

试验结果以试样体积密度的算术平均值表示，精确至 $1kg/m^3$。

任务二　砌块

砌块是用于砌筑的形体大于砌墙砖的人造块材，一般为直角六面体，按产品主规格的尺寸可分为大型砌块（高度大于980mm）、中型砌块（高度为380～980mm）和小型砌块（高度为115～380mm）。砌块高度一般不大于长度或宽度的6倍，长度不超过高度的3倍。根据需要也可生产各种异形砌块。

砌块是一种新型墙体材料，可以充分利用地方资源和工业废料，并可节省黏土资源和改善环境。其具有生产工艺简单、原料来源广、适应性强、制作及使用方便灵活、可改善墙体功能等特点，因此发展较快。

砌块的分类方法很多，若按用途可分为承重砌块和非承重砌块；按有无孔洞可分为实心砌块（无孔洞或空心率小于25%）和空心砌块（空心率＞25%）；按材质又可分为硅酸盐砌块、轻骨料混凝土砌块、混凝土砌块等。

一、蒸压加气混凝土砌块

蒸压加气混凝土砌块是以钙质材料（水泥、石灰等）和硅质材料（砂、矿渣、粉煤灰等）以及加气剂（铝粉等）为原料，经配料、搅拌、浇注、发气、切割和蒸压养护而成的多孔轻质块体材料。

（1）蒸压加气混凝土砌块特点。

① 质量轻。加气混凝土砌块一般体积密度为 $500～700kg/m^3$，只相当于黏土砖和灰砂砖的1/4～1/3，普通混凝土的1/5，是混凝土中较轻的一种，适用于高层建筑的填充墙和低层建筑的承重墙。使用这种材料，可以使整个建筑的自重比普通砖混结构建筑的自重低40%以上。建筑自重减轻，地震破坏力小，所以大大提高建筑物的抗震能力。

② 保温隔热效果好。加气混凝土的热导率一般为 $0.11～0.18W/(m·K)$，仅为黏土砖和灰砂砖的1/4～1/5，（黏土砖的热导率为 $0.4～0.58W/(m·K)$；灰砂砖的热导率为 $0.528W/(m·K)$，为普通混凝土的1/6左右。实践证明，20cm厚的加气混凝土墙体的保温效果就相当于49cm厚的黏土砖墙体的保温效果，隔热性能也大大优于24cm砖墙体。这样就大大减小了墙体的厚度，相应地扩大了建筑物的有效使用面积，节约了建筑材料厚度，提高了施工效率，降低了工程造价，减轻了建筑物自重。

③ 强度高、抗震性好。经实验，加气混凝土砌块抗压强度大于25MPa，相当于125号黏土砖和灰砂砖的抗压强度。

在震级为7.8级的唐山地震中，据震后考察，加气混凝土建筑只新出现了几条裂缝，而砖混结构建筑几乎全部倒塌，使这两栋相距不远、结构相同而材料不同的建筑形成了鲜明的对照。分析认为，这就是因为加气混凝土密度轻、整体性能好，地震时惯性力小，所以具有一定的抗震能力。

④ 耐高温、隔音性好。加气混凝土在温度为600℃以下时，其抗压强度稍有增长，当温

度在 600℃ 左右时，其抗压强度接近常温时的抗压强度，所以作为建筑材料的加气混凝土的防火性能达到国家一级防火标准。

从加气混凝土气孔结构可知，加气混凝土的内部结构像面包一样，均匀地分布着大量的封闭气孔，因此具有一般建筑材料所不具有的吸音性能。

⑤ 适应性。可根据当地不同原材料、不同条件来量身定造。原材料可选择河砂、粉煤灰、矿砂等多种，因地制宜。并且可以废物利用，有利环保，真正的变废为宝。加气混凝土设备所做出来的加气混凝土砌块，其强度取值是相对于一定的含水状态而言的，称为基准含水率，而强度的基准含水率范围各国不尽一致，例如：德国、欧共体及英国的标准中对基准含水率要求为 $(6\pm2)\%$，其出发点是认为制品上墙后最终是以 2%～8% 的含水率存在；在瑞典等国则以加气混凝土砌块的气干状态为基准，即含水率为 $(10\pm2)\%$；而在我国，对抗压强度等级评定时，依据的是《蒸压加气混凝土性能试验方法》(GB/T 11969—2020)——抗压试验要求含水率 8%～12%。

(2) 蒸压加气混凝土砌块主要技术指标。

① 规格尺寸。砌块的尺寸规格，一般有 A、B 两个系列，如表 7-14 所示。

表 7-14 蒸压加气混凝土砌块的尺寸规格

项目	A 系列	B 系列
长度/mm	600	600
宽度/mm	200,250,300	200,250,300
高度/mm	100,125,150,175,…(25 递增)	120,180,240,…(60 递增)

② 尺寸允许偏差和外观质量。砌块的尺寸偏差和外观应符合国家规定，如表 7-15 所示。

表 7-15 蒸压加气混凝土砌块的尺寸偏差和外观要求

	项目		优等品	一等品	合格品
尺寸允许偏差/mm	长度		±3	±4	±5
	宽度		±2	±3	+3 −4
	高度		±2	±3	+3 −4
缺棱掉角	个数/个	≤	0	1	2
	最大尺寸/mm	≤	0	70	70
	最小尺寸/mm	≤	0	30	30
	平面弯曲/mm	≤	0	3	5
裂纹	条数/条	≤	0	1	2
	任一面上的裂纹长度不得大于裂纹方向尺寸的		0	1/3	1/2
	贯穿一棱二面的裂纹长度不得大于裂纹所在面的裂纹方向尺寸总和的		0	1/3	1/3
	爆裂、黏模和损坏深度/mm	≤	10	20	30
	表面疏松、层裂		不允许		
	表面油污		不允许		

③ 体积密度等级。按砌块的干体积密度，可划分为五个等级，具体见表 7-16。

表 7-16　蒸压加气混凝土砌块的干体积密度

体积密度级别		B03	B04	B05	B06	B07
体积密度/(kg/m³)	优等品≤	300	400	500	600	700
	一等品≤	330	430	530	630	730
	合格品≤	350	450	550	650	750

④ 砌块的等级。按砌块抗压强度分为 A1.5、A2.0、A2.5、A3.5、A5.0 共五个强度等级。立方体抗压强度测定标准：采用 100mm×100mm×100mm 立方体试件，在含水率为 25%～45%时测定。各个等级的立方体抗压强度值不得小于表 7-17 的规定。

表 7-17　蒸压加气混凝土砌块的抗压强度

强度级别	立方体抗压强度/MPa	
	平均值 ≥	单块最小值 ≥
A1.5	1.5	1.2
A2.0	2.0	1.7
A2.5	2.5	2.1
A3.5	3.5	3.0
A5.0	5.0	4.2

⑤ 其他技术指标见表 7-18。

表 7-18　砌块其他性能指标

项目		单位	指标
热导率(干态)	B04	W/(m·K)	≤0.12
	B05		≤0.14
	B06		≤0.16
干燥收缩性	标准法	mm/m	≤0.50
	快速法	mm/m	≤0.80
抗冻性	质量损失	%	≤5.0
	冻后强度	MPa	大于表 7-18 中立方体抗压强度平均值

（3）应用。加气混凝土砌块质量轻，具有保温、隔热、隔音性能好、抗震性强（自重小）、热导率低、传热速度慢、耐火性好、易于加工、施工方便等特点，是应用较多的轻质墙体材料，适用于低层建筑的承重墙、多层建筑的间隔墙和高层框架结构的填充墙，作为保温隔热材料也可用于复合墙板和屋面结构中。在无可靠的防护措施时，该类砌块不得用于处于水中、高湿度、碱化学物质侵蚀等环境中，也不得用于建筑物基础和温度长期高于 80℃ 的建筑部位。

二、混凝土空心砌块

混凝土空心砌块主要是以普通混凝土拌合物为原料，经成型、养护而成的空心块体墙材，其有承重砌块和非承重砌块两类。为减轻自重，非承重砌块可用炉渣或其他轻质骨料配制。常用混凝土砌块外形如图 7-4 所示。

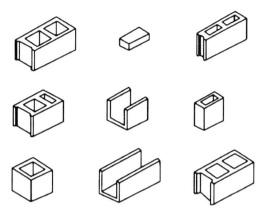

图 7-4 混凝土空心砌块

(1) 主要技术指标。

① 尺寸规格。混凝土小型空心砌块的尺寸规格见表 7-19,一般为单排孔,也有双排孔,其空心率为 25%~50%。其他规格尺寸可由供需双方协商。

表 7-19 混凝土小型空心砌块的尺寸规格

砌块名称		外形尺寸/mm		
		长	宽	高
主规格砌块	全长砌块	390	190	190
辅助规格砌块	七分头砌块	290	190	190
	半长砌块	190	190	190
	三分头砌块	90	190	190
		90	190	90

② 强度等级。砌块的抗压强度是用砌块受压面的毛面积除以破坏荷载求得的。按砌块抗压强度分为 MU3.5、MU5.0、MU7.5、MU10.0、MU15.0、MU20 共 6 个等级,具体指标见表 7-20。

表 7-20 砌块强度等级

强度等级	砌块抗压强度/MPa	
	平均值 ≥	单块最小值 ≥
MU3.5	3.5	2.8
MU5.0	5.0	4.0
MU7.5	7.5	6.0
MU10.0	10.0	8.0
MU15.0	15.0	12.0
MU20.0	20.0	16.0

③ 尺寸允许偏差和外观质量。砌块尺寸最小外壁厚应不小于 30mm,最小肋厚应不小于 25mm。空心率应不小于 25%。尺寸允许偏差和外观质量应符合表 7-21 和表 7-22 要求。

表 7-21　尺寸允许偏差　　　　　　　　　　　　　　　　　　　　单位：mm

项目名称	优等品(A)	一等品(B)	合格品(C)
长度	±2	±3	±3
宽度	±2	±3	±3
高度	±2	±3	+3,-4

表 7-22　外观质量　　　　　　　　　　　　　　　　　　　　　　单位：mm

项目名称			优等品(A)	一等品(B)	合格品(C)
弯曲/mm		≤	2	2	3
掉角缺棱	个数/个	≤	0	2	2
	三个方向投影尺寸的最小值/mm	≤	0	20	30
	裂纹延伸的投影尺寸累计/mm	≤	0	20	30

④ 抗冻性。应符合表 7-23 的规定。

表 7-23　混凝土空心砌块抗冻性

使用环境条件		抗冻标号	指标
非采暖地区		不规定	—
采暖地区	一般环境	D15	强度损失≤25%
	干湿交替环境	D25	质量损失≤5%

注：非采暖地区指最冷月份平均气温高于-5℃的地区；采暖地区指最冷月份平均气温低于或等于-5℃的地区。

（2）应用。该类小型砌块适用于地震设计烈度为 8 度和 8 度以下地区的一般民用与工业建筑物的墙体。出厂时的相对含水率必须满足标准要求；施工现场堆放时，必须采取防雨措施；砌筑前不允许浇水预湿。

三、轻集料混凝土小型空心砌块

轻集料混凝土小型空心砌块是以陶粒、膨胀珍珠岩、浮石、火山渣、煤渣、自燃煤矸石等各种轻粗细集料和水泥按一定比例配制，经搅拌、成型、养护而成的空心率大于或等于 25%、表观密度小于 1400kg/m³ 的轻质混凝土小砌块。

当砌块用作建筑主体材料时，其放射性核素限量应符合 GB 6566—2010《建筑材料放射性核素限量》的规定。当建筑主体材料中天然放射性核素镭-226、钍-232、钾-40 的放射性比活度同时满足 I_{Ra}≤1.0 和 I_r≤1.0 时，其产销与使用范围不受限制；对空心率大于 25% 的建筑主体材料，其天然放射性核素镭-226、钍-232、钾-40 的放射性比活度同时满足 I_{Ra}≤1.0 和 I_r≤1.3 时，其产销与使用范围不受限制。

该砌块的主规格为 390mm×190mm×190mm，强度等级分为 MU1.5、MU2.5、MU3.5、MU5.0、MU7.5、MU10.0 共 6 个级别，其各项性能指标应符合国家标准的要求。轻集料混凝土小型空心砌块是一种轻质、高强、能取代普通黏土砖的、具有发展前景的一种墙体材料，不仅可用于承重墙，还可以用于既承重又保温或专门保温的墙体，更适合于高层建筑的填充墙和内隔墙。

任务三 墙用板材

一、水泥类的墙用板材

水泥类的墙用板材具有较好的力学性能和耐久性,生产技术成熟,产品质量可靠,可用于承重墙、外墙和复合墙板的外层面。其主要缺点是表观密度大,抗拉强度低(大板在起吊过程中易受损)。生产中可制作预应力空心板材以减轻自重和改善隔音隔热性能,也可制作纤维增强薄型板材,还可把水泥类板材制作成具有装饰效果的表面层(如花纹线条装饰、露骨料装饰、着色装饰等)。

(1) 轻集料混凝土配筋板。轻集料混凝土配筋板可用于非承重外墙板、内墙板、楼板、屋面板和阳台板等,见图 7-5。

图 7-5 轻集料混凝土配筋板

(2) 玻璃纤维增强低碱度水泥轻质板(GRC 板)。该空心板是以低碱水泥为胶结料、抗碱玻璃纤维或其网格布为增强材料、膨胀珍珠岩为骨料(也可用炉渣、粉煤灰等),并配以发泡剂和防水剂等,经配料、搅拌、浇注、振动成型、脱水、养护而成的。其可用于工业和民用建筑的内隔墙及复合墙体的外墙面,见图 7-6。

图 7-6 GRC 板

(3) 纤维增强低碱度水泥建筑平板。该板是以低碱水泥、耐碱玻璃纤维为主要原料,加水混合成浆,经制浆、抄取、制坯、压制、蒸养而成的薄型平板。其中,掺入石棉纤维的称为 TK 板,不掺的称为 NTK 板。其质量轻、强度高、防潮、防火、不易变形、可加工性

（锯、钻、钉及表面装饰等）好，适用于各类建筑物的复合外墙和内隔墙，特别是高层建筑有防火、防潮要求的隔墙，见图7-7。

图7-7 纤维增强低碱度水泥建筑平板

（4）水泥木丝板。该板是将木材下脚料经机械刨切成均匀木丝，加入水泥、水玻璃等，经成型、冷压、养护、干燥而成的薄型建筑平板。它具有自重轻、强度高、防火、防水、防蛀、保温、隔音等性能，可进行锯、钻、钉等装饰加工，主要用于建筑物的内外墙板、天花板、壁橱板等，见图7-8。

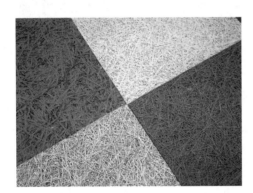 

图7-8 水泥木丝板

（5）水泥刨花板。该板以水泥和木板加工的下脚料——刨花为主要原料，加入适量水和化学助剂，经搅拌、成型、加压、养护而成。其性能和用途同水泥木丝板，见图7-9。

图7-9 水泥刨花板

二、石膏类墙板

石膏制品有许多优点，石膏类板材在轻质墙体材料中占有很大比例，主要有纸面石膏板、石膏纤维板、石膏空心板和石膏刨花板等。

(1) 纸面石膏板。长度：1800mm、2100mm、2400mm、2700mm、3000mm、3300mm、3600mm。宽度：900mm、1200mm。厚度：普通纸面石膏板为9mm、12mm、15mm、18mm；耐水纸面石膏板为9mm、12mm、15mm；耐火纸面石膏板为9mm、12mm、15mm、18mm、21mm、25mm。

纸面石膏板的表观密度为 $800\sim950kg/m^3$，热导率约为 $0.20W/(m·K)$，隔声系数为 $35\sim50dB$，抗折荷载为 $400\sim800N$，表面平整、尺寸稳定。具有自重轻、隔热、隔声、防火、抗震、可调节室内湿度、加工性好、施工简便等优点，但其用纸量较大、成本较高。

普通纸面石膏板可作室内隔墙板，复合外墙板的内壁板、天花板等。耐水纸面石膏板可用于相对湿度较大（≥75%）的环境，如厕所、盥洗室等；耐火纸面石膏板主要用于对防火要求较高的房屋建筑中。见图7-10。

图 7-10　纸面石膏板

纸面石膏板作为一种新型建筑材料，在性能上有以下特点：

① 生产能耗低，生产效率高。生产同等单位的纸面石膏板的能耗比水泥节省78%。且投资少生产能力大，工序简单，便于大规模生产。

② 轻质。用纸面石膏板作隔墙，重量仅为同等厚度砖墙的1/15、砌块墙体的1/10，有利于结构抗震，并可有效减少基础及结构主体造价。

③ 保温隔热。纸面石膏板板芯60%左右是微小气孔，因空气的热导率很小，因此具有良好的轻质保温性能。

④ 防火性能好。石膏芯本身不燃，且遇火时在释放化合水的过程中会吸收大量的热，延迟周围环境温度的升高，因此，纸面石膏板具有良好的防火阻燃性能。经国家防火检测中心检测，纸面石膏板隔墙耐火极限可达4h。

⑤ 隔声性能好。采用单一轻质材料，如加气混凝土、膨胀珍珠岩板等构成的单层墙体其厚度很大时才能满足隔声的要求，而纸面石膏板隔墙具有独特的空腔结构，具有很好的隔声性能。

⑥ 装饰功能好。纸面石膏板表面平整，板与板之间通过接缝处理形成无缝表面，表面可直接进行装饰。

⑦ 加工方便，可施工性好。纸面石膏板具有可钉、可刨、可锯、可粘的性能，用于室内装饰，可取得理想的装饰效果，仅需裁制刀便可随意对纸面石膏板进行裁切，施工非常方

便，用它作装饰材料可极大地提高施工效率。

⑧ 舒适的居住功能。石膏板的孔隙率较大，并且孔结构分布适当，所以具有较高的透气性能。当室内湿度较高时，可吸湿，而当空气干燥时，又可放出一部分水分，因而对室内湿度起到一定的调节作用，国外将纸面石膏板的这种功能称为"呼吸"功能，正是由于石膏板具有这种独特的"呼吸"性能，可在一定范围内调节室内湿度，使居住条件更舒适。

⑨ 绿色环保。纸面石膏板采用天然石膏及纸面作为原材料，决不含对人体有害的石棉（绝大多数的硅酸钙类板材及水泥纤维板均采用石棉作为板材的增强材料）。

⑩ 节省空间。采用纸面石膏板作墙体，墙体厚度最小可达74mm，且可保证墙体的隔声、防火性能。

纸面石膏板具有质轻、防火、隔声、保温、隔热、加工性能良好（可刨、可钉、可锯）、施工方便、可拆装性能好、增大使用面积等优点，因此广泛用于各种工业建筑、民用建筑，尤其是在高层建筑中可作为内墙材料和装饰装修材料。如用于框架结构中的非承重墙、室内贴面板、吊顶等。

（2）纤维石膏板。纤维石膏板（或称石膏纤维板，无纸石膏板）是一种以建筑石膏粉为主要原料，以各种纤维为增强材料的新型建筑板材（如图7-11）。纤维石膏板是继纸面石膏板取得广泛应用后，又一次开发成功的新产品。外表省去了护面纸板，因此，应用范围除了覆盖纸面石膏板的全部应用范围外，还有所扩大；其综合性能优于纸面石膏板，如厚度为12.5mm的纤维石膏板的螺钉握裹力达$600N/mm^2$，而纸面石膏板的仅为$100N/mm^2$，所以纤维石膏板具有钉性，可挂东西，而纸面石膏板不行；其产品成本略大于纸面石膏板，但投资的回报率却高于纸面石膏板。因此这是一种很有开发潜力的新型建筑板材。

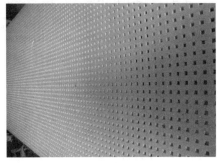

图 7-11　纤维石膏板

在应用方面，纤维石膏板可作干墙板、墙衬、隔墙板、瓦片及砖的背板、预制板外包覆层、天花板块、地板防火门及立柱、护墙板以及特殊应用，如拖车及船的内墙、室外保温装饰系统。

建筑隔墙板的市场要求及趋势是：高质量（包括高的防火、防潮、抗冲击性能）及要求越来越低的价格。纤维石膏板已具备防火、防潮及抗冲击性能，加之简易设计的优质隔墙具有较低价格。因此，纤维石膏板比其他石膏板材具有更大的潜力。

（3）石膏空心板。该板外形与生产方式类似于水泥混凝土空心板（图7-12）。它是以熟石膏为胶凝材料，适量加入各种轻质集料（如膨胀珍珠岩、膨胀烃石等）和改性材料（如矿渣、粉煤灰、石灰、外加剂等），经搅拌、振动成型、抽芯模、干燥而成的。其长度为2500～3000mm，宽度为500～600mm，厚度为60～90mm。该板生产时不用纸和胶，安装墙体时不用龙骨，设备简单，较易投产。

图 7-12　石膏空心板

石膏空心板的表观密度为 600~900kg/m³，抗折强度为 2~3MPa，热导率约为 0.22W/(m·K)，隔声指数大于 30dB。具有质轻、比强度高、隔热、隔声、防火、可加工性好等优点，且安装方便。其适用于各类建筑的非承重内隔墙，但若用于相对湿度大于 75% 的环境中，则板材表面应做防水等相应处理。

石膏空心板具有石膏建筑材料固有的特点，由于它的厚度大，其特点更为突出。

① 安全。主要是指其耐火性好。遇到火灾时，只有等其中两个结晶水全部分解完毕后，温度才能从其分解温度 1400℃ 的基础上继续上升，分解过程中产生的大量水蒸气幕对火势的蔓延还起着阻隔的作用。

② 舒适是指它的"暖性"和"呼吸功能"。石膏建材的热导率在 0.20~0.28 W/(m·K) 之间，与木材的平均热导率相近。材料的热导率小，其传热速度慢；反之，其传热速度就快。热导率大，人体接触时感觉"凉"，热导率小感觉"暖"，这就使人们特别钟爱在室内使用木材。石膏建材具有与木材相近的热导率，这也是许多国家大量在室内选用石膏建材的原因。

③ 快速是指石膏建材的生产速度快、施工效率高。一般建筑石膏的初终凝时间在 6~30min 之间，与水泥制品相比，其凝结硬化快。

三、植物纤维类墙用板材

农作物的废弃物经过适当处理可以制成各种板材，质量轻，隔热保温性能好，有足够的强度和刚度，可以单板使用且便于锯、钉、打孔、粘接和油漆，施工便捷，生产耗能低，但耐水性差，可燃。中国是农业大国，农作物资源丰富，该类产品得到大力发展。

（1）稻草板。稻草板生产的原料主要是稻草或麦秸、板纸和脲醛树脂胶等。其生产方法是将干燥的稻草热压成密实的板芯，在板芯两侧及四个侧边用胶贴上一层完整的面纸，经加热固化而成。板芯内不加任何胶黏剂，只利用稻草之间的缠绞拧编与压合形成密实并有相当刚度的板材。生产工艺简单，生产线全长只有 80~90m，从进料到成品仅需要 8~12h。稻草板生产能耗低，仅为纸面石膏板能耗的 1/4~1/3。

稻草板质量轻，表观密度为 310~440kg/m³，隔热保温性能好、热导率小于 0.1W/(m·K)，单层板的隔声量为 30dB，如果两层稻草板中间夹 30mm 的矿棉和 20mm 的空气层，则隔声效果可达 50dB，耐火极限为 0.5h，其缺点是耐水性差、可燃。

稻草板具有足够的强度和刚度，可以单板使用而不需要龙骨支撑。且便于锯、钉、打眼、粘接和油漆，施工很便捷。适用于非承重的内隔墙、顶棚、厂房望板即复合外墙的内壁墙。如图 7-13 所示。

（2）稻壳板。稻壳板是以稻壳与合成树脂为原料，经配料、混合、铺装、热压而成的中密度平板。可用脲醛胶和聚醋酸乙烯胶粘贴，表面可涂刷酚醛清漆或用薄木贴面加以装饰。可作内隔板及室内各种隔断板和壁橱隔断板等。

（3）蔗渣板。蔗渣板是以甘蔗渣为原料，经加工、混合、铺装、热压而成的平板。该板生产可不用胶而利用蔗渣本身含有的物质热压时转化成呋喃系树脂而起胶结作用，也可用合成树脂胶结成有胶蔗渣板。具有质轻、吸声、易加工和装饰等特点。可用作内隔墙、顶棚、门芯板、室内隔断用板和装饰板等。

图 7-13　稻草板

四、复合墙板

以单一材料制成的板材，常因材料本身的局限性而使其应用受到限制。如质量较轻、隔热及隔声效果较好的石膏板、加气混凝土板、稻草板等因其耐水性差或强度较低，通常只能用于非承重的内隔墙。而水泥混凝土类板材虽有足够的强度和耐久性，但其自重大，隔声保温性能较差。为克服上述缺点，常用不同材料组合成多功能的复合墙板以满足需要。

常用的复合墙板主要由承受（或传递）外力的结构层（多为普通混凝土或金属板）和保温层（矿棉、泡沫塑料、加气混凝土等）及面层（各类具有可装饰性的轻质薄板）组成（图 7-14），其优点是承重材料和轻质保温材料的功能都得到合理利用，实现物尽其用，开拓材料来源。

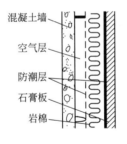 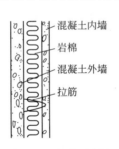 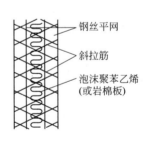

图 7-14　复合墙板组成

（1）混凝土夹心板。混凝土夹心板以 20～30mm 厚的钢筋混凝土作内外表面层，中间填以矿渣毡或岩棉毡、泡沫混凝土等保温材料，夹层厚度视热工计算而定。内外两层面板以钢筋件连接，用于内外墙。

（2）泰柏板。泰柏板是以钢丝焊接成的三维钢丝网骨架与高热阻自熄性聚苯乙烯泡沫塑料组成的芯材板，两面喷（抹）涂水泥砂浆而成的。泰柏板的标准尺寸为 1220mm×2440mm，标准厚度为 100mm。由于所用钢丝网骨架构造及夹芯层材料、厚度的差别等，该类板材有多种名称，如 GY 板（夹芯为岩棉毡）、二维板、3D 板、钢丝网节能板等，但它们的性能和基本结构均相似。

该类板轻质高强、隔热隔声、防火防潮、防震、耐久性好、易加工、施工方便。适用于自承重外墙、内隔墙、屋面板、3m 跨内的楼板等。

职业技能训练

实训　混凝土小型空心砌块试验

1. 范围

本试验检测混凝土小型空心砌块的尺寸、外观、抗压强度、抗折强度、块体密度、空心率、含水率、吸水率、相对含水率、干燥收缩、软化系数、碳化系数、抗冻性和抗渗性。

2. 尺寸测量和外观质量检查

(1) 量具。钢直尺或钢卷尺：分度值 1mm。

(2) 尺寸测量。长度在条面的中间，宽度在顶面的中间，高度在顶面的中间测量。每项在对应两面各测一次，精确至 1mm。壁、肋厚在最小部位测量，每选两处各测一次，精确至 1mm。

(3) 外观质量检查。弯曲测量：将直尺贴靠坐浆面、铺浆面和条面，测量直尺与试件之间的最大间距（见图 7-15），精确至 1mm。

缺棱掉角检查：将直尺贴靠棱边，测量缺棱掉角在长、宽、高度三个方向的投影尺寸（见图 7-16），精确至 1mm。

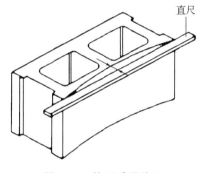　　　　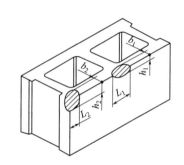

图 7-15　外观质量检查　　　　图 7-16　缺棱掉角检查

(4) 裂纹检查。用钢直尺测量裂纹所在面上的最大投影尺寸（如图 7-17 中的 L_2 或 h_3），如裂纹由一个面延伸到另一个面时，则累计其延伸的投影尺寸（如图 7-17 中 $b_1 + h_1$），精确至 1mm。

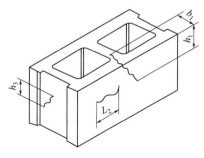

图 7-17　裂纹检查

(5) 测量结果。试件的尺寸偏差以实际测量的长度、宽度和高度与规定尺寸的差值表示。弯曲、缺棱掉角和裂纹长度的测量结果以最大测量值表示。

3. 抗压强度试验

(1) 设备。材料试验机：示值误差应不大于 2%，其量程选择应能使试件的预期破坏荷载落在满量程的 20%～80%。

钢板：厚度不小于 10mm，平面尺寸应大于 440m×240mm。钢板的一面需平整，精度要求在长度方向范围内的平面度不大于 0.1mm。

玻璃平板：厚度不小于 6mm，平面尺寸与钢板的要求相同。

水平尺。

(2) 试件。

① 试件数量为 5 个砌块。

② 处理试件的坐浆面和铺浆面，使之成为互相平行的平面。将钢板置于稳固的底座上，平整面向上，用水平尺调至水平。在钢板上先薄薄地涂一层机油，或铺一层湿纸，然后铺一层 1 份标号 42.5 的普通硅酸盐水泥和 2 份细砂，加入适量的水调成的砂浆，将试件的坐浆面湿润后平稳地压入砂浆层内，使砂浆层尽可能均匀，厚度为 3～5mm。将多余的砂浆沿试件棱边刮掉，静置 24h 以后，再按上述方法处理试件的铺浆面。为使两面能彼此平行，在处理铺浆面时，应将水平尺置于现已向上的坐浆面上调至水平。在温度 10℃ 以上不通风的室内养护 3d 后做抗压强度试验。

③ 为缩短时间，也可在坐浆面砂浆层处理后，不经静置立即在向上的铺浆面上铺一层砂浆，压上事先涂油的玻璃平板，边压边观察砂浆层，将气泡全部排除，并用水平尺调至水平，直至砂浆层平而均匀，厚度达 3～5mm。

(3) 试验步骤。

按上述的方法测量每个试件的长度和宽度分别求出各个方向的平均值，精确至 1mm。将试件置于试验机承压板上，使试件的轴线与试验机压板的压力中心重合，以 10～30kN/s 的速度加荷，直至试件破坏。记录最大破坏荷载 P。

若试验机压板不足以覆盖试件受压面时，可在试件的上、下承压面加辅助钢压板。辅助钢压板的表面光洁度应与试验机原压板相同，其厚度至少为原压板边至辅助钢压板最远角距离的 1/3。

(4) 结果计算与评定。

每个试件的抗压强度按下式计算（精确至 0.1MPa）：

$$R = \frac{P}{LB}$$

式中 R——试件的抗压强度，MPa；

P——破坏荷载，N；

L——受压面的长度，mm；

B——受压面的宽度，mm。

试验结果以 5 个试件抗压强度的算术平均值和单块最小值表示，精确至 0.1MPa。

4. 抗折强度试验

(1) 设备。

材料试验机的技术要求同上述要求。

钢棒：直径 35～40mm，长度 210mm，数量为 3 根。

抗折支座：由安放在底板上的两根钢棒组成，其中至少有一根是可以自由滚动的（见图 7-18）。

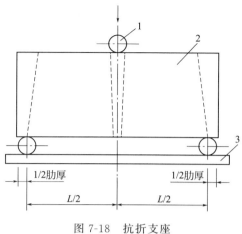

图 7-18 抗折支座
1—钢棒；2—试件；3—抗折支架

试件，试件数量为 5 个砌块。

按上述的方法测量每个试件的高度和宽度，分别求出各个方向的平均值。

试件表面处理按上述的规定进行，表面处理后应将试件孔洞处的砂浆层打掉。

（2）试验步骤。

将抗折支座置于材料试验机承压板上，调整钢棒轴线间的距离，使其等于试件长度减一个坐浆面处的肋厚，再使抗折支座的中线与试验机压板的压力中心重合。

将试件的坐浆面置于抗折支座上。在试件的上部 1/2 长度处放置一根钢棒（见图 7-18）。以 200N/s 的速度加荷直至试件破坏，记录最大破坏荷载 P。

（3）结果计算与评定。

每个试件的抗折强度按下式计算，精确至 0.1MPa。

$$R_z = \frac{3PL}{2BH^2}$$

式中　R_z——试件的抗折强度，MPa；
　　　P——破坏荷载，N；
　　　L——抗折支座上两钢棒轴心间距，mm；
　　　B——试件宽度，mm；
　　　H——试件高度，mm。

试验结果以 5 个试件抗折强度的算术平均值和单块最小值表示，精确至 0.1MPa。

小 结

本项目主要讲述了工程中常用的砌墙砖、墙用砌块及墙用板材，系统地介绍了各种常用墙体材料的品种、主要技术性能及应用范围，能够对各种常用的墙体材料进行外观、强度、吸水性能等各项技术指标进行检测。

各种墙体材料各有其特点，应该根据工程需要，结合工程自身特点选择合适的墙体类型，保证墙体既能满足强度、防水、隔声等工程指标，又能做到价格适当、经久耐用。墙体材料在生产过程中应尽可能就地取材，尽量利用各种工业副产品或废料加工制成各种墙体材料，积极发展新型墙体材料，走资源、能源、环境协调发展的绿色之路，实现墙体工业的可持续发展。

能力训练题

一、填空题

1. 用于墙体的材料，主要有（　　）、（　　）和（　　）三类。
2. 砌墙砖按有无孔洞和孔洞率大小分为（　　）、（　　）和（　　）三种，按生产工艺不同分为（　　）和（　　）。
3. 烧结普通砖按照所用原材料不同主要分为（　　）、（　　）、（　　）和（　　）四种。
4. 烧结普通砖的标准尺寸为（　　）mm×（　　）mm×（　　）mm。
5. 烧结普通砖按抗压强度分为（　　）、（　　）、（　　）、（　　）、（　　）五个强度等级。
6. 尺寸偏差和抗风化性能合格的烧结普通砖，根据（　　）、（　　）和（　　）分为（　　）、（　　）和（　　）三个质量等级。
7. 砌块按用途分为（　　）和（　　）；按有无孔洞可分为（　　）和（　　）。

二、简答题

1. 为何要限制烧结黏土砖，发展新型墙体材料？
2. 焙烧温度对砖质量有何影响？如何鉴别欠火砖和过火砖？
3. 多孔砖与空心砖有何异同点？
4. 常见的非烧结砖都有哪些？

三、计算题

有烧结普通砖一批，经抽样10块做抗压强度试验（每块砖的受压面积以120mm×115mm计），结果如表7-24所示，确定该砖的强度等级。

表7-24　试验结果

编号	1	2	3	4	5	6	7	8	9	10
破坏荷载/kN	254	267	259	270	287	256	264	268	281	246
抗压强度/MPa										

项目八
建筑钢材

 学习目标

1. 掌握钢材的力学性能、工艺性能以及钢材的化学成分对钢材性能的影响。
2. 掌握钢筋的拉伸试验和冷弯试验。
3. 熟悉钢材的防锈和防火原理及方法。
4. 了解钢材的分类。

钢材是钢锭、钢坯或钢材通过压力加工制成的一定形状、尺寸和性能的材料。大部分钢材加工都是通过压力加工，使被加工的钢（坯、锭等）产生塑性变形。

钢材强度高、品质均匀，具有一定的弹性和塑性变形能力，能够承受冲击、震动等荷载；钢材的可加工性能好，可以进行各种机械加工，也可以通过铸造的方法，将钢铸造成各种形状；还可以通过切割、铆接或焊接等多种方式的黏结，进行装配法施工，因此钢材是重要的建筑材料之一。

任务一　建筑钢材的技术性质

一、钢材的分类

1. 钢的冶炼

钢是由生铁冶炼而成。生铁是由铁矿石、熔剂（石灰石）、燃料（焦炭）在高炉中经过还原反应和造渣反应而得到的一种铁碳合金，其中碳、磷和硫等杂质的含量较高。生铁脆、强度低、塑性和韧性差，不能用焊接、锻造、轧制等方法加工。炼钢的过程是把熔融的生铁进行氧化，使含碳量降低到预定的范围，其他杂质含量降低到允许范围。理论上凡含碳量在2%以下，含有害杂质较少的铁碳合金可称为钢。在炼钢的过程中，采用的炼钢方法不同，除去杂质的速度就不同，所得到的钢的质量也有所不同。目前，炼钢方法主要有转炉炼钢法、平炉炼钢法和电炉炼钢法三种。

① 转炉炼钢法以熔融的铁水为原料，不需要燃料，由转炉底部或侧面吹入高压热空气，使铁水中的杂质在空气中氧化，从而除去杂质。空气转炉炼钢法的缺点是吹炼时容易混入空气中的氮、氢等杂质，同时熔炼时间短，杂质含量不易控制，国内已不采用。采用以纯氧气代替空气吹入炉内的纯氧气顶吹转炉炼钢法，克服了空气转炉法的一些缺点，能有效地除去磷、硫等杂质，使钢的质量明显提高。

② 平炉炼钢法是以铁液或固体生铁、废钢铁和适量的铁矿石为原料，以煤气或重油为燃料，靠废钢铁、铁矿石中的氧或空气中的氧（或吹入的氧气），使杂质氧化而被除去的方法。该方法冶炼时间长（4～12h）、易调整和控制成分、杂质少、质量好。但投资大、需用燃料、成本高。用平炉炼钢法可生产优质碳素钢、合金钢和有特殊要求的钢种。

③ 电炉炼钢法是以电为能源迅速加热生铁或废钢原料的方法。该方法熔炼温度高、温度可自由调节、消除杂质容易，因此炼得的钢质量好，但成本最高。主要用来冶炼优质碳素钢及特殊合金钢。

在炼钢过程中，为保证杂质的氧化，须提供足够的氧，因此在已炼成的钢液中尚留有一定量的氧，如氧的含量超出0.05%，会严重降低钢的力学性能。为减少它的影响，在浇铸钢锭之前，要在钢液中加入脱氧剂进行脱氧，常用的脱氧剂有锰铁、硅铁和铝等，铝的脱氧效果最佳，其次是硅铁和锰铁。根据脱氧程度不同，可分为沸腾钢（F）、镇静钢（Z）和半镇静钢（B）三种。

① 沸腾钢脱氧不完全，钢中含氧量较高，浇铸后钢液在冷却和凝固的过程中氧化铁与碳发生化学反应，生成CO气体外逸，气泡从钢液中冒出呈"沸腾"状，故称沸腾钢。因仍有不少气泡残留在钢中，故钢的质量较差。沸腾钢中碳和有害杂质（磷、硫等）的偏析较严重，钢的致密程度较差，因此沸腾钢的冲击韧性和可焊性差，尤其是低温冲击韧性更差，但钢锭收缩孔减少，成品率较高，成本低。

② 镇静钢脱氧比较完全，在冷却和凝固时，没有气体析出，无"沸腾"现象。镇静钢

质量好，但钢锭的收缩孔大，成品率低，成本高。

③ 半镇静钢是加入适量的锰铁、硅铁、铝作为脱氧剂制得的，脱氧程度介于沸腾钢和镇静钢之间。钢水铸锭后用来轧制各种型材，轧制方法有冷轧和热轧两种。建筑钢材主要经热轧而成。热轧能提高钢材的质量。通过热轧，能够消除钢材中的气泡，细化晶粒。但轧制次数、停轧温度对钢材性能有一定影响。如轧制次数少，停轧温度高，则钢材强度稍低。

2. 钢材的分类

钢材按化学成分分为碳素钢（简称碳钢）与合金钢两大类。碳钢是由生铁冶炼获得的合金，除铁、碳为其主要成分外，还含有少量的锰、硅、硫、磷等杂质。碳钢具有一定的力学性能，又有良好的工艺性能，且价格低廉。因此，碳钢获得了广泛的应用。但随着现代工业与科学技术的迅速发展，碳钢的性能已不能完全满足需要，于是人们研制了各种合金钢。合金钢是在碳钢的基础上，有目的地加入某些元素（称为合金元素）而得到的多元合金。与碳钢比，合金钢的性能有显著的提高，故应用日益广泛。

钢材品种繁多，为了便于生产、保管、选用与研究，必须对钢材加以分类。按钢材的用途、化学成分、质量的不同，可将钢材分为许多类：

(1) 按用途分类。按钢材的用途可分为结构钢、工具钢、特殊性能钢三大类。

① 结构钢。用作各种机器零件的钢，它包括渗碳钢、调质钢、弹簧钢及滚动轴承钢；用作工程结构的钢，它包括碳素钢中的甲、乙、特类钢及普通低合金钢。

② 工具钢是用来制造各种工具的钢。根据工具用途不同可分为刃具钢、模具钢与量具钢。

③ 特殊性能钢是具有特殊物理化学性能的钢。可分为不锈钢、耐热钢、耐磨钢、磁钢等。对特殊钢尚无统一的定义和概念，一般认为特殊钢是指具有特殊的化学成分、采用特殊的工艺生产、具备特殊的组织和性能、能够满足特殊需要的钢类。与普通钢相比，特殊钢具有更高的强度和韧性、物理性能、化学性能、生物相容性和工艺性能。

(2) 按化学成分分类。按钢材的化学成分可分为碳素钢和合金钢两大类。

碳素钢按含碳量又可分为：低碳钢（含碳量≤0.25%）；中碳钢（0.25%＜含碳量＜0.6%）；高碳钢（含碳量≥0.6%）。

合金钢按合金元素含量又可分为：低合金钢（合金元素总含量≤5%）；中合金钢（合金元素总含量：5%～10%）；高合金钢（合金元素总含量＞10%）。此外，根据钢中所含主要合金元素种类不同，也可分为锰钢、铬钢、铬镍钢、铬锰钛钢等。

(3) 按质量分类。按钢材中有害杂质磷、硫的含量可分为普通钢（含磷量≤0.045%、含硫量≤0.055%；或磷、硫含量均≤0.050%）；优质钢（磷、硫含量均≤0.030%）。

(4) 按外形分类。可分为型材、板材、管材、金属制品四大类。

① 型材。型材是铁或钢以及具有一定强度和韧性的材料通过轧制、挤出、铸造等工艺制成的具有一定几何形状的物体。这类材料具有的外观尺寸一定，断面呈一定形状，具有一定的力学物理性能。型材既能单独使用也能进一步加工成其他制造品，常用于建筑结构与制造安装。常见的有重轨（每米质量大于30kg的钢轨）、轻轨（每米质量小于或等于30kg的钢轨）、大中小型型钢（普通钢圆钢、方钢、扁钢、六角钢、工字钢、槽钢、等边和不等边角钢及螺纹钢）、线材（直径5～10mm的圆钢和盘条）、冷弯型钢（将钢材或钢带冷弯成型制成的型钢）、优质型材（优质钢圆钢、方钢、扁钢、六角钢）等。

② 板材。常见的板材有薄钢板：厚度≤4mm的钢板。中、厚钢板：厚度＞4mm的钢板。中板：4mm＜厚度＜20mm；厚板：20mm＜厚度＜60mm；特厚板：厚度＞60mm。

钢带也叫带钢，实际上是长而窄并成卷供应的薄钢板。电工硅钢薄板也叫硅钢片或矽钢片。

③ 管材。无缝钢管，用热压、冷轧（冷拔或挤压）等方法生产的管壁无接缝的钢管。焊接钢管，将钢板或钢带卷曲成型，然后焊接制成的钢管。

④ 金属制品。包括钢丝、钢丝绳、钢绞线等。

（5）按微观分类。钢铁在加热或冷却时，其中的一些相会转变为另一些相，即发生相变。在缓慢加热或冷却条件下发生的相变是平衡相变，转变产物是稳定的组织，即平衡组织。快速加热特别是快速冷却时则会发生不平衡相变，形成不稳定的组织，即不平衡组织。一旦原子有了足够的活动能力而且有足够时间完成某些运动，不平衡组织会重新转变为平衡组织。

钢铁中的平衡组织和不平衡组织常见的有珠光体、贝氏体、马氏体和莱氏体。

此外，还有按冶炼炉的种类，将钢分为平炉钢（酸性平炉钢、碱性平炉钢）、空气转炉钢（酸性转炉钢、碱性转炉钢、氧气顶吹转炉钢）与电炉钢。按冶炼时脱氧程度，将钢分为沸腾钢（脱氧不完全）、镇静钢（脱氧比较完全）及半镇静钢。

【知识链接】镇静钢是指完全脱氧的钢，即氧的质量分数不超过 0.01%（一般常在 0.002%~0.003%），沸腾钢指脱氧程度极低的钢。钢水含有很多的氧，在凝固过程中和钢中的碳发生激烈反应，放出 CO 气泡，使钢水在钢锭模内发生"沸腾"现象而得名。

二、钢材的技术性质

钢材作为主要的受力结构材料，不仅需要具有一定的力学性能，同时还要求具有容易加工的性能，其主要的力学性能有抗拉性能、冲击韧性、疲劳强度及硬度。而冷弯性能和可焊接性能则是钢材重要的工艺性能。只有掌握了钢材的各种性能，才能做到正确、经济、合理地选择和使用钢材。

1. 力学性能

（1）抗拉性能　抗拉性能是建筑钢材最主要的技术性能，通过拉伸试验，可以测得屈服强度、抗拉强度和断后伸长率，这些是钢材的重要技术性能指标。低碳钢的抗拉性能可用拉伸时的应力-应变图来阐明，如图 8-1 所示。

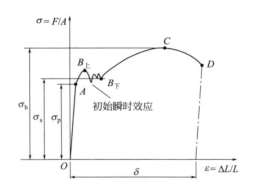

二维码 8-1

图 8-1　低碳钢拉伸时的应力-应变曲线

① 弹性阶段。OA 为弹性阶段。在 OA 范围内，随着荷载的增加，应力和应变成比例增加。如卸去荷载，则恢复原状，这种性质称为弹性。OA 是一直线，在此范围内的变形，称为弹性变形。A 点所对应的应力称为弹性极限，用 σ_p 表示。在这一范围内，应力与应变的比值为一常量，称为弹性模量，用 E 表示，即 $E=\sigma/\varepsilon$。弹性模量反映了钢材的刚度，是钢

材在受力条件下计算结构的重要指标之一。碳素结构钢 Q235 的弹性模量 $E=(2.0\sim2.1)\times10^5$ MPa。弹性极限 σ_p 为 180~200MPa。

② 屈服阶段。AB 为屈服阶段。在 AB 曲线范围内,应力与应变不能成比例变化。应力超过 σ_p 后,即开始产生塑性变形。应力到达 $B_下$ 后,变形急剧增加,应力则在不大的范围内波动,直到 B 点止。$B_上$ 是上屈服强度,$B_下$ 是下屈服强度,也可称为屈服极限,当应力到达点 $B_上$ 时,钢材抵抗外力能力下降,发生"屈服"现象。$B_下$ 是屈服阶段应力波动的次低值,它表示钢材在工作状态下允许达到的应力值,即在 $B_下$ 之前,钢材不会发生较大的塑性变形。故在设计中一般以下屈服强度作为强度取值的依据,用 σ_s 表示。碳素结构钢 Q235 的 σ_s 应不小于 235MPa。

③ 强化阶段。BC 为强化阶段,过 B 点后,抵抗塑性变形的能力又重新提高,变形发展速度比较快,随着应力的提高而增加,对应于最高点 C 的应力,称为抗拉强度或强度极限,用 σ_b 表示。碳素结构钢 Q235 的 σ_b 应不小于 375MPa。

抗拉强度不能直接利用,但屈服强度和抗拉强度的比值(屈强比 σ_s/σ_b)却能反映钢材的利用率和安全性。σ_s/σ_b 越高,钢材的利用率越高,但易发生危险的脆性断裂,安全性降低。如果屈强比太小,安全性高,但利用率低,造成钢材浪费。碳素结构钢 Q235 的屈强比在 0.58~0.63 之间,偏低。工程中常采用冷拉的方法来提高钢材的屈强比。

④ 颈缩阶段。CD 为颈缩阶段。过 C 点,材料抵抗变形的能力明显降低,在 CD 范围内,应变速度增加,而应力反而下降,并在某处会发生"颈缩"现象,直至断裂。将拉断的钢材拼合后,测出标距部分的长度,便可按下式求得断后伸长率 δ:

$$\delta=\frac{L_1-L_0}{L_0}\times100\% \tag{8-1}$$

式中 L_0——试件原始标距长度,mm;

L_1——试件拉断后标距部分的长度,mm。

以 δ_5 和 δ_{10} 分别表示 $L_0=5d_0$ 和 $L_0=10d_0$ 时的断后伸长率,d_0 为试件的原直径或厚度。对于同一钢材,$\delta_5>\delta_{10}$。

伸长率反映了钢材的塑性大小,在工程中具有重要意义。塑性大,钢质软,结构塑性变形大,影响使用。塑性小,钢质硬脆,超载后易断裂破坏。塑性良好的钢材,会使内部应力重新分布,不致由于应力集中而发生脆断。

对于含碳量及合金元素含量较高的硬钢,在外力作用下没有明显的屈服阶段,通常以 0.2% 残余变形时对应的应力值作为屈服强度,用 $\sigma_{0.2}$ 表示,如图 8-2。

(2) 冲击韧性 冲击韧性是指钢材在冲击载荷作用下吸收塑性变形功和断裂功的能力,反映材料内部的细微缺陷和抗冲击性能(如图 8-3)。冲击韧度指标的实际意义在于揭示材料的变脆倾向,是反映金属材料对外来冲击负荷的抵抗能力,一般由冲击韧性值(a_k)和冲击功(A_k)表示,其单位分别为 J/cm^2 和 J(焦耳)。影响钢材冲击韧性的因素有材料的化学成分、热处理状态、冶炼方法、内在缺陷、加工工艺及环境温度。对钢材进行冲击韧性试验,能较全面地反映出材料的品质。钢材的冲击韧性对钢的化学成分、组织状态、冶炼和轧制质量以及温度和时效等都较敏感。

钢材的 a_k 随温度的降低而减小,且在某一温度范围内,a_k 发生急剧降低,这种现象称为冷脆,此温度范围称为韧脆转变温度。

影响钢材冲击韧性的因素有很多,常见的有:

① 材料成分。含碳量对钢的韧-脆转化曲线有影响。随着钢中含碳量的增加,冷脆转化温度几乎呈线性上升,且最大冲击值也急剧降低。钢的含碳量每增加 0.1%,冷脆转化温度

升高约为 13.9℃。钢中含碳量的影响，主要归结为珠光体增加了钢的脆性。

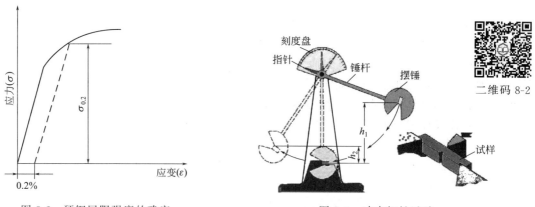

图 8-2　硬钢屈服强度的确定　　　　图 8-3　冲击韧性试验

② 晶粒大小。细化晶粒一直是控制材料韧性、避免脆断的主要手段。理论与实验均得出冷脆转化温度与晶粒大小有定量关系。

③ 显微组织。在给定强度下，钢的冷脆转化温度决定于转变产物。就钢中各种组织来说，珠光体有最高的脆化温度，按照脆化温度由高到低的顺序依次为：珠光体，上贝氏体，铁素体，下贝氏体和回火马氏体。

(3) 疲劳强度　钢材在交变荷载反复作用下，在远低于屈服点时发生突然破坏，这种破坏叫疲劳破坏。疲劳破坏的危险应力用疲劳极限或疲劳强度表示。它是指钢材在交变荷载作用下规定的周期内不发生断裂所能承受的最大应力。一般试验时规定，钢在经受 1×10^7 次交变荷载作用时不产生断裂的最大应力称为疲劳强度。当施加的交变应力是对称循环应力时，所得的疲劳强度用 σ_{-1} 表示。

钢材的疲劳破坏，先在应力集中的地方出现疲劳裂纹，由于反复作用，裂纹尖端产生应力集中，致使裂纹逐渐扩大，而产生突然断裂。从断口可明显分辨出疲劳裂纹扩展区和残留部分的瞬时断裂区。

根据疲劳破坏的分析，裂纹源通常是在应力集中的部位产生，而且构件持久极限的降低，很大程度是由于各种影响因素带来的应力集中影响。因此设法避免或减弱应力集中，可以有效提高构件的疲劳强度。钢材疲劳强度的大小与内部组织、成分偏析及各种缺陷有关。同时，钢材表面质量、截面变化和受腐蚀程度等都影响其耐疲劳性能。

(4) 硬度　硬度是指钢材抵抗硬物压入表面，即材料表面抵抗塑性变形的能力。测定钢材硬度的方法有布氏法 (HB)、洛氏法 (HRC)，较常用的是布氏法。布氏法是在布氏硬度机上用一规定直径的硬质钢球，加以一定的压力，将其压入钢材表面，使形成压痕，将压力除以压痕面积所得应力值即为该钢材的布氏硬度值，以数字表示，不带单位。数值越大，表示钢材越硬。

洛氏法是在洛氏机上根据测量的压痕深度来计算硬度值的。

2. 工艺性能

钢材应具有良好的工艺性能，以满足施工工艺的要求。冷弯性能和可焊接性能是钢材重要的工艺性能。

(1) 冷弯性能　冷弯性能是指钢材在常温下承受弯曲变形的能力。冷弯试验是将钢材按规定弯曲角度与弯心直径弯曲（图 8-4），检查受弯部位的外拱面和两侧面，不发生裂纹、起层或断裂为合格。弯曲角度越大，弯心直径与试件厚度（或直径）的比值越小，则表示钢材冷弯性能越好。

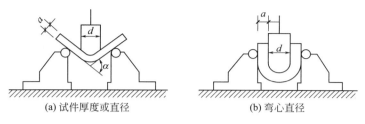

(a) 试件厚度或直径　　　(b) 弯心直径

图 8-4　冷弯试验

冷弯性能是钢材处于不利变形条件下的塑性，与表示在均匀变形下的塑性（断后伸长率）不同，在同一程度上，冷弯性能更能反映钢的内部组织状态、内应力及夹杂物等缺陷。一般来说，钢材的塑性愈大，其冷弯性能愈好。

（2）可焊接性能　建筑工程中，钢材间的连接绝大多数采用焊接方式来完成，因此要求钢材具有良好的可焊接性能。在焊接中，由于高温作用和焊接后急剧冷却作用，焊缝及附近的过热区将发生晶体组织及结构变化，产生局部变形及内应力，使焊缝周围的钢材产生硬脆倾向，降低了焊接的质量。可焊性良好的钢材，焊缝处性质应与钢材尽可能相同，焊接才能牢固可靠。

钢的化学成分、冶炼质量及冷加工等都可影响焊接性能。含碳量小于 0.25% 的碳素钢有良好的可焊性，含碳量超过 0.3% 的碳素钢可焊性变差，硫、磷及气体杂质会使可焊性降低，加入过多的合金元素也将降低可焊性。对于高碳钢及合金钢，为改善焊接质量，一般需要采用预热和焊后处理以保证质量。此外，正确的焊接工艺也是保证焊接质量的重要措施。

钢筋焊接应注意：冷拉钢筋的焊接应在冷拉之前进行；焊接部位应清除铁锈、熔渣、油污等；应尽量避免不同国家的进口钢筋之间或进口钢筋与国产钢筋之间的焊接。

三、钢材的化学成分

1. 化学成分对钢材性质的影响

碳素钢中除了铁和碳元素之外，还含有硅、锰、磷、硫、氮、氧、氢等元素。它们的含量决定了钢材的性能，尤其是某些元素为有害杂质（如磷、硫等），在冶炼时，应通过控制和调节限制其含量，以保证钢的质量。

碳是影响钢材性能的主要元素之一，在碳素钢中，随着含碳量的增加，其强度和硬度提高，塑性和韧性降低。当含碳量大于 1% 后，脆性增加，硬度增加，强度下降；含碳量大于 0.3% 时，钢的可焊性显著降低。此外，含碳量增加，钢的冷脆性和时效敏感性增大，耐大气锈蚀性降低。含碳量对热轧碳素钢性质的影响如图 8-5 所示。

硅的含量在 1% 以内时，可提高钢的强度、疲劳极限、耐腐蚀性及抗氧化性，对塑性和韧性影响不大，但对可焊性和冷加工性能有所影响。硅可作为合金元素，用以提高合金钢的强度。

锰可提高钢材的强度、硬度及耐磨性，能消减硫和氧引起的热脆性，改善钢材的热加工性能。锰可作为合金元素，提高合金钢的强度。

磷是碳素钢中的有害杂质，常温下能提高钢的强度和硬度，但塑性和韧性显著下降，低温时更甚，即引起冷脆性。磷可提高钢的耐磨性和耐腐蚀性能。

硫是碳素钢中的有害杂质。在焊接时，易产生脆裂现象，即热脆性，显著降低可焊性。

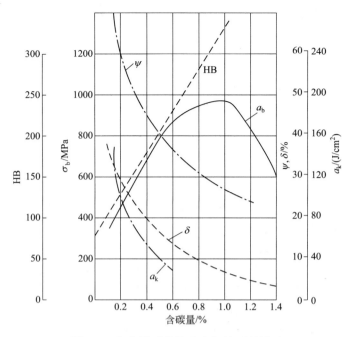

图 8-5 含碳量对热轧碳素钢性质的影响

含硫过量,还会降低钢的韧性、耐疲劳性等力学性能及耐腐蚀性能。

氧是碳素钢中的有害杂质。含氧量增加,使钢的机械强度降低,塑性和韧性降低,可促进时效作用,还能使热脆性增加,可焊接性能变差。

氮能使钢的强度提高,塑性特别是韧性显著下降。氮还会加剧钢的时效敏感性和冷脆性,使可焊性变差。但若在含氮的钢中,适量加入 Al、Ti、V 等元素形成它们的氮化物,则可达到细化晶粒,改善性能的目的。

2. 钢材的组织

金属材料的内部结构,只有在显微镜下才能观察到。在显微镜下看到钢材的内部组织结构称为显微组织或金相组织。钢材常见的金相组织有:铁素体、奥氏体、渗碳体、珠光体等。

铁素体是碳在 α-Fe 中的固溶体。α-Fe 的溶碳能力较差,因此,铁素体的含碳量很低,在室温时仅为 0.008%,由于含碳量低,铁素体的强度和硬度都很低,但塑性和韧性很好。

奥氏体是碳在 γ-Fe 中的固溶体。γ-Fe 的溶碳能力比 α-Fe 大,在 1143℃时,其最大溶解度为 2.11。奥氏体的强度较低,但塑性好,其力学性能与含碳量及温度有关。对于普通碳素钢,一般在室温下没有单一奥氏体存在,但在某些合金钢(含有较高合金元素锰或镍的钢)中,室温时也会有奥氏体存在,甚至全部都是奥氏体组织。

铁与碳形成具有金属键结合的金属化合物碳化三铁,称为渗碳体。它的含碳量为 6.67%,其晶体结构比较复杂,熔点为 1227~1600℃。渗碳体的硬度很高,塑性几乎为零,是一个硬而脆的相。它在钢铁中的分布可以成片状、粒状、网状或板状,它的形态、大小及在钢中的分布状况,对钢的性能有很大影响。

珠光体是铁素体与渗碳体的机械混合物。一般情况下,铁素体和珠光体多以片层状相间排列混合在一起,称为片状珠光体。渗碳体也能以小圆球的形式分布在铁素体的基体上,称为球状珠光体。

四、钢材的冷加工与热处理

1. 钢材的冷加工

冷加工是指金属在低于再结晶温度时进行塑性变形的加工工艺,如冷轧、冷锻、冲压、冷挤压等。在常温下,对钢筋进行冷拉或冷拔,可提高钢筋的屈服点,从而提高钢筋的强度,达到节省钢材的目的。

(1) 冷轧　冷轧是将圆钢在轧钢机上轧成断面按一定规律变化的钢筋,可提高其强度及与混凝土的凝聚力。钢筋在冷轧时,纵向和横向同时产生变形,因而能较好地保持塑性及内部结构的均匀性。

产生冷加工强化的原因是钢材在冷加工变形时,由于晶粒间产生滑移,晶粒形状改变,有的被拉长,有的被压扁,甚至变成纤维状。同时,在滑移区域,晶粒破碎,晶格歪扭,从而对继续滑移造成阻力,要使它重新产生滑移就必须增加外力,这就意味着屈服强度有所提高,但由于减少了可以利用的滑移面,钢的塑性降低。另外,在塑性变形中产生了内应力,钢材的弹性模量降低。

(2) 钢材的时效处理　钢材经冷加工后,把随着时间的延长,钢的屈服强度和抗拉强度逐渐提高而塑性和韧性逐渐降低的现象,称作应变时效,简称时效。经过冷拉的钢筋在常温下存放 15～20d,或加热到 100～200℃并保持一定时间,这个过程称为时效处理。前者称为自然时效,后者称为人工时效。

冷拉以后再经时效处理的钢筋,其屈服点进一步提高,抗拉强度也有所增长,塑性继续降低。由于时效过程中内应力消减,故弹性模量可基本恢复。钢材的冷拉及时效强化如图 8-6 所示。

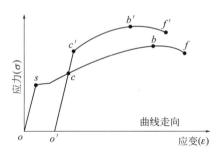

图 8-6　钢材的冷拉及时效强化示意图

$oscbf$—冷拉前曲线走向;$o'cbf$—冷拉后曲线走向;$o'c'b'f'$—冷拉及时效强化后走向

钢材中氮、氧含量高,时效敏感性大。受动荷载作用或经常处于中温条件下工作的钢结构,为避免脆性过大,防止出现突然断裂,应选用时效敏感性较小的钢材。

2. 钢材热处理

热处理是指钢材在固态下,通过加热、保温和冷却的手段,以获得预期组织和性能的一种金属热加工工艺。在从石器时代进展到铜器时代和铁器时代的过程中,热处理的作用逐渐为人们所认识。

(1) 淬火　将钢件加热到临界温度以上 40～60℃,保温一定时间,急剧冷却的热处理方法,称为淬火。常用急剧冷却的介质有油、水和盐水溶液。

淬火的目的是使钢件获得高的硬度和耐磨性,通过淬火的钢件硬度一般可达 HRC60～65,但淬火后钢件内部产生了内应力,使钢件变脆,因此,要经过回火处理加以消除。钢件的淬火处理,在机械制造过程中应用比较普遍,它常用的方法有:单液淬火、双液淬火、火焰表面淬火等。

（2）回火　将淬火后的钢件加热到临界温度以下某一温度时，保温一段时间，然后在空气中或油中冷却的过程，称为回火。回火的目的是：消除钢件淬火时所产生的内应力，使钢件组织趋于稳定；降低淬火中的脆性，增加塑性和韧性。回火是继淬火后进行的热处理工序，也是热处理的最终工序，它对产品最终性能和组织起着决定性的影响。钢淬火后，硬度和强度虽有很大的提高，但塑性、韧性却有明显的降低，这就是淬火脆性。为了取得回火后所要求的力学性能，选择好回火温度是很重要的。根据回火温度的不同，回火可分为低温、中温和高温回火三种。

（3）退火　将钢件加热到临界温度以上40~60℃，在此温度下停留一段时间（保温），然后缓慢冷却，这种热处理方法称为退火。碳钢的临界温度是随含碳量多少而变化，一般是750~800℃，有些合金钢是在800~900℃之间。退火的目的是：降低硬度、提高塑性、改进切削性能、消除内应力（如消除锻压、铸造的内应力）、防止加工后的变形、细化晶粒、均匀组织、改进力学性能。上面指出的退火目的，不是所有钢材都能达到的，而只能满足一个或几个目的。

（4）正火　将钢件加热到临界温度以上40~60℃，保温一定时间，然后在空气中冷却的热处理方法，称为正火。正火的加热、保温温度都与退火相同，不同的只是冷却速度不一样。正火是在空气中冷却，冷却速度快，时间短，操作方便，效率高。正火的目的是：细化晶粒，均匀组织，提高钢件的力学性能，消除内应力，改善钢件的切削性能。正火常用于碳钢代替退火。

（5）调质　将钢件淬火后，再进行高温回火的热处理方法，称为调质。其目的是细化晶粒，使钢件得到高韧性和足够强度。调质一般是在粗加工后进行的，它适用于各种重要结构零件，特别是交变载荷下工作的传动轴、齿轮、丝杠等精密零件的预先热处理，经过调质后，再进行加工的工艺过程。

调质和高温回火处理方法是相同的，目的都是细化晶粒、均匀组织、消除应力，使钢件得到良好的力学性能，不同的是高温回火是热处理的最终工序，而调质处理则是精加工前的预备工序，是对半成品而做的热处理操作。

五、钢材防锈与防火

1. 钢材的锈蚀与防锈

（1）钢材的锈蚀　钢材表面与周围介质发生化学反应而遭到破坏的现象称为钢材的锈蚀。钢材锈蚀的现象普遍存在，特别是当周围环境有侵蚀性介质或湿度较大时，锈蚀情况就更为严重。锈蚀不仅会使钢材有效截面面积减小，浪费钢材，而且会形成程度不等的锈坑、锈斑，造成应力集中，还会显著降低钢材的强度、塑性、韧性等力学性能。

根据钢材表面与周围介质的作用原理，锈蚀可分为化学锈蚀和电化学锈蚀。

① 化学锈蚀。化学锈蚀是指钢材表面直接与周围介质发生化学反应而产生的锈蚀，这种锈蚀多数是氧化作用，使钢材表面形成疏松的氧化物 FeO。FeO 钝化能力很弱，易破裂，有害介质可进一步进入而发生反应，造成锈蚀。在干燥环境下，化学锈蚀的速度缓慢。但在温度和湿度较高的环境条件下，化学锈蚀的速度大大加快。

② 电化学锈蚀。电化学锈蚀是由于金属表面形成了原电池而产生的锈蚀。钢材本身含有铁、碳等多种成分。由于这些成分的电极电位不同，形成许多微电池。在潮湿空气中，钢材表面吸附一层极薄的水膜。在阳极区，铁被氧化成 Fe^{2+} 进入水膜，因为水中溶有氧，故在阴极区氧被还原成 OH^-，两者结合成不溶于水的 $Fe(OH)_2$，并进一步氧化成疏松易脱落

的红棕色铁锈 $Fe(OH)_3$。

钢材在大气中的锈蚀是化学锈蚀和电化学锈蚀共同作用所致,但以电化学锈蚀为主。

(2) 钢材的防锈　为了防止钢材生锈,确保钢材的良好性能和延长建筑物的使用寿命,工程中必须对钢材做防锈处理。建筑工程中常用的防锈措施如下:

① 在钢材表面施加保护层。在钢材表面施加保护层,使钢材与周围介质隔离,防止钢材锈蚀。保护层可分为金属保护层和非金属保护层。

金属保护层是用耐腐蚀性较好的金属,以电镀或喷镀的方法覆盖在钢材表面,从而提高钢材的耐锈蚀能力。常用的金属保护层有镀锌、镀锡、镀铬、镀铜等。

非金属保护层是用无机或有机物质作保护层。常用的是在钢材表面涂刷各种防锈涂料。防锈涂料通常分为底漆和面漆两种。底漆要牢固地附着在钢材表面,隔断其与外界空气的接触,防止生锈;面漆保护底漆不受损伤或侵蚀。也可采用塑料保护层、沥青保护层等。

② 电化学保护法。无电流保护法是在钢铁结构上接一块较钢铁更为活泼的金属(如锌、镁),因为锌、镁比钢铁的电位低,所以锌、镁成为腐蚀电池的阳极遭到破坏(牺牲阳极),钢铁结构得到保护。这种方法常用于那些不容易或不能覆盖保护层的地方,如蒸汽锅炉、轮船外壳、地下管道、港工结构、道桥建筑等。

外加电流保护法是在钢铁结构附近安放些废钢铁或其他难熔金属,如高硅铁及铅银合金等,将外加直流电源的负极接在被保护的钢铁结构上,正极接在难熔的金属上,通电后难熔金属成为阳极而被腐蚀。钢铁结构成为阴极得到保护。

③ 制成耐候钢。耐候钢是在碳素钢和合金中加入铬、钛等合金元素而制成的。如在低合金中加入铬可制成不锈钢。耐候钢在大气作用下,能在表面形成致密的防腐保护层,从而起到耐腐蚀作用。

④ 混凝土用钢筋的防锈。在正常的混凝土中 pH 值约为 12。这时在钢材表面能形成碱性氧化膜(钝化膜),对钢起保护作用。混凝土碳化后,由于碱度降低会失去对钢筋的保护作用。此外,混凝土中氯离子达到一定浓度时,也会严重破坏表面的钝化膜。

一般混凝土钢筋的防锈措施有:保证混凝土的密实度,保证钢筋保护层的厚度,限制氯盐外加剂的掺量、使用防锈剂等。预应力混凝土用钢筋易被腐蚀,故应禁止在混凝土中使用氯盐类外加剂。

2. 钢材的防火保护

(1) 钢材的耐高温性能　在高温时,钢材的性能会发生很大的变化。温度在 200℃ 以内,可以认为钢材的性能不变;超过 300℃ 以后,屈服强度和抗拉强度开始急剧下降,应力急剧增大;到达 600℃ 时开始失去承载能力。

耐火试验和火灾案例表明,以失去支持能力为标准,无保护层的钢屋架和钢柱的耐火极限只有 0.25h。而裸露钢梁的耐火极限仅为 0.15h。

钢材属于不耐燃材料,但这并不表明钢材能够抵抗火灾。没有防火保护层的钢结构是不耐火的。对于钢结构,尤其是可能经历高温环境的钢结构,应做必要的防火处理。

(2) 钢材的防火措施　钢材防火的基本原理是阻隔火焰和热量,推迟钢结构的升温速度。常用的防火方法以包覆法为主,主要有以下两个方面:

① 在钢材表面涂防火涂料。防火涂料按受热时的变化分为膨胀型(薄型)和非膨胀型(厚型)两种。

膨胀型防火涂料的涂层厚度一般为 2~7mm,附着力较强,可同时起装饰作用。涂料内含膨胀组分,遇火后会膨胀增厚 5~10 倍,形成多孔结构,从而起到良好的隔热防火作用,构件的耐火极限可达 0.5~1.5h。非膨胀型防火涂料的涂层厚度一般为 8~50mm,呈粒状面,强度较低,喷涂后需再用装饰面层保护,耐火极限可达 0.5～3.0h。为了保证防火涂料牢固包裹钢构件,可在涂层内埋设钢丝网,并使钢丝网与构件表面的净距离保持在 6mm 左右。

防火涂料一般采用分层喷涂工艺制作涂层,局部修补时可采用手工涂抹或刮涂。

② 用不燃性板材、混凝土等包裹钢构件。常用的不燃性板材有石膏板、岩棉板、珍珠岩板等,可通过钢钉、钢箍固定在钢构件上。

对于重要建筑,应考虑钢材本身的性能改进。如通过与无机非金属材料的复合,提高钢结构材料本身的防火等方面的能力。还可研究材料或结构本身的自灭火性能,或者考虑如何综合多因素选用建筑钢材。

职业技能训练

实训一　钢筋拉伸试验

1. 试验目的

测定低碳钢的屈服强度、抗拉强度、伸长率三个指标,作为评定钢筋强度等级的主要技术依据。掌握《金属材料 拉伸试验 第 1 部分:室温试验方法》(GB/T 228.1—2021)和钢筋强度等级的评定方法。

2. 主要仪器设备

(1) 万能试验机。

(2) 钢板尺、游标卡尺、千分尺、两脚爪规等。

3. 试件制备

(1) 抗拉试验用钢筋试件一般不经过车削加工,可以用两个或一系列等分小冲点或细划线标出原始标距(标记不应影响试样断裂)。

(2) 试件原始尺寸的测定。

① 测量标距长度 l_0,精确到 0.1mm。

② 圆形试件横断面直径,应在标距的两端及中间处两个相互垂直的方向上各测一次,取其算术平均值,选用三处测得的横截面积中最小值,横截面积按下式计算:

$$A_0 = \frac{1}{4}\pi d_0^2$$

式中　A_0——试件的横截面积,mm^2;

　　　d_0——圆形试件原始横断面直径,mm。

4. 试验步骤

(1) 屈服强度与抗拉强度的测定。

① 调整试验机测力度盘的指针,使对准零点,并拨动副指针,使与主指针重叠。

② 将试件固定在试验机夹头内,开动试验机进行拉伸。拉伸速度为:屈服前,应力增加速度为每秒钟 10MPa;屈服后,试验机活动夹头在荷载下的移动速度为不大于 $0.5L_c$/min(不经车削试件 $L_c = l_0 + 2h_1$)。

③ 拉伸中,测力度盘的指针停止转动时的恒定荷载,或不计初始瞬时效应的最小荷载,即求的屈服点荷载 P_s。

④ 向试件连续加荷直至拉断,由测力度盘读出最大荷载,即求的抗拉极限荷载 P_b。

(2) 伸长率的测定。

① 将已拉断试件的两端在断裂处对齐，尽量使其轴线位于一条直线上。如拉断处由于各种原因形成缝隙，则此缝隙应计入试件拉断后的标距部分长度内。

② 如拉断处到临近标距端点的距离大于 $1/3l_0$ 时，可用卡尺直接量出已被拉长的标距长度 l_1（mm）。

③ 如拉断处到临近标距端点的距离小于或等于 $1/3l_0$ 时，可按下述移位法计算标距 l_1（mm）。

④ 如试件在标距端点上或标距处断裂，则试验结果无效，应重新试验。

5. 试验结果处理

（1）屈服强度按下式计算：

$$\sigma_s = \frac{P_s}{A_0}$$

式中　σ_s——屈服强度，MPa；
　　　P_s——屈服时的荷载，N；
　　　A_0——试件原横截面面积，mm²。

（2）抗拉强度按下式计算：

$$\sigma_b = \frac{P_b}{A_0}$$

式中　σ_b——抗拉强度，MPa；
　　　P_b——最大荷载，N；
　　　A_0——试件原横截面面积，mm²。

（3）伸长率按下式计算（精确至1%）：

$$\delta_{10}(\delta_5) = \frac{l_1 - l_0}{l_0} \times 100\%$$

式中　δ_{10}，δ_5——分别表示 $l_0 = 10d_0$ 和 $l_0 = 5d_0$ 时的伸长率；
　　　l_0——原始标距长度 $10d_0$（或 $5d_0$），mm；
　　　l_1——试件拉断后直接量出或按移位法确定的标距部分长度（测量精确至 0.1mm），mm。

（4）当试验结果有一项不合格时，应另取双倍数量的试样重做试验，如仍有不合格项目，则该批钢材判为拉伸性能不合格。

实训二　钢筋的弯曲（冷弯）性能试验

1. 试验目的

通过检验钢筋的工艺性能评定钢筋的质量。掌握《金属材料 弯曲试验方法》（GB/T 232—2010）钢筋弯曲（冷弯）性能的测试方法和钢筋质量的评定方法，正确使用仪器设备。

2. 主要仪器设备

压力机或万能试验机。

3. 试件制备

（1）试件的弯曲外表面不得有划痕。

（2）试样加工时，应去除剪切或火焰切割等形成的影响区域。

（3）当钢筋直径小于35mm时，不需加工，直接试验；若试验机能量允许时，直径不大于50mm 的试件亦可用全截面的试件进行试验。

（4）当钢筋直径大于35mm时，应加工成直径25mm的试件。加工时应保留一侧原表面，弯曲试验时，原表面应位于弯曲的外侧。

(5) 弯曲试件长度根据试件直径和弯曲试验装置而定，通常按下式确定试件长度：

$$l = 5d + 150$$

4. 试验步骤（过程）

(1) 半导向弯曲。

(2) 导向弯曲。

5. 试验结果处理

按以下5种试验结果评定方法进行，若无裂纹、裂缝或裂断，则评定试件合格。

(1) 完好。试件弯曲处的外表面金属，基本上无肉眼可见因弯曲变形产生的缺陷时，称为完好。

(2) 微裂纹。试件弯曲外表面金属基本上出现细小裂纹，其长度≤2mm，宽度≤0.2mm时，称为微裂纹。

(3) 裂纹。试件弯曲外表面金属基本上出现裂纹，其2mm<长度≤5mm，0.2mm<宽度≤0.5mm时，称为裂纹。

(4) 裂缝。试件弯曲外表面金属基本上出现明显开裂，其长度>5mm，宽度>0.5mm时，称为裂缝。

(5) 裂断。试件弯曲外表面出现沿宽度贯穿的开裂，其深度超过试件厚度的1/3时，称为裂断。

注意：在微裂纹、裂纹、裂缝中规定的长度和宽度，只要有一项达到某规定范围，即应按该级评定。

任务二 建筑钢材的技术要求与应用

建筑钢材主要指用于钢结构中的各种型材（如角钢、槽钢、工字钢、圆钢等）、钢板、钢管和用于钢筋混凝土结构中的各种钢筋、钢丝等。

建筑钢材材质均匀，具有较高的强度、有良好的塑性和韧性、能承受冲击和振动荷载、可焊接或铆接、易于加工和装配，钢结构安全可靠、构件自重小，所以被广泛应用于建筑工程中。

一、钢结构用钢材

结构钢是指符合特定强度和可成型性等级的钢。结构钢可以细分为：碳素结构钢、优质碳素结构钢、低合金高强度结构钢、合金结构钢、弹簧钢、耐候结构钢、易切屑结构钢、非调质机械结构钢等。

二维码 8-3

1. 碳素结构钢

碳素结构钢是碳素钢中的一类，含碳量约0.05%~0.70%，个别可高达0.90%，可分为普通碳素结构钢和优质碳素结构钢两类。

普通碳素结构钢又称普通碳素钢，对含碳量、性能范围以及磷、硫和其他残余元素含量的限制较宽。在中国和某些国家根据交货的保证条件又分为三类：甲类钢（A类钢）是保证力学性能的钢；乙类钢（B类钢）是保证化学成分的钢；特类钢（C类钢）是既保证力学性能又保证化学成分的钢，常用于制造较重要的结构件。中国目前生产和使用最多的是含碳量在0.20%左右的A3钢（甲类3号钢），主要用于工程结构。有的碳素结构钢还添加微量的铝或铌（或其他元素形成碳化物）形成氮化物或碳化物微粒，以限制晶粒长大，使钢强化，节约钢材。在中国和某些国家,为适应专业用钢的特殊要求,对普通碳素结构钢的化学成分和性能进行调整,从而发展了一系列普通碳素结构钢的专业用钢(如桥梁、建筑、钢筋、压力容器用钢等)。

优质碳素结构钢和普通碳素结构钢相比,硫、磷及其他非金属夹杂物的含量较低。根据含碳量和用途的不同,这类钢大致又分为三类:①含碳量小于0.25%的为低碳钢,其中尤以含碳低于0.10%的08F、08Al等,由于具有很好的深冲性和焊接性,而被广泛地用作深冲件,如汽车、制罐等。20G则是制造普通锅炉的主要材料。此外,低碳钢也广泛地作为渗碳钢,用于机械制造业。②含碳量0.25%~0.60%的为中碳钢,多在调质状态下使用,制作机械制造工业的零件。③含碳量大于0.6%的为高碳钢,多用于制造弹簧、齿轮、轧辊等。根据含锰量的不同,又可分为普通含锰量(0.25%~0.8%)和较高含锰量(0.7%~1.0%和0.9%~1.2%)两钢组。锰能改善钢的淬透性,强化铁素体,提高钢的屈服强度、抗拉强度和耐磨性。通常在含锰高的钢的牌号后附加标记"Mn",如15Mn、20Mn以区别于正常含锰量的碳素钢。

(1) 牌号表示方法。钢的牌号由代表屈服点的字母、屈服点数值、质量等级符号、脱氧程度符号等四个部分按顺序组成。其中,以"Q"代表屈服点,屈服点数值共分为195MPa、215MPa、235MPa、255MPa、275MPa五种,质量等级以硫、磷等杂质含量由多到少分别用A、B、C、D表示,脱氧程度以F表示沸腾钢、Z及TZ分别表示镇静钢与特殊镇静钢、b表示半镇静钢,Z与TZ在钢的牌号中可以省略。

例如Q235-A.F表示屈服点为235MPa的、质量等级为A级的沸腾钢。

(2) 技术要求。碳素结构钢的技术要求包括化学成分、力学性能、冶炼方法、交货状态及表面质量五个方面,碳素结构钢化学成分、力学性能、冷弯性能试验指标应分别符合表8-1~表8-3的规定。

表8-1 碳素结构钢化学成分

牌号	等级	脱氧方法	化学成分(质量分数)/%,≤				
			C	Si	Mn	P	S
Q195	—	F、Z	0.12	0.30	0.50	0.035	0.040
Q215	A	F、Z	0.15	0.35	1.20	0.045	0.050
	B						0.045
Q235	A	F、Z	0.22	0.35	1.40	0.045	0.050
	B		0.20				0.045
	C	Z	0.17			0.040	0.040
	D	TZ				0.035	0.035
Q275	A	F、Z	0.24	0.35	1.50	0.045	0.050
	B	Z	0.21			0.045	0.045
			0.22				
	C	Z	0.20			0.040	0.040
	D	TZ				0.035	0.035

注:1.经需方同意Q235B的碳含量可不大于0.22%。
2.Q275B的碳含量:当钢材厚度(或直径),≤40mm时为0.21%;>40mm时为0.22%。

钢材随牌号增加,含碳量增加,强度和硬度增加,塑性、韧性和可加工性能逐步降低。硫、磷含量低的D、C级钢质量优于B、A级钢,可作为重要焊接结构使用。

建筑工程中应用最广泛的是 Q235 号钢,其含碳量为 0.14%～0.22%,属于低碳钢,具有较高的强度,良好的塑性、韧性以及可焊性,综合性能好,能满足一般钢结构和钢筋混凝土用钢要求,且成本较低。在钢结构中主要使用 Q235 钢轧制成的各种型钢。

表 8-2 碳素结构钢力学性能

牌号	等级	拉伸试验											冲击试验	
		屈服强度 σ_s/(N/mm²),≥						抗拉强度 σ_b/(N/mm²)	断后伸长率 δ/%,≥					V型冲击功(纵向)/J,不小于
		厚度(或直径)/mm							厚度(或直径)/mm					温度/℃	
		≤16	>16~40	>40~60	>60~100	>100~150	>150~200		≤40	>40~60	>60~100	>100~150	>150~200		
Q195	—	195	185	—	—	—	—	315~430	33	—	—	—	—		
Q215	A	215	205	195	185	175	165	335~450	31	30	29	27	26	—	—
	B													20	27
Q235	A	235	225	215	215	195	185	370~500	26	25	24	22	21	—	—
	B													20	27
	C													0	27
	D													−20	27
Q275	A	275	265	255	245	225	215	410~540	22	21	20	18	17	—	—
	B													20	27
	C													0	27
	D													−20	27

注:1. Q195 的屈服强度值仅供参考,不作交货条件。
2. 厚度大于 100mm 的钢材,抗拉强度下限允许降低 20N/mm²,宽带钢(包括剪切钢板)抗拉强度上限不作交货条件。
3. 厚度小于 25mm 的 Q235B 级钢材,如供方能保证冲击吸收功值合格。经需方同意,可不作检验。

表 8-3 碳素结构钢冷弯性能

牌号	试样方向	冷弯试验 180°,B=2a	
		钢材厚度(或直径)/mm	
		≤60	>60~100
		弯心直径 d/mm	
Q195	纵	0	—
	横	0.5a	
Q215	纵	0.5a	1.5a
	横	a	2a
Q235	纵	a	2a
	横	1.5a	2.5a
Q275	纵	1.5a	2.5a
	横	2a	3a

注:1. B 试样宽度,a 为钢材厚度(或直径)。
2. 钢材厚度(或直径)大于 100mm 时,弯曲试验由双方协商确定。

Q195、Q215 号钢强度低,塑性和韧性较好,易于冷加工,常用作钢钉、铆钉、螺栓及铁丝等。Q215 号钢经冷加工后可代替 Q235 号钢使用。Q275 号钢强度较高,但塑性、韧性、可焊性较差,不易焊接和冷加工,可用于轧制带肋钢筋、螺栓配件等,但更多用于机械零件和工具等。

2. 低合金高强度结构钢

低合金高强度结构钢是在碳素结构钢的基础上加入总量小于5%的合金元素而形成的钢种。加入合金元素的目的是提高钢材强度和改善性能。常用的合金元素有硅、锰、钛、钒、铬、镍及铜等。大多数合金元素不仅可以提高钢的强度与硬度,还能改善其塑性和韧性。

(1) 牌号表示方法。根据国家标准《低合金高强度结构钢》(GB/T 1591—2018)的规定,低合金高强度结构钢共有五个牌号。低合金高强度结构钢的牌号是由代表屈服点的字母Q、屈服点数值及质量等级(A、B、C、D、E五级)三个部分按顺序组成的。例如Q345A表示屈服点为345MPa、质量等级为A级的钢。

(2) 技术要求。低合金高强度结构钢的化学成分和力学性能应满足国家标准《低合金高强度结构钢》(GB/T 1591—2018)的规定,如表8-4所示。

表8-4 低合金高强度结构钢力学性能

牌号		上屈服强度/MPa,不小于								抗拉强度/MPa			
		公称直径或厚度/mm											
钢级	等级	≤16	>16~40	>40~63	>63~80	>80~100	>100~150	>150~200	>200~250	>250~400	≤100	>100~150	>150~250	>250~400
Q355	B,C	355	345	335	325	315	295	285	275	—	470~630	450~600	450~600	—
	D									265[b]				450~600[b]
Q390	B,C,D	390	380	360	340	340	320	—	—		490~650	470~620	—	
Q420	B,C	420	410	390	370	370	350				520~680	500~650		
Q460	C	460	450	430	410	410	390				550~720	530~700		

注:1. 当屈服不明显时,可用规定塑性延伸强度$R_{p0.2}$代替上屈服强度。
2. 只适用于质量等级为D的钢板。
3. 只适用于型钢和棒材。

(3) 性能和用途。低合金高强度结构钢除强度高外,还有良好的塑性和韧性,硬度高,耐磨性能好,耐腐蚀性能强,耐低温性能好。一般情况下,它的含碳量≤0.2%,因此仍具有较好的可焊性。冶炼碳素钢的设备可用来冶炼低合金高强度结构钢,故冶炼方便,成本低。采用低合金高强度结构钢,可以减轻结构自重,节约钢材,延长使用寿命,经久耐用,特别适合高层建筑、大柱网结构和大跨度结构。

3. 型钢

钢结构构件一般直接采用各种型钢,构件之间可直接或附连接钢板进行连接,连接方式有铆接、螺栓连接或焊接。

碳素结构钢型钢按加工方法分为热轧型钢、冷弯型钢、冷轧型钢;按尺寸规格分为大型、中型、小型;按截面形状分为简单断面型钢(除了圆钢、方钢、扁钢和六角钢之外,还包括八角钢、三角钢、弓形钢、椭圆钢、角钢等,如图8-7)、复杂断面型钢(如工字钢、槽钢、钢轨、钢桩、H型钢等)。此外还有农机、汽车、矿山、船舶、铁道等行业专用的异型钢、周期断面型钢和钢筋等。

(1) 工字钢。通常生产和使用的工字钢是热轧窄翼缘、斜腿普通工字钢。其断面设计的特点是腿短、腿内侧有一定的斜度,宽高比小,腰部较厚,金属分布不尽合理。此类工字钢目前已被宽缘平行腿工字钢所代替。

图 8-7　常见型钢

工字钢型号为 34 个，尺寸范围（高度×宽度×腰厚）为 100mm×68mm×4.5mm～630mm×180mm×17mm（高度尺寸 16 种、宽度尺寸 34 种）。工字钢主要承受高度方向的载荷，作为弯梁使用。广泛用于厂房、土木工程、桥梁、车辆、船舶、设备制造等结构件。

（2）槽钢。通常生产和使用的槽钢是热轧窄翼缘、斜腿普通槽钢。槽钢型号为 30 个，尺寸范围（高度×宽度×腰厚）为 50mm×37mm×4.5mm～400mm×140mm×14.5mm（高度尺寸 15 种、宽度尺寸 28 种）。槽钢主要用于檩条、桥梁大型结构件、车辆的梁、船舶和一般设备的骨架等。

（3）H 型钢。H 型钢截面设计优于普通工字钢，加大了翼缘、宽度和高度，腰薄，翼缘内侧面无斜度，两翼缘平行，宽高比大。与普通工字钢相比，H 型钢在不增加甚至减小每米长度重量的情况下，大大提高了断面系数。H 型钢可承受复杂结构件的多方面载荷，抗弯、抗扭、抗压，并且稳定性良好，是钢结构工程理想的经济断面型钢。

H 型钢的生产方法有万能轧机热轧和焊接两种。

热轧 H 型钢有宽翼缘 H 型钢（HW）、中翼缘 H 型钢（HM）、窄翼缘 H 型钢（HN）和 H 型钢桩（HP）。宽翼缘 H 型钢有 9 个型号，21 种规格；中翼缘 H 型钢有 18 个型号，12 种规格；窄翼缘 H 型钢有 18 个型号，32 种规格；H 型钢桩有 6 个型号，19 种规格。

尺寸范围（高度×宽度×腰厚）：宽翼缘 H 型钢为 100mm×100mm×6mm～498mm×432mm×45mm；中翼缘 H 型钢为 148mm×100mm×6mm～594mm×302mm×14mm；窄翼缘 H 型钢为 100mm×50mm×5mm～912mm×302mm×18mm；H 型钢桩为 200mm×204mm×12mm～502mm×470mm×20mm。

焊接 H 型钢有焊接 H 型钢（HA）、轻型焊接 H 型钢（HAQ）和焊接 H 型钢桩（HGZ）。焊接 H 型钢有 42 个型号，129 种规格；轻型焊接 H 型钢有 28 个型号；焊接 H 型钢桩有 6 个型号，19 种规格。

尺寸范围（高度×宽度×腰厚）：焊接 H 型钢为 300mm×200mm×6mm～1200mm×600mm×16mm；轻型焊接 H 型钢为 100mm×50mm×3.5mm～454mm×300mm×8mm；焊接 H 型钢桩为 200mm×200mm×12mm～502mm×470mm×20mm。焊接 H 型钢的通常长度为 4～12m。

H 型钢适用于制造钢结构的柱、梁、桩、桁架等构件，广泛用于工业和民用建筑、桥梁、土木工程、高层建筑、高速公路、地铁、船舶、机械设备等。H 型钢桩主要用于各种建筑工程的基础钢桩。

（4）角钢。角钢的特点是在水平和垂直轴线上都具有良好的力学性能。截面形状划分有等边角钢、不等边角钢、不等边不等厚角钢（又称 L 型钢）。边缘的内角均为圆角。

角钢的品种规格是热轧型钢中最多的。等边角钢的型号从 2 号到 20 号，有 20 个型号，

82种规格。不等边角钢的型号从2.5/1.6到20/12.5，有19个型号，65种规格。

这两种角钢的通常长度按型号分为4～12m、4～19m和6～19m。不等边不等厚角钢的型号从∟250×90×9×13到∟500×120×13.5×35，有11个型号，其通常长度为6～12m。

大型角钢广泛应用于厂房、工业建筑、铁路、交通、桥梁、车辆、船舶等大型结构件。中型角钢用于建筑桁架、电力通信铁塔、井架及其他用途的结构件。小型角钢用于民用建筑、家具、设备制造、支架和框架等。

（5）冷弯薄壁型钢。建筑工程中使用的冷弯型钢常用厚度为2～6mm的薄钢板或钢带（一般采用碳素结构钢或低含金结构钢）经冷弯或模压而成，故也称冷弯薄壁型钢。其表示方法与热轧型钢相同。冷弯型钢由于壁薄、刚度好，能高效地发挥材料的作用，节约钢材，主要用于轻型钢结构。

（6）钢板、压型钢板。建筑钢结构使用的钢板，按轧制方式可分为热轧钢板和冷轧钢板两类，其种类视厚度的不同，有薄板、厚板、特厚板和扁钢（带钢）之分。热轧钢板按厚度划分为厚板（厚度大于4mm）和薄板（厚度为0.35～4mm）两种；冷轧钢板只有薄板（厚度为0.2～4mm）一种。建筑用钢板主要是碳素结构钢，一些重型结构、大跨度桥梁、高压容器等也采用低合金钢板。一般厚板可用于焊接结构；薄板可用作屋面或墙面等围护结构，以及涂层钢板的原材料。

钢板还可以用来弯曲为型钢，薄钢板经冷压或冷轧成波形、双曲形、V形等形状，称为压型钢板。彩色钢板（又称为有机涂层薄钢板）、镀锌薄钢板、防腐薄钢板等都可用来制作压型钢板。压型钢板具有单位质量轻、强度高、抗震性能好、施工快、外形美观等特点，主要用于围护结构、楼板、屋面等，还可将其与保温材料等制成复合墙板，用途非常广泛。

二、混凝土用钢材

1. 热轧钢筋

二维码8-4

根据《钢筋混凝土用钢 第2部分：热轧带肋钢筋》（GB/T 1499.2—2018）、《钢筋混凝土用余热处理钢筋》（GB 13014—2013）的规定，热轧带肋钢筋的牌号由HRB和牌号的屈服点最小值构成。H、R、B分别为热轧（hot-rolled）、带肋（ribbed）、钢筋（bars）三个词的英文首位字母。热轧带肋钢筋分为HRB335、HRB400、HRB500三个牌号。

（1）钢筋的表面形状及尺寸允许偏差。钢筋表面不得有裂纹、结疤和折叠。热轧带肋钢筋横肋与钢筋轴线的夹角β应不小于45°，当该夹角不大于70°时，钢筋相对两面上横肋的方向应相反。横肋公称间距不得大于钢筋公称直径的0.7倍。横肋侧面与钢筋表面的夹角α不得小于45°。

钢筋相邻两面上横肋末端之间的间隙（包括纵肋宽度）总和应不大于钢筋公称周长的20%。当钢筋公称直径不大于12mm时，相对肋面积不小于0.055mm^2；公称直径为14mm和16mm时，相对肋面积不小于0.060；公称直径大于16mm时，相对肋面积不小于0.065。

（2）力学性能。性能指标：考核螺纹钢力学性能的检验项目包括拉伸试验（抗拉强度、屈服强度、延伸率）、弯曲试验（一次弯曲及反弯曲）。

按规定的弯心直径弯曲180°后，钢筋受弯曲部位表面不得产生裂纹。

反向弯曲性能：根据需方要求，对钢筋可进行反向弯曲性能试验。反向弯曲试验的弯心直径比弯曲试验相应增加一个钢筋直径。先正向弯曲90°，后反向弯曲20°。经反向弯曲试验后，钢筋受弯曲部位表面不得产生裂纹。

2. 冷轧带肋钢筋

国家标准《冷轧带肋钢筋》(GB/T 13788—2017) 规定，冷轧带肋钢筋是用低碳钢热轧盘圆钢筋在其表面沿长度方向均匀地冷轧成两面或三面带有横肋的钢筋。冷轧带肋钢筋用代号 CRB 表示，C、R、B 分别为冷轧 (cold-rolled)、带肋 (ribbed)、钢筋 (bars) 三个词的英文首位字母。

按抗拉强度的不同，冷轧带肋钢筋划分成 4 个牌号：CRB550、CRB650、CRB800、CRB970。其中，CRB550 钢筋的公称直径范围为 4~12mm；CRB650 及以上牌号钢筋的公称直径为 4mm、5mm、6mm。CRB550 可作为普通混凝土结构的配筋，其他牌号则可作为预应力混凝土结构配筋。钢筋表面轧有肋痕，故有效地克服了冷拉、冷拔钢筋与混凝土握裹力低的缺点，同时还具有与冷拉、冷拔钢筋（丝）相接近的强度。

冷轧带肋钢筋有如下优点：

（1）钢材强度高，可节约建筑钢材和降低工程造价。LL550 级冷轧带肋钢筋与热轧光圆钢筋相比，用于现浇结构中（特别是楼屋盖中）可节约 35%~40% 的钢材。如考虑不用弯钩，钢材节约量还要多一些。根据钢材市场价格，每使用 1t 冷轧带肋钢筋，可节约钢材费用 800 元左右。

（2）冷轧带肋钢筋与混凝土之间的黏结锚固性能良好。因此用于构件中，从根本上杜绝了构件锚固区开裂、钢丝滑移而破坏的现象，且提高了构件端部的承载能力和抗裂能力。在钢筋混凝土结构中，裂缝宽度也比光圆钢筋，甚至比热轧螺纹钢筋还小。

（3）冷轧带肋钢筋伸长率较同类的冷加工钢材大。

3. 预应力混凝土用热处理钢筋

预应力混凝土用热处理钢筋是用普通热轧中低碳合金钢经淬火和回火调制而成的，按外形分为有纵肋和无纵肋两种（均有横肋）。通常有 3 个规格，即公称直径 6mm（牌号 40SiMn）、8.2mm（牌号 48SiMn）和 10mm（牌号 45SiCr）。这种钢筋不能冷拉和焊接，因其具有高强度、高韧性和高黏结力及塑性降低少等优点，特别适用于预应力混凝土构件的配筋。

4. 钢丝与钢绞线

将直径为 6.5~8mm 的 Q235 圆盘条，在常温下通过截面小于钢筋截面的钨合金拔丝模，以强力拉拔工艺拔制成直径为 3mm、4mm、5mm 的圆截面钢丝，称为冷拔低碳钢丝。冷拔低碳钢丝的性能与原料强度及拉拔后的截面总压缩率有关。其力学性能应符合国家标准《混凝土结构工程施工质量验收规范》(GB 50204—2015) 的规定。由于冷拔低碳钢丝的塑性大幅度下降，硬脆性明显，目前，该类钢丝的应用受到一定的限制。用作预应力混凝土构件的钢丝，其力学性能应符合国家标准《预应力混凝土用钢丝》(GB/T 5223—2014) 的规定。

小 结

建筑钢材具有良好的力学和工艺性能，主要用于建筑钢结构和钢筋混凝土结构中，是一种较为重要且应用广泛的建筑材料。铝合金由于其优良的性能，在建筑中也得到了广泛的应用。

本项目学习时应注意掌握钢材的主要技术性能以及化学成分、冷加工和热处理等因素对其性能的影响，熟悉各类建筑钢材的工程应用，熟悉铝合金的各项性能及其适用工程范围，以达到经济合理选用建筑金属的目的。

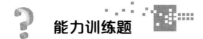 能力训练题

1. 试述钢材的主要技术指标。
2. 试述碳元素对钢材基本组织和性能的影响规律。
3. 画出低碳钢拉伸时的应力-应变曲线,在图上标示出反映钢材性能的主要参数。
4. 为什么说屈服点、抗拉强度和伸长率是建筑工程用钢的重要性能指标?
5. 冶炼方法与脱氧程度对钢材的性能有何影响?
6. 建筑钢材的主要检验项目有哪些?分别反映钢材的什么性质?
7. 冷加工和时效对钢材性能有何影响?为什么?
8. 何谓钢材的屈强比?其在工程中的实际意义是什么?
9. 何谓钢材的冷加工强化及时效?进行冷加工及时效处理的目的是什么?
10. 建筑工程中采用哪3大类钢种?试述它们各自的特点和用途。
11. 钢筋混凝土中使用的热轧钢筋和预应力钢筋有哪些品种和等级?试述它们各自的用途。
12. 试述铝材及其合金制品在我国建筑上的应用。

项目九 建筑功能材料

学习目标

1. 了解沥青的化学组成与结构,掌握石油沥青的主要性能、分类标准及应用。
2. 掌握防水卷材、防水涂料和密封材料的特征及应用,能够根据工程特点选择合理的防水材料。
3. 掌握绝热材料的常见品种。
4. 掌握常用绝热材料技术性能要求、适用建筑部位。
5. 熟悉吸声与隔声材料技术性能及影响因素。
6. 熟悉吸声与隔声材料及其结构、常用的吸声与隔声材料。
7. 掌握建筑装饰材料的类型、常用的建筑装饰材料。
8. 掌握建筑装饰材料的基本要求及建筑装饰材料的适用范围。

任务一 防水材料

建筑物的围护结构要防止雨水、雪水和地下水的渗透,要防止空气中的湿气、蒸汽和其他有害气体与液体的侵蚀;分隔结构要防止给排水的渗漏。这些防渗透、渗漏和侵蚀的材料统称为防水材料。

防水多使用在屋面、地下建筑、建筑物的地下部分和需防水的内室和储水构筑物等。按其采取的措施和手段的不同,分为材料防水和构造防水两大类。材料防水是靠建筑材料阻断水的通路,以达到防水的目的或增加抗渗漏的能力,如卷材防水、涂膜防水、混凝土及水泥砂浆刚性防水以及黏土、灰土类防水等;构造防水则是采取合适的构造形式,阻断水的通路,以达到防水的目的,如止水带和空腔构造等。

防水材料按形态与性能分为五大类:防水卷材、防水涂料、刚性防水材料、瓦类防水材料、建筑密封材料。

一、沥青

沥青在常温下是黑色或黑褐色的黏稠液体或者固体,它是一种棕黑色有机胶凝状物质(图9-1),包括天然沥青、石油沥青、页岩沥青和煤焦油沥青等。沥青的主要成分是沥青质和树脂,其次有高沸点矿物油和少量的氧、硫和氯的化合物。

图 9-1 沥青

图 9-2 彼奇湖

沥青低温时质脆,黏结性和防腐性能良好,因此在建筑行业运用较广。沥青按其在自然界中获得的方式可分为地沥青和焦油沥青两大类。其中,地沥青又分为天然沥青和石油沥青。焦油沥青又称煤焦沥青,是炼焦的副产品,即焦油蒸馏后残留在蒸馏釜内的黑色物质。焦油沥青与精制焦油只是物理性质有分别,没有明显的界线,一般的划分方法是规定软化点在26.7℃以下的为焦油,26.7℃以上的为沥青。天然沥青储藏在地下,有的形成矿层或在地壳表面堆积。这种沥青大都经过天然蒸发、氧化,一般已不含有任何毒素。如位于拉贝亚的彼奇湖(图9-2)就是一个天然沥青湖。

(一)石油沥青

石油沥青是原油在进行冶炼时产生的最后残留物。石油沥青同石油一样,是复杂的有机混合物,没有固定的化学成分和物理常数,在常温下是黑色或黑褐色的黏稠液体。石油沥青生产过程见图9-3。

1. 石油沥青的组分与结构

石油沥青是由多种烃类化合物及非金属(氧、硫、氮)衍生物组成的混合物,其组成元素

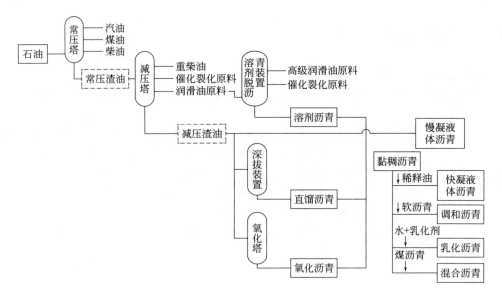

图 9-3 石油沥青生产工艺

主要是碳（80%～87%）、氢（10%～15%）；其余是非烃元素，如氧、硫、氮等（<3%）；此外，还含有一些微量的金属元素。

通常从使用角度出发，将石油沥青中按化学成分和物理力学性质相近的成分划分为若干个组，这些组就称为"组分"。

根据这些组分含量的不同来反映石油沥青的性能。我国现行标准《公路工程沥青及沥青混合料试验规程》（JTG E20—2019）规定有三组分和四组分两种分析方法。

（1）三组分分析法。三组分分析法是将石油沥青分离为油分、树脂和地沥青质三个组分。除了这三种主要组分外，石油沥青还有沥青碳和似碳物、蜡。石油沥青常见组分见表9-1。

表 9-1 石油沥青的组分及特性

组分	颜色	状态（常温）	密度/(g/cm)	含量/%	特点	作用
油分	无色至淡黄色	黏性液态	0.7～1.0	40～60	可溶于苯等大部分有机溶剂，不溶于酒精	具有流动性。油分多，流动性能大，黏滞性小，温度敏感性小
树脂	黄色至黑褐色	黏稠半固体	1.0～1.1	15～30	可溶于汽油等大部分有机物，不溶于酒精	具有塑性和黏性。树脂含量高，沥青塑性增加，温度敏感性增加
地沥青质	深褐色至黑色	脆硬固体	1.1～1.5	10～30	溶于三氯甲烷，不溶于酒精	具有稳定性和黏性。其含量高，沥青黏性、耐热性高，温度敏感性小，但塑性、脆性增加
沥青碳、似碳物	黑色	固态粉末	1.2～12	2～3	可溶于三氯甲烷和苯，不溶于酒精	降低石油沥青的黏结性
蜡	无色至淡白色	固态	0.7～0.9	1～2	可溶于二硫化碳和苯，不溶于酒精	降低石油沥青的黏结性和塑性，同时对温度特别敏感

石油沥青中的油分和树脂能润浸地沥青质。石油沥青的结构是以地沥青质为核心，周围吸附部分树脂和油分，构成胶团，无数的胶团分散在油分中形成胶体结构，从而构成石油沥青整个结构，如图9-4、图9-5所示。

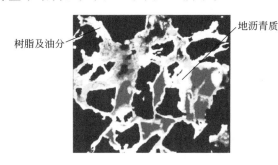

图9-4 显微镜下石油沥青各组分

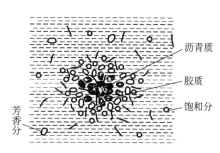

图9-5 石油沥青胶团

（2）四组分分析法。四组分分析法是将石油沥青分离为饱和分（S）、芳香分（Ar）、胶质（R）、沥青质（At）四种，见表9-2。

表9-2 石油沥青四组分分析法的各组分性状

性状	外观特点	平均相对密度	平均分子量	主要化学结构
饱和分	无色液体	0.89	625	烷烃、环烷烃
芳香分	黄色至红色液体	0.99	730	芳香烃、含S衍生物
胶质	棕色黏稠液体	1.09	970	多环结构,含S、O、N衍生物
沥青质	深棕色至黑色固体	1.15	3400	缩合环结构,含S、O、N衍生物

根据科尔贝特的研究认为，饱和分含量增加，可使石油沥青稠度降低（针入度增大）；树脂含量增大，可使石油沥青的延展性增加；在有饱和分存在的条件下，沥青质含量增加，可使石油沥青获得低的感温性；树脂和沥青质的含量增加，可使石油沥青的黏度提高。

（3）石油沥青的组成结构。依据石油沥青中各组分含量的不同，石油沥青可以有三种胶体结构状态，如图9-6所示。

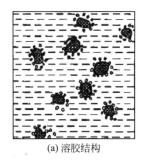
(a) 溶胶结构

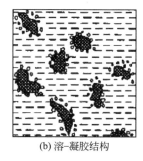
(b) 溶-凝胶结构

(c) 凝胶结构

图9-6 沥青的胶体结构示意图

2. 石油沥青的主要技术指标

工程上，石油沥青的主要技术指标为：黏滞性、针入度、软化点、延度、大气稳定性和闪点等。石油沥青的针入度、软化点和延度，被称为石油沥青的三大技术指标。

（1）黏滞性。黏滞性是反映沥青材料内部阻碍其相对流动的一种特性。各种石油沥青黏滞性的变化范围很大，与石油沥青组分和温度有关。黏度是反映沥青黏滞性的指标，是沥青最重要的技术性质指标之一,是沥青等级(标号)划分的主要依据。

① 标准黏度计法。该方法适用于液体石油沥青、较稀的石油沥青、煤沥青、乳化沥青等的黏度测定。标准黏度是在规定温度(20℃、25℃、30℃或60℃)条件下,规定直径(3mm、4mm、5mm或10mm)的孔口流出50cm³沥青所需的时间(以秒计),常用符号"$C_{T,d}$"表示,其中T为试样温度、d为流孔直径、C为流出50cm³沥青所需的时间。按上述方法,在相同温度和相同流孔的条件下,流出时间越长,表示沥青黏度越大。

② 针入度法。该方法适用于黏稠(固体、半固体)石油沥青的黏度测定。在规定温度下,以规定质量(100g)的标准针、经历规定时间5s贯入试样中的深度(以1/10mm为单位)来表示,符号为$P_{T,m,t}$,其中P为针入度,T为试验温度,m为标准针(包括连杆及砝码)的质量,t为贯入时间。针入度反映了沥青抵抗剪切变形的能力,其值越大,表示沥青越软、黏度越小。

(2) 感温性。感温性是指沥青的黏滞性和塑性随着温度升降而变化的性能。评价沥青感温性的指标很多,常用的是软化点和针入度指数。

① 软化点。我国现行试验法是采用环球法测定软化点。将沥青试样注于内径为18.9mm的铜环中,环上置一重3.5g的钢球,在规定的加热速度(5℃/min)下进行加热,沥青试样逐渐软化,直至在钢球自重作用下,使沥青下坠25.4mm时的温度称为软化点,符号为$T_{R\&B}$。软化点越低,表明沥青在高温下的体积稳定性和承受荷载的能力越差。

② 针入度指数。仅凭软化点来反映沥青性能随温度变化的规律并不全面,目前用来反映沥青感温性的常用指标是针入度指数(PI),按式(9-1)计算确定。

$$PI=\frac{30}{1+50\left(\dfrac{\lg 800-\lg C_{T,d}}{T_{R\&B}}\right)}-10 \qquad (9\text{-}1)$$

式中 $C_{T,d}$——在25℃、100g、5s条件下测定的针入度值,1/10mm;

$T_{R\&B}$——环球法测定的软化点,℃。

沥青针入度指数的范围是-10~20。针入度指数不仅可以用来评价沥青的感温性,同时也可以用来判断沥青的胶体结构:PI<-2,纯黏性的溶胶型沥青,也称为焦油型沥青(因为大多数煤焦油的PI值均小于-2),具有较大的感温性;PI为-2~2,溶凝胶型沥青,这类沥青有一些弹性及不十分明显的触变性,大多数的优质沥青(如溶剂沥青、调和沥青)属于这一类;PI>2,凝胶型沥青,有很强的弹性和触变性。

(3) 延展性。延展性是指沥青在受到外力的拉伸作用时,产生变形而不被破坏(出现裂缝或断开),除去外力后仍能保持变形前的形状的性质,它反映沥青受力时所能承受的塑性变形的能力。

通常用延度作为延展性指标。其试验方法是:将沥青试样制成最小断面面积为1cm²的8字形标准试件,在规定拉伸速度和规定温度下拉断时的长度(以cm计)称为延度,沥青的延度采用延度仪来测定,常用的试验温度有25℃和15℃。

(4) 大气稳定性。大气稳定性是指石油沥青在大气综合因素(热、阳光、氧气和潮湿等)长期作用下抵抗老化的性能。大气稳定性好的石油沥青可以在长期使用中保持其原有性质。

在热、阳光、氧气和水分等因素的长期作用下,石油沥青中低分子组分向高分子组分转化,即沥青中油分和树脂相对含量减少,地沥青质逐渐增多,从而使石油沥青的塑性降低,黏度提高,逐渐变得脆硬,直至脆裂,失去使用功能,这个过程称为老化。

石油沥青的大气稳定性常以蒸发损失和蒸发后针入度比来评定。其测定方法是:先测定沥青试样的质量及其针入度,然后将试样置于加热损失试验专用烘箱中,在160℃下加热蒸发 5h，待冷却后再测定其质量和针入度，再按下式计算其蒸发损失和蒸发后针入度比：

$$蒸发损失 = \frac{蒸发前质量 - 蒸发后质量}{蒸发前质量} \times 100\% \quad (9\text{-}2)$$

$$蒸发后针入度比 = \frac{蒸发后针入度}{蒸发前针入度} \times 100\% \quad (9\text{-}3)$$

蒸发损失愈小，蒸发后针入度比愈大，则表示沥青大气稳定性愈好，耐久性愈高。

（5）安全性。闪点（也称闪火点）是指沥青加热挥发出的可燃气体，与火焰接触闪火时的最低温度。燃点（也称着火点）是指沥青加热挥发出的可燃气体和空气混合，与火焰接触能持续燃烧时的最低温度。

闪点和燃点的高低表明沥青引起火灾或爆炸的可能性大小，它关系到运输、储存和加热使用等方面的安全。

3. 石油沥青的分类和技术标准

石油沥青的技术标准将石油沥青划分成不同的种类和标号（等级），以便选用。目前石油沥青主要划分为三大类：道路石油沥青、建筑石油沥青和普通石油沥青等。

在对石油沥青划分等级时，是依据沥青的针入度、延度、软化点等指标。针入度是划分石油沥青标号的主要指标。对于同一品种的石油沥青，牌号越大，相应的黏性越小（针入度值越大）、延展性越好（塑性越大）、感温性越大（软化点越低）。不同石油沥青的技术标准见表 9-3。

表 9-3　石油沥青的技术标准

沥青品种	防水防潮沥青（SH/T 0002）				建筑石油沥青（GB/T 494）			道路石油沥青（NB/SH/T 0522）				
项目	质量指标				质量指标			质量指标				
	3号	4号	5号	6号	10号	30号	45号	200号	180号	140号	100号	60号
针入度/(1/10mm)，(25℃,100g,5s)	25~45	20~40	20~40	30~50	10~25	25~40	40~60	200~300	160~200	120~160	80~100	50~80
针入度指数 不小于	3	4	5	6	1.5	3	—					
软化点/℃ 不低于	85	90	100	95	95	70	—	30~45	35~45	38~48	42~52	45~55
溶解度/% 不小于	98	98	95	92	99.5	99.5	99.5	99	99	99	99	99
闪点/℃ 不低于	250	270	270	270	230	230	230	180	200	230	230	230
脆点/℃ 不低于	−5	−10	−15	−20	—	—	—					
蒸发损失/% 不大于	1	1	1	1	1	1	1	1	1	1	1	1
垂度/mm			8	10	65	65	65					
加热安定性	5	5	5	5								
蒸发后针入度比/% 不小于								50	60	60	65	70
延度（25℃，5cm/min)/cm 不小于		—				—		20	100	100	100	100

4. 石油沥青的掺配

当某一牌号的石油沥青不能满足工程技术要求时,可采用两种品牌的石油沥青进行掺配。在掺配时,为了防止掺配后沥青胶体结构被破坏,应选用同产源的沥青,即同属石油沥青或同属煤沥青;但根据工程需要,有时也可以将建筑石油沥青与道路石油沥青掺和使用。

两种沥青掺配的比例可用式(9-4)和式(9-5)估算。

$$Q_1 = \frac{T_2 - T_3}{T_2 - T_1} \times 100\% \tag{9-4}$$

$$Q_2 = 100\% - Q_1 \tag{9-5}$$

式中　Q_1——较软石油沥青用量,%;
　　　Q_2——较硬石油沥青用量,%;
　　　T_1——较软石油沥青软化点,℃;
　　　T_2——较硬石油沥青软化点,℃;
　　　T_3——掺配后的石油沥青软化点,℃。

当三种及以上沥青进行掺配时,可以仍然按照两两相配的原则计算。

(二)改性沥青

改性沥青的机理有两种,一是改变沥青化学组成,二是使改性剂均匀分布于沥青中形成一定的空间网格结构。

改性的目的在于提高沥青材料的流变性能,延长沥青的耐久性等,改善沥青与集料的黏附性。石油沥青的改性方法主要有掺配法、乳化法和填充法。

1. 掺配法

掺配法是指当石油沥青的技术性质(如针入度或软化点)不能满足工程要求时,可通过用不同的沥青进行掺配而改变沥青的物理特性的方法。掺配料应选用表面张力和化学性质相近的同产源沥青,以保证沥青胶体结构的均匀性。详细掺配方法见式(9-4)、式(9-5)。

2. 乳化法

乳化法是将沥青颗粒(1~6μm)分散在含有表面活性物质(如乳化剂、稳定剂)的水溶液中,形成稳定乳状液的新型沥青材料的方法。

水是极性分子,沥青是非极性分子,两者不能互相融合。当微小沥青颗粒分散在水中时,形成的沥青-水分散体系不稳定,沥青颗粒会自动聚集,最后与水分离。

当水中含有乳化剂时,乳化剂的活性作用使其在沥青颗粒和水两相界面上产生强烈的吸附作用,形成了吸附层。吸附层中极性基团与水分子牢固结合形成水膜,非极性基团与沥青结合形成乳化膜。

常见的沥青乳化剂主要为有机和无机两大类。有机乳化剂包括阴离子乳化剂(如肥皂等)、阳离子乳化剂、非离子乳化剂。无机乳化剂包括膨润土、高岭土、无机氯化物、氢氧化物等。工程上所用乳化沥青的一般组分含量为沥青50%~60%,含有乳化剂、稳定剂的水溶液40%~50%,其中乳化剂等的掺量为1%~3%。

3. 填充法

填充法是指将细颗粒(粉状或纤维状)矿物料(如滑石、云母、石棉等)、橡胶、合成树脂和植物油等材料加入到沥青中,从而改善和提高沥青的强度、温度稳定性、耐酸性、耐碱性、耐热性、柔性、黏性和防水性等物理性能,使其形成满足工程需要的改性沥青。

(1)树脂类改性剂。用作沥青改性的树脂主要是热塑性树脂,常用的有聚乙烯(PE)、聚丙烯(PP)、无规聚丙烯(APP)、酚醛树脂、天然松香等。它们可以提高沥青的黏度、改善高温稳定性，同时可增大沥青的韧性；但对低温性能的改善不明显。

（2）橡胶类改性剂。橡胶是沥青的重要改性材料，与沥青具有较好的混溶性，并能使沥青具有橡胶的很多优点，如高温变形小、低温柔性好等。

常用的橡胶类改性沥青主要包括氯丁橡胶改性沥青、丁基橡胶改性沥青、再生橡胶改性沥青、丁苯橡胶改性沥青等。其中，丁苯橡胶改性沥青性能很好，可以显著改善沥青的弹性、延伸率、高温稳定性和低温柔韧性、耐疲劳性和耐老化等性能，主要用于制作防水卷材或防水涂料。

（3）橡胶和树脂共混类改性剂。同时用橡胶和树脂来改善石油沥青的性质，可使沥青兼具橡胶和树脂的特性，且成本较低。配制时，采用的原材料品种、配比、制作工艺不同，可以得到许多性能各异的产品，主要有卷材、片材、密封材料等。

（4）微填料类改性剂。为了提高沥青的黏结性能和耐热性，减小沥青的温度敏感性，通常加入一定数量的矿质微填料。常用的有粉煤灰、火山灰、页岩粉、滑石粉、石灰粉、云母粉、硅藻土等。

（5）纤维类改性剂。在沥青中掺加各种纤维类物质，可显著地增加沥青的高温稳定性，同时增加低温抗拉强度。常用的纤维类物质有：各种人工合成纤维（如聚乙烯纤维、聚酯纤维）和矿质石棉纤维等。当前对提高沥青耐久性最有效的添加剂为专用炭黑，炭黑经助剂预处理后，可配制"炭黑改性沥青"。

（三）煤沥青

将煤在隔绝空气的条件下，高温加热干馏得到的黏稠状煤焦油后，再经蒸馏制取轻油、中油、重油、蒽油，所得残渣为煤沥青，是炼制焦炭或制造煤气时所得到的副产品。

其化学成分和性质类似于石油沥青，但质量不如石油沥青。煤沥青在一般建筑工程上使用不多，主要用于铺路、配制黏合剂与防腐剂，有的也用于地面防潮、地下防水等方面。

二、防水卷材

将沥青类或高分子类防水材料浸渍在胎体上，制作成的防水材料产品，以卷材形式提供，称为防水卷材（图9-7）。

图9-7　防水卷材

根据主要组成材料不同，分为沥青防水卷材、高聚物改性沥青防水卷材和合成高分子防水卷材；根据胎体的不同分为无胎卷材、纸胎卷材、玻璃纤维胎卷材、玻璃布胎卷材和聚乙烯胎卷材等。

（一）卷材的一般性能要求

1. 耐水性

耐水性是指在水的作用下和被水浸润后其性能基本不变，在水压力作用下具有不透水性，常用不透水性、吸水性等指标表示。一般水压力为 0.2~0.3MPa，持续时间为 30min。

2. 温度稳定性

温度稳定性是指在高温下不流淌、不起泡、不滑动，低温下不脆裂的性能，即在一定温度变化下保持原有性能的能力。常用耐热度、耐热性等指标表示。

3. 机械强度、延伸性和抗断裂性

指防水卷材承受一定荷载、应力或在一定变形的条件下不断裂的性能。常用拉力、拉伸强度和断裂伸长率等指标表示。卷材在实际使用中经常会受到外拉力作用，一种是卷材与基层的热胀冷缩系数不一样，当外界温度变化时，两者变形不一样，从而使卷材产生拉力；另一种是基层受潮，基层温度升高向外排放湿气时，卷材易起鼓，造成卷材与基层之间产生拉力。

4. 柔韧性

柔韧性是指在低温条件下保持柔韧性的性能，它对保证易于施工、不脆裂十分重要，常用柔度、低温弯折性等指标表示。

5. 大气稳定性

大气稳定性是指在阳光、热、臭氧及其他化学侵蚀介质等因素的长期综合作用下抵抗侵蚀的能力，常用耐老化性等指标表示。

6. 撕裂强度

撕裂强度反映卷材与基层之间、卷材与卷材之间的黏结能力。撕裂强度越高，卷材与基层之间、卷材与卷材之间的黏结能力越强，防水效果越好。

（二）常见防水卷材

1. 沥青基防水卷材

沥青基防水卷材是传统的防水卷材，包括有胎卷材和无胎卷材。

凡是用厚纸或玻璃丝布、石棉布、棉麻织品等胎料浸渍石油沥青制成的卷状材料，称为有胎卷材；将石棉、橡胶粉等掺入沥青材料中，经碾压制成的卷状材料称为辊压卷材，即无胎卷材。

沥青基防水卷材成本低，但拉伸强度和延伸率低，温度稳定性差、高温易流淌、低温易脆裂、耐老化性较差、使用年限短，属于低档防水卷材。

（1）石油沥青纸胎油毡。石油沥青纸胎油毡以低软化点的石油沥青浸渍油毡原纸，再用高软化点的石油沥青涂布于两面，表面撒布防黏材料（如滑石粉或云母片）而制成的卷材。油纸按原纸 $1m^2$ 的质量（以克计）分为 200 和 350 两个标号，属于最早的防水卷材。石油沥青纸胎油毡的防水性能较差，耐久年限低，一般只能用作多层防水。

（2）石油沥青玻璃纤维胎防水卷材。石油沥青玻璃纤维胎防水卷材（图 9-8）是采用玻纤毡为胎基，表面撒上矿物材料或者覆盖聚乙烯薄膜等隔离材料制成的一种防水卷材。按其材料可分为 PE 膜、粉面；按单位面积质量分为 15 号、25 号、35 号等；按力学性能分为 Ⅰ型、Ⅱ型。卷材的工程面积为 $10m^2$、$20m^2$。其性能指标应符合《石油沥青玻璃纤维胎防水卷材》（GB/T 14686—2008）的规定。

（3）石油沥青麻布油毡。石油沥青麻布油毡，也就是麻布胎沥青防水卷材，其胎体为麻布胎。它是在胎体浸涂氧化石油沥青，并在其表面撒布矿物材料或覆盖聚乙烯膜所制成的可

图 9-8　石油沥青玻璃纤维胎防水卷材

卷曲的一种片状防水卷材。它的耐水性好，拉伸强度高，适用于各类防水工程和增强层及防水节点细部的防水层。

石油沥青麻布油毡分为优等品、一等品和合格品三种。要求每卷油毡的规格为：面积，一般麻布油毡为 $20m^2 \pm 0.2m^2$，热熔麻布油毡为 $10m^2 \pm 0.1m^2$。麻布油毡按可溶物含量和施工方法分为一般麻布油毡和热熔麻布油毡两个品种。

2. 高聚合物改性沥青卷材

高聚合物改性沥青卷材是以合成高分子聚合物改性沥青为涂盖层，以纤维织物或纤维胎为胎体，以粉状、粒状或薄膜材料为覆盖材料制成的。按聚合物改性剂的材性分为弹性体改性沥青防水卷材和塑性体改性沥青防水卷材，前者的代表产品是 SBS 改性沥青防水卷材，后者的代表产品是 APP 改性沥青防水卷材。

（1）SBS 改性沥青防水卷材。SBS 改性沥青防水卷材是以聚酯毡（PY）或玻纤毡（G）为胎基，以苯乙烯、丁二烯、苯乙烯（SBS）热塑性弹性体作改性剂，两面覆以隔离材料所制成的建筑防水卷材，简称 SBS 卷材。如图 9-9 所示。

图 9-9　SBS 改性沥青防水卷材

SBS 改性沥青防水卷材具有以下特点：厚度较厚，具有较好的耐穿刺、耐撕裂、耐疲劳性能，优良的弹性延伸和较高的承受基层裂缝的能力，并有一定的弥合裂缝的自愈力；在低温下仍保持优良的性能，即使在寒冷气候时也可以施工，尤其适用于北方；可热熔搭接，接缝密封保持可靠，但厚度小于 3mm 的卷材不得采用热熔法施工；温度敏感性大，大坡度斜屋面不宜采用。

SBS 改性沥青防水卷材应按照国家标准《弹性体改性沥青防水卷材》（GB 18242—2008）的要求进行生产，厚度有 2mm、3mm、4mm 三种规格，见表 9-4。

表 9-4 SBS 改性沥青防水卷材品种一览表

厚度/mm	2		3			4					
上表面材料	PE	S	PE	S	M	PE	S	M	PE	S	M
胎基	G		PY、G								
宽度/mm	1.0										
长度/(m/卷)	15		10			10			7.5		
公称面积/m²	15		10			10			7.5		
面积偏差/m²	±0.15		±0.10			±0.10			±0.10		
最低卷重/kg	33	37.5	32	35	40	42	45	50	31.5	33	37.5
厚度平均值/mm	2		3		3.2	4		4.2	4		4.2
厚度平均最小值/mm	1.7		2.7		2.9	3.7		3.9	3.7		3.9

胎基有聚酯胎、玻纤胎两种，上表面可覆以聚乙烯膜、细砂、矿物粒（片）料。按厚度、胎基、上表面材料的不同，卷材品种按物理力学性能分为 Ⅰ 型和 Ⅱ 型，见表 9-5。

表 9-5 SBS 改性沥青防水卷材物理力学性能

序号	胎基			PY		G	
	型号			Ⅰ	Ⅱ	Ⅰ	Ⅱ
1	可溶物含量/(g/mm³)	2mm		—		1300	
		3mm		2100			
		4mm		2900			
2	不透水性	压力/MPa	≥	0.3		0.2	0.3
		持续时间/min	≥	30			
3	耐热度/℃			90	105	90	105
				无滑动、无流淌、无滴落			
4	拉力/(N/50mm) ≥	横向		450	800	350	500
		纵向				250	300
5	最大拉力时延伸率/% ≥	横向		300	400	—	
		纵向					
6	低温柔度/℃			−18	−25	−18	−25
				无裂纹			
7	撕裂强度/N ≥	横向		250	300	250	350
		纵向				170	200
8	人工气候加速老化	外观		一级			
				无滑动、无流淌、无滴落			
		纵向拉力保持率/%	≥	80			

SBS改性沥青防水卷材的外观质量应符合以下要求：

① 成卷卷材应卷紧、卷齐，端面里进外出不得超过10mm。

② 卷材在4~50℃温度区间内应易于展开，在距卷芯1m长度外不应有长度在10mm以上的裂纹或黏结。

③ 胎基应浸透，不应有未被浸渍的条纹。

④ 卷材表面必须平整，不允许有孔洞、缺边、裂口，矿物粒（片）料粒度应均匀一致，并紧密地黏附于卷材表面。

⑤ 每卷接头不应超过1个，较短的一段不应少于1000mm。接头应剪切整齐，并加长150mm。

（2）APP改性沥青防水卷材。APP改性沥青防水卷材是以聚酯毡或玻纤毡为胎基，用无规聚丙烯（APP）或聚烯烃类聚合物（APAO、APO）作改性剂，两面覆以隔离材料所制成的改性沥青防水卷材。

APP改性沥青防水卷材按胎体材料不同，分为聚酯毡胎、玻纤毡胎和玻纤增强聚酯毡胎；按卷材物理力学性能分为Ⅰ型和Ⅱ型；按上表面隔离材料分为聚乙烯膜（PE）、细砂（S）和矿物粒（片）料（M）三种。与SBS改性沥青防水卷材相比，APP改性沥青防水卷材具有更好的耐高温性能，更适用于炎热地区。其特性见表9-6。

表9-6 APP改性沥青防水卷材特性

序号	胎基		PY		G	
	型号		Ⅰ、Ⅱ		Ⅰ、Ⅱ	
1	可溶物含量/(g/m²) ≥	2mm	—		1300	
		3mm	2100			
		4mm	2900			
2	不透水性	压力/MPa ≥	0.3	0.2	0.3	0.3
		保持时间/min ≥	30			
3	耐热度/℃		110	130	110	130
			无滑动、无流淌、无滴落			
4	拉力/(N/500mm) ≥	纵向	450	800	350	500
		横向			250	300
5	最大力时延伸率/% ≥	纵向	25	40	—	
		横向				
6	低温柔度/℃		−5	−15	−5	−15
			无裂纹			
7	撕裂强度/N ≥	纵向	250	350	250	350
		横向			170	200

APP改性沥青防水卷材具有以下特点：

① 防水综合性能优良，强度高，延伸大，耐热和低温柔性好（柔度为−15℃，耐热度为130℃），工作温度范围特别大，达到145℃；

② 具有特别优异的抗紫外线能力，使用寿命长；

③ 有可贵的热塑性能，即使接近其软化点温度，还能保持一定的强度和硬度；

④ 具有反光隔热作用；

⑤ 使用范围广。

（3）铝箔塑胶改性沥青防水卷材。铝箔塑胶改性沥青防水卷材是以玻璃纤维或聚酯纤维（布或毡）为胎基，用高分子（合成橡胶或树脂）改性沥青作浸渍涂盖层，以银白色铝箔为上表面反光保护层，以矿物粒料和塑料薄膜为底面隔离层制成的防水卷材。

这种卷材对阳光的反射率高，具有一定的抗拉强度和延伸率，弹性好，低温柔性好，在 $-20\sim80℃$ 温度范围内适应性较强，抗老化能力强，具有装饰功能，适用于外露防水面层，并且价格较低，是一种中档的新型防水材料。

3. 合成高分子防水卷材

合成高分子防水卷材是以合成橡胶、合成树脂或此两者的共混体为基料，加入适量的化学助剂和填充料等，经不同工序加工而成可卷曲的片状防水材料；或把上述材料与合成纤维等复合形成两层或两层以上可卷曲的片状防水材料。见图 9-10。

图 9-10　合成高分子防水卷材

按合成高分子材料种类可分为：

（1）三元乙烯橡胶防水卷材。三元乙烯橡胶防水卷材耐老化性能最好，化学稳定性佳，耐候性、耐臭氧性、耐热性和低温柔性甚至超过氯丁橡胶与丁基橡胶，比塑料优越得多，它还具有质量轻、拉升强度高、伸长率大、使用寿命长、耐强碱腐蚀等优点。其性能指标见表 9-7。

表 9-7　三元乙烯橡胶防水卷材性能指标

项目		性能指标
抗拉断裂强度/MPa		≥7
断裂延长率/%		≥450
热老化保持率[$(80\pm2)℃,168h$]	断裂伸长率/%	≥70
	抗拉断裂强度/%	≥81
低温冷脆温度/℃		≤ $-40℃$
不透水性/(MPa×min)		≥0.3×30

（2）氯丁橡胶防水卷材。氯丁橡胶防水卷材除耐低温性能稍差外，其他性能与三元乙烯橡胶防水卷材基本类似，拉伸强度大，耐油性、耐日光、耐臭氧、耐候性很好。

（3）氯丁橡胶乙烯防水卷材。氯丁橡胶乙烯防水卷材是以增塑聚氯乙烯为基料的塑性卷材，厚度有 1.20mm、1.50mm、2.00mm 三种。卷材宽度有 1000mm、1500mm、2000mm

三种。

（4）氯化聚乙烯防水卷材。规格：厚度分 1.00mm、1.20mm、1.50mm、2.00mm 四种；宽度分 900mm、1000mm、1200mm、1500mm 四种。其性能指标见表 9-8。

表 9-8　氯化聚乙烯防水卷材性能指标

项目	性能指标
抗拉强度/MPa	≥9.8
断裂伸长率/%	≥10
不透水性/(MPa×h)	0.3×2
耐热老化/(℃×h)	100℃×720h 强度不下降
耐低温/℃	−30℃绕 ϕ10mm 无裂纹

（5）氯化聚乙烯橡胶共混卷材。氯化聚乙烯橡胶共混卷材有塑料和橡胶的特点，弹度高，弹性好，耐老化性、延伸性、耐低温性能好，大卷材可用多种黏合剂黏结，冷施工。其性能指标见表 9-9。

表 9-9　氯化聚乙烯橡胶共混卷材性能指标

项目	性能指标	胶黏剂
抗拉强度/MPa	≥7.36	卷材-卷材黏结剥离强度＞50N/2.5cm
断裂伸长率/%	≥450	
低温柔度/℃	≤−30℃	
不透水性/(MPa×min)	0.3×30	

合成高分子防水卷材的特点：

① 匀质性好。合成高分子防水卷材均采用工厂机械化生产，生产过程中能较好地控制产品质量。

② 拉伸强度高。合成高分子防水卷材的拉伸强度都在 3MPa 以上，最高的拉伸强度可达 10MPa 左右，可以满足施工和应用的实际要求。

③ 断裂伸长率高。合成高分子防水卷材的断裂伸长率都在 100% 以上，有的高达 500% 左右，可以较好地适应建筑工程防水基层伸缩或开裂变形的需要，确保防水质量。

④ 抗撕裂强度高。合成高分子防水卷材的抗撕裂强度都在 25kN/m 以上。

⑤ 耐热性能好。合成高分子防水卷材在 100℃ 以上的温度条件下，一般都不会流淌和产生集中性气泡。

⑥ 低温柔性好。一般都在 −20℃ 以下，如三元乙烯橡胶防水卷材的低温柔性在 −45℃ 以下，因此，合成高分子防水卷材在低温条件下使用，可提高防水层的耐久性，增强防水层的适应能力。

⑦ 耐腐蚀能力强。合成高分子防水卷材的耐臭氧、耐紫外线、耐气候等能力强，耐老化性能好，延长防水耐用年限。

⑧ 施工技术要求高。需熟练技术工人操作。与基层完全黏结困难；搭接缝多，易因接缝黏结不好产生渗漏的问题，因此宜与涂料复合使用，以增强防水层的整体性，提高防水的可靠度。

⑨ 后期收缩大。大多数合成高分子防水卷材的热收缩和后期收缩均较大，常使卷材防

水层产生较大内应力而加速老化,或产生防水层被拉裂、搭接缝拉脱翘边等缺陷。

4. 反应粘防水卷材

反应粘防水卷材是当今世界最先进防水技术之一,该产品采用强力交叉膜经交叉层压叠合工艺形成高强度 HDPE 膜,采用此种工艺制成的薄膜纵横向延伸率一模一样,卷材也不会发生变形,更美观且防水效果更可靠,见图 9-11。

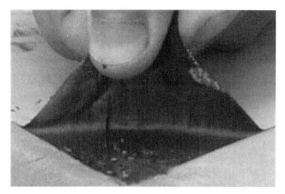

图 9-11 反应粘防水卷材

采用优质压敏反应自粘胶层,能与混凝土基层快速结合,其优异的自愈性能和局部自锁水性能大大减少渗漏概率。卷材胶料的高分子聚合物(链段)与水泥素浆(硅酸盐网络)起化学交联反应形成(界面)互穿网络结构,形成高强度、密封牢固的防水层并且永久地密封于混凝土结构层上;具有优异的热稳定性、尺寸稳定性、抗紫外线性能和双向耐撕裂性能。

三、防水涂料

将黏稠液体涂刷在建筑物表面上,经溶剂或水分的挥发或两种组分的化学反应形成的一层薄膜,使建筑物表面与水隔绝,从而起到防水、密封的作用,这些涂刷的黏稠液体称为防水涂料。见图 9-12。

图 9-12 防水涂料

防水涂料经固化后形成的防水薄膜具有一定的延伸性、弹塑性、抗裂性、抗渗性及耐候性,能起到防水、防渗和保护作用。防水涂料有良好的温度适应性,操作简便,易于维修与维护。

目前,市场上的防水涂料有两大类:

一类是聚氨酯类防水涂料。这类涂料一般是由聚氨酯与煤焦油作为原材料制成的,它所挥发的焦油气毒性大，且不容易清除，因此于 2000 年在我国被禁止使用。尚在销售的聚氨酯防水涂料是用沥青代替煤焦油作为原料，但在使用这种涂料时，一般采用含有甲苯、二甲苯等有机溶剂来稀释，因而也含有毒性。

另一类为聚合物水泥基防水涂料。它由多种水性聚合物合成的乳液与掺有各种添加剂的优质水泥组成，聚合物（树脂）的柔性与水泥的刚性结为一体，使得它在抗渗性与稳定性方面表现优异。它的优点是施工方便，综合造价低，工期短，且无毒环保。

防水涂料可按涂料状态和形式分为水乳型、溶剂型、反应型和塑料型改性沥青。

第一类溶剂型涂料。这类涂料种类繁多，质量也好，但是成本高，安全性差，使用不是很普遍。

第二类是水乳型及反应型高分子涂料。这类涂料在工艺上很难将各种补强剂、填充剂、高分子弹性体均匀分散于胶体中，只能用研磨法加入少量配合剂，反应型聚氨酯为双组分，易变质，成本高。

第三类塑料型改性沥青。这类产品能抗紫外线，耐高温性能好，但断裂延伸性略差。

（一）防水涂料的一般性能要求

1. 固体含量

固体含量指防水涂料中所含固体比例。涂料涂刷后靠其中的固体成分形成涂膜，因此固体含量多少与成膜厚度及涂膜质量密切相关。

2. 耐热度

耐热度指防水涂料成膜后的防水薄膜在高温下不发生软化变形、不流淌的性能，即耐高温性能。

3. 柔性

柔性指防水涂料成膜后的膜层在低温下保持柔韧的性能。它反映防水涂料在低温下的施工和使用性能。

4. 不透水性

不透水性指防水涂料在一定水压（静水压或动水压）和一定时间内不出现渗漏的性能。它是防水涂料满足防水功能要求的主要质量指标。

5. 延伸性

延伸性指防水涂料适应基层变形的能力。防水涂料成膜后必须具有一定的延伸性，以适应由于温差、干湿等因素造成的基层变形，保证防水效果。

（二）常见防水涂料

1. 沥青基防水涂料

沥青基防水涂料是以沥青为基料配制成的防水涂料。根据稀释剂的不同分为水乳型和溶剂型两种防水涂料。

溶剂型沥青基防水涂料是将未经改性的石油沥青直接溶解于汽油等有机溶剂中而配制成的涂料，实质上它是一种沥青溶液。

水乳型沥青基防水涂料是将石油沥青在一定的温度、剪力和乳化剂的条件下分散于水中，形成稳定的水乳熔融体。常见的有阳离子型乳化沥青、阴离子型乳化沥青。

（1）沥青胶。沥青胶是以石油沥青为基体的矿物胶黏剂，为了提高沥青的耐热性，降低沥青层的低温脆性，在沥青材料中加入填料进行改性而制成的液体。

按照溶剂、胶黏工艺不同分为热熔型、冷用型和乳液型三种。

热熔型沥青胶就是在沥青中掺入粉状或纤维状矿物填充料，需加热使用的胶黏剂。沥

应选软化点高的沥青,以保证高温天气不流淌;为提高其黏结性、大气稳定性和耐热性,一般情况下需加入10%~25%的碱性矿粉,常用的为石棉绒或木棉纤维等。

冷用型沥青胶是用石油沥青为基料,用溶剂和复合填充料改性的溶剂型冷作业胶结材料,也称为冷玛琋脂。它改变了沥青自身的高温易熔、低温易脆的性能,提高了沥青的延伸率和低温柔韧性,不燃,易于保存和运输,具有良好的抗裂性和耐老化性能。

乳液型沥青胶具有一定的防水性和防腐性。由于沥青本身性能的限制,乳液型沥青胶的使用寿命短、抗裂性、低温柔性和耐热性等性能较差,适用于防水等级为Ⅲ、Ⅳ级的工业与民用建筑屋面、厕浴间防水层和地下防潮、防腐涂层的施工,是廉价低档的防水涂料。

(2)冷底子油。冷底子油是用稀释剂(汽油、柴油、煤油、苯等)对沥青进行稀释的产物。它多在常温下用于防水工程的底层,故称冷底子油。冷底子油黏度小,具有良好的流动性。冷底子油形成的涂膜较薄,一般不单独做防水材料使用,只做某些防水材料的配套材料。冷底子油可封闭基层毛细孔隙,使基层形成防水能力。其作用是处理基层界面,以便沥青油毡铺贴,使基层表面变为憎水性,为黏结同类防水材料创造了有利条件。冷底子油应涂刷于干燥的基面上,不宜在雨、雾、露的环境中施工,通常要求与冷底子油相接触的水泥砂浆的含水率小于10%。

(3)水性沥青基防水涂料。水性沥青基防水涂料是以多种橡胶共同复合对沥青进行改性,配制而成的聚合物改性沥青防水涂料,按照乳化剂、成品外观和施工工艺的差别分为水性沥青基厚质防水涂料和水性沥青基薄质防水涂料两类。水性沥青基厚质防水涂料(AE-1类)按其采用的矿物乳化剂不同又分为水性石棉沥青防水涂料(AE-1-A)、膨润土乳化(AE-1-B)和石灰乳化沥青防水涂料(AE-1-C);水性沥青基薄质防水涂料(AE-2类)按其采用的化学乳化剂不同又分为氯丁胶乳沥青涂料(AE-2-a)、水乳性再生胶涂料(AE-2-b)和用化学乳化剂配制的乳化沥青防水涂料(AE-2-c)。

【知识链接】沥青防水涂料的种类

1. 防水乳化沥青涂料,主要用于建筑物的防水;
2. 有色乳化沥青涂料,用于屋面的防水;
3. 阳离子乳化沥青防水涂料,主要用于水泥板、石膏板和纤维板的防水;
4. 非离子型乳化沥青防水涂料,主要用于屋面防水、地下防潮、管道防腐、渠道防渗、地下防水等;
5. 沥青基厚质防水涂料,主要用于屋面的防水;
6. 沥青油膏稀释防水涂料,用于屋面的防水;
7. 脂肪酸乳化沥青,用于屋面的防水;
8. 沥青防潮涂料,用于屋面的防水;
9. 厚质沥青防潮涂料,可作灌封材料
10. 膨润土乳化沥青防水涂料,用于屋面防水、房屋的修补漏水处、地下工程、种子库地面防潮;
11. 石灰乳沥青防水涂料,主要用于屋面防水和建筑、路面防水;
12. 氨基聚乙烯醇乳化沥青防水涂料,主要用于防水涂层;
13. 丙烯酸树脂乳化沥青,可用于修补和变质的沥青表面,如道路路面的防水层;
14. 沥青酚醛防水涂料,主要用于屋面、地下防水;
15. 氯丁橡胶沥青涂料,用于屋面的防水。

2. 高聚物改性沥青防水涂料

高聚物改性沥青防水涂料是以沥青为基料,用合成高分子聚合物进行改性,配制成的水乳型或溶剂型防水涂料。

高聚物改性沥青防水涂料不但具有优良的耐水性、抗渗性，而且涂膜柔软，具有高档防水卷材的功效，又施工方便，潮湿基层可固化成膜，黏结力强，可抵抗压力渗透，特别适用于复杂结构，可明显降低施工费用，用于各种材料表面，为新一代环保防水涂料。

(1) 氯丁橡胶沥青防水涂料。氯丁橡胶沥青防水涂料（氯丁胶乳沥青防水涂料）是以含有环氧树脂的氯丁橡胶乳液为改性剂，以优质的石油乳化沥青为基料，并加入表面活性剂、防霉剂等辅助材料制成的。

根据《水乳型沥青防水涂料》（JC/T 408—2005）技术指标，固体含量≥45%；耐热80℃恒温5h，涂膜无起泡、皱皮等现象；在0℃冷冻2h，涂膜无裂纹、剥落等现象；黏结强度≥0.30MPa；不透水性，0.1MPa，恒温≥30min不渗水；涂膜断裂延伸率大于600%，涂膜厚0.3~0.4mm的基面裂缝不大于0.7mm，不开裂；饱和氢氧化钙溶液浸泡15天，涂层无起泡、皱皮、脱落。

(2) SBS改性沥青防水涂料。SBS改性沥青防水涂料是以SBS共聚热塑性弹性体作改性剂，对优质的石油沥青进行改性，并加入多种橡胶、合成树脂、表面活性剂、乳化剂、防霉剂等多种辅助材料，经专用设备精制而成的一种高弹性优质防水涂料。

SBS改性沥青防水涂料目前主要有热熔法和常温法生产工艺。热熔法需要加热，温度的控制非常关键。常温生产SBS改性沥青防水涂料是把沥青与SBS溶解在溶剂中冷混而成，操作简单，容易控制。

(3) 溶解型再生橡胶沥青防水涂料。溶解型再生橡胶沥青防水涂料是以优质重交通道路沥青为基料，添加橡胶和树脂材料改性而成的水性防水涂料，是以高聚物乳液为主要成膜物质。其主要技术指标见表9-10。

表9-10 溶解型再生橡胶沥青防水涂料技术指标

项目			指标要求		
			溶解型再生橡胶沥青防水涂料		溶解型再生橡胶沥青防水涂料
			Ⅰ	Ⅱ	
固体含量/%		≥	45	50	50
低温柔度/℃			−15	−25	−25
耐热性/℃			140（无流淌和滑动）	160（无流淌和滑动）	180（无流淌和滑动）
涂料与水泥混凝土黏结强度/MPa		≥	0.4	0.6	0.6
不透水性（0.3MPa,30min）			不透水		
拉伸强度/MPa		≥	0.50	1.00	
断裂延伸率/%		≥	800		640
干燥时间(25℃)	表干	≤	4h		20min不黏手
	实干	≤	8h		40min无黏着

3. 合成高分子防水涂料

合成高分子防水涂料是以多种高分子聚合材料为主要成膜物质，添加触变剂、防流挂剂、防沉淀剂、增稠剂、流平剂、防老化剂等添加剂和催化剂，经过特殊工艺加工而成的合成高分子水性乳液防水涂膜，具有优良的高弹性和绝佳的防水性能。该产品无毒、无味，安全环保。涂膜耐水性、耐碱性、抗紫外线能力强，具有较高的断裂延伸率、拉伸强度和较好的自动修复功能。

（1）聚氨酯防水涂料。聚氨酯防水涂料是由异氰酸酯、聚醚等经加成聚合反应而生成的含异氰酸酯基的预聚体，配以催化剂、无水助剂、无水填充剂、溶剂等，经混合等工序加工制成的单组分聚氨酯防水涂料。该类涂料为反应固化型（湿气固化）涂料，具有强度高、延伸率大、耐水性能好等特点，对基层变形的适应能力强。聚氨酯防水涂料是一种液态施工的单组分环保型防水涂料，是以进口聚氨酯预聚体为基本成分，无焦油和沥青等添加剂。

它与空气中的湿气接触后固化，在基层表面形成一层坚固且坚韧的无接缝整体防水膜。其主要技术指标见表9-11。

表9-11 聚氨酯防水涂料主要技术指标

项目		Ⅰ	Ⅱ
拉伸强度/MPa	≥	1.9	2.45
断裂伸长率/%	≥	550	450
撕裂强度/(N/mm)	≥	12	14
低温弯折性/℃	≤	－40	
不透水性(0.3MPa,30min)		不透水	
固体含量/%	≥	80	
表干时间/h	≤	12	
实干时间/h	≤	24	

注：Ⅰ仅用于地下工程潮湿基面时要求。Ⅱ仅用于外露使用的产品。

（2）丙烯酸防水涂料。丙烯酸防水涂料是一种高弹性彩色高分子纳米防水涂料，是以防水专用的自交联纯丙乳液、防水纳米复合胶、纳米材料为基础原料，配一定量的改性剂、活性剂、抗老化剂、助剂及颜料科学加工而成的，涂覆后可形成坚韧、黏力很强的弹性防水膜。

丙烯酸防水涂料是目前使用的聚氨酯涂料、SBS卷材、PVC卷材等防水涂料的替代品，也是国家建筑防水材料协会大力发展的环保产品。丙烯酸防水涂料可根据需要制成各种颜色。

丙烯酸防水涂料适用范围较广，可适用于潮湿或干燥的混凝土、金属、纤维瓦、砖石、沥青、聚氨酯、SSS、AAP、SBS等基面上直接施工；新旧建筑物的屋面、地下室、内外墙、厕浴室、水池等，地下工程、隧道、桥梁、水库等的防水处理；伸缩缝、分格缝、落水口、穿墙管等的密封。其主要技术指标见表9-12。

表9-12 丙烯酸防水涂料主要技术指标

试验项目		指标	
		Ⅰ	Ⅱ
拉伸强度/MPa	≥	1.0	1.5
断裂延伸率/%	≥	300	300
低温柔性/℃		－10	－20
不透水性(0.3Ma,0.5h)		不透水	不透水
干燥时间表干/h	≤	4	4
实干/h	≤	8	8

(3) 通用型防水涂料。通用型防水涂料也叫 GS 防水涂料，是由丙烯酸乳液和助剂组成的液料与由水泥、级配砂及矿物质粉末组成的粉料，按特定比例组合而成的双组分防水材料。两种材料混合后发生化学反应，既形成表面涂层防水，又能渗透到底材内部形成结晶体阻止水的通过，达到双重防水效果。

(4) 聚氯乙烯防水涂料。聚氯乙烯防水涂料亦称 PVC 防水涂料，以 PVC 树脂或塑料与煤焦油相互改性，掺加适量增塑剂、稳定剂、填充料等。按施工方式分为热塑型（J 型）和热熔型（S 型）两种。按耐热和低温性能分别为 801 和 702 两个型号。

PVC 防水涂料防水屋面尽量采用复合防水构造方案，即非永久性建筑（Ⅳ级防水）应满涂两层，厚度大于 4mm，1m² 用量不少于 5kg，重要或特殊工业与民用建筑屋面 PVC 防水涂料也可与其他防水涂料复合使用。但值得注意的是，不是高质量的 PVC 防水涂料是不能实现上述要求的，不合格的 PVC 防水涂料应严禁使用。PVC 防水涂料在施工时要趁热推刮，加热时要不间断搅拌。

4. 防水涂料的选用、检验与储存

(1) 防水涂料的检验要求。进场的防水涂料和胎体增强材料抽样复检要求如下：

① 防水涂料和胎体增强材料进场后应进行见证取样检测，即在监理单位或建设单位监督下，由施工单位有关人员现场取样，并送至具备相应资格的检测单位进行检测，同规格、品种的进场材料抽样复检应符合表 9-13 的要求。

表 9-13 防水涂料现场抽样复验要求

材料名称	现场抽样	外观质量检查
防水涂料	每 10t 为一批，不足 10t 按一批	包装完好无损，且标明涂料名称、生产日期、厂家名称、执行标准
胎体增强材料	每 3000m² 为一批，不足 3000m² 按一批	均匀、无团状、平整、无褶皱

② 防水涂料和胎体增强材料的物理性能检验要求：全部指标达到标准规定进行该项复检。允许在受检产品中加倍取样进行该项复检，复检若仍不合格，则判定该产品为不合格。

③ 进场的防水涂料和胎体增强材料的物理性能应检验下列项目。

a. 高聚物改性沥青防水涂料：固体含量，耐热性，低温柔性，不透水性，延长率或抗裂性。

b. 合成高分子防水涂料和聚合物水泥涂料：拉伸强度，断裂伸长率，低温柔性，不透水性，固体含量。

c. 胎体增强材料：拉力和延伸率。

(2) 防水涂料的储存。防水涂料和胎体增强材料的储运保管应符合下列规定：

① 防水涂料包装容器必须密封，容器表面应标明涂料名称、生产厂名、执行标准号、生产日期和产品有效期。不同品种、规格和等级的产品应分别存放。反应型和水乳型涂料储存和保管环境应不低于 5℃。溶剂型涂料储存和保管环境温度不宜低于 0℃，并不得日晒、碰撞和渗漏。保管环境应干燥、通风，并远离火源。仓库内应有消防设施。

② 胎体增强材料储运、保管环境应干燥、通风，并远离火源。

四、密封材料

密封材料是指能承受接缝位移以达到气密、水密目的而嵌入建筑接缝中的材料。密封材料有金属材料（铝、铅、铟、不锈钢等），也有非金属材料（橡胶、塑料、陶瓷、石墨等）、复合材料（石棉板、气凝胶毡、聚氨酯），但使用最多的是橡胶类弹性体材料。见图9-13。

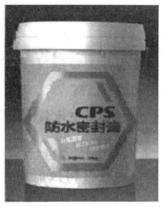

图9-13　橡胶止水带、防水密封膏

（一）分类与性能

建筑防水密封材料是主要用于建筑物人为设置的伸缩缝、沉降缝、建筑结构节点、构件间的结合部、门窗框四周、玻璃镶嵌部等，能起到气密性和水密性作用的材料。主要用于建筑屋面、地下工程、幕墙装饰工程及其他部位的嵌缝密封，起到防水、防尘、隔音、保温等功能。

建筑防水密封材料品种繁多，可分为不定形和定形密封材料两大类。前者指膏糊状材料，后者指根据工程要求制成的带、条、垫状的密封材料。通常所说的密封材料是指不定型材料。

密封材料应满足下列要求：

（1）水密性和气密性。建筑防水密封材料首先必须具备优异的水密性和气密性，以保证其防水作用。

（2）黏着性。要确保结合部位具有可靠的水密性和气密性，密封材料要牢固地黏结在结合部的表面，不能出现缝隙。

（3）耐久性。许多高分子材料在紫外线、臭氧、微生物、酸、碱等环境中要抗老化，此外还要承受强风、地震及气温和日照变化而产生的构件变形及变位的外力作用。要求密封材料在这些因素作用下仍然保持良好的气密性和水密性，这就要求密封材料必须经受住长期压缩-拉伸振动疲劳作用，必须具备一定的拉伸-压缩循环性、弹塑性和黏结性。在恶劣的环境中不能产生急剧的变质和损伤，因此，耐久性是建筑防水密封材料的重要性能。

（4）无污染性。在建筑物中经常看到由于密封材料的原因引起结合部周围出现发黑的现象，损坏了建筑物的美观。在这种情况下，即使防水密封材料的防水功能再好，也是失败的。因此，要做到长时间使用不产生明显的污染，选用优质防水密封材料和应用中的维护管理都是很重要的。

（二）聚合物沥青密封材料

1. 主要配制材料

（1）聚合物沥青。聚合物沥青是其密封材料的主要成分，起着水密性、气密性的重要作用。要求聚合物沥青具有良好的黏结性、弹塑性、耐热性、能适应接缝位移的变形性。

在高温环境中，密封材料在接缝处不发生滑动和流淌；在低温条件下，柔韧性好，不脆裂,同时具有一定的耐久性。作为胶黏剂的聚合物沥青,要求其黏结强度高,在高温下不流淌,被粘材料不下滑;在低温条件下不脆裂,要有一定的柔性,抗疲劳性能良好,抗剪切力要高。

常用的聚合物沥青有:SBS 橡胶沥青、丁基橡胶沥青、氯丁橡胶沥青、无规聚丙烯(APP)沥青、聚氨酯煤焦油、氯磺化聚乙烯煤焦油、聚硫橡胶沥青、再生橡胶沥青、丁苯橡胶沥青、天然橡胶沥青、聚氯乙烯煤焦油。

(2) 软化剂。软化剂的主要作用是增加聚合物沥青的可塑性、柔韧性、黏弹性,增加沥青胶体结构的分散性,使沥青质分开,能够保护或恢复树脂质的胶溶作用;同时,使聚合物沥青的网状结构摊开,沥青质和聚合物呈高度分散状态,从而增加沥青质、聚合物分子间的距离,减少了沥青质或聚合物分子之间的作用力,增加了密封材料的弹塑性,更加适应接缝之间的位移变化。

软化剂应与聚合物沥青有较好的相容性,沸点高、挥发性小、迁移性低、耐寒性、耐热性、稳定性好、耐光性能优良,能使密封材料长期保持黏结性、感温性和抗氧化性,调整密封材料的稠度和下垂值,增加同基层的浸润性和黏结力等。在聚合物沥青密封材料的配制中,常用的软化剂主要有石油系软化剂、煤油系软化剂、松焦油系软化剂和脂肪系软化剂。

(3) 成膜剂。为了保持聚合物沥青密封材料中的油分,使其长期保持塑性和弹塑性,需要加入能使密封材料表面干结成膜的物质,即成膜剂。

常用的成膜剂有植物或动物的油类。根据干燥速度的快慢,可分为干性油、半干性油和不干性油。干性油有桐油、亚麻仁油、苏籽油等,半干性油有大豆油、葵花籽油等,不干性油有棉籽油、蓖麻油、鱼油等。在聚合物沥青胶黏剂中,则不加入成膜剂。

(4) 矿物填充剂。在聚合物沥青密封材料中加入矿物填充剂可以增大密封材料的体积,降低成本,还可以提高其耐热性。常用的矿物填充剂有粉状的大理石粉、滑石粉;纤维状的有石棉纤维、合成纤维等。其用量与矿物填充剂的粒径、纤维长度和分散程度有关。在聚合物沥青胶黏剂中,可根据使用要求选择其填充料。

滑石粉有耐酸的也有耐碱的,由试验确定。通常选用最多的为滑石粉、粉煤灰、板岩粉、石棉粉。

(5) 溶剂。在聚合物沥青密封材料和聚合物沥青胶黏剂中,为了改善施工性能,调节其黏度,提高浸润性,常掺入一定的溶剂。常用的溶剂有石油系溶剂、煤焦系溶剂、松焦系溶剂,例如:溶剂汽油、二甲苯、松节油等,此外还有蒽油、石脑油、矿物油、煤油、轻柴油等。

2. 塑料沥青密封材料

塑料沥青密封材料是以塑料沥青为主剂的密封材料,由塑料沥青、软化剂或增塑剂及相关的助剂和填充料所组成。

在我国最早出现的是 PVC 胶泥,亦称聚氯乙烯建筑防水接缝材料,是以聚氯乙烯树脂改性煤焦油为主剂材料,配以增塑剂、稳定剂、填充剂。PVC 胶泥具有良好的防水性、弹性、耐热性、耐寒性、耐老化性,从而广泛应用于建筑防水工程的接缝中,作为接缝防水材料使用。

在 PVC 胶泥中采用的煤焦油为高温煤焦油,PVC 树脂中以 PVC-SG2 型、PVC-SG3 型、PVC-SG4 型树脂较为理想,增塑剂以耐寒性较好的癸二酸二辛酯、柔软性较好的邻苯二甲酸二丁酯应用较多。为防止在制作 PVC 胶泥时 PVC 树脂降解或使用过程中老化降解,需加入稳定剂,以三盐基硫酸铅($3PbO \cdot PbSO_4 \cdot H_2O$)使用最多,效果也不错,其次是硬脂酸或硬脂酸铅,填充剂以滑石粉使用最多。PVC 油膏俗称塑料油膏,同样是由煤焦油、聚氯乙烯树脂或废聚氯乙烯塑料、增塑剂、热稳定剂、稀释剂和填充剂所组成。

根据《聚氯乙烯建筑防水接缝材料》(JC/T 798—1997)，塑料沥青密封材料分为热塑法施工的聚氯乙烯胶泥和热熔法施工的塑料油膏两种产品，称为J型和G型。PVC接缝材料按耐热度80℃和低温柔性－10℃、耐热度80℃和低温柔性－20℃，分为801和802两个型号。产品按下列顺序标记：名称、类型、型号、标准编号。标记示例如下：

（三）高分子密封材料

高分子密封材料按施工工艺不同而制成各种品种，如供涂刷用的制成稀膏状，供嵌填缝隙用的制成厚膏状，以及供填塞用的制成衬条和腻子状材料等。这种材料在施工后能自行硫化，成为橡胶状弹性体。

高分子密封材料通常分为定形和不定形两类。定形密封材料常见的主要有密封条、密封圈等，大多用氯丁橡胶、聚氯乙烯、氟橡胶等制成。常用的不定形密封材料有密封膏、腻子等，密封膏是用低分子量的合成橡胶制成的，如以聚异丁烯、丁基橡胶、聚硫橡胶、有机硅橡胶、聚氨酯橡胶等为主要材料，加入硫化剂、促进剂、填料及合成树脂胶黏剂等制成。

任务二　保温隔热材料

保温隔热材料是指对热流具有显著阻抗性的材料或材料复合体。保温隔热材料一方面满足了建筑空间或热工设备的热环境，另一方面也节约了能源。

保温隔热材料是保温材料和隔热材料的统称。保温材料指的是控制室内热量外流的建筑材料，通常，保温材料热导率 λ 应不大于 $0.23W/(m·K)$，热阻 R 应不小于 $4.35(m^2·K)/W$。此外，尚应具有表观密度低、抗压强度高、构造简单、施工容易、造价低等特点。隔热材料指的是控制室外热量进入室内的建筑材料。

保温隔热材料的功效性能，取决于材料热导率的大小，热导率越小其保温隔热的功效性能越高。用于建筑物的保温隔热材料一般要求密度小、热导率小、操作方便、价格合理，呈现多孔或纤维状结构，具有较好的吸声功能，既能满足建筑空间或热工设备的热环境，又能够节约能源。不仅在建筑工程和现实生活中应用普遍，而且还具有很大的节能作用，被称为"第五能源"。常用于建筑围护或热工设备，其表观密度不大于 $600kg/m^3$，抗压强度大于 $0.3MPa$。

建筑中使用的保温隔热材料品种繁多，其中使用最为普遍的保温隔热材料，无机材料有膨胀珍珠岩、膨胀蛭石、玻化微珠、硅酸钙及制品、加气混凝土、岩棉、玻璃棉等，有机材料有聚苯乙烯泡沫塑料、挤塑板、聚氨酯泡沫塑料等。这些材料保温隔热效能的优劣，主要由材料热传导性能的高低（其指标为热导率）所决定。

保温隔热材料按其成分分为无机保温隔热材料、有机保温隔热材料和复合保温隔热材料三大类型。按照材料形态可以分为纤维状、气泡、微孔状、层体状等。保温隔热材料分类及品种举例见表9-14。

表 9-14　保温隔热材料分类及品种举例

分类方法	类型	品种举例
按形状划分	松散材料	炉渣,膨胀珍珠岩,膨胀蛭石,岩棉
	板状材料	加气混凝土,泡沫混凝土,微孔硅酸钙,憎水珍珠岩,聚苯乙烯泡沫板,泡沫玻璃
	整体现浇材料	泡沫混凝土,水泥蛭石,水泥珍珠岩,硬泡聚氨酯
按成分划分	有机材料	聚苯乙烯泡沫板,硬泡聚氨酯
	无机材料	泡沫玻璃,加气混凝土,泡沫混凝土,蛭石,珍珠岩
按吸水率划分	高吸水率(>20%)	泡沫混凝土,加气混凝土,珍珠岩,憎水珍珠岩,微孔硅酸钙
	低吸水率(<6%)	泡沫玻璃、聚苯乙烯泡沫板、硬泡聚氨酯

一、保温隔热材料的性能要求

(一)保温隔热材料的技术性能

1. 热导率

保温隔热材料的导热性能是指材料传递热量的能力,用热导率来表示。在正常的稳定传热条件下,材料层单位厚度内的温度差为1℃时,在1h内可以通过$1m^2$面积的热量,这是热导率的物理意义。材料热导率和导热性能是成正比的关系,热导率越大,性能就越好。

热导率λ是衡量材料导热能力的主要指标,它是界定材料保温与非保温的分界值。一般热导率λ小于$0.175W/(m·K)$的材料在建筑工程上作为保温隔热材料使用。热导率表征材料在稳定传热状况下的导热能力,其值越小越好。影响材料热导率的主要因素有材料的化学成分、分子结构、表观密度和孔隙率,此外材料所处环境的温湿度、热流转移方向都对其有一定的影响。

2. 密度

密度是影响保温隔热材料性能的重要指标之一,是在105~110℃温度范围内干燥后的材料试样单位体积的质量。通常情况下,保温硬质材料密度一般不大于$300kg/m^3$,软质材料及半硬质制品不大于$220kg/m^3$,对强度有特殊要求的除外。

3. 机械强度

保温隔热材料自运载、存放、使用过程中会遭到拉伸、弯曲、挤压等荷载的作用,如果这些作用超过材料自身承受的极限,必然会产生破损。为了避免这种破坏,要求抗震动的硬质材料自身抗压强度大于或等于0.3MPa。保冷的硬质材料抗压强度大于或等于0.3MPa,如果有特殊需要,还要提高材料的抗折强度。

4. 含水率

保温隔热材料的含水率这一特性对其热导率、机械强度、密度都有很大的影响,因为水的热导率$\lambda=0.58W/(m·K)$,远远高于空气的热导率,材料含水率增加后其热导率将明显随之增加,因此规定保温材料的含水率小于或等于7.5%。若受冻,冰的热导率$\lambda=2.33W/(m·K)$,导热能力更大,所以保冷材料应为闭孔型材料,含水率不得大于1%。

除了以上性能外,保温隔热材料还有其他的性能要求,应具有一定的强度、抗冻性、防火性、耐热性和耐低温性、耐腐蚀性、吸湿性或吸水性等。

5. 燃烧性

按照《工业设备及管道绝热工程设计规范》(GB 50264—2013)规定,被保温隔热材料的设备或管道表面温度高于或等于50℃时，要求采用复合隔热结构或耐高温的隔热材料；被保温隔热材料的设备和管道表面温度高于或等于100℃时，保温隔热材料应符合不燃类A级材料性能要求；温度低于或等于100℃，保温隔热材料应符合不燃类B1级材料性能要求；温度小于或等于50℃，保温隔热材料应符合不燃类B2级材料性能要求。

6. 化学稳定性

材料的化学稳定性主要是指pH值和氯离子的含量，这是考虑保温隔热材料是否对保温隔热目标产生腐蚀，良好的化学稳定性对保温隔热的金属表面无腐蚀作用，另外还要考虑保温隔热目标一旦泄露所发生的化学反应和环境气体对保温隔热材料的腐化。

常见保温材料性能见表9-15。

表9-15 保温材料性能表

序号	材料名称	表观密度/(kg/m³)	热导率/[W/(m·K)]	强度/MPa	吸水率/%	使用温度/℃
1	松散膨胀珍珠岩	40～250	0.05～0.07	—	250	−200～800
2	水泥珍珠岩1:8	510	0.16	0.5	120～220	—
3	水泥珍珠岩1:10	390	0.16	0.4	120～220	—
4	水泥珍珠岩制品1:8	500	0.08～0.12	0.3～0.8	120～220	650
5	水泥珍珠岩制品1:10	300	0.063	0.3～0.8	120～220	650
6	憎水珍珠岩制品	200～250	0.056～0.08	0.5～0.7	憎水	−20～650
7	沥青珍珠岩	500	0.1～0.2	0.6～0.8	—	—
8	松散膨胀蛭石	80～200	0.04～0.07	—	200	−200～1000
9	水泥蛭石	400～600	0.08～0.14	0.3～0.6	120～220	650
10	微孔硅酸钙	250	0.06～0.07	0.5	87	650
11	矿棉保温板	130	0.035～0.047	—	—	600
12	加气混凝土	400～800	0.14～0.18	3	35～40	200
13	水泥聚苯板	240～350	0.09～0.1	0.3	30	—
14	水泥泡沫混凝土	350～400	0.1～0.19	—	—	—
15	模压聚苯乙烯泡沫板	15～30	0.041	10%压缩后 0.06～0.15	2～6	−80～75
16	挤压聚苯乙烯泡沫板	≥32	0.03	10%压缩后 0.15	≤1.5	−80～75
17	硬质聚氨酯泡沫塑料	≥30	0.027	10%压缩后 0.15	≤3	−200～130
18	泡沫玻璃	≥150	0.068	≥0.4	≤0.5	−200～500

注：15～18项系独立闭孔、低吸水率材料。

（二）材料保温隔热性能的影响因素

影响材料保温隔热性能的主要因素是热导率的大小，热导率愈小，保温性能愈好。材料的热导率受以下因素影响。

1. 材料的性质

不同的材料其热导率是不同的，一般来说，热导率以金属最大，非金属次之，液体较小，而气体更小；对于同一种材料，内部结构不同，热导率也差别很大，一般结晶结构的为最大，微晶体结构的次之，玻璃体结构的最小；但对于多孔的保温隔热材料来说，由于孔隙率高，气体（空气）对热导率的影响起着主要作用，而固体部分的结构无论是晶态或玻璃态对其影响都不大。

2. 表观密度与孔隙特征

材料中固体物质的导热能力比空气要大得多，故表观密度小的材料，因其孔隙率大，热导率就小。

在孔隙率相同的条件下，孔隙尺寸愈大，热导率就愈大；互相连通孔隙比封闭孔隙导热性要高。

对于表观密度很小的材料，特别是纤维状材料（如超细玻璃纤维），当其表观密度低于某一极限值时，热导率反而会增大，这是孔隙增大且互相连通的孔隙大大增多，而使对流作用加强的结果。因此这类材料存在一最佳表观密度，即在这个表观密度时热导率最小。

3. 湿度

材料吸湿受潮后，其热导率就会增大，这在多孔材料中最为明显。这是由于当材料的孔隙中有了水分（包括水蒸气）后，则孔隙中蒸汽的扩散和水分子的热传导将起主要传热作用，而水的 λ 为 $0.58W/(m·K)$，比空气的 $\lambda=0.029W/(m·K)$ 大 20 倍左右。如果孔隙中的水结成了冰，则冰的 $\lambda=2.33W/(m·K)$，其结果使材料的热导率更加增大。故保温隔热材料在应用时必须注意防水避潮。

4. 温度

材料的热导率随温度的升高而增大，因为温度升高时，材料固体分子的热运动增强，同时材料孔隙中空气的导热和孔壁间的辐射作用也有所增加。但这种影响，当温度在 0~50℃ 范围内时并不显著，只有对处于高温或负温下的材料，才要考虑温度的影响。

5. 热流方向

对于各向异性的材料，如木材等纤维质的材料，当热流平行于纤维方向时，热流受到的阻力小；而热流垂直于纤维方向时，受到的阻力就大。

二、常用的保温隔热材料

（一）常用的无机保温隔热材料

1. 无机纤维状保温隔热材料

（1）石棉。石棉属于天然矿物纤维，主要化学成分是含水硅酸镁，具有耐火、耐热、耐酸碱、保温隔热、防腐、隔声及绝缘等特性。最高适用温度是 500~600℃。松散的石棉基本较少单独使用，常制成石棉粉、石棉纸板、石棉毡等制品，用于建筑工程的高效能保温及防火覆盖等。

（2）矿物棉。岩棉、矿棉都属于矿物棉（见图 9-14），岩棉（见图 9-15）是由玄武岩、辉绿岩等经高温熔融制成的人造无机纤维；矿渣棉是由工业废料矿渣如高炉矿渣、锰矿渣、磷矿渣、粉煤灰等，高温熔融，用高速离心、或高载能气体喷吹而成的棉丝状无机纤维。两者的形态都是纤维状的。

矿物棉具有轻质、不燃、保温隔热和电绝缘等性能，且原料来源广，成本较低，可制成矿棉板、矿棉毡及管壳等。可用作建筑物的墙壁、屋顶、天花板等处的保温和吸声材料，以及热力管道的保温材料。

（3）玻璃棉及其制品。玻璃棉及其制品是矿物棉的一种，采用天然矿石石英砂、白云

图 9-14 矿物棉

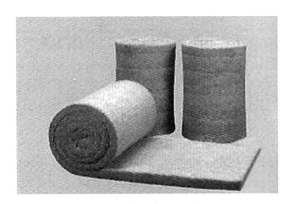

图 9-15 岩棉

石、蜡石,配以其他化工原料纯碱、硼酸等溶制玻璃,在熔融状态下由外力拉制、吹制、甩制成极细的纤维状材料。按照其化学成分可以分为无碱、中碱、高碱玻璃棉。目前使用最多的是离心喷吹法,其次是火焰法。玻璃棉及其制品密度小、热导率低、吸声性能高、过滤效率高、不燃烧、耐腐蚀、手感柔软,见图 9-16。

图 9-16 玻璃棉及其制品

玻璃棉毡、板主要用于建筑物的隔热、通风、隔声、空调设备保温，播音室、消音室、噪声车间的吸声，冷库的保温、隔热，交通工具的保温、隔热、吸声等，见图9-17。玻璃棉管套、异型制品主要用于设备、管道的保温。

图9-17　玻璃棉毡、板

使用注意事项：

① 玻璃棉组织蓬松，密度小，不宜远距离运输。

② 玻璃纤维含湿量低，但是制成棉毡、板、管套等制品后，材料有大量孔隙，吸水性较高，不宜露天存放，以免水分进入，降低使用效果。

③ 玻璃棉及其制品中，较粗的纤维和皮肤直接接触有刺痒感；极细的纤维或者纤维粉吸入呼吸道后，易产生干咳等不适。所以在制造、搬运、施工过程中必须有适当的劳动保护措施。

（4）陶瓷纤维。陶瓷纤维是以氧化硅、氧化铝为主要原料，经过高温熔融、蒸汽喷吹或离心喷吹工序制作而成的，其表观密度为140～150kg/m³，热导率为0.116～0.186W/(m·K)，使用温度最高达1100～1350℃，主要可作为高温保温隔热、吸声材料使用等。

2. 无机泡沫状保温隔热材料

（1）泡沫玻璃。泡沫玻璃是以玻璃粉为基础材料和1%～2%的石灰石、碳化钙、焦炭，经粉磨、混合、装模、煅烧（800℃左右）形成含有大量封闭气泡（直径0.1～5mm）的制品。表观密度为150～600kg/m³，热导率为0.058～0.128W/(m·K)，抗压强度为0.8～15MPa，具有热导率小，抗压强度高，抗冻性、耐久性能好等特点，对水分以及其他气体具有不渗透性，且易于进行锯切、钻孔等机械加工，为高级保温材料，也常用于冷藏库隔热。

（2）泡沫石棉。泡沫石棉是以温石棉为主要原料，石棉纤维在阴离子表面活性剂作用下充分松解制浆、发泡成型、干燥制成的呈网状的多孔状材料，是新型的超轻质保温、隔热、绝冷、吸声材料。它的主要特点是表观密度小（20～60kg/m³），热导率为0.046W/(m·K)左右，吸声性强，抗震性好，低温不脆，高温无毒气释放。泡沫石棉可以制成不同的制品，主要有普通泡沫石棉、弹性泡沫石棉、弹性防水泡沫石棉等类型，也可与其他材料制成复合制品，能够用于房屋的保温、保冷、吸声和防震。

（3）微孔硅酸钙制品。微孔硅酸钙制品是用粉状二氧化硅（硅藻土或磨细石英砂）、石灰、纤维增强材料及水等经搅拌、成型、蒸压处理和干燥等工序而制成的。其特点是表观密度小（100～1000kg/m³），强度高，热导率为0.036～0.224W/(m·K)（随温度的高低而波动），使用温度为100～1000℃，质量稳定，耐水性强，无腐蚀，耐用，可锯可刨，安装方便。主要用于围护结构及管道保温。

(4) 多孔混凝土。多孔混凝土是由许多分布均匀、直径小于 2mm 的封闭气孔组成的轻质混凝土,主要分为泡沫混凝土和加气混凝土两类。多孔混凝土的保温隔热效果随着表观密度减小而增加,但强度则随着表观密度减小而下降。

泡沫混凝土是由水泥、水、松香泡沫剂混合后经搅拌、成型、养护而成的一种多孔、轻质、保温、隔热、吸声材料。

加气混凝土是由钙质材料(水泥、石灰)和硅质材料(石英砂、粉煤灰、粒化高炉矿渣等)经磨细、配料,在加入发气剂(铝粉、双氧水)后,进行搅拌、浇筑、发泡、切割及蒸压养护等工序生产而成的,是一种保温隔热性能良好的轻质材料。

3. 多孔轻质无机保温隔热材料

多孔轻质无机保温隔热材料又称粉末状保温隔热材料,是建筑和热工设备上使用较广的高效保温隔热材料,是以表观密度小的非金属粉末状或短纤维状、颗粒状材料为集料制成的定形或不定形保温隔热吸声材料,包括以下几个方面:

(1) 膨胀蛭石。膨胀蛭石是由天然矿物蛭石经烘干、破碎、焙烧(800~1000℃),在短时间内体积急剧膨胀(6~20倍)而成的一种黄色或灰白色的松散颗粒状材料。膨胀蛭石制品主要有水泥膨胀蛭石制品、水玻璃膨胀蛭石制品等。见图 9-18。

图 9-18 膨胀蛭石

其堆积密度为 80~200kg/m³,热导率为 0.046~0.07W/(m·K),密度大小取决于膨胀倍数、颗粒组成和杂质含量等条件。膨胀蛭石热导率小,防火、防腐、化学性质稳定、无毒无味。在干燥条件下使用,具有很好的抗冻性能。膨胀蛭石是多孔层状结构,有很大的吸水性能。膨胀蛭石有一定的脆性,需要在保管运输中注意。

松散膨胀蛭石可以填充在建筑维护结构中作保温、保冷、隔热、隔声材料,如墙壁、楼板、顶棚和屋面等部位,也可以用于热工设备的绝热层,保温效果佳,可在 1000~1100℃下使用。

膨胀蛭石制品是以膨胀蛭石为主要原料,以石膏、水泥、沥青、水玻璃和合成树脂为胶黏材料所制成的墙板、楼板、屋面板,也可以根据不同使用要求制造各种形状和规格尺寸的砖、板、管套等制品,用于建筑物围护结构和工业管道的保温和绝热。

现浇施工可以膨胀蛭石为骨料,制备现浇水泥蛭石,用于屋面或者夹壁等处的保温隔热层。

(2) 硅藻土。硅藻土是一种硅质岩石,是一种生物成因的硅质沉积岩,由 80%~90% 甚至 90% 以上的古代硅藻的遗骸所构成,其余组成部分含有大量的黏土矿物、铁的氧化物和碳有机质等。硅藻土的孔隙率为 50%~80%,密度为 500kg/m³,热导率为 0.17W/(m·K) 左右,最高使用温度可达 900℃。具有孔隙率大、吸水性强、化学性质稳定、耐磨性好、耐热性佳等特点,可作为耐火隔热、填充、抛光等材料,还可以净化空气,隔声。在硅藻土中添加一些可燃材料，经混合、成型、烧结等程序可以制成硅藻土制品。

（3）膨胀珍珠岩。膨胀珍珠岩是一种酸性火山玻璃质岩石，由地下喷出的熔岩在地表水中急冷而成，预热后迅速通过煅烧体积急剧膨胀（约 20 倍）而得蜂窝形状白色或灰白色松散颗粒。热导率为 0.046～0.076W/(m·K)（随温度不同而波动），堆积密度为 40～500kg/m³，使用温度在 －200～800℃，具有防火性强、吸声、耐腐蚀、无毒、无味、无刺激、价格低、吸水率高等特点。

膨胀珍珠岩制品是以膨胀珍珠岩为骨料，加入适量胶凝材料，经混合、成型、固化（或干燥或焙烧）后制成的板、砖、管道及其他产品，也可制成水泥膨胀珍珠岩制品、沥青膨胀珍珠岩制品等。见图 9-19。

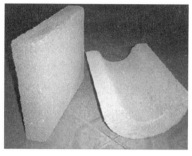

图 9-19　膨胀珍珠岩及其制品

膨胀珍珠岩是应用极为广泛的一种材料，几乎涉及各个领域，例如：①制氧机、冷库、液氧液氮运输的填充式保温隔热；②用于酒类、油类、药品、食品、污水等产品过滤；③用于橡胶、油漆、涂料、塑料等的填充料及扩张剂；④用于吸附浮油；⑤用于农业、园艺、改良土壤、保水保肥；⑥用于与各种黏合剂配制成各种规格与性能的型材；⑦用于工业窑炉与建筑物屋面、墙体的保温隔热。

各种膨胀珍珠岩制品的应用除膨胀珍珠岩固有的保温性能外，以此为基本，掺加不同的黏结，可使制品适应不同的需要。见图 9-20。

图 9-20　珍珠岩保温板

（4）陶粒。陶粒是陶质的颗粒，外表面大部分呈圆形或椭圆形球体，粒径一般为 5～

20mm，最大粒径为 25mm。由于气体被包裹进壳内而构成内部微孔，微孔都是封闭型的，故具备良好的保温隔热性，用它配制的混凝土热导率一般为 0.3～0.8W/(m·K)，比普通混凝土小。所以，陶粒建筑都有良好的热环境。

（二）常用的有机保温隔热材料

1. 反射型保温隔热材料

反射型保温隔热材料是指对热辐射起屏蔽作用的材料，主要有铝箔波形纸保温隔热板、玻璃棉制品铝箔复合材料等。铝箔波形纸保温隔热板也称铝箔保温隔热纸板，它以波形纸板作基层、铝箔为面层经加工而成，具有保温、隔热、防潮、吸声性好、质轻、施工方便且成本低等特点。固定于钢筋混凝土屋面板、木屋架下做保温隔热天棚使用，设置于复合墙中做冷藏室、恒温室及管道的保温隔热层。

2. 橡塑海绵保温材料

橡塑海绵保温材料是闭孔弹性材料，其特点是热导率低、阻燃性能好、安装方便，有很大的弹性，能够最大限度地减少冷冻水和热水管道在使用过程中的振动和共振。此外还有许多其他优点，使用起来十分安全，不会对皮肤产生刺激，也不会危害人体健康；并且还可以避免生长霉菌；不易被害虫或老鼠啃咬，耐酸抗碱，性能优越。

3. 泡沫塑料

泡沫塑料是以各种合成树脂为基料，加入一定剂量的发泡剂、催化剂、稳定剂及辅助材料，再经加热发泡制得的轻质、保温隔热、吸声、防震材料，属于高分子化合物或聚合物的一种。泡沫塑料是目前广泛使用的建筑保温材料，具有表观密度小、保温性能好、电绝缘性能优良、耐腐蚀和耐霉菌性能佳、加工使用方便等特点，目前我国生产的有聚苯乙烯、聚氯乙烯、聚氨酯及脲醛树脂等泡沫塑料。

（1）挤塑聚苯乙烯泡沫塑料（XPS）板。挤塑聚苯乙烯泡沫塑料板是以聚苯乙烯树脂为原料加上其他的添加剂，通过加热挤塑压出成型而制得的具有闭孔结构的硬质泡沫塑料板。见图 9-21。

图 9-21 挤塑聚苯乙烯泡沫塑料（XPS）板

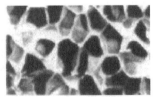 

(a) XPS 分子结构图　　(b) 普通泡沫塑料结构图

图 9-22　XPS 分子结构图

XPS 具有完美的闭孔蜂窝结构（图 9-22），因此具有绝佳的隔热性、很低的透湿系数，这种结构让 XPS 板具有 EPS 所没有的低吸水性（几乎不吸水）、低热导率、高抗压性、抗老化性（正常使用几乎无老化分解现象）。

XPS 板具有优异的保温隔热性能，高强度抗压性能，独特的高抗水汽渗透能力，良好的隔声减噪能力、防火性，质量轻、硬度高。

挤塑聚苯乙烯泡沫塑料（XPS）板广泛应用于墙体保温，平面混凝土屋顶及钢结构屋顶的保温，低温储藏地面、泊车平台、机场跑道、高速公路等领域的防潮保温，控制地面冻胀，是目前建筑业界比较常用的隔热、防潮材料。见图 9-23。

图 9-23　挤塑聚苯乙烯泡沫塑料（XPS）板

（2）聚氨酯泡沫塑料（PU）。聚氨酯全称叫作聚氨基甲酸酯，聚氨酯泡沫塑料是由二官能度和多官能度的有机异氰酸酯与多官能度的含羟基化合物，如聚醚或聚酯多元醇，在催化剂、发泡剂等助剂作用下发生反应而生成的聚合物。分为软质、半硬质、硬质聚氨酯泡沫塑料。用于保温隔热材料的主要是硬质泡沫塑料。由于成型方法、物理性能或添加的功能性改性剂的不同，硬质聚氨酯泡沫塑料可以分为浇注型、喷涂型、低密度、高强度、耐热型、阻燃型等品种。

用于保温隔热的硬质泡沫塑料，依据合成工艺与原料的变化有聚氨酯泡沫塑料、聚氨酯-聚异氰脲酸酯泡沫塑料、聚氨酯碳素泡沫塑料。

硬质聚氨酯泡沫塑料具有保温隔热效果好、比强度大、耐化学药品以及隔声效果优越等特点，广泛应用于保温隔热材料、结构材料以及"合成木材"等。

建筑工程中已经大量使用聚氨酯泡沫塑料，高密度的硬质聚氨酯泡沫塑料可以制作各种房屋构件，如窗架、窗框、门等，聚氨酯泡沫塑料和薄钢板或铝合金板复合制成的夹芯板，具有质量轻、保温隔热效果好、施工方便等特点，大量应用于建筑物的绝热屋顶和墙壁。

聚氨酯泡沫塑料可根据需要制成各种板材、管材、棒材等制品，然后进行施工；又可以进行现场喷涂、灌注施工，可以直接对各种几何形状的设备进行喷塑。

直接喷涂硬质聚氨酯泡沫塑料（简称喷涂泡沫）的隔热屋面，是将液体聚氨酯组合料直接喷涂在屋面板上，使聚氨酯泡沫塑料固化后与基层形成无拼接缝的整体隔热防水层、外设保温层。见图 9-24。

聚氨酯泡沫塑料使用和储运过程，严禁烟火，避免受热；不得接触强酸、强碱和有机溶剂，避免长时间日光曝晒，避免长时间承受压力；避免尖锐锋利的工具刺伤泡沫表面。

图 9-24　直接喷涂硬质聚氨酯泡沫塑料

4. 泡沫橡胶

泡沫橡胶呈海绵状，又称为海绵橡胶，是由许多小孔组成的橡胶，是在生橡胶中加起泡剂或用浓缩胶乳边搅拌边鼓入空气，再经硫化制成的。具有质轻柔软、隔热隔声、耐油、无特殊异味、表干快、贴得牢、耐水耐候性好等特点。

泡沫橡胶分为软泡沫橡胶和硬泡沫橡胶两种类型。泡沫橡胶可用于各种软硬质材料的互粘和自粘，适用于装饰及钢结构工程应用，在建筑上还具有防震、缓和冲击、保温隔热、隔声等作用。

5. 软木板

软木也叫栓木，软木板是以栓皮、栎树皮或黄菠萝树皮为原料，经破碎后与皮胶溶液拌和，再加压成型，在80℃的干燥室中干燥一昼夜而制成的。软木板具有表观密度小、导热性低、抗渗和防腐蚀性能好等特点。

6. 植物纤维复合板

植物纤维复合板是以植物纤维为主要材料，加入胶结料和填料而制成的。

三、保温隔热材料发展现状及发展趋势

（一）国外发展现状及趋势

保温隔热材料的生产和在建筑中的应用，在20世纪70年代后，国外普遍重视。国外企业力求大幅度减少能源的消耗量，从而减少环境污染和温室效应。国外保温材料工业已经有很长的历史，建筑节能用保温材料占绝大多数，如美国从1987年以来建筑保温材料占所有保温材料的80%左右，瑞典及芬兰等西欧国家80%以上的岩棉制品用于建筑节能。

目前，发达国家在浆体保温材料研制开发方面，是以轻质多功能复合浆体保温材料为主。此类浆体保温材料的各项性能较传统浆体保温材料明显提高，如具有较低的热导率和良好的使用安全性及耐久性等。

（二）国内发展现状及趋势

我国保温隔热材料的生产企业目前已有上千个，产品有十几大类、上百个品种，适应温度范围-196~1000℃，技术、装备水平也有了显著提高。

1. 常用绝热保温材料

目前使用的绝热保温材料主要包括以下几种：

（1）泡沫型保温材料。泡沫型保温材料主要包括两大类：聚合物发泡型保温材料和泡沫石棉保温材料。聚合物发泡型保温材料具有吸水率小、保温效果稳定、热导率低、在施工中没有粉尘飞扬、易于施工等优点，正处于推广应用时期；泡沫石棉保温材料也具有密度小、保温性能好和施工方便等特点，推广发展较为稳定，应用效果也较好。但同时也存在一定的缺陷，例如，泡沫棉容易受潮，浸于水中易溶解，弹性恢复系数小，不能接触火焰和在穿墙管部位使用等。

（2）复合硅酸盐保温材料。复合硅酸盐保温材料具有可塑性强、热导率低、耐高温、浆料干燥收缩率小等特点。主要种类有硅酸镁、硅镁铝、稀土复合硅酸盐保温材料等。而近年出现的海泡石保温隔热材料作为复合硅酸盐保温材料中的佼佼者，由于其良好的保温隔热性能和应用效果，已经引起了建筑界的高度重视，显示出强大的市场竞争力和广阔的市场前景。

（3）硅酸钙绝热制品保温材料。硅酸钙绝热制品保温材料在20世纪80年代曾被公认为块状硬质保温材料中最好的一种，其特点是密度小、耐热度高、热导率低，抗折、抗压强度较高，收缩率小。但进入90年代以来，其推广使用出现了低潮，主要原因是许多厂家采用纸浆纤维。以上做法虽然解决了无石棉问题，但纸浆纤维不耐高温，由此影响了保温材料的耐高温性和增加了破碎率。该保温材料在低温部位使用时，性能虽不受影响，但并不经济。

（4）纤维质保温材料。纤维质保温材料在20世纪80年代初的市场上占有显著的份额，是因为其优异的防火性能和保温性能，主要适用于建筑墙体和屋面的保温。但由于投资大，生产厂家不多，限制了它的推广使用，因而现阶段市场占有率较低。

2. 发展趋势

21 世纪我国绝热材料的产量将居世界第一，工艺技术装备自动化水平将跻身世界先进水平，品种更加齐全，将进一步拓展国内、国际市场。随着建筑节能政策的实施，建筑使用者对室内热环境要求的日益提高，保温材料将得到快速发展，主要体现在以下几个方面：

（1）向多功能复合化发展。各种材料各有特色，也有不足之处，为了克服单一保温材料的不足，则要求使用多功能复合型的建筑保温材料。

（2）向轻质化发展。同种材料密度越小其隔热性能越好，同时，轻质材料不会造成建筑结构的额外负担，减少了因结构变形造成渗漏的可能性。随着轻型房屋体系的发展，建筑保温材料也必然向着轻质化方向发展。

（3）向绿色化发展。建筑保温材料从原料来源，生产加工制造过程，使用过程和产品的使用功能失效、废弃后，对环境的影响及再生循环利用四个方面满足绿色建材的要求是必然趋势。如有机质发泡保温制品不再采用氟利昂，开发以植物纤维为主要原料的纤维质保温材料，合理利用固体废弃物，包括粉煤灰、矿渣和废旧泡沫塑料等。

（4）相变储能型墙体保温材料得到发展。由于节能和环保的观念日益深入人心，到了 20 世纪 90 年代中期，相变材料在建筑领域的应用研究成为了一个热点。目前，应用在建筑上的相变材料按照化学成分的不同，可以分成无机和有机两大类。无机类相变材料价格便宜，但它存在过冷和相分离现象；有机类相变材料具有良好的热行为，化学、物理特性稳定，受到人们的广泛关注。通过一定的技术将相变储能材料均匀分散在砂浆、混凝土或涂料中，使得其与建筑材料结合使用，从而提高建筑物的舒适度、降低能耗和改善对环境的负面影响。

（5）透明保温材料的应用得到推广。随着透明保温技术以及新型墙体保温技术的发展，透明保温材料将得到更广泛的应用。将透明保温材料应用在窗户或预先涂黑的大面积墙体上，当日照充足时，该种保温材料从太阳的辐射中吸收热能，并传到建筑物的内墙，使内墙的温度升高；当日照不足时，透明保温材料又会最大限度地防止室内热量的散失，从而增加整座建筑的保温性，非常适合于温带和寒冷地区且有强烈太阳照射的区域。同时，透明保温层可以增加室内的舒适度，防止墙体水蒸气凝固，避免结霜和霉变的产生。

任务三　吸声与隔声材料

一、吸声材料

吸声材料是指多细孔、柔软的材料，当声波通过多孔吸声材料，在吸声材料中多次反射实现能量衰减，达到降低噪声的目的。

吸声材料最早应用于音乐厅、剧院、播音室等对收听音乐和语言有较高要求的建筑物中，随着人们对居住建筑和工作的声音环境质量要求的提高，吸声材料逐渐在一般建筑中也得到了广泛的应用。

吸声材料大多为疏松轻质、多孔的，孔隙率在 70% 以上，如矿渣棉、毛毯等材料的吸声系数与声音的频率和入射方向有关。吸声材料和吸声结构的种类很多，按其材料结构状况可分为多孔吸声结构、共振吸声结构和其他吸声结构三大类。

（一）吸声材料的技术性能

声音起源于物体的振动，迫使邻近的空气随着振动而形成声波。声波入射到建筑材料表面时，一部分被反射，一部分穿透材料，其余部分传递给材料，在材料的孔隙中引起空气分子与孔壁的摩擦和黏滞阻力，其中相当一部分声能转化为热能而被吸收掉。这些被吸收的能量 E（包括部分穿透材料的声能在内）与传递给材料的全部声能 E_0 之比，是评定材料吸声性能好坏的主要指标，称为吸声系数 α，吸声系数 α 越大，材料的吸声效果越好。

$$\alpha = \frac{E}{E_0} \times 100\%$$

式中　α——吸声系数；
　　　E_0——入射声能；
　　　E——材料吸收的声能。

材料的吸声性能除了与材料本身性质、厚度及材料表面状况（有无空气层及空气层的厚度）有关外，还与声波的入射角及频率有关。通常取 125Hz、250Hz、500Hz、1000Hz、2000Hz、4000Hz 六个频率的吸声系数来表示材料的吸声频率特性。凡六个频率的平均吸声系数大于 0.2 的材料，称为吸声材料。

吸声材料的基本要求：
（1）开放的气孔越多，吸声性能越好；
（2）吸声材料应不易虫蛀、腐朽，且不易燃烧；
（3）尽可能选用吸声系数较高的材料；
（4）材料强度一般较低，应避免碰撞破坏；
（5）应安装在最容易接受声波和反射次数最多的表面上。

（二）影响吸声性能的因素

材料的吸声性能与材料的表观密度和内部构造有关。在建筑装修中，吸声材料的厚度、材料背后空气层以及材料孔隙特征等，对吸声性能均有较大影响。

1. 材料厚度的影响

一般而言，材料的厚度越大，低频的吸声效果越高，对高频影响不太明显。常见的几种多孔材料的厚度，像玻璃棉、矿棉和岩棉一般厚度为 50～100mm，吸声阻燃泡沫塑料一般厚度为 20～50mm，矿棉吸声板一般厚度为 12～25mm，纤维板一般厚度为 13～20mm。

2. 材料密度的影响

在一定条件下，增大密度可以改善低中频的吸声性能；不同的材料存在不同的最佳密度。

3. 材料后部空腔的影响

在材料后面设置一定空腔（空气层），其作用相当于加大材料的有效厚度。

对吸声材料的影响，除了以上几个因素外，还有对材料表面的处理，吸湿、吸水的影响，声波入射的条件等因素。

【知识链接】吸声材料的工程应用

广州地铁坑口车站为地面站，一层为站台，二层为站厅。站厅顶部为纵向水平设置的半圆形拱顶，长 84m，拱跨 27.5m。离地面最高点 10m，最低点 4.2m，钢筋混凝土结构。在未做声学处理前，该厅严重的声缺陷是低频声的多次回声现象。发一次信号枪，枪声就像轰隆的雷声，经久才停。声学工程完成以后声环境大大改善，经电声广播试验后，主观听声效果达到听清分散式小功率扬声器的播音。总之，声学材料需根据其所用的结构、环境选用。

二、隔声材料

建筑上把主要起隔绝声音作用的材料称作隔声材料。隔声材料主要用于外墙、门窗、隔墙以及隔断等。隔声可分为隔绝空气声（通过空气传播的声音）和隔绝固体声（通过撞击或振动传播的声音）。两者的隔声原理截然不同。

对空气声的隔绝，主要依据声学中的"质量定律"，即材料的表观密度越大，越不易受声波作用而产生振动，其声波通过材料传递的速度迅速减弱，其隔声效果越好。所以应选用表观密度大的材料（如混凝土、实心砖、钢板等）作为隔绝空气声的材料。

对固体声的隔绝最有效的措施是隔断其声波的连续传递，即在产生和传递固体声的结构（如梁、框架、楼板与隔墙以及它们的交接处等）层中加入具有一定弹性的衬垫材料，如软木、橡胶、毛毡、地毯等，或设置空气隔离层，以阻止或减弱固体声的继续传播。

隔声材料是指在声音传播的过程中，能够阻挡声音穿透，达到阻止噪声传播的目的。不透气的固体材料，对于空气中传播的声波都有隔声效果，隔声是噪声控制工程中常用的措施之一。

隔声原理。声波在空气中传播，入射到匀质屏蔽物时，部分声能被反射，部分被吸收，还有部分声能可以透过屏蔽物。设置适当的屏蔽物可阻止声能透过，降低噪声的传播（图 9-25）。隔声效果的好坏最根本的一点是取决于材料单位面积的质量。

1. 隔声材料的基本要求

（1）透射系数尽量小；
（2）体积密度尽量大；
（3）材料的密实程度尽量大。

2. 常用的隔声设备

（1）隔声间。隔声间是由不同隔声构件组成的具有良好隔声性能的房间，分为封闭式与半封闭式两种，一般多用封闭式。隔声间除需要有足够隔声量的墙体外，还需设置具有一定隔声性能的门、窗或观察孔等（图 9-26）。

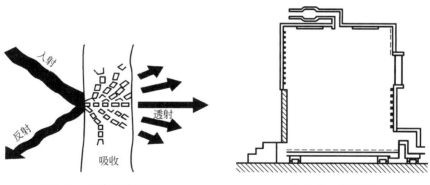

图 9-25　隔声基本原理　　　　图 9-26　隔声间

（2）隔声罩。隔声罩技术简单、投资少、隔声效果好，主要用于控制机器噪声，如空压机、鼓风机、内燃机、发电机组等。兼有隔声、吸声、阻尼、隔振和通风、消声等功能。根据噪声源具体要求采用适当的隔声罩形式（图 9-27）。隔声罩上可设置观察孔，采用对流通风或强制通风散热。隔声罩的降噪量一般在 10～40dB 之间。

（3）隔声屏。隔声屏是指设置在声源与接收点之间阻断声波直接传播的挡板，用于车间、办公室或道路两侧，如图 9-28 所示。

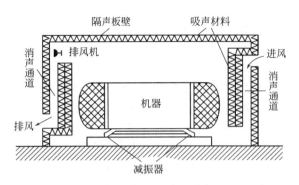

图 9-27 带有进排气消声通道的隔声罩构造

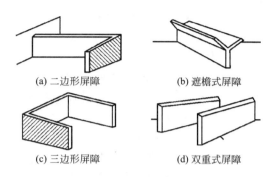

图 9-28 不同形式的隔声屏

3. 常用的隔声材料

（1）隔声板。隔声板是指用软质纤维、PMMA 塑料或聚碳酸酯板做成的板材，它具有耐老化、耐高温、透明、质量小、易安装等特点。见图 9-29。

（2）隔声玻璃。隔声玻璃制作工艺成熟，质量稳定，易维护清洗，保温性、透光性、节能性都较好。按其结构不同一般可分为中空玻璃、真空玻璃和夹层玻璃。见图 9-30。

（3）隔声毡。隔声毡材料质轻、超薄、柔软，拉伸强度大，黑色饰面，具有良好的隔声性能。尤其针对不同频率的噪声，隔声毡与其他吸声材料（如棉毡、泡沫或岩棉）相比，其隔声性能会更加优良。

（4）软木。软木是环保、可再生资源，热传导性很差，恒温节能，降噪、隔声，防水防霉，容易清洁，具有耐磨性、抗压力和极好的恢复能力等许多优点，应用于各类有隔声减振要求的学校、体育馆、音乐厅等各类场所，也常用于酒店地面和墙体的减振和隔声。

图 9-29 隔声板

图 9-30 隔声玻璃

【知识链接】高架路的降噪

车辆噪声的隔声属空气声隔绝。构成隔声结构的材料大致分为三类：

① 密实板，如钢板、混凝土板；

② 多孔板，如玻璃棉、泡沫塑料；

③ 减振板，如阻尼板等，该隔声板属于减振板隔声，但效果不是很理想。

任务四　建筑装饰材料

在建筑上，把铺设、粘贴或涂刷在建筑内外表面，主要起装饰作用的材料，称作装饰材料。建筑装饰材料是建筑材料的一个类别，是建筑物的"外衣"，因此直观性很强；同时装饰材料必须依附于其他材料才能充分发挥其装饰作用。建筑装饰材料通常按照在建筑中的装饰部位分类，也有按材料的组成来分类的。

常用的建筑装饰材料有由木材、塑料、石膏、铝合金、铝塑等制作的装饰材料，此外还有涂料、玻璃制品、陶瓷、饰面石材等。

一、建筑装饰材料的分类与基本要求

（一）建筑装饰材料的分类

按化学成分可分为金属材料和非金属材料，常见的金属材料有不锈钢、铝合金等；非金属材料有玻璃、木材、石膏制品等。按装饰部位的不同可分为外墙装饰、内墙装饰、地面装饰和顶棚装饰等。按材料用途可分为结构材料、防水材料、吸声材料和隔热材料等。按材料燃烧性能可分为 A 级、B1 级、B2 级和 B3 级。

（二）建筑装饰材料的基本要求

建筑装饰材料的基本要求除了颜色、光泽、透明度、表面组织及形状尺寸等美感方面外，还应根据不同的装饰目的和部位，要求具有一定的环保性、强度、硬度、防火性、阻燃性、耐水性、抗冻性、耐污染性、耐腐蚀性等特性。

为了加强对室内装饰装修材料污染的控制，保障人民群众的身体健康和人身安全，国家制定了《建筑材料放射性核素限量》（GB 6566—2010）以及关于室内装饰装修材料有害物质限量等 10 项国家标准，并于 2011 年正式实施。

1. 颜色

颜色往往是人们对某种材料最先产生的印象，不同的颜色会给人不同的感受。颜色对人体生理的影响主要为：红色有刺激兴奋作用；绿色是一种柔和舒适的色彩，能消除精神紧张和视觉疲劳；黄色和橙色可刺激胃口，增加食欲；赭色对低血压患者适宜；紫罗兰色墙壁则可减小噪声。

2. 光泽

光泽是材料表面的一种特性，其重要性仅次于颜色，镜面反射是产生光泽的主要因素。

3. 透明性

材料的透明性也是与光线有关的一种性质。既能透光又能透视的物体叫透明体；只能透光不能透视的物体叫半透明体；既不能透光又不能透视的物体叫不透明体。

4. 表面组织

材料的表面有细致与粗糙之分，有平整与凹凸之分，也有坚实与疏松之分。应用于不同环境中的材料，要求有不同的表面组织，以达到一定的装饰效果。

5. 形状和尺寸

材料的形状有块材、板材、卷材等，除了卷材的尺寸和形状可在使用时按需要裁剪或切割之外，大多数装饰板材和块材都有一定的形状和规格，如长方形、正方形、多边形等几何形状，以便拼装成各种图案或花纹。

6. 立体造型

在纪念性建筑物和大型公共建筑物上采用的预制花饰和雕塑制品,应考虑到造型的美观。

二、常用的建筑装饰材料

(一)玻璃及其制品

玻璃是以石英砂、纯碱、长石、石灰石等为主要原料,经熔融、成型、冷却、固化后得到的透明非晶态无机物。普通玻璃的化学组成主要有 SiO_2、Na_2O、K_2O、Al_2O_3、MgO 和 CaO 等,此外还有用于着色、改性等各种其他成分。玻璃是典型的脆性材料,在冲击荷载作用下极易破碎。热稳定性差,遇沸水易破裂。但玻璃具有透明、坚硬、耐蚀、耐热及电学和光学方面的优良性质,能够用多种成型和加工方法制成各种形状和大小的制品,可以通过调整化学组成改变其性质,以适应不同的使用要求。

玻璃按化学成分可分为钠钙玻璃、铝镁玻璃、钾玻璃、铅玻璃、石英玻璃等;建筑玻璃按其功能一般分为平板玻璃、装饰玻璃、安全玻璃、功能玻璃、玻璃砖五类。

1. 夹丝玻璃

将编织好的钢丝网压入已软化的玻璃即制成夹丝玻璃。这种玻璃的抗折强度高,抗冲击能力和耐温度剧变的性能比普通玻璃好,破碎时其碎片附着在钢丝上,不致飞出伤人。常用于公共建筑的走廊、防火门、楼梯,厂房天窗及各种采光屋顶等。

2. 热反射玻璃

热反射玻璃是将平板玻璃经过深加工处理得到的一种新型玻璃制品。它具有较高的热反射能力,对太阳辐射的反射率高达30%左右,而普通玻璃仅为7%~8%。因此,热反射玻璃在日晒时能保证室内温度的稳定,并使光线柔和,改变建筑物内的色调,避免眩光,具有良好的遮光性和隔热性,改善了室内的环境。镀金属膜的热反射玻璃还有单向透视作用,故可用作建筑物的幕墙、门窗及隔墙等。

3. 热熔玻璃

热熔玻璃跨越现有的玻璃形态,充分发挥了设计者和加工者的艺术构思,把现代或古典的艺术形态融入玻璃之中,使平板玻璃加工出各种凹凸有致、彩色各异的艺术效果。热熔玻璃产品种类较多,目前已经有热熔玻璃砖、门窗用热熔玻璃、大型墙体嵌入玻璃、隔断玻璃、一体式卫浴玻璃洗脸盆、成品镜边框、玻璃艺术品等,因其独特的玻璃材质和艺术效果而应用广泛。

4. 玻璃纤维

玻璃纤维是一种性能优异的无机非金属材料,种类繁多。其优点是绝缘性好,耐热性强,抗腐蚀性好,机械强度高;缺点是性脆,耐磨性较差。通常用作复合材料中的增强材料、电绝缘材料、绝热保温材料以及电路基板等。

5. 玻璃砖

玻璃砖是用透明或有颜色玻璃制成的块状、空心的玻璃制品或块状表面施釉的制品。品种主要有玻璃饰面砖、玻璃锦砖(马赛克)及玻璃空心砖等。

① 玻璃饰面砖。采用两块透明的聚合材料制成的抗压玻璃板做"面包",中间的夹层可以随意搭配,放入其他材料。

② 玻璃锦砖。玻璃锦砖又称马赛克,是一种小规格的彩色饰面玻璃,一般规格为20mm×20mm、30mm×30mm、40mm×40mm,厚度为4~6mm。背面略凹,四周侧边呈斜面,有利于与基面黏结牢固。见图9-31。

③ 玻璃空心砖。玻璃空心砖一般是由两块压铸成的凹形玻璃，经高温熔接或胶结成整块的空心砖。砖面可为光平，也可在内、外面压铸各种花纹。砖的腔内可为空气，也可填充玻璃棉等。砖形有方形、长方形、圆形等。见图 9-32。

图 9-31　玻璃马赛克

图 9-32　玻璃空心砖

【知识链接】发达国家的安全玻璃产量及人均占有量均相当高，而我国安全玻璃产量及人均占有量均处于较低的水平。上海、广州、北京已先后根据本地实际，借鉴国外发达国家经验，对安全玻璃的使用和安装发布了一些地方性法规。安全玻璃有钢化玻璃和夹层玻璃等。

用于建筑物的玻璃大多不具备耐热防火功能。如浮法玻璃遇火 1min 即炸裂，钢化玻璃遇火 5～8min 炸裂。而高强度单片铯钾防火玻璃是一种具有防火功能的建筑外墙用的幕墙或门窗玻璃，是采用物理与化学方法对浮法玻璃处理而得的。它在 1000℃ 高温下可坚持 75～109min 不炸裂，从而有效地限制了火灾及烟雾的波及范围，大大提高了玻璃外墙的安全性。广州奥林匹克中心外墙使用了这种单片铯钾防火玻璃（见图 9-33）。

图 9-33　广州奥林匹克中心

（二）岩石制品

天然石材结构致密、抗压强度高、耐水、耐磨、装饰性好、耐久性好，主要用于装饰等级要求高的工程中。在建筑里面使用天然石材，具有坚定、稳重的质感，可以取得庄重、雄伟的艺术效果。建筑装饰用的天然石材主要有装饰板材和园林石材。常用的装饰板材有花岗石（见图 9-34）和大理石（见图 9-35）两类。

图 9-34　花岗石板材　　　　　　　图 9-35　大理石板材

1. 天然大理石

大理石属于变质岩，由石灰岩、白云岩等沉积岩经变质而成，主要矿物成分为方解石和白云石，是碳酸盐类岩石。大理石结构致密，吸水率小，抗压强度高，但硬度不大，加工性好，不变形，装饰性好，耐腐蚀，耐久性好。

大理石的主要化学成分是碳酸钙，属于碱性物质，易被酸类侵蚀，故除个别品种（汉白玉、艾叶青等）外，一般不宜用于室外。天然大理石板材及异型板材制品是室内及家具制作的重要材料，主要用于建筑物室内饰面如宾馆、展厅的地面、造型面、踏脚板等。大理石磨光板有美丽多姿的花纹，常用来镶嵌或刻出各种图案的装饰品。天然大理石板材按形状分为普通板材（N）和异型板材（S）。普通板材，是指正方形或长方形的板材；异型板材，是指其他形状的板材。

2. 天然花岗石

天然花岗石是火成岩，也叫酸性结晶深成岩，是火成岩中分布最广的一种岩石，主要矿物成分为石英、长石、少量的云母及暗色矿物，属于硬石材。花岗石的颜色取决于其矿物组成和相对含量，常呈灰色、黄色、红色等，以深色品种较为名贵。花岗石不易风化变质，外观色泽可保持百年以上，因此多用于墙基础和外墙饰面。花岗石构造致密，吸水率小，质地坚硬，强度高，耐磨性及抗冻性好，化学稳定性好，抗风化能力强，耐腐蚀性及耐久性好。花岗石质感丰富，磨光后色彩斑斓，是高级装饰材料。花岗石硬度较高、耐磨，所以也常用于高级建筑装修工程。

花岗石的缺点是自重大，用于房屋建筑与装饰会增加建筑物的质量；质地坚硬导致开采加工困难；质脆，耐火性差。花岗石是公认的高级建筑结构材料和装饰材料，一般只用在重要的大型建筑中。某些花岗石含有微量放射性元素，应根据花岗石的放射性强度水平确定其应用范围。

不同品种的花岗石有不同的装饰效果，一般镜面花岗石板材和细面花岗石板材表面光洁平滑，质感细腻，多用于室内墙面、地面及部分建筑的外墙面装饰。粗面花岗石板材表面质感粗糙、粗犷，主要用于室外墙基础和墙面装饰，有一种古朴、回归自然的亲切感。

3. 浅成岩

浅成岩又称半深成岩，介于深成岩与火山岩之间，具有深成岩与熔岩中间结构的火成岩多呈细粒、隐晶质及斑状结构。浅成岩通常是斑状的并具有比深成岩更细的结构，但比喷出岩的颗粒粗，常用来铺砌地面、镶砌柱面。

4. 人造饰面石材

人造饰面石材是采用无机或有机胶凝材料作为胶黏剂，以天然砂、碎石、石粉或工业渣等为粗、细填充料，经成型、固化、表面处理而成的一种人造材料。它一般具有质量轻、强度大、厚度薄、色泽鲜艳、花色繁多、装饰性好、耐腐蚀、耐污染、便于施工、价格较低的特点。人造饰面石材适用于室内外墙面、地面、柱面、台面等。见图9-36。

图 9-36 人造饰面石材

① 树脂型人造石材。树脂型人造石材是以有机树脂为胶结剂，与石英砂、石粉及颜料等配制拌成混合料，经浇捣成型、固化、脱模、烘干、抛光等工序而制成的。

② 水泥型人造石材。水泥型人造石材是以各种水泥为胶结料，与砂、碎石及颜料等配制拌和，经成型、养护、磨平、抛光等工序而制成的。这类人造石材的耐腐蚀性能较差，所以不宜用于外墙装饰。

③ 复合型人造石材。复合型人造石材是由无机胶结料和有机胶结料共同复合而成。其制作工艺可以采用浸渍法，即将无机材料（如水泥砂浆）与填料黏结成型后的胚体浸渍在有机单体中，使其在一定条件下聚合。对于板材，基层一般用廉价、性能稳定的无机材料，面层采用树脂和碎粒或粉调制的浆体制作，可获得较佳效果。

④ 烧结型人造石材。烧结型人造石材的生产工艺与陶瓷工艺相似。即将长石、石英、方解石及斜长石等和赤铁矿粉及高岭土等混合成粉，再配以一定比例的黏土混合制成泥浆，经制坯、成型和艺术加工后，再经1000℃左右的高温焙烧而成。

（三）陶瓷制品

凡以黏土、长石、石英为基本原料，经配料、制坯、干燥、焙烧而制得的成品，统称为陶瓷制品。用于建筑工程的陶瓷制品，则称为建筑陶瓷，主要包括釉面砖、外墙面砖、地面砖、陶瓷锦砖、卫生陶瓷等。见图9-37。黏土、石英、长石是陶瓷最基本的三个组分，陶瓷主要化学组成包括 SiO_2、Al_2O_3、K_2O、Na_2O 等。

普通陶瓷制品按其质地致密程度由小到大，或吸水率由大到小可分为三类：陶质制品、炻质制品和瓷质制品。陶质制品为多孔结构，通常吸水率大于9%，断面粗糙无光，敲击时声音粗哑；炻质制品吸水率较小，其坯体多带有颜色，炻器按其坯体的细密程度不同，分为粗炻器和细炻器两种，粗炻器吸水率一般为4%~8%，细炻器吸水率可小于2%，建筑饰面用的外墙面砖、地砖和陶瓷锦砖等均属粗炻器；瓷质制品结构致密，基本上不吸水，色洁白，具有一定的半透明性，其表面通常施有釉层。

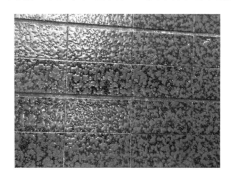 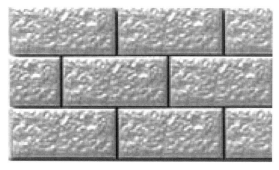

图 9-37 陶瓷外墙砖

1. 陶管

陶管是指用来排出污水、废水、雨水、灌溉用水，或排出酸性、碱性废水及其他腐蚀性介质所用的承插式陶瓷管及配件。

2. 饰面瓦

饰面瓦又称西式瓦，是指以黏土为主要原料，经混炼、成型、烧成而制得，用来装饰建筑物的屋面或作为建筑物的构件。

3. 釉面砖

釉面砖是指吸水率大于10%小于20%的正面施釉的陶瓷砖。主要用于建筑物、构筑物内墙面，故也称釉面内墙砖。釉面砖采用瓷土或耐火黏土低温烧成，胚体呈白色，表面施透明釉、乳浊釉、无光釉、结晶釉等艺术装饰釉。见图9-38。

釉面砖具有许多优良性能，它不仅强度较高、防潮、耐污、耐腐蚀、易清洗、变形小，具有一定的抗急冷急热性能，而且表面光亮细腻、色彩和图案丰富、风格典雅，具有很好的装饰性。它主要用作厨房、浴室、厕所、盥洗室、实验室、医院、游泳池等场所的室内墙面和台面的饰面材料。

图9-38 釉面砖

4. 墙地砖

墙地砖包括建筑物外墙装饰贴面砖和室内外地面装饰铺贴用砖，目前这类砖发展为可墙、地两用，故称为墙地砖。墙地砖是以优质陶土为原料，再加上其他材料配成生料，经半干法压型后于1100℃左右焙烧而成。

陶瓷墙地砖品种较多，按其表面是否施釉可分为彩釉墙地砖和无釉墙地砖。彩釉墙地砖通过釉面着色可制成红、蓝、绿等多种颜色，通过丝网印刷可获得丰富的套花图案；无釉墙地砖通过胚体着色也可制成单色、多色等多种制品。墙地砖具有质地致密、强度高、抗冻、耐水、耐磨、不燃、不受日照影响等特点，厚的墙地砖一般用作铺地砖，薄的用于外墙饰面。近年来，墙地砖品种创新很快，劈离砖、渗花砖、玻化砖、仿古砖、广场砖、大颗粒瓷砖等得到了广泛的应用。见图9-39～图9-44。

图9-39 劈离砖

图9-40 渗花砖

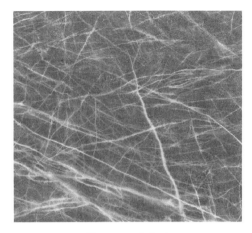

图 9-41 玻化砖

图 9-42 仿古砖

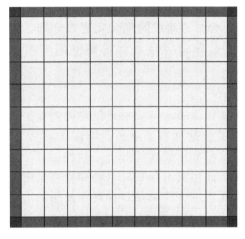

图 9-43 广场砖

图 9-44 大颗粒瓷砖

5. 陶瓷锦砖

陶瓷锦砖俗称马赛克，是由各种颜色、多种几何形状的小块瓷片（长边一般不大于 50mm）铺贴在牛皮纸上形成色彩丰富、图案繁多的装饰砖，故称纸皮砖。见图 9-45。

陶瓷锦砖质地坚实、色泽图案多样、吸水率较小、耐酸、耐碱、耐磨、耐水、耐压、耐冲击、易清洗、防滑。陶瓷锦砖色泽美观稳定，可拼出风景、动物、花草及各种图案。陶瓷锦砖在室内装饰中，可用于浴厕、厨房、阳台、客厅、起居室等处的地面，也可用于墙面。在工业及公共建筑装饰工程中，陶瓷锦砖也被广泛用于内墙、地面，亦可用于外墙。

6. 琉璃制品

琉璃制品是以难熔黏土为原料，经配料、成型、干燥、素烧，表面涂以琉璃釉后，再经烧制而成的制品。见图 9-46。

图 9-45 陶瓷锦砖

图 9-46 琉璃制品

图 9-47 陶瓷壁画

7. 陶瓷壁画

陶瓷壁画是以陶瓷面砖、陶板等为基础，经艺术加工而成的现代化建筑装饰，这种壁画既可以镶嵌在高层建筑的外墙面上，也可以粘贴在会客厅、候机室等内墙面上。见图 9-47。

（四）建筑涂料

建筑涂料是指能涂于建筑物表面，并能形成连接性涂膜，从而对建筑物起到保护、装饰或使其具有某些特殊功能的材料。建筑涂料基本组成包括基料、颜料、填料、溶剂（或水）及各种配套助剂。基料是涂料中最重要的部分，对涂料和涂膜性能起决定性作用。

建筑涂料的涂层不仅对建筑物起到装饰的作用，而且具有保护建筑物和提高其耐久性的功能。除此之外，另有一些涂料具有各自的特殊功能，进一步满足各种特殊使用的需要，如防火、防水、吸声隔声、隔热保温、防辐射等。建筑涂料品种繁多，有多种分类方法。其中，可按在建筑物上的使用部位不同来分类。包括：①墙面涂料；②地面涂料；③防水涂料；④防火涂料；⑤特种涂料。见图 9-48、图 9-49。

图 9-48 外墙涂料

图 9-49 内墙涂料

（五）其他

1. 软杂材

软杂材也叫软杂木，是日常生活中最常见的木材种类之一，除了个别品种外，多数软杂木属于建筑与装修中常见的结构用材。软杂木的特点有材质较轻，相对结构强度比较大，抗弯性比较强，耐腐蚀性能比较好，但是多数木材的花纹和材色不理想，有的树种体积质量较轻，因此承受荷载能力较差。

2. 硬杂材

硬杂材多属于装饰用材，是中档装修的主要家具用材和装饰装修的重要饰面用材。硬杂材最主要的特点是，多数木材的花纹和材色漂亮，材质的重量适中，不易变形。硬杂材主要有梓树、刺楸、榔榆、黄菠萝、水曲柳等。

3. 化纤地毯

化纤地毯也叫合成纤维地毯，如聚丙烯化纤地毯、丙纶化纤地毯、腈纶（聚丙烯腈）化纤地毯、尼龙地毯等。它是用簇绒法或机织法将合成纤维制成面层，再与麻布底层缝合而成的。化纤地毯耐磨性好并且富有弹性，价格较低，适用于一般建筑物的地面装修。

4. 纸面石膏板

纸面石膏板是以建筑石膏为主要原料，掺入纤维、外加剂（发泡剂、缓凝剂等）和适量轻质填料，加水拌和成料浆，浇注在纸面上，成型后再覆以上层面纸的。料浆经过凝固形成芯板，经切断、烘干，则使芯板与护面纸牢固地结合在一起。纸面石膏板质轻，保温隔热和防火性能好，可钉、锯、刨，施工安装方便，主要用作建筑物内隔墙和室内吊顶材料。

5. 轻钢龙骨

轻钢龙骨是以冷轧镀锌钢板、彩色涂层钢板等为原材料，轧制成各种轻薄型材后组合安装而成的一种骨架，具有自重小、刚度大、防火性好、抗震和抗冲击性好、加工和安装方便等特点，广泛应用于建筑物的顶棚和隔墙骨架。

轻钢龙骨是安装各种罩面板的骨架，是木龙骨的换代产品。轻钢龙骨配以不同材质、不同花色的罩面板，不仅改善了建筑物的热力学、声学特性，而且直接造就了不同的装饰艺术和风格，是室内设计必须考虑的重要内容。

6. 铝、铝合金

纯铝具有很好的塑性，可制成管、棒、板等。铝合金装饰制品有：铝合金门窗，铝合金百页窗帘，铝合金装饰板，铝箔，镁铝饰板，镁铝曲板，铝合金吊顶材料，铝合金栏杆、扶手、屏幕、格栅等。

7. 不锈钢建筑装饰制品

不锈钢是含铬12％以上，具有耐腐蚀性能的铁基合金。不锈钢可分为不锈耐酸钢和不锈钢两种。

不锈钢制品品种较多，装饰性好。不锈钢制品的五金装饰配件有：门拉手、合页、门吸、门阴、滑轮、毛巾架、玻璃幕墙的点支式配件等；生活日用品有：不锈钢水瓶、不锈钢茶壶、不锈钢砂锅、不锈钢刀等。

彩色不锈钢板材是在不锈钢表面进行着色处理，使其成为黄、红、绿、蓝等各种色彩的材料。常用的彩色不锈钢板有钛金板、蚀刻板、钛黑色镜面板等。

8. 微晶玻璃装饰板材

微晶玻璃的美感、质感、耐候性好、耐磨性好、易清洁及不含放射性元素等优点已被认同，属于新型建筑装饰材料，已得到广泛应用。见图9-50。

9. 壁纸

壁纸是目前国内外使用较为广泛的一种墙面装饰材料。随着壁纸生产技术的发展，壁纸已经超出了"纸"的范畴。除纸外，它还涉及塑料、玻璃纤维、动物纤维和植物纤维。

图 9-50　微晶玻璃电视墙

值得注意的是,壁纸也存在有害物质污染的问题。国家标准《室内装饰装修材料壁纸中有害物质限量》(GB 18585—2001)对此做出了规定。

任务五　建筑功能材料的新发展

一、绿色建筑功能材料

绿色建材又称生态建材、环保建材等,其本质内涵是相通的,即采用清洁生产技术,少用天然资源和能源,大量使用工农业或城市废弃物生产无毒害、无污染、达生命周期后可回收再利用,有利于环境保护和人体健康的建筑材料。

在当前的科学技术和社会生产力条件下,已经可以利用各类工业废渣生产水泥、砌块、装饰砖和装饰混凝土等;利用废弃的泡沫塑料生产保温墙体材料;利用无机抗菌剂生产各种抗菌涂料和建筑陶瓷等各种新型绿色功能建筑材料。像珠江大厦,配有风力涡轮机、太阳能电池板、遮阳装置、智能照明系统、水冷式天花板以及最先进的隔热隔声装置。见图 9-51。

图 9-51　珠江大厦

二、复合多功能建材

复合多功能建材是指材料在满足某一主要的建筑功能要求的基础上,附加了其他使用功能的建筑材料。例如抗菌自洁涂料,它既能满足一般建筑涂料对建筑主体结构材料的保护和装饰墙面的要求，同时又具有抵抗细菌的生长和自动清洁墙面的附加功能，使得人类的居住环境质量进一步提高，满足了人们对健康居住环境的要求。

三、智能化建材

所谓智能化建材是指材料本身具有自我诊断和预告失效、自我调节和自我修复的功能并可继续使用的建筑材料。当这类材料的内部发生异常变化时，能将材料的内部状况反映出来，以便在材料失效前采取措施，甚至材料能够在材料失效初期自动进行自我调节，恢复材料的使用功能。如自动调光玻璃，根据外部光线的强弱，自动调节透光率，保持室内光线的强度平衡，既避免了强光对人的伤害，又可调节室温和节约能源。

图 9-52 是铝塑复合板黏结工艺示意图。由图 9-52 可见，铝塑复合板是以塑料为芯层，外贴铝板的三层复合板材，并在表面施加装饰材料或保护性涂层，具有质量轻、装饰性强、施工方便的特点。铝塑复合板这种高分子复合材料已在土木工程应用中显示出了很大的优势，并得到越来越广泛的应用。

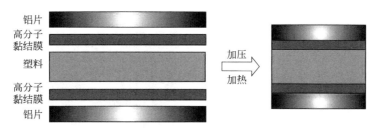

图 9-52　铝塑复合板黏结工艺示意图

（1）热弯夹层纳米自洁玻璃。在长春市最古老的商业街——长江路，用热弯夹层纳米自洁玻璃作采光棚顶。该玻璃充分利用纳米 TiO_2 材料的光催化活性，把纳米 TiO_2 镀于玻璃表面，在阳光照射下，可分解粘在玻璃上的有机物，在雨、水冲刷下自洁。

（2）自愈合混凝土。相当部分建筑物在完工，尤其受到动荷载作用后，可能会产生不利的裂纹，对抗震尤其不利。自愈合混凝土有可能克服此缺点，大幅度提高建筑物的抗震能力。把低模量黏结剂填入中空玻璃纤维，并使黏结剂在混凝土中长期保持性能。当结构开裂，玻璃纤维断裂，黏结剂释放，粘接裂缝。为防玻璃纤维断裂，将填充了黏结剂的玻璃纤维用水溶性胶粘接成束，平直地埋入混凝土中。

职业技能训练

实训一　沥青针入度检测

1. 试验目的

测定沥青的针入度，以评价道路黏稠石油沥青的黏滞性，并确定沥青标号。还可以进一步计算沥青的针入度指数，用以描述沥青的温度敏感性；计算当量软化点 800（相当于沥青针入度为 800 时的温度），用以评价沥青的高温稳定性；计算当量脆点 1.2（相当于沥青针入度为 1.2 时的温度），用以评价沥青的低温抗裂性能。

2. 试验仪器

（1）针入度仪（图 9-53）。和针连杆组合件总质量为 50g±0.05g，另附砝码一只 50g±0.05g，试验时总质量为 100g±0.05g。仪器设有放置平底玻璃保温皿的平台，并有调整水平的装置，针连杆应与平台相垂直。

（2）标准针。由硬化回火的不锈钢制成，针及针杆总质量为 2.5g±0.05g。针应设有固定用装置盒，以免碰撞针尖。

（3）盛样皿（图 9-54）。金属制，圆柱形平底。小盛样皿的内径 55mm，深 35mm（适用于针入度小于 200）；大盛样皿内径 70mm，深 45mm（适用于针入度 200～350）。对于针入度大于 350 的试样需使用特殊盛样皿，其深度不小于 60mm，试样体积不小于 125mL。

（4）恒温水槽。容量不小于 10L，控温准确度为 0.1℃。水槽中应设有一带孔的搁架，位于水面下不小于 100mm，距水槽底不得少于 50mm 处。

（5）平底玻璃皿。容量不小于 1L，深度不小于 80mm。内设有一不锈钢三脚支架，能使盛样皿稳定。

图 9-53　针入度仪

图 9-54　盛样皿

（6）温度计：0～50℃，分度为 0.1℃。

（7）秒表：分度为 0.1s。

（8）盛样皿盖：平板玻璃，直径不小于盛样皿开口尺寸。

（9）溶剂：三氯乙烯。

（10）其他：电炉或砂浴、石棉网、金属锅或瓷把坩埚等。

3. 试验过程

（1）沥青试样准备。

（2）制备试样。

（3）调整针入度仪使之水平。

（4）取出达到恒温的盛样皿，并移入水温控制在试验温度±0.1℃（可用恒温水槽中的水）的平底玻璃皿中的三脚架上，试样表面以上的水层深度不少于 10mm。

（5）将盛有试样的平底玻璃皿置于针入度仪的平台上。

（6）开动秒表，在指针正指的瞬时，用手紧压按钮，使标准针自动下落贯入试样，经规定时间（5s），停压按钮使针停止移动。

（7）拉下刻度盘拉杆与针连杆顶端接触，读取刻度盘指针或位移指示器的读数，准确至 0.5mm（0.1mm）。

4. 试验结果

（1）同一试样平行试验至少三次，各测试点之间及与盛样皿边缘的距离不应少于 10mm。每次试验后应将盛有盛样皿的平底玻璃皿放入恒温水槽，使平底玻璃皿中水温保持试验温度。每次试验应换一根干净的标准针或将标准针取下用蘸有三氯乙烯溶剂的棉花或布擦干净再用干棉花或布擦干。

（2）测定针入度大于 200 的沥青试样时，至少用三支标准针，每次试验后将针留在试样中，直至三次平行试验完成后，才能将标准针取出。

（3）同一试样三次平行试验结果的最大值和最小值之差在所列允许偏差范围内时，计算三次试验结果的平均值，取整数作为针入度试验结果，以 0.1mm 为单位。当试验值不符合此要求时，应重新进行。

实训二　沥青软化点检测

1. 试验目的

测定沥青的软化点，可以评定黏稠沥青的热稳定性。

2. 试验仪器

（1）环球软化点仪（图 9-55）。

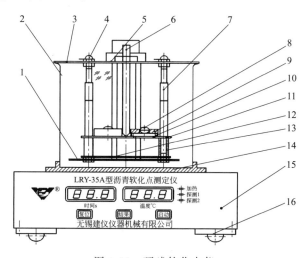

图 9-55　环球软化点仪

1—电加热管；2—烧杯；3—上盖板；4—螺母；5—插座；6—温度传感器；7—立杆；8—钢球；9—定位环；10—试样环；11—中层板；12—下层板；13—套管；14—杯座；15—电器控制箱；16—底脚

（2）试样底板：金属板或玻璃板。

（3）环夹：由薄钢条制成，用以夹持金属环，以便刮平试样表面。

（4）平直刮刀。

（5）甘油、滑石粉、隔离剂。

（6）加热炉具。

（7）恒温水槽：控温的准确度为 0.5℃。

（8）新煮沸过的蒸馏水。

（9）其他：石棉网。

3. 试验过程

（1）制备试样。

（2）将装有试样的试样环连同金属板置于 5℃±0.5℃ 水的恒温水槽中至少 15min，同时将金属支架、钢球、钢球定位环等亦置于相同水槽中。

（3）烧杯内注入新煮沸并冷却至 5℃ 的蒸馏水，水面略低于立杆上的深度标记。

（4）从恒温水槽中取出盛有试样的试样环放置在支架中层板的圆孔中，并套上定位环；然后将整个环架放入烧杯中，调整水面至深度标记，并保持水温为5℃±0.5℃。环架上任何部分不得附有气泡。将温度计由上层板中心孔垂直插入，使端部测温头底部与试样环下面齐平。

（5）将烧杯移至放有石棉网的加热炉具上，然后将钢球放在定位环中间的试样中央，立即开动振荡搅拌器，使水微微振荡，并开始加热，使杯中水温在3min内维持每分钟上升5℃±0.5℃。在加热过程中，应记录每分钟上升的温度值，如温度上升速度超出此范围时，则应重做试验。

（6）试样受热软化逐渐下坠，至与下层板表面接触时，立即读取温度，精确至0.5℃。

4. 试验结果

同一试样平行试验两次，当两次测定值的差值符合重复性试验精密度要求时，取其平均值作为软化点试验结果，精确至0.5℃。

实训三　沥青软化点检测

1. 试验目的

测定沥青的延度，可以评价黏稠沥青的塑性变形能力。本方法适用于测定道路石油沥青、液体沥青蒸馏和乳化沥青蒸发残留物的延度。

2. 试验仪器

（1）延度仪（图9-56）。

图9-56　延度仪

图9-57　延度仪试模

（2）试模（图9-57）。

（3）试模底板：玻璃板、磨光的铜板或不锈钢板。

（4）恒温水槽。

（5）温度计：0~50℃，分度为0.1℃。

（6）砂浴或其他加热炉具。

（7）甘油、滑石粉（甘油与滑石粉的质量比为2∶1）、隔离剂。

（8）其他：平刮刀、石棉网、酒精、食盐等。

3. 试验过程

（1）制备试样。

（2）检查延度仪拉伸速度是否符合规定要求，然后移动滑板使其指针正对标尺的零点。将延度仪注水，并保温达试验温度±0.5℃。

（3）将保温后的试件连同底板移入延度仪的水槽中，从底板上取下试件，将试模两端的孔分别套在滑板及槽端固定板的金属柱上，取下侧模。水面距试件表面应不小于25mm。

（4）启动延度仪，并注意观察试样的延伸情况。在试验时，如发现沥青细丝浮于水面或沉入槽底时，则应在水中加入酒精或食盐调整水的密度至与试样密度相近后，再重做试验。

(5) 试件拉断时，读取指针所指标尺上的读数，以 cm 表示。在正常情况下，试件延伸时应成锥尖状，拉断时实际断面接近于零。如不能得到这种结果，则应在试验报告中注明。

4. 试验结果

同一试样，每次平行试验不少于三个，如三个测定结果均大于 100cm 时，试验结果记作">100cm"；特殊需要也可分别记录实测值。如三个测定结果中有一个以上的测定值小于 100cm 时，若最大值或最小值与平均值之差满足重复性试验精度要求，则取三个测定结果的平均值的整数作为延度试验结果，若平均值大于 100cm，记作">100cm"；若最大值或最小值与平均值之差不符合重复性试验的精度要求，应重新进行试验。

小 结

本项目主要介绍了防水材料、保温隔热材料和建筑装饰材料，内容包括沥青、防水卷材、防水涂料和建筑密封材料、保温隔热材料、建筑玻璃、建筑涂料等。

要掌握建筑石油沥青的技术性质，建筑石油沥青本身作为重要的防水材料，而且可能是制作防水卷材、防水涂料和建筑密封材料的主要原料。学习防水卷材、防水涂料和建筑密封材料要和合成高分子材料单元结合起来，现在防水材料品种多，规范标准更新速度快，要了解其主要性能指标、适用范围和施工工艺，并结合防水材料的试验与检测去学习防水材料的性质，学会鉴别防水材料的优劣，针对工程特点去选择合适的防水材料。

通过本项目的学习，对建筑中一些功能性的材料有所了解，对绝热材料的一些机理、性质有所认知，大致了解了绝热材料的重要性，熟悉了各种当前运用比较多的绝热材料，对这些材料有一定的介绍。建筑中常用的绝热材料按化学成分分为有机和无机两大类，根据室内室外的环境、所用条件等，选择所需要的材料。

建筑装饰材料中主要分为室内和室外两大类，室内与室外由于环境的不同，要求有所差别，建筑装饰材料需要满足一些基本要求，这样才能让建筑看起来更加美观，建筑常用的装饰材料有很多。

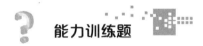
能力训练题

1. 试分析乳化沥青和冷底子油生产和使用的不同点是什么？
2. 试分析石油沥青油毡与改性沥青防水卷材性能有何差异？
3. 我们经常会看到一些沥青混凝土路面出现等间距的横向裂缝，在气温较低时或者使用年久的路面尤为明显，试通过沥青的基本知识解释其原因。
4. 石油沥青的组分有哪些？
5. 石油沥青的主要技术指标有哪些？
6. 什么是绝热材料？影响绝热材料导热性的主要因素有哪些？工程上对绝热材料有哪些要求？
7. 绝热材料的基本特征如何？常用绝热材料品种有哪些？
8. 装饰材料的基本要求有哪些？

项目十

工程材料质量控制及验收

 学习目标

1. 了解质量控制的概念、建筑工程质量控制的特点及施工质量控制的主体；
2. 熟悉施工生产质量因素的控制、建筑工程质量控制的阶段与质量控制的过程；
3. 掌握工程常见材料的验收标准、主要技术性质及验收方法。
4. 掌握水泥、砂、石以及防水材料进场验收必检指标的检测。

任务一　工程材料质量控制原则

建筑工程材料质量是工程质量的基础，材料的质量好坏直接影响整个建筑物质量等级、结构安全、外部造型和建成后的使用功能等。因此，加强材料的质量控制，是提高工程质量的重要保证，是创造正常施工条件、实现质量控制的前提。

一、材料质量控制的依据

1. 建筑法

《中华人民共和国建筑法》（简称《建筑法》）规定了建筑材料的检测制度：建筑施工企业必须按照工程设计要求、施工技术标准和合同的约定，对建筑材料、建筑构配件和设备进行检验，不合格的不得使用。

2. 建筑施工行政法规

建筑施工行政法规是指由国务院制定颁行的属于建设行政主管部门主管业务范围的各项法规，其效力低于建筑法律，在全国范围内有效。行政法规的名称常以"条例""办法""规定""规章"等名称出现，如《建设工程质量监督管理规定》等。

为了加强对建设工程质量的管理，保证建设工程质量，保护人民生命和财产安全，根据《建筑法》制定《建设工程质量管理条例》，条例规定：设计单位在设计文件中选用的建筑材料、建筑构配件和设备，应当注明规格、型号、性能等技术指标，其质量要求必须符合国家规定的标准。

3. 建设部门规章

建设部门规章是指由国务院建设行政主管部门或其与国务院其他相关部门联合制定颁行的法规。

《房屋建筑和市政基础设施工程质量监督管理规定》规定：抽查主要建筑材料、建筑构配件的质量。

4. 国家标准

国家标准是指由国家标准化主管机构批准发布，对全国经济、技术发展有重大意义，且在全国范围内统一的标准。国家标准是在全国范围内统一的技术要求，由国务院标准化行政主管部门编制计划，协调项目分工，组织制定（含修订），统一审批、编号、发布。

法律对国家标准的制定另有规定，依照法律的规定执行。国家标准的年限一般为5年，过了年限后，国家标准就要被修订或重新制定。

5. 工程设计文件及施工图

工程设计文件及施工图是表示工程项目总体布局的，建筑物、构筑物的外部形状、内部布置、结构构造、内外装修、材料做法以及设备、施工等要求的图样，工程设计文件及施工图是工程材料选取的依据，它们系统地规定了各种材料的规格、性能等。

6. 建设工程监理合同

建设工程监理合同的全称叫建设工程委托监理合同，也简称为监理合同，是指工程建设单位聘请监理单位代其对工程项目进行管理，明确双方权利、义务的协议。

监理合同一般会明确表述监理工程师有对建筑材料进行验收的权利和义务。

二、材料进场前质量控制

材料进场即建筑原材料（如钢筋、水泥等）运到工厂现场，并计划进行使用。

在材料进场前，工程人员应仔细阅读工程设计文件、施工图、施工合同、施工组织设计等与工程材料有关的文件，熟悉文件对材料品种、规格、型号、强度等级、生产厂家与商标的规定和要求，认真查阅所用材料的质量标准，了解材料的基本性质、应用特性与适用范围。工程的主要材料，进场时施工单位必须填报《进场材料报验单》，必须具备正式的出厂合格证和材质化验单。如不具备，或对检验证明有疑问时，应向承包单位说明原因，并要求承包单位补做检验；所有材料检验合格证，均须经监理工程师验证，否则一律不准用于工程上。

三、材料进场时质量控制

材料进场时，应检查到场材料的实际情况与所要求的材料在品种、规格、型号、强度等级、生产厂家与商标等方面是否相符（图10-1），检查产品的生产编号或批号、型号、规格、生产日期与产品质量证明书是否相符，如有任何一项不符，应要求退货或供应商提供材料的资料。标志不清的材料可要求退货（也可进行抽检）。进入施工现场的各种原材料、半成品、构配件都必须有相应的质量保证资料，包括生产许可证或使用许可证、产品合格证、质量证明书或质量试验报告单。

在进行进场材料控制时，要建立见证取样制度。根据住房和城乡建设部文件规定，见证取样和送检是指在建设单位或工程监理单位人员的见证下，由施工单位的现场检测人员对工程中的材料及构配件进行现场取样，并送至经过省级以上建设行政主管部门对其资质认可，和质量技术监督部门对其计量认证的质量检测单位进行检测。

图10-1 监理工程师进行钢筋进场验收

施工中所用的原材料及构件，如水泥、砂石、钢筋、砌块、防水材料、外加剂、混凝土试块及砂浆试块，承重结构的钢筋及连接接头的试件、国家规定的必须实行见证取样和送检的其他材料及试块，都是见证取样和送检的材料范围。

在涉及结构安全的试块、试件和材料取样时，见证取样和送检的比例不得低于有关技术标准中规定应取样数量的30%。并且，下列试块、试件和材料必须实施见证取样和送检：

（1）用于承重结构的混凝土试块；
（2）用于承重墙体的砌筑砂浆试块；
（3）用于承重结构的钢筋及连接接头试件；
（4）用于承重墙的砖和混凝土小型砌块；
（5）用于拌制混凝土和砌筑砂浆的水泥；
（6）用于承重结构的混凝土中使用的掺加剂；
（7）地下、屋面、厕浴间使用的防水材料；
（8）国家规定必须实行见证取样和送检的其他试块、试件和材料。

见证取样和送检的基本程序如下：

1. 授权

建设单位应向工程质量监督机构和工程检测单位递交《见证单位和见证人员授权书》，授权书应写明本工程现场委托的见证单位和见证人员的姓名、身份证号，以便工程质量监督机构和检测单位检查核对，见证人员不得少于2人。

2. 取样

施工单位取样人员在现场进行原材料取样和试块制作时，见证人员必须在旁见证。见证人员应对试样进行监护，并和施工单位取样人员一起将试样送至检测单位，或采取有效的封样措施送样。见证人员必须对试样的代表性和真实性负责。

3. 送检

检测单位在接受委托检验任务时，须由送检单位填写委托单，见证人员应出示"见证人员证书"，并在检验委托单上签名。各检测单位对无见证人员签名的委托单，以及无见证人员送的试样，一律拒收。

检测单位对见证取样的试块、试件或材料进行检测。见证取样的频率，国家和地方主管部门有规定的执行相关规定，施工承包合同中如有明确规定的执行施工承包合同的规定。凡未注明见证单位和见证人员的试验报告，不得作为质量保证资料和竣工验收资料，由质量安全监督站重新指定法定检测单位重新检测。检测单位均须实施密码管理制度。

4. 试验报告

检测单位应在检验报告上加盖"有见证取样送检"印章。发生试样不合格情况，应在24h内上报质监站，并建立不合格项目台账。

5. 报告领取

第一种情况：检验结果合格，由施工单位领取报告，办理签收登记。

第二种情况：检验结果不合格，试验单位通知见证人员上报质监站。见证人员领取试验报告。

在见证取样和送检试验报告中，实验室应在报告备注栏中注明见证人员，加盖有"有见证检验"专用章，不得再加盖"仅对来样负责"的印章。

未注明见证人员和无"有见证检验"章的试验报告，不得作为质量保证资料。与材料见证取样表对比，做到物单相符；将试验数据与技术标准规定或设计要求值进行对照，确认合格后方可允许使用该材料。否则，责令施工单位将该种或该批材料立即撤离施工现场，对已应用于工程的材料及时给出处理意见。

四、材料进场后质量控制

工程上使用的所有原材料、半成品、构配件及设备，都必须事先审批后方可进入施工现场；施工现场不能存放与本工程无关或不合格的材料；所有进入现场的原材料与提交的资料在规格、型号、品种、编号上必须一致。应用新材料前必须通过试验和鉴定，代用材料必须通过计算和充分论证。

任务二 工程材料质量控制及验收

混凝土、砂浆是建筑工程最主要的两种建筑材料，两者组分也较为类似，都是由骨料、胶凝材料和外加剂组成，其质量的好坏直接关系到建筑工程的质量好坏。但是，两者在工程现场受内在因素和外在因素干扰最大，其质量波动也较大。

一、普通混凝土质量控制

1. 进场前原材料控制

原材料进场时，应按规定批次验收型式检验报告、出厂检验报告、合格证。外加剂产品还应具有使用说明书。

为了保证进场原材料的真实质量,进场原材料必须进行复验。进场原材料复验检验批量应符合下列要求:

(1) 散装水泥应按每500t为一个检验批;粉煤灰或粒化高炉矿渣粉等矿物掺合料应按每200t为一个检验批;砂、石骨料按每400m³或每600t为一个检验批;外加剂按每50t为一个检验批;水按同一水源不少于一个检验批。

当出现下列情况时,可将检验批扩大一倍。

① 对经产品认证机构认证符合要求的产品,来源稳定且连续三次检验合格。
② 同一厂家的同批出厂材料,用于同时施工且属于同一工程项目的多个单位工程。
③ 不同批次或非连续供应的不足一个检验批量的混凝土原材料应作为一个检验批。

(2) 砂以在施工现场堆放的同产地、同规格分批验收,以400m³或600t为一个验收批,小型工具(如拖拉机)以200m³或300t为一个检验批,不足上述数量者以一批计。

(3) 碎石(卵石)检验批次:应以在施工现场堆放的同产地、同规格分批验收,以400m³或600t为一个验收批,不足上述数量者以一批计。

2. 混凝土配合比设计控制

混凝土配合比设计应符合《普通混凝土配合比设计规程》(JGJ 55—2011)的有关规定。混凝土配合比设计应满足混凝土施工性能要求,强度、力学性能和耐久性应符合设计要求。对首次使用、使用间隔时间超过三个月的配合比应进行开盘鉴定,且应符合下列规定:生产的原材料与配合比设计一致;混凝土拌合物性能应满足施工要求;混凝土强度评定应符合设计要求;混凝土耐久性应符合设计要求。

3. 混凝土称量及搅拌时间控制

混凝土原材料称量工具应配有计量部门签发的有效鉴定证书,并应定期校验。混凝土生产单位每月应自检一次。每一个工作班开始前,应对计量设备进行零点校准。表10-1给出了混凝土各个原材料的误差范围。

表10-1 混凝土原材料的误差范围

原材料	计量允许偏差/%	原材料	计量允许偏差/%
胶凝材料	±2	水	±1
骨料	±3	外加剂	±1

混凝土搅拌的最短时间按表10-2采用。

表10-2 混凝土搅拌的最短时间

坍落度/mm	搅拌机类型	出料量/L		
		<250	250~500	>500
≤40	强制式	60	90	120
>40,<100	强制式	60	60	90
≥100	强制式	60		

4. 混凝土运输

在运输过程中,应控制混凝土不离析、不分层,并应控制混凝土拌合物性能满足施工要求。采用搅拌罐车运送混凝土拌合物时,卸料前应采用快挡旋转搅拌罐不少于20s。

采用泵送混凝土时,混凝土运输应保证混凝土连续泵送,并应符合现行行业标准《混凝土泵送施工技术规程》(JGJ/T 10—2011)的有关规定。混凝土拌合物从搅拌机卸出至施工现场接收的时间间隔不宜大于 90min。

5. 混凝土浇筑

在浇筑过程中,应有效控制混凝土的均匀性、密实性和整体性。泵送混凝土输送管道的最小内径宜符合规定,混凝土输送泵泵压应与混凝土拌合物特性和泵送高度相匹配。

6. 混凝土养护

混凝土养护分为自然养护和加热养护两种。现浇混凝土通常采用自然养护。

自然养护基本要求:在浇筑完成后,12h 以内应进行养护;混凝土强度未达到 1.2MPa 以前,严禁任何人在上面行走、安装模板支架,更不得有冲击性或在上面任何劈打的操作。

7. 混凝土质量要求

(1) 混凝土拌合物应在满足施工要求的前提下,尽可能采用较小的坍落度,泵送混凝土拌合物坍落度设计值不宜大于 180mm。

(2) 泵送高强混凝土的扩展度不宜小于 500mm。

(3) 混凝土拌合物的经时损失不应影响混凝土的正常施工。泵送混凝土拌合物坍落度经时损失不宜大于 30mm/h。

(4) 混凝土拌合物应具有良好的和易性,并不得离析或泌水。

(5) 混凝土拌合物的凝结时间应满足施工要求和混凝土性能要求。

(6) 混凝土拌合物中水溶性氯离子最大含量应符合要求。

二、砂浆质量控制

1. 原材料

进场材料必须进行复验。建筑砂浆试验用料应从同一盘砂浆或同一车砂浆中取样,取样量不应少于试验所需量的 4 倍。

进场原材料复验检验批量应符合下列要求:

(1) 砂浆用砂不得含有有害杂物。砂浆用砂的含泥量应满足下列要求:对水泥砂浆和强度等级不小于 M5 的水泥混合砂浆,不应超过 5%;对强度等级小于 M5 的水泥混合砂浆,不应超过 10%。

(2) 凡在砂浆中掺入有机塑化剂、早强剂、缓凝剂、防冻剂等,应经检验和试配符合要求后,方可使用。有机塑化剂应有砌体强度的型式检验报告。

2. 砂浆强度

同一验收批砂浆试块抗压强度平均值必须大于或等于设计强度等级所对应的立方体抗压强度;同一验收批砂浆试块抗压强度的最小一组平均值必须大于或等于设计强度等级所对应的立方体抗压强度的 0.75 倍。

砂浆强度应以标准养护,龄期为 28 天的试块抗压试验结果为准。每一检验批且不超过 $250m^3$ 砌体的各种类型及强度等级的砌筑砂浆,每台搅拌机应至少抽检一次。

任务三 工程材料进场验收

材料进场时,要进行材料质量和数量的验收,主要包括:

(1) 验收材料出厂合格证、材质单、化验报告和其他有关证明单或化验单;

(2) 对材料进行外观检查；
(3) 对材料进行数量验收。

一、水泥进场验收

所有进场水泥必须报送质量证明书、出厂性能检验报告、进场数量清单及《进场材料自检表》。水泥出厂编号按水泥厂年生产能力规定 $10×10^4$ t 以上 $30×10^4$ t 以下，以不超过 400t 为一检验批；水泥出厂编号按水泥厂年生产能力规定 $10×10^4$ t 以下，以不超过 200t 为一检验批。对于连续进场，按 3 个月内累计不超过 400t 为一验收批。取样应有代表性，可连续取，也可以从 20 个以上不同部位等量取样，总量至少 12kg。

水泥安定性仲裁检验时，应在取样之日起 10 天以内完成。必检项目有抗压强度、抗折强度、凝结时间（初凝、终凝）、安定性，复检项目有强度、安定性、凝结时间等。取样要求依据《混凝土结构工程施工质量验收规范》（GB 50204—2015），对水泥质量有怀疑或水泥出厂超过 3 个月（快硬硅酸盐水泥超过 1 个月）时，应进行复检。

1. 水泥成分

水泥是由主要含 CaO、SiO_2、Al_2O_3、Fe_2O_3 的原料按适当比例磨成细粉，烧至部分熔融，所得以硅酸钙为主要矿物成分的水硬性胶凝材料。其中，硅酸钙矿物不小于 66%，氧化钙和氧化硅质量比不小于 2.0。

2. 体积安定性

水泥体积安定性是指水泥在凝结硬化过程中体积变化是否均匀的性能。如果水泥硬化后产生不均匀的体积变化，即为体积安定性不良。体积安定性不良会使水泥制品或混凝土构件产生膨胀性裂缝，降低建筑物质量，甚至引起严重事故。

国家标准规定：水泥安定性经煮沸法检验氧化钙（CaO）必须合格；水泥中氧化镁（MgO）含量不得超过 5.0%，如果水泥经压蒸安定性试验合格，则水泥中氧化镁的含量允许放宽到 6.0%；水泥中三氧化硫（SO_3）的含量不得超过 3.5%。

3. 细度

硅酸盐水泥和普通硅酸盐水泥以比表面积表示细度，比表面积不小于 300m^2/kg；矿渣硅酸盐水泥、火山灰质硅酸盐水泥、粉煤灰硅酸盐水泥和复合硅酸盐水泥以筛余表示细度，80μm 方孔筛筛余不大于 10% 或 45μm 方孔筛筛余不大于 30%。

4. 强度

不同品种不同强度等级的通用硅酸盐水泥，其不同龄期的强度应符合规定。

二、砂石进场验收

砂以同产地、同规格、不大于 600t 或 400m^3 为一验收批。在料堆上取样时，取样部位应分布均匀。取样前先将取样部位表层铲除，然后由各部位（上、中、下）抽取大致相等的砂子 8 份组成一组试样，总量不少于 30kg。必检项目有颗粒级配、含泥量、泥块含量。

石以同产地、同规格、不大于 600t 或 400m^3 为一验收批。在料堆上取样时，取样部位应分布均匀。取样前先将取样部位表层铲除，然后由各部位（上、中、下）抽取大致相等的石子 16 份组成一组试样，总量不少于 80kg。必检项目有颗粒级配、含泥量、泥块含量及针、片状颗粒含量。

对于长期处于潮湿环境的重要砼结构所用的砂、石，应进行碱活性检验。对重要工程或特殊工程应根据工程要求增加检测项目。

1. 含泥量

混凝土中含泥量过大,妨碍了水泥浆与砂的黏结,使混凝土的强度降低。除此之外,泥的表面积较大、含量多会降低混凝土拌合物的流动性,或者在保持相同流动性的条件下,增加水和水泥用量,从而导致混凝土的强度、耐久性降低,干缩、徐变增大,严重含泥还会加大裂缝的产生。

2. 坚固性

砂的坚固性应采用硫酸钠溶液检验,试样经 5 次循环后,其质量损失应符合规范的规定。

卵石、碎石的坚固性应采用硫酸钠溶液检验,试样经 5 次循环后,其质量损失应符合规范规定。

三、防水材料进场验收

防水材料进场复验的项目应根据相关标准的规定确定。主要抽样方法和数量如下:

1. 高聚物改性沥青防水材料

大于 1000 卷抽 5 卷,每 500～1000 卷抽 4 卷,100～499 卷抽 3 卷,100 卷以下抽 2 卷,进行规格尺寸和外观质量检查。

在外观质量检验合格的卷材中,抽取 1 卷卷材,除去外层 2500mm 卷头后,顺纵向截取长度为 800mm 的全幅卷材试样两块,一块送检,一块备用。

2. 合成高分子防水卷材

大于 1000 卷抽 5 卷,每 500～1000 卷抽 4 卷,100～499 卷抽 3 卷,100 卷以下抽 2 卷,进行规格尺寸和外观质量检查。

在外观质量检验合格的卷材中,抽取 1 卷卷材,除去外层 300mm 卷头后,顺纵向截取长度为 1500mm 的全幅卷材试样两块,一块送检,一块备用。

3. 防水涂料

(1) 聚氨酯防水涂料。地下防水以同一类型、同一规格每 15t 为一验收批,不足 15t 按一批抽样。屋面防水以 10t 为一验收批,不足 10t 按一批抽样。样品为 3kg(多组分产品按组分配套组批)。

(2) 水乳型沥青防水涂料。以同一类型、同一规格每 5t 为一验收批,不足 5t 按一批抽样。样品为 2kg。

(3) 聚合物乳液防水涂料。以同一类型、同一规格每 5t 为一验收批,不足 5t 按一批抽样。样品为 2kg。

4. 聚合物水泥防水涂料

以同一类型、同一规格每 10t 为一验收批,不足 10t 按一批抽样。样品为 2kg。

5. 防水密封材料

(1) 止水带、遇水膨胀橡胶。以同一生产厂、同月生产、同标记的膨胀橡胶产品为一验收批。在外观检查合格的样品中,随机抽取足够的试样,进行物理试验。

(2) 塑料防水板。大于 500m 抽 2m,每 50～100m 抽 1m,进行规格尺寸和外观质量检查。在外观质量检查合格的止水带中,任取 1m 来做物理力学性能指标测试。

四、钢筋混凝土用钢进场验收

钢筋在加工过程中,如发现脆断、焊接性能不良或力学性能显著不正常现象,应进行化学成分检验或其他专项检验,并做出鉴定处理结论。钢材检验报告应根据规定格式内容填写，检验方法应符合国家有关标准。

1. 钢材进场后的抽样检验的批量

（1）钢筋混凝土用热轧带肋钢筋、热轧光圆钢筋、余热处理钢筋、低碳钢热轧圆盘条以同一牌号、同一规格不大于60t为一批。

（2）钢结构工程用碳素结构钢、低合金高强度结构钢以同一牌号、同一等级、同一品种、同一尺寸、同一交货状态的钢材不大于60t为一批。

（3）预应力混凝土用钢丝及预应力混凝土用钢绞线以同一牌号、同一规格、同一生产工艺不大于60t为一批。

（4）钢绞线、钢丝束无黏结预应力筋以同一牌号、同一规格、同一生产工艺生产的钢绞线、钢丝束不大于30t为一批。

2. 钢材力学性能检测

进行钢材力学性能检验时，如某一项检验结果不符合标准要求，则应根据不同种类钢材的抽样方法从同批钢材中再取双倍数量的试件重做该项目的检验，如仍不合格，则该批钢材即为不合格，不得用于工程中。

不合格品的钢材必须有处理情况说明，并应归档备查。对有抗震设防要求的框架结构，其纵向受力钢筋的强度应满足设计要求；当设计无具体要求时，对一、二级抗震等级的框架结构，纵向受力钢筋检验所得的强度实测值应符合下列规定：

（1）钢筋的抗拉强度实测值与屈服强度实测值的比值不应小于1.25；

（2）钢筋的屈服强度实测值与屈服强度标准值的比值不应大于1.3；

（3）钢材延伸率不小于9%。

3. 钢材外观检测

（1）钢筋应逐支检查其尺寸，不得超过允许偏差。

（2）逐支检查，钢筋表面不得有裂纹、折叠、结疤、耳子、分肋及夹杂物；盘条允许有压痕及局部的凸块、凹块、划痕、麻面，但其深度或高度（从实际尺寸算起）不得大于0.20mm；带肋钢筋表面凸块不得超过横肋高度，钢筋表面上其他缺陷的深度和高度不得大于所在部位尺寸的允许偏差；冷拉钢筋不得有局部缩颈。

（3）钢筋表面氧化铁皮（铁锈）质量不大于16kg/t。

小 结

建筑材料作为建筑行业的重要组成部分，已经广泛应用到建筑、科技工程、环保、人民生活等各个领域，建筑材料日益呈现出迅猛的发展势头，为我国的国内生产总值的增长做出重要的贡献。因此，为了进一步提高我国的工程质量，推动房地产业的发展，保护人们的生命财产安全，必须加强对施工建筑材料的控制，保证施工建筑工程的顺利完工，促进建筑工程的长远发展。

对进场材料的品种、规格、数量、保证资料、质量验收，必须做到准确无误，如实反映材料当时的实际情况，并真实、准确记录。验收人员必须具有高度责任心，严格按制度、规定、标准等认真进行验收，对验收结果负全部责任。对应当落地验收的物资必须落地验收，严禁车上验收；对应当量方验收的材料必须每车量方验收；对应当抽检重量、数量和尺寸的，如袋装的白灰、外加剂等，必须抽检。

1. 材料检测的依据有哪些？
2. 简述混凝土用砂石的检测内容。
3. 简述混凝土用钢的检测内容。
4. 试述沥青、卷材的检测内容。
5. 见证取样的基本程序有哪些？
6. 简述钢筋外观的检测内容。

参 考 文 献

[1] GB 1346—2011 水泥标准稠度用水量、凝结时间、安定性检验方法.
[2] GB/T 17671—2021 水泥胶砂强度检验方法（ISO法）.
[3] GB 175—2007 通用硅酸盐水泥.
[4] GB/T 1499.1—2017 钢筋混凝土用钢 第1部分：热轧光圆钢筋.
[5] GB/T 1499.2—2018 钢筋混凝土用钢 第2部分：热轧带肋钢筋.
[6] GB/T 700—2006 碳素结构钢.
[7] GB/T 50080—2016 普通混凝土拌合物性能试验方法标准.
[8] GB/T 228.1—2021 金属材料 拉伸试验 第1部分：室温试验方法.
[9] GB/T 232—2010 金属材料 弯曲试验方法.
[10] GB/T 50082—2009 普通混凝土长期性能和耐久性能试验方法标准.
[11] GB/T 14684—2022 建设用砂.
[12] GB/T 14685—2022 建设用碎石、卵石.
[13] JGJ 18—2012 钢筋焊接及验收规程.
[14] JGJ 107—2016 钢筋机械连接技术规程.
[15] JGJ/T 27—2014 钢筋焊接接头试验方法标准.
[16] JGJ/T 98—2010 砌筑砂浆配合比设计规程.
[17] JGJ/T 70—2009 建筑砂浆基本性能试验方法标准.
[18] GB/T 50081—2019 混凝土物理力学性能试验方法标准.
[19] JGJ 55—2011 普通混凝土配合比设计规程.
[20] JGJ 52—2006 普通混凝土用砂、石质量及检验方法标准.
[21] GB/T 8239—2014 普通混凝土小型砌块.
[22] GB/T 13545—2014 烧结空心砖和空心砌块.
[23] GB 13544—2011 烧结多孔砖和多孔砌块.
[24] GB/T 2542—2012 砌墙砖试验方法.
[25] GB/T 4111—2013 混凝土砌块和硅试验方法.
[26] GB/T 5101—2017 烧结普通砖.
[27] JGJ/T 191—2009. 建筑材料术语标准.
[28] 吴科如,张雄. 土木工程材料. 3版. 上海：同济大学出版社,2013.
[29] 钱巍. 土木工程新材料及新技术应用. 郑州：黄河水利出版社,2009.
[30] 施惠生. 土木工程材料性能、应用与生态环境. 北京：中国电力出版社,2008.
[31] 浙江大学,钱晓倩,金南国,孟涛. 建筑材料. 2版. 北京：中国建筑工业出版社,2019.
[32] 江峰. 建筑材料. 重庆：重庆大学出版社,2009.
[33] 宋岩丽,周仲景. 建筑材料与检测. 2版. 北京：人民交通出版社,2013.
[34] 陆小华. 土木工程事故案例. 武汉：武汉大学出版社,2009.
[35] 肖忠平,徐少云. 建筑材料与检测. 2版. 北京：化学工业出版社,2021.

附录

建筑材料检测试验报告册

绪 论

一、建筑材料检测目的

"适材适所",这是选用材料应遵循的原则。为了做到这一点,就应进行材料检测,准确地评定材料的性质,以便在设计和施工中经济、合理地选用材料,这是材料检测的主要目的。

通过材料检测,了解材料是否符合国家标准或技术规范;工程中自行制备的材料(如混凝土、砂浆等)是否能达到预期的性质;材料的质量是否随时间而变化;材料性质是否稳定,而无大的波动。材料检测与其他课程的实验一样,是重要的实践性教学环节;通过材料检测,熟悉材料检测设备的性能及操作方法,掌握基本的测试技术,为将来在工作中进行材料检验和科研检测打下基础,这是材料检测的另一目的。

技术标准或规范对材料质量、规格和检测方法均作出规定,它不仅是评定材料质量的依据,也是进行材料检测的依据;按标准方法检测所得结果才有充分的代表性和可靠性,并由此得出可信的结论,因而熟悉技术标准或规范也是材料检测的目的。

二、建筑材料检测过程

1. 选取试样

所选试样必须有代表性。各种材料的取样方法,在有关的技术标准或规范中均有规定,检测时应严格遵守,以便获得可靠的检测数据。

2. 按规定方法进行检测

在检测过程中,仪器设备、试件制备及检测操作等检测条件,必须符合标准检测方法中的有关规定,以保证获得准确的检测结果,认真记录检测所得数据。在检测过程中还应注意观察出现的各种现象,作为分析检测结果的依据。

3. 处理检测数据

计算结果应与测量的准确度相一致,数据运算按有效数字法则进行,对平行检测所得数据应取平均值。检测结果分析包括:检测结果的可靠程度;检测结果与材料质量标准对比;作出检测结论。

三、建筑材料检测态度

在整个检测过程中,既要以探索的精神发挥自己的学识,提出独立见解,又要以科学态度,严肃认真地对待每项检测步骤,绝不允许任意涂改检测数据,故意与预期结果相吻合。

在检测过程中要求做到:

(1) 明确检测目的,检测前对所检材料应有一定程度的了解;
(2) 建立严格的科学工作秩序,遵守检测室各项制度及检测操作规程;
(3) 密切注意检测中出现的各种现象,并分析其原因;
(4) 检测数据按有关规定进行处理,在此基础上,对检测结果作出实事求是的结论。

试验一　建筑材料基本性质试验

一、试验内容

二、主要仪器设备及规格型号

三、试验记录

（一）密度测试

试样名称：_____　　试验日期：_____

室　　温：_____　　湿　　度：_____

编号	试样原质量 m_1/g	试样余量 m_2/g	装入瓶内质量 m/g	液面读数 /cm³		装入试样 体积/cm³	密度 ρ /(g/cm³)	密度 平均值 /(g/cm³)
				装试样前	装试样后			
1								
2								

（二）表观密度测试

试样名称：_____　　试验日期：_____

室　　温：_____　　湿　　度：_____

编号	试件尺寸/cm			试件体积 /cm³	试件质量 /g	表观密度 /(g/cm³)	表观密度平均值 /(g/cm³)
	长	宽	高				
1							
2							

（三）堆积密度测试

试验日期：_____ 室温：_____ 湿度：_____

1. 细骨料堆积密度

编号	容量筒质量/kg	容量筒＋试样质量/kg	试样质量/kg	容量筒体积/L	堆积密度/(kg/m³)	堆积密度平均值/(kg/m³)
1						
2						

2. 粗骨料堆积密度

编号	容量筒质量/kg	容量筒＋试样质量/kg	试样质量/kg	容量筒体积/L	堆积密度/(kg/m³)	堆积密度平均值/(kg/m³)
1						
2						

试验二　水泥性能测试

一、试验内容

二、主要仪器设备及规格型号

三、试验记录

水　泥　品　种：_____　　　　强度等级：_____
产地、厂名：_____　　　　出厂日期：_____

（一）水泥细度测试（负压筛吸法）

试验日期：_____　　室温：_____　　湿度：_____

项目	试样质量/g	筛余物质量/g	筛余百分数/%	细度	结论
数据					

（二）水泥标准稠度用水量测试（标准法）

试验日期：_____　　室温：_____　　湿度：_____

项目	试样质量/g	拌和用水量/g	试杆下沉深度/mm	标准稠度用水量 P/%
数据				

（三）水泥安定性测试（代用法）

（1）试饼有无裂缝、弯曲：_____
（2）安定性结论判定：_____

（四）水泥胶砂强度测试（ISO法）

（1）成型日期：　　　　年　　　月　　　日

成型三条试件所需材料用量		
水泥/g	标准砂/g	水/g

（2）测强日期：　　　　　年　　月　　日　　　龄期：　　　天

（3）抗折强度测定：

加荷速度_____N/s

编号	试件尺寸/mm			破坏荷载 F_f/N	抗折强度 R_f/MPa	抗折强度平均值/MPa
	宽 b	高 h	跨距 L			
1						
2						
3						

（4）抗压强度测定：

加荷速度_____N/s

编号	受压面积 A/mm²	破坏荷载 F_c/N	抗压强度 R_c/MPa	抗压强度平均值/MPa
1				
2				
3				
4				
5				
6				

（5）确定水泥标号：

根据_____标准该试样强度等级为_____。

试验三 混凝土用骨料性能测试

一、试验内容

二、主要仪器设备及规格型号

三、试验记录

（一）砂的筛分析试验

试验日期：_____ 气温/室温：_____ 湿度：_____

筛孔尺寸 ϕ/mm	9.50	4.75	2.36	1.18	0.60	0.30	0.15	筛底
筛余质量 m/g								
分计筛余百分率 a/%								
累计筛余百分率 A/%								
细度模数 $M_x = \dfrac{(A_2+A_3+A_4+A_5+A_6)-5A_1}{100-A_1}$								$M_x =$

结果评定：

根据 M_x 该砂样属于_____砂；级配位于_____区，级配情况：_____。

（二）碎石或卵石筛分析试验

试验日期：_____ 气温/室温：_____ 湿度：_____

筛孔尺寸 ϕ/mm							
筛余质量 m/g							
分计筛余百分率 a/%							
累计筛余百分率 A/%							

结果评定：

最大粒径：_____mm；级配情况：_____。

(三)碎石或卵石表观密度测试

试验日期：_____ 气温/室温：_____ 湿度：_____

编号	烘干后的试样质量 m_1/g	试样、水、瓶和玻璃片的总质量 m/g	水、瓶和玻璃片的质量 m_2/g	表观密度 ρ/(g/cm³)	表观密度平均值 $\bar{\rho}$/(g/cm³)
1					
2					

(四)砂的表观密度测试

试验日期：_____ 气温/室温：_____ 湿度：_____

编号	试样质量 m_0/g	瓶+砂+满水质量 m_1/g	瓶+满水质量 m_2/g	砂样在水中占的体积 V/cm³	表观密度 $[\rho=(\dfrac{m_0}{m_0+m_2-m_1}-\alpha_t)\times\rho_w]$/(g/cm³)	表观密度平均值 $\bar{\rho}$/(g/cm³)
1						
2						

试验四 普通混凝土基本性能测试

一、试验内容

二、主要仪器设备及规格型号

三、试验记录

（一）混凝土拌合物和易性测试

试验日期：_____ 气温/室温：_____ 湿度：_____

坍落度法

粗骨料最大粒径：_____mm。

混凝土初步配合比，水泥：水：砂子：石子＝_____。

配合比	拌和15L混凝土所用各材料用量/kg				坍落度 l/mm	黏聚性	保水性
	水泥 m_1	砂子 m_2	石子 m_3	水 m_4			
初步配合比							
第一次调整增加量							
第二次调整增加量							
合计							

和易性调整后的混凝土配合比

水泥：水：砂子：石子＝_____。

（二）混凝土拌合物表观密度测试

试验日期：_____ 气温/室温：_____ 湿度：_____

混凝土配合比

水泥：水：砂子：石子＝_____。

编号	容量筒容积 V/L	容量筒质量 m_1/kg	容量筒与混凝土试样总质量 m_2/kg	混凝土质量 (m_2-m_1)/kg	混凝土拌和物表观密度 ρ/(kg/m^3)	表观密度平均值 $\bar{\rho}$/(kg/m^3)
1						
2						
3						

（三）混凝土立方体抗压强度测试

试验日期：_____　　气温/室温：_____　　湿度：_____

混凝土配合比

水泥：砂子：石子：水＝_____。

编号	试件尺寸/mm		受压面积 s/mm^2	破坏荷载 P/N	抗压强度 f/MPa		换算成150mm立方体强度/MPa	换算成28d龄期强度/MPa
	长度 a	宽度 b			测定值	平均值		
1								
2								
3								

结果评定：

根据国家标准，该混凝土强度等级为：_____。

试验五　建筑砂浆性能测试

一、试验内容

二、主要仪器设备及规格型号

三、试验记录

（一）砂浆稠度测试

试验日期：_____　气温/室温：_____　湿度：_____

砂浆质量配合比：_____

编号	拌和___L砂浆各材料用量/kg				稠度值 l/cm	稠度平均值 $\bar{l}$/cm
	水泥 m_1	石灰 m_2	砂子 m_3	水 m_4		
1						
2						

（二）砂浆保水率测试

试验日期：_____　气温/室温：_____　湿度：_____

试验次数	下不透水片与干燥试模质量 m_1/g	15片滤纸吸水前的质量 m_2/g	试模、下不透水片与砂浆总质量 m_3/g	15片滤纸吸水后的质量 m_4/g	保水率测值/%	保水率测定值/%
1						
2						

结果评定：

根据保水率判断此砂浆保水性为：_____。

（三）砂浆抗压强度测试

试验日期：_____　气温/室温：_____　湿度：_____

砂浆质量配合比为：_____

试件编号	试件边长/mm		受压面积 s/mm^2	破坏荷载 P/kN	抗压强度 f/MPa	抗压强度平均值 $\bar{f}/\mathrm{MPa}$	单块抗压强度最小值 $f_{\min}/\mathrm{MPa}$
	a	b					
1							
2							
3							
4							
5							
6							

结果评定：

根据国家标准，该批砂浆强度等级为：＿＿＿＿＿＿＿＿＿＿＿＿。

试验六　钢筋力学与工艺性能检测

一、试验内容

二、主要仪器设备及规格型号

三、试验记录

（一）钢材拉伸试验

试验日期：_____　气温/室温：_____　湿度：_____

钢材类型：_____

	公称直径 ϕ/mm	截面积 s/mm²	屈服荷载 F_a/N	极限荷载 F_b/N	屈服点 σ_s/MPa		抗拉强度 σ_b/MPa	
屈服点和抗拉强度测定					测试值	平均值	测试值	平均值

	公称直径 ϕ/mm	原始标距长度/mm	拉断后标距长度/mm	拉伸长度/mm	伸长率 δ/%	
伸长率测定					测定值	平均值

结果评定：

根据国家标准，所测定钢材的抗拉性能是否合格？

（二）钢材冷弯性能测试

试验日期：_____　气温/室温：_____　湿度：_____

编号	钢材型号	钢材直径(或厚度)/mm	冷弯角度	弯心直径与钢材直径（或厚度）的比值	冷弯后钢材表面情况	冷弯性能是否合格

试验七　石油沥青及沥青卷材性能测试

一、试验内容

二、主要仪器设备及规格型号

三、试验记录

（一）石油沥青技术性能检测

　　试验日期：_____　气温/室温：_____　湿度：_____
　　沥青种类：_____　牌　　号：_____

检测项目	检测结果	检测项目	检测结果	检测项目	检测结果
针入度/(1/10mm)		延伸度/cm		软化点/℃	
平均值/(1/10mm)		平均值/cm		平均值/℃	
标准规定值/(1/10mm)		标准规定值/cm		标准规定值/℃	

结果评定：
根据国家标准，沥青的各项性能指标是否合格？

（二）沥青防水卷材检测报告

　　试验日期：_____　气温/室温：_____　湿度：_____
　　卷材种类：_____　标　　号：_____

检测项目	检测值		平均值	标准规定值	检测项目	检测值		平均值	标准规定值
不透水性测试/MPa	1				拉力试验/N	1			
	2					2			
	3					3			
耐热度测试/℃	1				柔度测试/%	1			
	2					2			
	3					3			

结果评定：
根据国家标准，沥青卷材的各项性能指标是否合格？